自己組織化と進化の論理

宇宙を貫く複雑系の法則

スチュアート・カウフマン
米沢富美子 監訳

筑摩書房

目次

自己組織化と進化の論理　宇宙を貫く複雑系の法則

AT HOME IN THE UNIVERSE :THE SEARCH FOR LAWS OF
SELF-ORGANIZATION AND COMPLEXITY by Stuart Kauffman

Authorized translation from the English language edition
published by Oxford University Press, Inc.
Japanese translation arranged through Brockman Inc., New York

サンタフェ研究所の同僚たち、
そして、
複雑系の法則を探究する
すべての人々に捧げる

まえがき

われわれはさまざまな要素が驚くほど複雑に絡み合った生物学的複雑系の世界で生きている。あらゆる種類の分子が集まって物質代謝というダンスを踊り、細胞を作っている。その細胞は他の細胞とたがいに作用し合い、多様な組織を形成する。そして、組織はいろいろな組織と相互作用し、生態系、経済、社会などを形作っている。このような基本構造は、いったいどこからやって来たのだろうか？　過去一世紀以上の間、こうした秩序がどのように生まれるかを説明する科学理論としては、ただ一つ、自然淘汰説があるだけだった。ダーウィンが教えたように、生物の世界の秩序は、ランダムな突然変異の中から自然淘汰が稀有で有用な形を選びだすことによって進化してきた。このような生命の歴史観に立つと、生物は自然淘汰がこまごまと細工したいわばつぎはぎの機械ということになる。自然淘汰は、日和見主義の寡黙な修繕職人ということになる。科学がわれわれにもたらしたもの、それは、冷たくて広大な時空間を背景とした舞台で、説明不能なありそうにない出来事が起こった、というものの見方である。

私は三〇年におよぶ研究を通して、生物学におけるこの支配的な世界観が不完全であると確信するようになった。本書で議論するように、自然淘汰は確かに重要であるが、それが単独で、細胞や組織から生態系にまでおよぶ生物圏の詳細な構造を作り上げたわけではない。もう一つの原動力である自己組織化が、秩序の基本的な発生源である。生物世界の秩序は、単に修繕職人によって作られたわけではない、と私は信じている。自己組織化という基本原理によって、秩序は自然に自己発生的に生まれたのである。そのような自己組織化の原理は、複雑系の法則として、いままさに発見されつつあり、理解が進みつつあるテーマにほかならない。

過去三世紀にわたって科学を支配してきた基本的な考え方が還元主義であり、複雑なシステムを単純な部分に分解し、そうした部分をさらに単純な小部分へと分解していって、ものごとの理解を求めてきた。このような還元主義のやり方は驚くほどの成功を収め、いまもなお継続されている。しかし、このやり方には、しばしば真空とでも呼ぶべき論理の穴が残される。このように集めた部分に関する情報を、どのように組み立てれば全体の理論が作れるのだろうか。そこにはきわめて深遠な困難が横たわっている。なぜなら、複雑な全体が示すであろうさまざまな性質は、個々の部分を理解したからといって、その単純な寄せ集めとして把握できるわけではないからである。神話のようなあやふやな観念を完全に排除してもなお、複雑な全体は、しばしば集団としての新しい特徴を生み出す。そうした特徴は、もちろん各部分がもつ性質をなにがしか反映したものである。

本書では、私自身が進めてきた複雑系の法則の探究について述べていく。その法則は、分子のスープから生命がいかに自然に生まれ、今日のような生物圏へと進化してきたかを教えてくれる。分子の共同作業によって細胞が作られたり、生物たちの共同作業で生態系が作られたり、あるいは購入者と販売者が共同して市場や経済が形作られたりする。そうした現象を同じ基盤に立って眺めてみると、ダーウィンの自然淘汰理論では十分ではないこと、自然淘汰だけがわれわれの世界の秩序を作り出す原動力ではないことが信じられるようになるであろう。生物の世界を作り出す作業において、自然淘汰は、あくまでも自発的に生み出された秩序をもつシステムに対して、機能してきたのである。もし私が正しければ、このような根底に横たわる秩序は、自然淘汰によってさらに磨きがかけられたものであり、われわれの存在について新たな意味を与えてくれるであろう。漠然としたありそうもない存在理由ではなく、この宇宙の中においてわれわれの存在がどのような位置を占めているのか、新しい理解の方法を提供してくれるだろう。

一九九四年一〇月　サンタフェにて

スチュアート・カウフマン

1 宇宙に浮かぶわが家で

自己組織化と自然淘汰が生物世界の秩序を生んだ

私の研究室からは、北アメリカ最古の文明の発祥地であるニューメキシコ州北部の聖なる光景が一望できる。切り立った絶壁、メサ（岩石丘）、神に捧げられた土地、そしてリオグランデ川……。ここはサンタフェの西。窓からの景色は圧倒的で、かぎりなく古く、またかぎりなく新しい。遠い過去の香りと始まったばかりの千年紀とが、かすかな予感に酔いしれながら雑然と混じり合う。知性の輝きの場所、ロス・アラモスまでここから六四キロ。半世紀前の一九四五年の夜明け前、われわれの感覚ではすでにその二倍の時間が経ったように思える昔に、ニューメキシコのこの砂漠に原爆実験の閃光が走ったわけだ。そしてすぐ向こうには、九〇〇〇メートル以上の高さがあったといわれる古代の山の名残、グランデ峡谷が広がっている。この山は、噴火で頂上を吹き飛ばされた際に、アーカンソー州にまで灰を降らした。残された黒曜石は、あたかも後の人々による詳細な研究を待っているかのようである。

何カ月か前、私はサンタフェ研究所を訪問中のミュンヘンの理論物理学者、ギュンター・マーラー氏と昼食をともにする機会をもった。私はこの研究所で仲間とともに、われわれの身のまわりに存在する奇妙なパターンの説明を目的として、複雑さの法則に関する研究にいそしんでいる。ギュンター氏は、北の方角、コロラド州の方にしばし目をやり、古い松の木やビャクシンの木を眺めていたが、だしぬけに「天国というのはどんな所だと思うか」と聞いて私を驚かせた。私が答を思案している間に、彼は一つのイメージを語りはじめた。「高い山でもない。大きな海のほとりでも、平坦な土地でもない。むしろ、われわれの前に広がっているこんな場所なのではないか。強い光の下で、長くて起伏に富み、遠い山脈が彼方の地平線を形作る。そしてその地平線に向かって、優雅で印象的な地形が、しだいに霞（かす）みながら続いている。そんな場所なのではないか」と。なぜかはよくわからないが、私には彼の言っていることが正しいと感じられた。われわれはそのあとすぐに、東アフリカの風景に思いを馳せた。そして、われわれはもしかしたら、自分が生まれた場所、ほんとうのエデンの園、最初の家についての記憶を、遺伝的に持ち合わせているのではないか、などと考えたのだった。

始まりと終わり、形態と変形、神、言葉、そして法則などについて、われわれはこれまでどんな物語を語ってきたのだろうか。あらゆる時代のあらゆる人々は、太陽に抱かれたわれわれの居場所を描こうとして、神話や物語を作り出してきたのではないか。クロマニヨン人の描いた動物の絵は敬意や怖れといったものを感じさせる。輪郭や形は、何千年もあとに描かれた絵と肩を並べ、しばしばそれを凌（しの）ぐものすらある。彼らは、「われわれは何者なのか？」、「われわれはどこから来たのか？」、「われわれはなぜここにいるのか？」

といった問いに対して答を紡ぎ出していたにちがいない。では、ネアンデルタール人は、猿人は、あるいは原人は、これらの問いかけをしたのだろうか？　人類の過去三〇〇万年にわたる進化の過程のいったいどこで、こうした問いかけがはじめてなされたのだろうか？　それは誰にもわからない。

　人類の進化の過程のどこかで、「天国」はまず西洋人の精神から消失し、世界文明が広がっていくにつれて、われわれ人類すべての精神から失われていった。ジョン・ミルトンは、近代の兆候がみえはじめた時代に、神から人間へ至る道を正当化しようと努めることができた西洋文明で最後のすばらしい詩人だったのかもしれない。天国は、罪によってではなく、科学によって消失した。わずか数世紀前まで、人は神に選ばれた存在であり、神のイメージの中で造られ、われわれに対する神の愛によって造られた世界を維持するための存在である、と西洋人たちは信じていた。

　それがたった四〇〇〇年後の現在、われわれは自分たちがちっぽけな惑星に住む存在でしかないことを知っている。ビッグバンにまでさかのぼる時空のゆがみの中で、何メガパーセク（一メガパーセクは約三一兆キロメートル）という膨大な空間に散らばった数十億の銀河の中の、ごくありふれた一つの銀河の、その片隅にある小さな惑星上の存在にすぎない。また、われわれは単なる偶然の産物であると教えられる。目的も価値も、人間が勝手に作り上げたものにすぎないという。悪魔や神がいなくなり、宇宙は物質と光と闇のための味気ないすみかとなり、まったく冷徹な場所となってしまった。われわれはせわしなく働く。

たのである。

だが過去の人類がもっていたような宇宙の中のくつろぎの場所を、もはや見失ってしまったのである。

もちろん、科学の進歩と、それに続く技術の爆発的な発展が、宗教に縛られない世界観をわれわれにもたらしたことは認めざるをえない。しかし、精神的に満たされないという思いが残っている。私は最近、アメリカ原住民の作家であり、ピュリッツァー賞を受賞したスコット・モマディ氏と小さな会合で出会った。この会合は、人文科学が直面している基礎的な問題を統合しようと、ニューメキシコ州北部で催されたものである（まるで、思索家の集団が、このような難題をやすやすと解決できるとでも言わぬばかりの会議ではあったが）。われわれが直面している最大の課題は、聖なるものの再発見であるとモマディ氏は語った。そして、生けにえによって清められたカイオワ族の聖なる盾と、戦いの際にその盾をもつ栄誉を与えられた戦士たちの苦しみについて話をしてくれた。盾は南北戦争のあと、アメリカの騎兵隊との戦いの際に盗まれてしまったが、最近になって、南北戦争当時の将軍の子孫の家から発見され、返還されたという。モマディ氏の深みのある声は、われわれの耳に穏やかに伝わった。彼は、戻ってきた盾を安置する様子について語った。盾が置かれたのは、ひっそりとして薄暗く、静けさにあふれた場所で、その弓形からにじみでる情熱と苦しみを崇めるのにまさにふさわしいところであった。

モマディ氏の聖なるものへの探究の話は、私の中に強い印象を残した。なぜなら、新しい科学、いわゆる「複雑系の科学」が、宇宙の中のわれわれの居場所をもう一度見つけるための手助けになることを、私自身が期待しているからである。そして、カイオワ族がついに聖なる盾を取り戻したように、この新しい科学を通して、価値に対する感覚をわれわれが取り戻すことを期待しているからである。同じ会合で私は、人文科学が直面する最も重要な課題は世界文明の出現であり、その卓越した影響力をしっかりと認識し、そこへの転換にともなう文化的混乱に対処することであると話した。現在生まれつつある、この多元的で全体的な共同社会を支えるためには、より進んだ知的基盤が必要であろう。それは、人類の起源や進化、深遠な自然現象である生命とその多様な発達パターン、といったものを考えるための新しい基盤である。

いま姿を現しつつある複雑系の科学は、多元的で民主的な社会という概念に対しても、新鮮な支えとなりうるだろう。本書の目的はこの新しい視点に貢献することにある。以下でみるように、そうした社会は単に人間が作り出したものというだけでなく、物事の自然な秩序の一部でもあることを、この新しい科学は証拠を示しながら教えてくれる。人々は、つねに自らの社会の政治的秩序を、第一原理から導き出そうと懸命になってきた。一九世紀の哲学者ジェームズ・ミルはかつて、とくに前世紀はじめのイギリスにおけるような立憲君主政治が、最も高度で自然な政治形態であるということを第一原理から導き出した。一方、本書では、現実的、政治的、そして倫理的な利害関係が拮抗するとき、達成可能な最良の妥協点を見つけるためのおそらく最適なメカニズムとして民主主義が進化してきたことを、私や仲間たちで研究している複雑さの法則によって示唆できることを証明したいのである。モマディ氏の言うことも正しいにちがいない。われわれは、聖なるものを、そしてわれわれ自身の深い価値の感覚を、復活させなければならない。そしてそれを再び新しい文明の中核に置かなければならない。

天国喪失の物語はよく知られているが、ここでもう一度ふれる価値があろう。コペルニクスが出現する前には、人間は自分たちが宇宙の中心にいると信じていた。現在のわれわれの知識をもってすれば、地動説を抑圧しようと努めた教会を懐疑的に眺めざるをえない。知識は知識のためにあると言われる。あたり前のことだ。しかし、倫理秩序の崩壊に関する教会の懸念は、ほんとうに偏屈な見栄にすぎなかったのだろうか。コペルニクス以前のキリスト教文明にあっては、天動説の考え方は単に科学の問題のみに限られたものではなかった。むしろそれは、宇宙全体がわれわれのまわりをまわっていることの確固たる証拠であった。神、天使、人間、動物、植物、われわれのために作られたこれら豊富なものたちに囲まれ、頭上をめぐる太陽と星の下で、われわれは自分たち自身の居場所を知っていた。神の創造物の中心という場所である。コペルニクスの見方が、義務と権利、責務と任務、モラルの構造といった何千年来の伝統の調和を取り壊してしまうであろうことを、教会は正しく見通していた。だからこそ恐れたのである。

コペルニクスはそのような社会に大きな風穴をあけた。その意味では、ガリレオとケプラーはそれほどの役割は果たしていない。とくにケプラーは、確かに惑星がアリストテレスが想像したような純理論的で完全な円形軌道ではなく、楕円軌道をまわっていることを示したものの、ある意味で彼は過渡期の偉人に過ぎなかった。ケプラーは、東方の三博士の伝統をついだ末裔と言うこともできるし、また、その一世紀ほど前の偉大な占星術の流れをくんでいる人物とも言える。要するに彼は、楕円を探していたのではなかった。むしろ、プラトンがそれによって世界を構築しようと試みた五つの正多面体に対応する調和的な軌道を追い求めていたのである。

われわれすべてにとっての英雄ニュートンは、当時流行していた疫病を避けてケンブリッジ大学から故郷の田舎に帰っていたときに、さまざまな重要な発見を成し遂げた。その結果、ニュートンは疫病から逃れるついでに、天国のさらに彼方にある宇宙にまで、われわれを導いてくれた。彼が踏み出した一歩はなんと大きかったことか。ニュートンの心に新しい力学の法則が浮かんだとき、彼にとってそれがどのように感じられたかを想像してみよう。どんなに大きな驚きだっただろう。たった三つの運動法則と重力に関する普遍的な法則を得て、ニュートンは潮の満ち干や惑星の軌道を導いただけではなく、西洋人の心を時計仕掛けの世界へと解き放ってしまったのである。

ニュートン以前には、スコラ派の哲学者たちがいた。アリストテレスが説いたように、矢が的に向かって弧を描くのは、それが不思議な力、あるいは促進力とでもいったものからつねに作用を受けているからだと、彼らは信じていた。そういう彼らにとっては、神もまた意識を持続的に集中するだけでものを動かすことができると信じるのは容易であった。そうした神さまなら、しっかりお祈りさえしていれば、きっと人間の面倒をみてくれるだろう。そして、人間をきっと天国に戻してくれるだろう。しかし、ニュートンの出現後には、法則以外は何も必要でなくなった。宇宙は、その誕生の際に神によってねじを巻かれ、解き放たれた。それ以後は、神が干渉しなくても、無限の未来に向かって、ニュートンの法則が教えるままにチクタクと時を刻み続けるだけである。そこで思慮深い人々は考えはじめるようになった。もし星や潮の流れが神の干渉なしで動くのであれば、人間たち自身のことに関しても、神の干渉を期待するのはむずかしいのではないか、と。

それでもまだ慰めはあった。もし惑星や無生物が永遠の法則に従っているのであれば、壮大な食物連鎖の頂点に立つ人間をはじめとして、生物こそが神の意向を確実に反映しているはずである。アダム自身が名づけている。昆虫、魚類、爬虫類、鳥類、哺乳類、人類……。あたかも教会における階層、すなわち信徒、司祭、司教、大司教、教皇、聖徒、天使と同じように、最も下の階層から最上層に至るまで、生物の壮大な連鎖が広がっている。

こうしたすべてを、ダーウィンと、自然淘汰による進化という理論が、完全に無力なものにしてしまった！　われわれはダーウィンの考え方を引き継いでおり、彼が一世紀以上も前に教えたように、生き物の世界を「分類」によって眺める。そのわれわれでさえ、この理論が包含するものに対しては困惑を感じざるをえない。なぜなら、突然変異が次々と起こり、適者生存の法則という崇高でも何でもない法則により、少しずつふるいにかけられた結果として人類が存在する、というのだから。特殊創造説が一九世紀後半のアメリカで流行したのも偶然ではない。進化論によると、人類は、約五億年前のカンブリア紀の大爆発より前に、共通の最後の祖先から偶然に分岐した系統の子孫であることになる。このような考えに内包されている恐ろしいモラル的な含意を懸念して、特殊創造説が熱心に推し進められたのであろう。特殊創造説の論理は科学とは似ても似つかないものであるが、その倫理的な苦悩はそんなにばかげたものだろうか？　もしかしたら、特殊創造説はもう少し同情をもってみるべきかもしれない。確かに間違ってはいるけれど、われわれの非宗教的な世界に、聖なるものを復活させるためのより広範な探究の一端であったのかもしれない。

ダーウィン以前には、合理主義的形態学者と呼ばれる人々が、種は、ランダムな突然変異と淘汰の結果なんぞではなく、時間の概念を含まない形に関する法則の結果であるという考え方に満足していた。一八世紀、あるいは一九世紀において最も優れた生物学者たちは、生き物のもつ形態を比較し、いまも残るリンネの分類学に基づいた階層的なグループにそれらを分類した。カトリック教会にとって一連の人間階層がそうであったように、種、属、科、目（もく）、綱（こう）、門（もん）、そして界という分類は、当時の科学者にとってはごく自然で、宇宙の中に整然と定められたものと感じられたのである。形態が明らかに似ている生物どうしについては、科学者たちはその類似性と差異に関して論理的な説明を求めた。このような分類学の目的を理解するには、特定の形でしか存在しない結晶の分類を思い出してみればよいかもしれない。合理主義的形態学者たちは、たがいによく似た種に出会ったときは、類似の規則性を探し求めた。魚の胸びれ、ウミツバメの羽、疾走する馬の脚などは、同一の深い原理の現れだというわけである。

このような世界をダーウィンが壊してしまった。種はリンネの分類図表の欄のように固定されたものではなく、相互に進化してきたものである。手足とひれの類似性とか、環境にすばらしく適応した動物とかを説明するのは、神でもなければ、合理主義的形態論のあれやこれやの原則でもなく、ランダムに突然変異したものに作用する自然淘汰だとダーウィンは言う。現在の生物学者が認めるこの考えは、他のすべての生物ともども人間を神の創造物の地位から引きずりおろし、進化によって便宜的につくられた歴史的偶発物にまでおとしめてしまった。「進化とは、翼を得た偶然である」と生物学者のジャック・モノーは書いている。またモノーとノーベル賞を分けあったフランスの遺伝学者フランソワ・ジャコブも、「進化とは、がらくたをよせ集めて下手にいじくりまわすことである」と言ってモノーに同意する。ユダヤ教的・キリスト教的伝統では、われわれは自分たちが堕ちた天使であると考えることに慣れている。少なくとも堕ちた天使には希望がある。贖罪と神の恩恵に対する希望、そして聖職の階段を逆に上って元の場所に戻るという希望がある。しかし、進化の理論は、われわれに上るべき階段も与えず、地上に縛りつける。そしてわれわれを、必要以上に込み入った機械として運命づけてしまった。

ランダムな突然変異と自然淘汰による選別。これが基礎であり核心である。ここには、偶然の出来事、歴史的偶発、除去によるデザイン設計といった観念が含まれている。計算という点では冷徹そのものの物理学は、深い秩序と必然性を包含している。ところが生物学は、偶然でその場限りのことに関する科学、という様相を示しはじめた。そしてわれわれ自身が、このその場限りの方策のたまものだというのである。もしビデオテープを巻き戻し、それを再び再生するとしたら、生物の形態は前とはまったく違ったものになるにちがいない。生物は、地球の上で、手品のトランプのようにひょいとひねり出された存在にすぎず、鼻高々でうぬぼれている人間が生まれる必然性など、ありはしないのである。われわれの自負など影も形もない。人間は存在できただけでも運がよかったのだ。天国だって同じことだ。

それでは、私が窓から眺めることのできるこの豊富な生命、この秩序は、いったいどこからやって来たのだろうか。クモはしなやかな糸でせっせと巣をはり、ずるがしこいコヨーテは山の頂を走っている。濁ったリオグランデ川はヌカカ（夕方の早い時間に現れる目に見えないほど小さな虫）でいっぱいである。ダーウィン以来、われわれはつねに自然淘汰という唯一の不思議な力に頼ってきた。まるでそれが新しい神であるかのように利用してきた。ランダムな突然変異と自然淘汰。この二つがなければ、支離滅裂な無秩序以外のなにものも存在しなかったであろうとわれわれは推論してきたのである。

私は本書において、以上の考え方が間違っていることを議論していきたい。あとでみるように、秩序は偶然の産物などではまったくないこと、そして自発的な秩序の膨大な広がりは、すぐ手元にまでおよんでいることを、生まれつつある複雑系の科学が示しはじめている。自然界の秩序の多くは、複雑さの法則により、自発的に形成されたものである。自然淘汰がさらに形を整えて洗練させるという役割を果たすのは、もっとあとになってからのことなのだ。自発的秩序がこのように広く存在することは、まったく知られていなかったわけではない。しかし、生命の起源や進化を理解するための強力な手がかりとしては、いまやっと注目されはじめたばかりである。われわれはみな、簡単な物理系が自発的な秩序を示すことを知っている。水の中の油のしずくは球状になるし、雪片はつかの間ではあるが正六角形の対称性を示す。複雑系の科学を通して新しくわかってきたことは、こうした自発的秩序が、われわれの思っていたよりもはるかに多様な現象において現れるということである。深遠な秩序が、大きな、複雑な、そして明らかに乱雑な系で発見されている。私はこのような創発的な秩序が、生命の起源の背後に存在するばかりではなく、今日生物でみられる多くの秩序の背後にも存在するのではないかと信じている。そして同様のことを、私の同僚たちの多くも信じているのである。彼らはきわめてさまざまな種類の複雑な系において、創発的な秩序の証拠を次々と発見しはじめている。

自発的秩序の存在は、ダーウィン以来の確立した生物学に対するすばらしい挑戦である。ほとんどの生物学者たちは、自然淘汰が生物における秩序の唯一の源であり、自然淘汰こそが形態を念入りにこしらえた職人である、と一〇〇年以上も信じてきた。しかし、淘汰によって選ばれた形態が、もともとは複雑さの法則によって生み出されたものであるならば、淘汰はつねに単なるしもべでしかなかったことになる。結局、自然淘汰は形態を生み出す唯一の源ではないことになり、そして、生物もがらくたを寄せ集めたものではなく、より深遠な自然法則の現れだということになる。もしこれらのことがほんとうなら、ダーウィン的な世界観の大幅な修正が必要となる。われわれは偶然の産物ではなく、生じるべくして生じたものだったことになるのだ。

ダーウィン的な世界観を修正するのは簡単なことではないだろう。生物学者たちは、自己組織化と自然淘汰をともに織り込んだうえで進化の過程を扱うような概念的な枠組みを、いまだに持ち合わせていない。すでに自発的な秩序が生じている系に対して、いかにして自然淘汰が機能しえたのか。

物理学にも、深遠な自発的秩序なるものは登場するが、これらは淘汰される必要がない。生物学者たちもこうした秩序が存在することには潜在的に気づいていた。しかし、それに関しては無視し、もっぱら淘汰のほうのみを重視してきたのである。自己組織化と自然淘汰をともに包含する枠組みがなければ、自己組織化のほうは、静物画における背景のようにほとんど注目されないことになる。視点を変えることによって、背景だったものが前面に出て、前面に出ていたもの、すなわち自然淘汰が背景に変わるということはありうる。しかし、どちらも単独では十分な働きをしない。自発的に秩序が生じ、自然淘汰がそれを念入りに作り上げる。生命とその進化はつねに、自発的秩序と自然淘汰がたがいに受け入れあうことによって成り立ってきたのである。だからわれわれは、新しい絵を描いていかなければならない。

創世記

一九世紀に生まれた二つの系統の概念が合流し、その結果、星が渦巻くこの世界において、われわれは孤立した偶然の存在であるという観念が完成したといえる。二つの系統とは、一つはダーウィンの理論であり、もう一つはフランスの技師サディ・カルノー、物理学者ルードヴィッヒ・ボルツマン、そしてジョサイア・ウィラード・ギブスらが構築した熱力学・統計力学である。後者は、一見神秘的な熱力学第二法則を提供した。環境との間に、物質やエネルギーのやりとりがない閉じた系では、無秩序の度合いを測るための量であるエントロピーが不可避的に増加する。そして平衡状態に達したとき、エントロピーは最大となる。誰もがその簡単な例を目にしたことがある。コップにたたえた水の中に、濃い青のインクを一滴入れると、それは一様に拡散してうすい青色となる。インクが再び集まって濃い青のしずくになることはない。

ボルツマンは第二法則を近代的に理解する方法を与えた。気体の分子で満たされた箱を考えよう。分子は弾性のある硬い球体としてモデル化する。すべての分子を箱の隅に集めておくこともできるし、ほぼ一様になるようにばらまいて配置することもできる。どの配置も同じくらい実現しにくいであろう。しかし、可能なかぎりの配置の中で圧倒的に数が多いのは、すべての分子が、たとえば隅に集まった配置ではなく、全体がほぼ一様になるようにばらまかれた配置である。ボルツマンは、平衡系においてエントロピーが最大となるのは、システムが可能なすべての状態をランダムに巡回する統計的傾向をもつからであると議論した（いわゆるエルゴード仮定）。このとき、圧倒的多数の状態において分子は一様に分布するのであるから、平均的にはわれわれにもそのようにみえるはずである。インクのしずくは拡散してしまい、再び集まることはない。気体の分子も箱の隅から拡散して、再び集まることはない。ほうっておけば、系は可能なすべての微視的配置を同じくらいの頻度で訪れる。しかし、粗視的にみると、箱の中に分子が一様に分布した状態、すなわち最も多くの微視的配置を含んだ状態で、ほとんどの時間をすごすことになるのである。第二法則は結局のところそれほど神秘的なものではない。

熱力学の第二法則の帰結として、「閉じた系」においては秩序——非常に起こりにくい配置——は消えていく傾向をもつことになる。もし秩序の定義を、粗視化された状態のうち、少数個のわずかな微視的状態しか含まないもの（分子が左上の隅に集められた状態、あるいは分子が箱の上面と平行な面上に配置された状態）とするならば、熱力学的平衡状態では、系がエルゴード的に微視的状態を動きまわることにより、これらの微妙な配置は消えてしまうことになる。したがって秩序が維持されるためには、何らかの形で外部から仕事がなされなければならない。この仕事がないと秩序は消え去る。こうして、われわれが現在もっている感覚、すなわち秩序がばらばらに崩壊するのは自然ななりゆきである、という感覚に行き着く。またしても、われわれは偶然の産物であり、存在しそうもなかったものであるということになってしまう。

熱力学の第二法則は、かなり悲観的に教えられてきた。「減速しつつある宇宙、われわれの前に待ち受ける熱死、無秩序こそがその日の秩序」と沈んだ調子で書いてある見出しをありありと想像することさえできる。宇宙の中心にいて、われわれのために造られた創造物の間を歩きまわり、エデンと呼ばれる園に住む恵まれた神の子らであったころから考えると、どんなに遠くまで来てしまったことか。われわれから天国を奪ったのは、われわれが犯した罪ではなく、科学なのである。

もし第二法則のために宇宙が止まりつつあるというのがほんとうだとしても、窓の外で簡単に見つけられるその証拠はほんのわずかである。あちこちにあるごみくず、恒温動物であるわれわれの体から放出され空気の分子をかき混ぜている熱、といったところだろうか。私が魅せられるのはエントロピーではなく、秩序への途方もない高まりである。木々は、光の速さで八分間かかる距離だけ離れた太陽から光を貪りとり、その光子と水、二酸化炭素を混ぜ合わせて砂糖と特選の炭化水素を調理する。豆類は、根にしがみついている細菌類の助けで窒素を吸収しタンパク質を作る。こうした光合成の廃棄物である酸素――太古、嫌気細菌が支配していた時代には最強の毒であった物質――をわれわれはひたすら吸い続け、木々のために二酸化炭素を放出する。生物圏はわれわれを支え、逆にわれわれによって支えられる。そして世界を包む生化学的、生物学的、地質学的、経済的、そして政治的交換の壮大な織り物の中に、太陽から受け取った光の束を注ぎ入れるのである。けしからぬ熱力学よ。たとえ主がなんであるにせよ、その主のおかげでこの世は創世されたのだ。現にわれわれは栄えているではないか。

地球上の生命の最も初期の痕跡は三四億五〇〇〇万年前、すなわち地殻が十分冷えて、液体の水を維持できるようになってから三億年後のものである。この生命の痕跡はけっしてとるに足らないものではない。整った細胞、あるいは専門家たちが細胞と信じているものが、その時代の原始的な岩石の中にみられる。図1-1は、そのような古代の化石である。図1-2のaは、現代の球状シアノバクテリア（藍藻）であり、図1-2のbは、二一億五〇〇〇万年前のこれとよく似たシアノバクテリアの化石である。両者は形態学的に驚くほど類似している。これらの古代の細胞は、外部と内部の環境を隔てるための細胞膜をもっているようにみえる。もちろん形態学的な類似性は、必ずしも生化学的な類似性や物質代謝（新陳代謝）に関する類似性を示すものではない。しかし、われわれはこれらの化石をみて、共通の祖先の刻印を目にしているようで寒気さえ覚えるのである。

物質代謝や生殖の能力があること、進化できることなどを、われわれは生きている状態に特有の性質と考えている。たがいに相互作用し合い、これらの性質を示すのに十分なほど複雑な初期の分子集団から進化したものの中で、細胞は最も成功を収めたものであるにちがいない。その一方で、細胞の形成以前に生じた生命体の起源も、まだ生物が存在しなかった世界の化学進化において、最も成功したものである。原始の地球におけるガス雲の中にあった限られた種類の分子から、生命、すなわち自己複製能力のある分子系へとつながっていく、多様な化学物質が作られた。

しかし、一度細胞がつくり出されてしまうと、気の遠くなるような退屈な時間がわれわれの祖先を待ち受けていた。おそらく現在の古細菌と関係していると思われる単純な単細胞生物が、そしてのちには、おそらく初期の菌類のさきがけと思われる長い筒状の細胞が、大域的な共栄圏を形成し、その状態はだいたい三〇億年という長い時間続いた。菌類や細菌類がたがいに競ったり協調したりするような、局所的に複雑な自然の生態系が作り出され、数メートルの広がりと高さをもった、小丘状の複雑な構造が形成された。これはのちのあらゆる生態系の前身となったものである。小丘状構造の現代版は、オーストラリア沿岸のグレートバリアリーフに沿って豊富にみられる。また化石になったものはストロマトライトと呼ばれている。おそらくこうした単純な生態系は、地球上の浅い海域の沿岸部をおおっていたのであろう。今日でも、カリフォルニアやオーストラリアの湾の浅瀬で同様な形成物が見つかっている。現存の小丘には、数百種の細菌類とそれほど多くない種類の藻類がすみついており、太古のものも同程度の複雑さをもっていたと推定できる。

三〇億年——地球の年齢の大部分に相当する年月——にわたって、生物圏には、こうした単細胞生物という生命形態だけが存続した。しかし、この生命形態は、まだよく知られていない何らかの作用が働くことによって、あるいは何らかの可能性が充満することによって、変化するようにあらかじめ定められていたのである。生物学者たちが何十年にもわたって議論してきたように、これはダーウィン式の偶然と自然淘汰だけによるのであろうか。それとも、この本で私が提案するように、自己組織化の原理が、偶然性および必然性

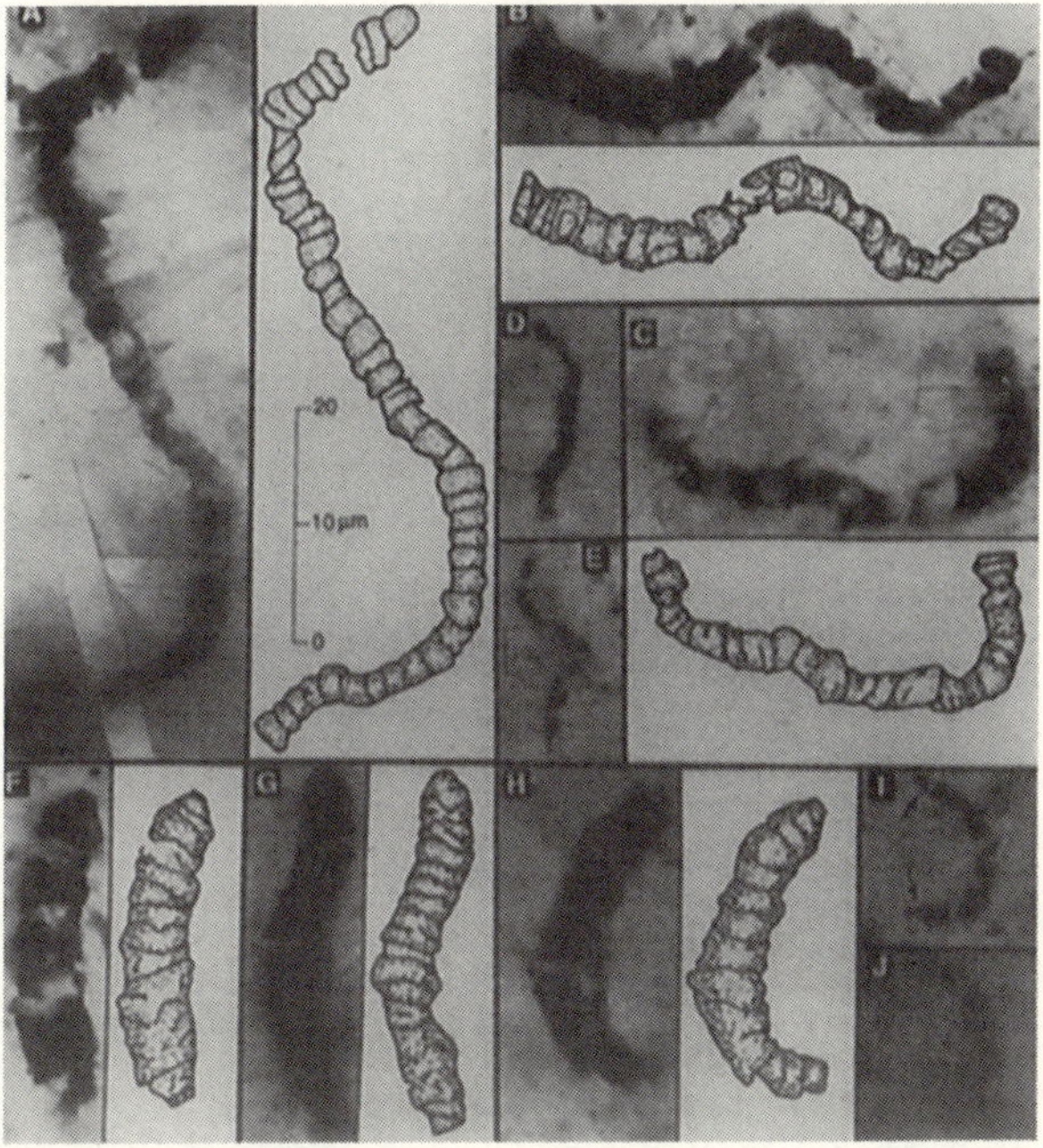

図 1-1　われわれすべての祖先——34億3700万年前の化石。一部はイラストをそえた。(ウィリアム・ショップ提供)

と混じり合った結果なのだろうか。多細胞生物が登場したのは、おそらく八億年ほど前である。多細胞生物形成の道筋はよく理解されていない。しかし、それが形成されたのは、管状の原始菌類が自己の内部に壁を作りはじめたときで、それがのちに個々の細胞になっていったと一部の研究者たちは信じている。

そしておよそ五億五〇〇〇万年前、カンブリア紀における「生物種の大爆発」の際に、すべての可能性が解き放たれた。現在、さまざまな生物種が、地球の表面はもちろん、表面より高い場所、あるいは表面より低い場所など、いたるところの片隅や裂け目、時には硬い岩の何百メートルも下にさえ、たがいに押し合いへし合いしながら生存している。生

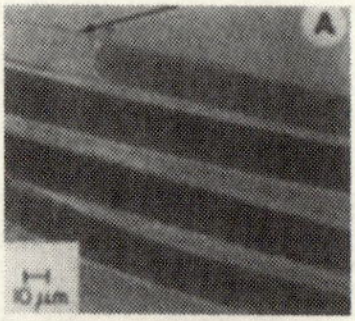

a

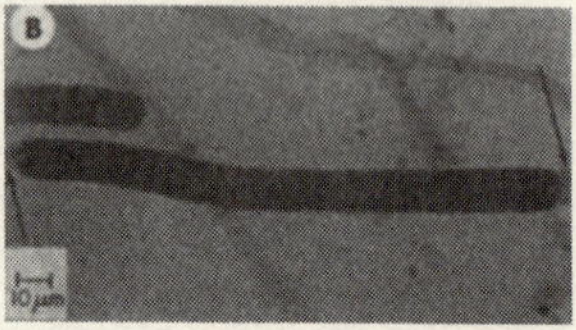

b

図1-2　太古の化石の細胞と、現代の生きた細胞は息をのむほど似通っている。（ウィリアム・ショップ提供）
a　現代の球状シアノバクテリアの群体。
b　化石の球状シアノバクテリアの群体。21億5000万年前のもので、カナダで見つかった。

物の主要な「門」のほとんどすべてが、この進化の創造の爆発で作り出されたのである。われわれの属している脊椎動物のみが、少し遅れてオルドビス紀になって登場している。

生命の歴史の中で、カンブリア紀の種の大爆発に続く一億年は、騒がしい混乱のさなかにあった。そしてその神秘は、いまだに解き明かされてはいない。リンネの分類図表は、生物を特定なものから、より普遍的なものへ、種から属、科、目、綱、門、界へと階層的に分類している。最初の多細胞生物はどれも非常によく似ていて、上向きに、属、科、目、綱と多様化していったと考えてしまいがちである。実際、最も厳格で伝統的なダーウィン主義者の予想もそうしたものであった。地質学的には徐々に変化が起こったという見方が生まれつつあったが、この見解から強く影響を受けていたダーウィンは、有効な変化がきわめて少しずつ積み重なっていくことにより進化が起きたと主張した。したがって、最も初期の多細胞生物たちも徐々に多様化していったはずである。しかし、この考えは間違っていることが明らかになった。カンブリア紀の種の大爆発の、すばらしく、そして不思議な特徴は、進化の図表が上から下に向かって埋められていったことにある。たがいに非常に異なった身体をもつ生物の「門」が多数生まれることにより、自然は急激に前進した。そして、この基本的なデザインがより精密化されることにより、綱、目、科、属が形成されていったのである。

スティーブン・ジェイ・グールドは、カンブリア紀の種の大爆発に関する彼の著書 *Wonderful Life: The Burgess Shale and the Nature of History*（邦題『ワンダフル・ライフ——バージェス頁岩と生物進化の物語』ハヤカワ・ノンフィクション文庫）の中で、カンブリア紀の、この上から下へという方向性に驚きをもってふれている。二億四五〇〇万年前の二畳紀の絶滅では、すべての種のうち九六パーセントが消えてしまった。しかし、その反動期——この時期に多くの新しい種が進化した——には、さまざまの新しい科へ、目へ、綱へ、そして門へと、多様化は下から上へ進んでいったのだった。

このカンブリア紀と二畳紀の種の大爆発にみられる非対称性は、多くの議論の的となっている。あとの章で詳しくみていくが、私自身はカンブリア紀の爆発を、たとえばまったく新しく発明された自転車の技術的進化の初期段階のようなものだ、と考えている。前の車輪が大きく後ろの車輪が小さいもの、また後ろの車輪が大きく前の車輪が小さいものなど、初期の自転車の滑稽な形を思い出そう。ヨーロッパからアメリカ、そしてその他の場所にまで広がった多岐にわたる自転車の形の大混乱の中から、やがていくつかが主流として残り、他のものは非主流となった。大きな技術革新が起きたすぐあとでは、非常に異なる変形版を発見するのは容易である。しかし、のちの技術革新は、より最適化された設計に対するささやかな改良に限られてしまう。

カンブリア紀において、多細胞生物が、生き物としての可能な形をはじめて試してみたときにも、同様なことが起きたのではないかと私は考えている。もしビデオテープを再生するとしたら、分岐した個々の生命形態こそ異なるかもしれないが、はじめは劇的に、そしてのちにはしだいに細かく、詳細を変えていくという分岐のパターン自体は、同じように現れるのではないだろうか。生物の進化は、ダーウィンが教えたように非常に歴史的な過程であるのかもしれないが、同時に合法則的な過程でもあるのだ。

以下の章でみるように、生命の系統樹における分岐的進化と、技術の系統樹における分岐的進化は類似しており、同じテーマを追い求めているようにみえる。複雑な生物の進化も、複雑な人工物の進化も、たがいに相容れない複数の「設計基準」に立ち向かっている。梁を太くすれば強くはなるが、機敏に飛行するのはむずかしくなる。骨を太くすればそれだけ強くはなるが、機敏な戦闘機にするのはやはりむずかしくなる。生物や人工物におけるたがいに相容れない設計基準は、非常にむずかしい「最適化」という問題を提起する。最適化問題の目的は最適な妥協点を見つけることであるが、それを解くのには離れ技がいる。こうした問題においては、大雑把に設計された大きな技術革新が生じたあと、新しいテーマに基づいた劇的な変形により、多大な改良がなされる場合がある。そして、大きな革新がほとんど試されたあとでは、改良はしだいに詳細なものでしかなくなってしまう。以上のようなことが真実であれば、われわれ人間という職人が作り上げた人工物や文化形態の進化にも、生物進化と響き合うエコーのようなものを見つけられるであろう。

過去五億五〇〇〇万年の間に目撃されたのは、舞台に現れては消えていった生命の形態である。こうした生命形態は、現在では化石として残されている。大雑把にいって、種の形成と絶滅は、同程度に起きたといっていい。実際、最近見つかった証拠から、カンブリア紀には種形成だけでなく、絶滅の割合もいちばん高かったことがわかる。平均的な種の多様性は、その後の一億年以上をかけて、ほぼ定常状態と呼べる程度にまで増加した。しかし、比較的少数の種や属や科を一掃した小規模な絶滅や、非常に多数の生物を全滅に追いやった大規模な絶滅によって、多様性の程度は継続的に乱されてきたし、いまも乱され続けている。こうした破局の多くを引き起こしたのは、それぞれは小規模の、あるいは大規模の気候変動かもしれない。実際、恐竜の絶滅と時期を同じくする白亜紀後期の生物種の絶滅は、おそらくユカタン半島付近を襲った強烈な災害によるものであろう。

この本では、私はそれとは異なる可能性を探究するつもりである。種の全滅は、天候の激変やその他の外部的な大変動に伴って起こるとはかぎらない。むしろ、種形成と絶滅は、種の社会の自発的なダイナミクスを、非常によく反映しているように思える。生存のための競争や、共進化しつつあるパートナーたちの小規模あるいは大規模な変化に適応するための競争は、ある種を最終的には絶滅に追い込み、一方で他の生物のための新しいニッチ（生態的地位）を作り出す。こうして、大小規模の爆発的な種形成によって新しい種が誕生し、爆発的な絶滅により古い種が滅びていく、という終わりのない変化の連続の中で、生命のドラマが繰り広げられるのである。この見方が正しければ、生命の突発的な出現や消滅は、内部的な過程、内因性で自然な過程によって引き起こされたということになる。こうした種形成や絶滅のパターン、すなわち生態系と時間の双方にまたがる雪崩的現象は、自己組織的であり、集団的創発現象であり、そしてわれわれが探究している複雑さの法則の自然な現れであるようにみえる。このパターンを何とかして理解できた暁には、われわれすべてが参加しているゲームに対する深い理解がもたらされるにちがいない。われわれはすべて、同じ劇団の構成員なのだ。

創造と破壊のこれら大小の雪崩的現象は、けっしてとるにたりない話ではない。生態系から、技術的進化のさなかにある経済システム――新しい製品や技術が殺到して現れ、古いものを駆逐する経済システム――に至るまで、あらゆるレベルにおいて、過去五億五〇〇〇万年にわたる生命の自然史とよく似た現象が存在するからである。同じような大小の雪崩現象は、進化する文化システムの中でも起こっている。生命の自然史には、われわれの経済的、文化的、社会的生活を統一的に理解するための、新しい知的土台が隠されているのかもしれない。絶え間ない変化を理解するための深遠な理論が見つかるだろうとわれわれは考えているが、その根拠を説明するために、私はこの本のほとんどのページを費やすつもりである。

単一の細胞から経済システムまで、生物圏におけるすべての複雑適応系は、秩序とカオスの境界にある自然な状態に向かって、あるいは、構造あるものと予期せぬものの間のおおいなる妥協点に向かって、進化していく運命にあるのではないかと私は考えている。この均衡状態では、共進化する変化の大小の雪崩が系の中に伝搬していく。それは、生き残るために競い合ったり協力し合ったりする、個々の役者の小さな最善の選択の結果として生ずるのである。われわれはみな最善を尽くすのだが、その最善と思われる努力の予期せざる結果として、最終的には舞台から追い出されてしまう。私は、このことをさまざまなスケールにおいて示唆しようと思う。われわれは太陽のもとで、自分たちのための場所を見つける。「カオスの縁（ふち）」でつり合いを保ち、太陽の輝きによって支えられた場所である。しかし、そこにとどまれるのはつかの間であり、いずれはそこから滑り落ちてしまう。無数の役者が登場し、そしてすばらしい脚本家がかつて言ったように、彼らは舞台に出ている間、胸をはって歩いたり悩んだりする。ほほえましき皮肉。それがわれわれの運命である。

カエル、ぜんまい、わらび、鳥、船乗り、地主階級の紳士方、われわれすべてが生計を立てている。たがいに相手が必要としている食物を作り出す豆の根と窒素固定バクテリアによる物質代謝の相利共生から、最近の巨大な製薬会社と小さなバイオテクノロジー会社の研究上の協力に至るまで、日々のパンを手に入れるために、われわれはたがいに自分の持ち物を売り、交換しているのである。そして、カンブリア紀において急激に発展した多様性――そこではそれぞれの新しい種が、その種を餌とする他者、またその種から逃れようとする他者、あるいはその種と分かち合う関係にある他者に対して、一つか二つの新しいニッチを提供している――は、経済システムにおいて急激に発展した多様性――新しい製品やサービスが、他の製品やサービスに対して一つか二つのニッチを供給し、それによりその製品やサービスを提供する者たちは生計を立てている――と、どうやら非常によく似ているようにみえるのである。われわれはみな、たがいに持ち物を交換している。われわれはみな、生計を立てていかなければならない。何らかの普遍的な法則が、こうしたすべての活動を支配しているのではないだろうか？　カンブリア紀の爆発からポストモダンの技術時代、すなわち革新が爆発的な進度で生じて時間の地平線をますます近づけ、さらなる衝撃を誘発している時代に至るまでの現象を、ある普遍的な法則が支配しているのではないだろうか？　これが、私がこの本で探究していく可能性である。

生命の法則

こうしたすべての活動や複雑さは、いったいどこから生まれるのだろうか？　また、その強い普遍性はどこから来るのだろうか？　教会にとって時代を先取りしすぎたケプラーやガリレオ以来、物理学者たちはつねに基本法則を探し求めてきた。彼らが正しければ、こうしたすべての多様性は、その基本法則の結果としてのみ理解されるはずである。基本法則を発見することは、科学にとって最も深いところにある願望であり、最も敬意を払われるべきものである。それは科学における還元主義の理想なのだ。スティーブン・ワインバーグがいみじくも著書のタイトルに選んだように、それは「究極理論への夢」そのものなのである。この言葉は、古くから物理学者が探究してきたものを端的に表現したものであり、心の奥から発せられたものである。われわれは、還元主義的な説明を求める。経済・社会現象は人間の振る舞いから説明されるべきものであり、その振る舞いはまた、生物学的過程として説明されるべきなのだ。さらにそれは、化学的な過程、物理的な過程として説明されるべきである。

この還元主義者のプログラムの妥当性については、多くの議論がなされてきた。しかし、ほとんどの人は、次のことについては同意するであろう。すなわち「究極理論が見つかったら、そのときはじめて、多様性を探究する仕事が始められる」ということだ(もしかしたら究極理論は、一〇次元中に埋め込まれた超弦が担うかもしれない。一〇次元のうち、六次元はそれ自身の中でねじ曲がり、残りの四次元は量子化された時空の中の幾何学的な泡の中に埋め込まれている。これは重力と他の三つの力を同一の概念的な枠組みの中に調和させることを許すものである)。その究極理論が美しいイタリアのカララ大理石の石碑に永遠に刻まれるとか、あるいは物理学者レオン・レーダーマンが示唆したように、Tシャツの胸にプリントされるという、紛れもなくすばらしい日が訪れたのちに、われわれはやっとその結果を使って多様性の研究を始めるという筋書きである。われわれはその法則がもたらす結果をほんとうに計算しはじめなければならないからである。

このような還元主義者の筋書きの後半部分を、ほんとうに実行できると期待していいのだろうか? われわれが目にする生物圏を理解するために、そうした法則をほんとうに用いることができるのだろうか? ここで、説明と予測の区別という問題に行きあたる。潮の満ち干のスケジュールは、予測するものであって説明するものではない。ニュートンの理論は予測も説明も与えてくれる。多くの生物学者は、ダーウィンの理論は説明には強いが、予測には弱いと考えている。物理学の究極理論もまた、説明には向いていても、詳細まで予測することはまずもってできないと思われる。予測に失敗するであろうことは、少なくとも二つの根拠に立って予想できる。

第一の根拠は、原子より小さな世界における基本的な非決定性を保証している量子力学である。この非決定性は巨視的な結果に影響を与える――たとえば、ランダムな量子的事象はDNA分子における突然変異を引き起こすことができる――ために、すべての分子や超分子の事象に関して、詳細な特定の予測をすることは基本的に不可能である。

第二の根拠は、現在カオス理論として知られている数学の分野から出てくる。基本的なアイディアは簡単で、いわゆるバタフライ効果を考えれば理解できる。これはある伝説的な蝶がリオデジャネイロで羽をはばたかせると、シカゴの天気が変化するという有名な話である（私はシカゴに住んでいたが、ここの天気は何によっても変えられないと個人的には思っている）。カオスの話が語られるとき、決まって蝶が引き合いに出される。しかし概念を大きく飛躍させれば、何か他の例でもかまわないことがわかるだろう。ミズーリ川周辺の蛾でも、五大湖周辺のホシムクドリでも、羽をもった動物なら何でもよい。

要するに、カオス的な系においては、いかなる小さな変化も、大きく増幅された効果をもちうるし、実際にそうした効果をもつのが普通なのである。初期条件に鋭敏に依存するということの事実が意味するのは、結果を予測するためには、無限の精度で詳細な初期条件――どんな速度で、どんな角度で、そして具体的にどのようにして、ムクドリが羽をはばたかせたか――を知らなければならないということである。しかし、現実的に考えても、量子力学的に考えてみても、このように詳細に初期条件を知りうる可能性はありえない。その結果次のようなよく知られた結論に到達する。すなわち「カオス的な系においては、長期的な振る舞いを予測することはできない」のである。ここでもう一度注意しておきたいのは、予測できないということは、けっして理解や説明の欠落を意味しないということである。実際、あるカオス的な系を支配する方程式を知っているということは、「長期的な振る舞いを詳細に予測することはできない」ということも含めて、その系の性質を確かに理解していることを意味する。

もし究極理論が、一般的にも原理的にも、われわれが詳細に予測することを不可能にする場合があるとすれば、いったい何を望むことができるのだろうか。私は以前、私よりも明らかにデザインのセンスのいい室内装飾家の話を、かなり興味をもって聞いたことがあった。そして非常に便利な言い回しを覚えた。「それはその手の話だ」。これは実に便利な言い回しである。詳細を予測することがたとえできなくても、われわれは「その手の話」として予測できる可能性がある。ここで期待できるのは、詳細にはよらない典型的で一般的な系の性質を、分類して特徴づけることである。たとえば、水が凍るとき、水の分子がそれぞれどこにあるかを知らなくても、典型的な氷のかたまりについては多くのことを語ることができる。それは特徴的な温度、色、硬さをもっている。これらは、構成の詳細によらない「一般的な」特徴である。生物や経済などの複雑系でも、同じことがいえるのではないか。たとえ詳細がわからなくても、一般的な性質を説明する理論を作ることは可能なのである。

興味の対象である現象について、便利で簡潔な記述を見つけることによって、科学理論の進展が起こることがよくある。切り詰めた記述というのは、現象のあらゆる特徴をとらえているわけではなく、基本的に重要なものだけをとらえている。簡単な例として、おじいさんの時計の中にある振り子、専門用語でいえば調和振動子をあげることができる。振り子は、その構造、長さ、重さ、色、表面の彫刻、他の物体からの距離などによって記述できる。しかし、周期的な運動の基本的性質を理解するためには、長さと質量だけが重要であり、その他は重要ではない。また統計力学は、複雑な系の簡潔な記述として、統計的に平均化された性質、すなわち典型的かつ一般的な性質を用いる。温度や圧力は、「ある体積をもつ平衡状態にある気体の平均化された性質」であり、個々の気体分子の振る舞いの詳細にはよらない典型的な性質である。

統計力学は、複雑な系を詳細に記述しなくても、全体の性質に関する理論をわれわれが構築できることを証明している。ただし、気体の統計力学は比較的単純である。というのは、すべての気体分子は同じニュートンの運動法則にしたがい、しかもわれわれが理解したいのは気体分子の平均的な集団運動だけだからである。ふつうの統計力学は、単純でランダムな系を扱う。ところが、生物は単純でランダムな系ではない。ほぼ四〇億年かけて進化してきた、高度に複雑で不均一な系なのである。生物学的な秩序に関する深遠な理論を作るという望みを達成するには、複雑な生き物の系において、重要な未知の生物学的性の性質を発見しなければならない。もし、生物の系のすべての性質がその構成や論理の詳細に依存しているとしたら、もし生物が気まぐれながらくたの中の気まぐれな装置だとしたら、生物圏の不思議さを理解しようと試みるとき、われわれの前に立ちはだかる認識論的な問題はとてつもなく大きなものとなるであろう。一方、最も重要な核となる現象がいかなる詳細にもよらないとしたら、美しく深遠な理論を見つけられる望みがある。たとえば、受精卵が成体へ成長する個体発生は、体内の各細胞内における遺伝子とその生成物のネットワークによってコントロールされている。もしこの発達が、ネットワークのあらゆる状況に依存しているとしたら、生物の秩序を理解するには、これらすべてを詳細に知らなければならない。こういう状況は実際には起こっていないことを本書で説明する。「成長の際にみられる秩序の多くは、相互作用し合う遺伝子のネットワークがたがいにどのように関連しているかとは無関係に生ずる」と考えてよい強力な根拠を後章で示す。こうした秩序は強靭であり、創発的であり、自発的な構造が集団的に「結晶化」した構造といえる。そしてその秩序の起源や性質が、個々の詳細とは独立に説明されることが期待できるのである。自然淘汰は、この自発的に生じた秩序に対して働きかけを行なうようにすぎない。

このような性質を探していくことが、研究の際の基本的な戦略となる。これは本書で私が多用する戦略でもある。こうした一般的で創発的な性質が存在するような場合、その性質が生まれることを説明・理解したり、あるいは予測することすら可能である。ただし、詳細を予測するのはあきらめなければならない。生命の起源（化学物質からなる複雑な系の創発的で集団的な性質)、受精卵から成体への成長(たがいの活動をコントロールする遺伝子の複雑なネットワークの創発的な性質)、共進化する種の振る舞い(絶滅と種発生の大小の雪崩が生ずる生態系における種の振る舞い)などの例をわれわれは探究していく。これらすべての例にみられる創発する秩序は、系の強靭で典型的な性質によるものであって、構造や機能の詳細によるものではない。そしてその秩序は、実にさまざまな条件下で現れる。

さて、創発的な秩序の理論がいつの日にか見つかったとしよう。そのとき、その理論を、どのようにすれば突然変異やダーウィン主義における気まぐれな自然淘汰と調和させることができるのだろうか? 生命は、一般則にしたがっているにもかかわらず、不確定的であり、予測が不可能であり、また偶然的であるのはなぜだろうか? 同じ疑問は歴史について考える際にも生ずる。歴史家たちは物理学者たちとは異なる道を歩んできた。普遍的法則を探すなどという野望を抱くことは慎んできたのである。私はもちろん歴史家ではないので、やはりそのような法則を作ることを提案したい。なぜなら、最も普遍的なレベルから眺めたとき、生きている系——細胞、生物、経済、社会——が、ことごとく法則的な性質を示すかもしれないという可能性が見えはじめているからである。これらの系は詳細な歴史のレース織りで飾られているが、その飾りが別のものであったかもしれない可能性は非常に大きく、実際に実現されたものは確率の低い可能性の一つにすぎなかった。このこと自体、賞嘆に値するものといえる。

こうしてわれわれは懸案の疑問に戻ってきた。うたかたの活動、複雑さ、そして強い普遍性はいったいどこから来るのか。この問いこそ、われわれのまわりに存在する「秩序立った複雑さの創発」を理解するための探究にほかならない。すなわち、われわれが目にする生物やそれらが構成する生態系、昆虫から霊長目に至るまで数多くみられる社会、そして、われわれに日々のパンを届け、またアダム・スミスを驚かせ、「神の見えざる手」の概念化へと導いた驚嘆に値する経済システム、こういった系でみられる創発的現象を理解するための探究である。私は医者であり生物学者である。私は生命の起源やその後の進化に関する理解に、なにがしかの貢献ができるかもしれないという期待を抱いている。私は物理学者ではない。私は宇宙の進化についてあえて発言するほど厚かましくはない。ただ私は不思議に思うのである。これらのうたかたの活動や複雑さは、いったいどこから来たのか。宇宙が進化するのは、究極的には、宇宙が平衡状態にないことの自然な現れではないのか。器に入った特徴のない均一気体ではなく、複雑さの形成を促していく不均一さや可能性が、宇宙には存在している。一五〇億年前のビッグバンの閃光によって生み出された宇宙は、現在も膨張し続けており、おそらくビッグクランチへと再び収斂（しゅうれん）することはないだろうと言われている。宇宙は非平衡状態にあり、最も安定な原子である鉄よりも、水素原子やヘリウム原子のほうが過剰に存在している。何も形成されない可能性もあったのに、実際にはさまざまなスケールの銀河や銀河団が存在している。また、この宇宙には、仕事を行なうために用いることのできる非常に豊富な自由エネルギーが存在している。われわれのまわりの生命は、おそらく、形のある物質と自由エネルギーが結合したことの、当然の帰結であったにちがいない。どのようにしてそういうことができたのかは、まだ誰にもわからない。しかし本書では、それに関する仮説をあえて提唱していくことになるだろう。これは単なる科学的探究ではなく、精神的な切望とでも呼ぶべきものである。それは、過去三〇〇万年の間のどこかの時点において、小さなかがり火のまわりではじめて問われた聖なる問いの核心を追い求めることである。それはまさに、われわれの根源を探究することにほかならない。非平衡状態において物質とエネルギーが結合したことの自然な帰結として、われわれは存在しているのかもしれない。多数の生命は生じるべくして生じたものかもしれない。まったくありそうもない偶然の結果なのではなく、当然生じるべき自然な秩序の実現として、生じたのかもしれない。これらのことが示されれば――ただし、まだその方法はわからないが――、そのとき、われわれは、宇宙の中における自分たちのほんとうの居場所を見つけることができるであろう。

物理学者や化学者、生物学者たちは、秩序が生まれる際の二つの代表的な形式になれ親しんでいる。その一つは、低いエネルギーをもつ平衡状態である。なじみが深いのは、鉢の中で底に向かって転がり、多少ふらついたのちに停止するボールの例である。ボールは、その位置エネルギーが最小となる場所で停止する。重力のために生じた運動エネルギーは、摩擦によって熱として散逸する。ボールがいったん鉢の底、つまり平衡位置に達すると、その空間的な秩序を維持するのにそれ以上のエネルギーを必要としない。生物学には、似たような例がたくさんある。ウイルスは、核を形成する繊維状のDNAあるいはRNAからなる複雑な分子システムである。核のまわりには繊維状の尾や頭部構造、その他の特徴を形成するためにさまざまなタンパク質が集まっている。水に富んだ適当な環境下では、DNAやRNAの分子と構成要素のタンパク質が、ちょうど鉢の中のボールのように最もエネルギーの低い状態を探し、自発的に集合することによってウイルス粒子が作られる。一度ウイルス粒子が形成されると、維持するのにそれ以上のエネルギーは必要ない。

秩序が生まれる際の二番目の形式では、秩序化された構造を維持するために、質量あるいはエネルギー、またはその両方の供給源が必要となる。鉢の中のボールとは異なり、これらは非平衡状態における構造である。よく知られている例としては浴槽の中の渦巻きがある。いちど形成されると、水が連続的に供給され、排水管が開いたままになっていれば、この非平衡の渦は長い間安定に存在できる。このように維持された非平衡の構造の例のなかで、最も驚くべきものが木星の大赤斑であろう。大赤斑は、あの巨大な惑星の大気の上層部にできた渦巻きであることがわかっている。つまり、本質的には暴風のシステムであるが、少なくとも何世紀にもわたって存在してきた。大赤斑の寿命は、一つの気体分子がその中ですごす平均的な時間よりもはるかに長いのである。これは物質とエネルギーの安定な組織であり、物質もエネルギーもその中を流れていく。興味深いことに、構成要素である分子が、一生のうちで何度も交換される人間の組織は、これと類似の性質をもつとみなすことができる。大赤斑は生きているのか。もし生きていないというのなら、なぜそう言えるのか。これらに関して、非常に複雑な議論をすることができるだろう。大赤斑は、生物がそうしているように、子どもの渦巻きを生みこぼしつつ存続し、環境に適応しているのである。

大赤斑のような非平衡状態における秩序は、物質とエネルギーが継続的に散逸することによって維持される。このため、ノーベル賞受賞者のイリヤ・プリゴジンによって、何十年か前に「散逸構造」という名前がつけられた。このような系は大きな関心を集めてきた。興味を引いた理由の一つは、平衡状態にある熱力学的な系とは、まったく対照的だという点にある。平衡状態は、最も起こりそうで、かつ最も秩序だっていない状態へと系が行き着くことと関係している。しかし散逸構造では、系の物質とエネルギーの流動が、秩序を生み出す推進力となっている。散逸構造が興味を引いたもう一つの理由は、自由な生活を営む生物システムが散逸構造になっており、物質代謝を行なう複雑な「渦巻き」であると認識されていた点にある。ここで私は自由生活を営む生物とウイルスとを慎重に区別している。ウイルスは自由生活を営む存在ではない。複製を作るためには、細胞を侵略しなければならない寄生者なのである。細菌からハエまで、自由生活を営む生物として知られているものは、すべて細胞から成り立っている。細胞は低エネルギー状態の構造ではない。細胞は複雑な化学物質のシステムとして活気にあふれており、内部構造を維持したり複製したりするために、もとになる分子を持続的に物質代謝している。細胞は非平衡状態で生じた散逸構造なのである。面白いことに、低エネルギー構造をもつと思われる胞子などの単純な細胞の中には、物質代謝をしない非活動状態をとれるものがある。しかし、ほとんどの細胞にとって、平衡状態は死を意味するのである。

自由生活を営む生物はすべて非平衡状態にある。実際、生物圏それ自身も太陽の放射熱の流動によって駆動される非平衡状態である。したがって、もしあらゆる非平衡状態の振る舞いを予測できる一般法則が確立されたら、それは特別重要なものとなるにちがいない。残念ながら、そのような法則を見つける努力は、まだ実を結んでいない。そのような法則は絶対に発見されることはないと信じている研究者もいる。その根拠は、われわれの側が十分賢くないからではなく、しっかりと確立された数学の一分野である計算理論から得られる帰結だというのである。この美しい理論は、計算可能なアルゴリズムなるものを取り扱う。アルゴリズムとは、問題の答を得るための一連の手続きのことである。アルゴリズムの例として、代数の時間に習った二次方程式を解くためのアルゴリズムをあげることができる。解き方を徹底的にたたきこまれた私たちは、空で二次方程式が解けるようになった。要するに、注意深くさえあれば、かかしでもアルゴリズムを実行できるのだ。コンピュータはちょうどそうしたかかしであり、よく知られたコンピュータのプログラムがアルゴリズムである。

計算理論は深遠な定理に満ちている。以下の定理は、その最も美しいものの一つである。あるアルゴリズムが何をするかを予言したいと思ったとしよう。しかしほとんどの場合、そのアルゴリズムを単に実行して、動作と状態の変化を観察するのが最も手っとり早い。

アルゴリズムそれ自身が、最も簡潔な記述となっているのだ。この分野の専門用語で、「このアルゴリズムは圧縮不可能である」と言う。

「あらゆる非平衡系の振る舞いの詳細を予測できる一般的な法則は存在しない」という主張の次のステップは単純である。現実の物質でできており、壁のコンセントにつながれた実際のコンピュータは、アラン・チューリングが普遍的な計算システムと呼んだものである。彼は、無限に長い記憶テープがあれば、普遍的なコンピュータがあらゆるアルゴリズムを実行できることを示した。物理的な存在としてのコンピュータは、非平衡系としての資格を備えている。コンピュータが計算を実行することができるのは、定常的なエネルギー源につながれ、エネルギーを消費しながらシリコンチップ上のさまざまな電子ビットのパターンを操作するからである。ところが計算理論は、そうした装置の振る舞いが、それ自身の最も簡潔な記述になっていることを示している。この実際の物理システムが何をするのかを予測するための最も簡潔な方法は、それを単に眺めることなのである。しかし、理論の目的はほかでもない、より簡潔で圧縮された記述を提供することである。あらゆる惑星のあらゆる時刻における位置を記してあるカタログの代わりに、ケプラーの法則があればいい。しかし、物理的なコンピュータは実際の非平衡系の一つの例にすぎないのだから、あらゆる非平衡状態の振る舞いの詳細を予測する一般的な法則を与えたりはしてくれない。そして、細胞や生態系、経済システムも実際の非平衡系である。これらもまた、それ自身の最も簡潔な記述となるような仕方で振る舞っていることが考えられる。

生命の法則がありうるのかどうかを考えるとき、多くの生物学者たちは確固としてノーと答えるであろう。われわれは、突然変異と自然淘汰によって修正された結果として生じたものにすぎないとダーウィンは徹底的に教えてきた。現代の生物学は、それ自体を非常に歴史的な科学であると認めている。複数の生物の間で共通にみられる特徴——有名な遺伝暗号や、脊椎動物における脊柱——は、ある法則の現れではなく、たまたま生じた便利な偶然の産物が、役に立つ道具として子孫に受け継がれたものにすぎず、のちになって子孫の生命系統にそなえられ固定されたものだと見なされる。この「修正された結果として生じた子孫である」という考え以上の法則を生物学が見いだしうるか否かは、けっして明白ではない。しかし、私はそうした法則が見つかると信じている。

私は、生物圏においてわれわれのまわりに満ちあふれている秩序を理解したいと望んでいる。そのような秩序は、低エネルギーの平衡状態における形態（鉢の中のボール、ウイルス）と、物質やエネルギーを取り入れたり吐き出したりすることによって秩序を維持する生きた渦巻き、すなわち非平衡と散逸構造の、両方を反映したもののようにみえる。ところが、いまやわれわれの前には、少なくとも三種類の困難が立ちはだかっている。まず量子力学は、分子現象に関する詳細な予測を行なうことを妨げる。究極的な理論がどのようなものであれ、この世に投げられた量子力学的サイコロの数は、詳細な状態を予測するにはあまりに多すぎるのだ。二番目の困難はカオスの理論から来るものである。もし古典的な決定論が成り立っていたとしても、初期条件のほんのわずかな変化が、カオス的な系の振る舞いを大きく変えうる。実際問題として、詳細な振る舞いを予測するために初期条件を正確に知ることなど、一般にはできない。三番目の困難は計算理論から来るもので、非平衡系はアルゴリズムを実行するコンピュータと見なせると示唆している。こうしたアルゴリズムのうち、非常に多くのものに対して、その系の振る舞いの簡潔で法則的な記述は得られないというのだ。

生命の起源と進化が、コンピュータの圧縮不可能なアルゴリズムのようなものだとしたら、変化のあらゆる詳細を予測する簡潔な理論は得られないことになる。われわれは手を引いて、ショーをただ眺めていなければならない。私は、この直感の正しいことが示されるのではないかと考えている。すなわち、進化そのものが、圧縮不可能なアルゴリズムのようなものだろうと考えている。詳細を知ろうとするのであれば、畏敬に満ちた驚きをもってそれを眺めるしかない。そして、生命の分岐の無数の小さな流れや、多くの分子的・形態学的な詳細を、ことごとく調べ上げなくてはならない。

しかし、進化が圧縮不可能な過程だという主張がたとえほんとうだとしても、予測不可能な流れを支配する深遠で美しい法則が見つからないとは断言できない。なぜなら、「生物の多くの特徴やその進化は強靭なものであり、かつ詳細な違いで大きく変わることはない」という可能性は、排除されていないからである。私が信じるように、もしそうした強靭な性質が数多く存在するのだとしたら、深遠で美しい法則が生命の創発や生物圏における個体群を支配しているのかもしれない。要するに、われわれがここで求めているのは、不必要な詳細予測ではなく、その説明なのである。生物の系統樹における分岐を厳密に予測することはけっして望めないが、その一般的な形を予測し説明するための強力な法則を明らかにすることは可能であろう。私はそのような法則を求めている。そして、いまから私はその一部を描きはじめたいと望んでいる。もっと一般的な言い回しがほかにないので、私はこうした努力を、「創発理論の探究」と呼ぶことにしたい。

無償の秩序

生物学における非常に大きな謎は、生命が生まれてきたことであり、われわれが目にする秩序が生じてきたことである。創発理論は、窓の外のすばらしい秩序の創造を、背後に存在する何らかの法則が反映した当然の結果であると説明してくれるだろう。われわれは、圧倒的倍率を勝ち抜くことによって生じた存在ではない。宇宙の中にしかるべき居場所をもつ存在であり、生じるべくして生じた存在である。こういうことを、創発理論は教えてくれるであろう。

単語や言い回しの中には、効果的で刺激的なものがある。「創発」もそうした単語の一つであろう。普通、われわれはこの観念を、「全体は部分の総和以上のものである」という文章で表現する。この文章は刺激的である。全体にあって部分にはない、何か特別なものがありうるというのだろうか？　私は生命自身が創発した現象だと信じている。しかしこの言葉で、何も神秘主義的なことを意味しようとしているわけではない。十分に複雑な化学物質の混合物は自発的に「結晶化」して、それら自身を合成する化学反応のネットワークを、集団的に触媒できる可能性がある。そう信じる理由を提供できるように、私は第2章、第3章で努力するつもりだ。

これらの集団での自己触媒系は、自分たち自身を維持し複製する能力をもつ。これは、われわれが生物の物質代謝と呼ぶものと何ら変わらない。化学反応の絡み合いが、われわれのすべての細胞に活力を与えている。この見方に従えば、生命が出現する前の化学システムにおいて分子の多様性が増加し、その複雑さがある閾値(しきい)を超えた際に、生命現象が創発したと考えることができる。もしこれがほんとうなら、生命とは、単一分子の性質(すなわち、詳細)の上に成り立つものではなく、たがいに相互作用している分子系の集団的な性質の上に成り立つものとなる。生命は全体として創発し、つねに全体として存在してきたことになる。生命は部分の上に成り立つものではなく、部分が作り出す全体の集団的・創発的性質の上に成り立つものとなるのである。創発した現象としての生命は深遠であるかもしれないが、その基礎となっている全体論と創発性は不可解なことではない。分子の集合は、餌として摂取した単純な分子から自分たちを合成し複製するための触媒能力をもっているか、もっていないかのどちらかである。創発的で自己複製する全体の中に、生命力なるものや特別な実体があるわけではない。しかし集団的な系には、そのどの部分にも存在しない驚くべき性質が存在するのである。自己を複製することができるし、進化することもできるのだ。集団的な系は生きているのである。各部分は単なる化学物質だというのに。

卵から成体への成長、すなわち個体発生は、生物の秩序の中でも最も荘厳なものの一つである。人間の場合、この過程は一つの細胞、すなわち受精卵（接合子）から始まる。接合子はおよそ五〇回の細胞分裂を繰り返して一〇〇〇兆個の細胞を作り出す。そしてこれらの細胞が新生児を形成することになる。それと同時に、接合子では細胞の型は一つだったのに、それが成体ではおおよそ二六〇種の細胞の型——肝臓の腺細胞、神経細胞、赤血球、筋細胞など——へと分化していく。成長をコントロールする遺伝的な指令は、各細胞内の核にあるDNAに書かれている。この遺伝系には遺伝子が約一〇万個も存在し、おのおのが異なるタンパク質をコード（暗号化）している（訳注　二〇〇七年現在ではヒトの遺伝子の数は二万数千程度と推定されている）。注目すべきことは、すべての型の細胞で、遺伝子の組はほとんど完全に同じであるという点である。それぞれの細胞が異なるのは、活性化されている遺伝子の組が異なり、さまざまな酵素やその他のタンパク質が作られるためである。赤血球はヘモグロビンをもっているし、筋細胞は筋繊維を構成するアクチンとミオシンに富んでいる。遺伝子、RNA、タンパク質は複雑なネットワークを形成し、驚くほど精密な仕方でたがいにスイッチを入れたり切ったりしている。これが個体発生における最も不思議な点である。

このゲノムのシステムは、化学物質からなる複雑なコンピュータと見なすことができる。

しかしこのコンピュータは、一度に一つずつ処理を実行する逐次処理型のコンピュータではない。ゲノムのコンピュータシステムでは、多くの遺伝子やその生成物が同時に活動している。したがって、このシステムは、ある種の並列処理型の化学コンピュータである。成長中の胚でみられる複数の型の細胞やその成長の軌跡は、ある意味で、この複雑なゲノムのネットワークの振る舞いを表現している。現代の生物のどの細胞内のネットワークも、少なくとも一〇億年にわたる進化の結果生じたものである。ダーウィン主義の継承者である生物学者のほとんどは、「個体発生の秩序は、進化によって一片一片つなぎ合わせて作られた手の込んだ分子機械がこつこつと働いて生み出したものだ」と考えている。私はこれとは逆の命題を提案する。個体発生でみられる美しい秩序のほとんどは、驚くべき自己組織化の自然な表現として、自発的に生ずるものである。こうした自己組織化は、非常に複雑で一定状態を維持するような調節的なネットワークにおいてよくみられるものである。われわれはこれまで大きな思い違いをしていたようだ。広大な秩序は自然に生じたものであり、生成力をそなえたものなのである。

ゲノムのネットワークでみられる創発的な秩序は、進化理論において、概念的な論争、そしておそらくは概念的な革命が起こることを予感させる。本書では、生物における秩序の多くは自然淘汰の結果などではなく、自己組織化された自発的秩序であると提案する。それは打ち寄せるエントロピーの波と闘って得たものではなく、壮大かつ生成力をもったものである。しかも、無償で利用できるものであり、次々と起こる生物のあらゆる進化を支えるものである。生物の秩序はあたり前のものであって、自然淘汰によって勝ち取られた思いもよらぬ偶然の産物ではない。たとえば、細胞の恒常性つまりホメオスタシスによる安定性（生物における慣性で、肝細胞がたとえば筋細胞になるのを妨げるもの）や、生物の遺伝子の数からわりだされる細胞の型の数、その他の特徴は、ダーウィン式の自然淘汰による偶然の結果ではない。これらは、調節的なゲノムのネットワークにおける自己組織化から提供された無償の秩序の一部なのである。この見方が正しいことを示す強力な根拠を本書で与えよう。もしこの見方が正しいなら、進化の理論を考え直さなければならない。生物圏における秩序の根源は、いまや自然淘汰と自己組織化の両方を含むものでなければならない。

これはまさにスケールの大きなテーマである。われわれはようやくそれを受け入れはじめたにすぎない。生命のこの新しい見方によれば、生物はジャコブの言ったような、がらくたを寄せ集めていじくりまわしたものではない。手に入るものを何でも利用して作ったブリコラージュでもない。モノーが書いたような、進化は単なる「翼を得た偶然である」というのでもない。生命の歴史は自然の秩序をとらえ、そして自然淘汰は、その秩序に対して働きかけることを許された力なのである。この考えが正しいならば、生物の多くの特徴は単なる歴史的な偶然物ではないことになる。深遠な秩序の反映であり、進化によってさらに練り上げられたものとなる。これがほんとうなら、われわれは宇宙の中の確たる居場所をもてることになる。ダーウィンは盲目の時計職人という概念を使って自然神学に立ち向かったが、それとはまったく別の新しい方法によって、生物・生命という存在をとらえなおすことになるのだ。

しかし、自己組織化について先走りすぎてはいけない。私は、進化においては、自己組織化とダーウィン的な自然淘汰との両方の役割を認めなければならないと述べた。しかし、これらの秩序の源は、理解が困難なほどに複雑に絡み合っているのかもしれない。物理学、化学、生物学その他のどんな理論も、まだこの両者の仲人をできずにいる。われわれは新しいものの見方を生み出さねばならない。自己組織化と自然淘汰が交配した結果、新しい普遍的法則が見つかる可能性があるからだ。

われわれはいま、対象を統一的に支配する普遍的法則を組み立てはじめている。おそらくこれ自体が驚くべきことであり、希望に満ちたすばらしい営みとなるであろう。自己複製的な物質代謝を行なうようになった多数の分子や、多細胞生物を形成するよう自らの振る舞いを調節させる細胞、そしてさらに生態系や経済・社会システム。これらがいったい何を共有できるというのだろうか? 作業仮説として採用すべき一つのすばらしい可能性、大胆ではあるが繊細な可能性は、「生命は多くの場合、カオスと秩序の間で平衡を保たれた状況に向かって進化する」というものである。生命は「カオスの縁（ふち）」に存在する、という効果的なフレーズはこの作業仮説を強調するものである。比喩を物理学から借りてくると、生命は相転移点付近に存在するということになる。水には、固体の氷、液体の水、水蒸気という三種類の相がある。似たような考え方が、複雑適応系にも当てはまることが明らかになりはじめた。たとえば、接合子から成体への成長をコントロールするゲノムのネットワークは、凍結した秩序状態、気体的なカオス状態、秩序とカオスの間のある種の液体的な状態の、主に三つの状況において存在できる。そして、「ゲノムのシステムは、カオスへ相転移する直前の秩序状態にある」という考え方は魅力的であり、それを支持するかなりのデータもある。もし凍結した秩序状態に系が深くはまりすぎてしまうと、柔軟性が足りなくなって、成長に必要な遺伝的活動の複雑な連鎖が調和的には働かなくなる。逆に、もし気体的なカオス状態に系が深くはまりすぎてしまうと、十分に秩序化することができないだろう。カオスの縁——秩序と意外性の妥協点——の近辺にあるネットワークが、複雑な諸活動を最も調和的に働かせることができるし、また進化する能力を最も兼ね備えているのである。そして、調節のきいた遺伝子のネットワークをカオスの縁付近に位置づけたのが自然淘汰であるという仮説は、とても魅力的である。本書のほとんどは、以上のテーマを探究することに費やされる。

進化は、生物が遺伝的な変化によって適応し、またその適応度を増やしていこうとする物語である。生物学者たちは「適応地形」というイメージを長い間持ち続けてきた。その曲面は適応度の違いを表したものであり、ピークは高い適応度、つまりよりよく適応していることを示す。突然変異、自然淘汰、ランダムな自然のなりゆきなどによって、集団は適応地形の上をピークを探して動きまわることになる。しかし、おそらくピークにたどり着くことはない。この適応地形という考え方は、さまざまな例に適用できる。たとえば、ある化学反応に対するタンパク質分子の触媒能力といったものにも適用できる。地形のピークに対応する分子は、この化学反応を触媒する酵素としては、隣接したところにある——山のふもとの小さな丘や、最悪の場合には谷に対応した——いかなるタンパク質よりも優れたものである。また、すべての生物の適応度についても、適応地形を考えることができる。この場合にはさらに複雑である。曲面の高い所にいて、ある一連の特徴をそなえた生物は、その付近にいるどんな変種よりも適応度が高い。大雑把に言ってしまえば、より子孫を残しやすいがために、高い適応度をもつのである。

本書で明らかになるのは、生物に適用した場合にも、あるいは経済に適用した場合にも、多くのピークをもった適応地形の上で繰り広げられる過程を支配しているのは、驚くばかりに普遍的な法則だということである。これらの普遍的法則は、生物の進化において分類群の上位のほうから埋まっていったカンブリア紀の大爆発から、はじめにめざましい変形が現れのちに細かい改良に行き着く技術的進化に至るまでの現象を説明してくれる。カオスの縁というテーマもまた、普遍的な法則の一つの可能性となる。適応度のピークに向かって登っていく際、適応しようとしている個体群のうちで、その探究をあまりにきちょうめんにかつ臆病に行なうものは、ふもとの小さな丘につかまったままになってしまう。そして、自分の行ける最も高い所まで到達したと勘違いしたりする。しかし、逆にあまりにも広く探しまわるものも失敗に結びつく。この進化空間で最良の探索を行なうのは、秩序と無秩序の相転移点のような状態にある集団なのである。この集団にとっては、自分たちがそれまで囚われていた局地的なピークは、溶け合っていく感じになる。そして、より高い適応度をもつ離れた場所へと、尾根づたいに流れていけるのである。

「カオスの縁」というイメージは、共進化にも現れる。われわれが進化したとしよう。このときわれわれの競争者も、適応するために進化し続ける。彼らの適応の結果、われわれはさらに適応しなければならない。共進化の系では、それぞれの種が適応地形のピークを目指して登っていくが、その地形自体も、共進化の相棒が適応的に活動することにより、始終変形しているのである。こうした共進化の系も、秩序的な状態、カオス的な状態、そして転移状態をとる。そして、ほとんど不気味としか言いようがないのだが、これらの系は、転移状態すなわちカオスの縁にある状態に向かって共進化していくようにみえるのだ。おのおのの種は自己の利益のために活動しているにすぎないのに、系全体としては、まるで「見えざる手」にあやつられているかのように振る舞う。そして、だいたい、各種が最善を尽くしたときに行きつくような安定な状態へと進化するのである。ところが、この最善の努力にもかかわらず、系全体の集団的な振る舞いによって、最終的にはおのおのが絶滅へと追いやられる。このようなことは、本書で取り上げる多くの力学系でもみられる。

技術の進化も、実は、生物が生まれる以前の化学進化や、適応的な共進化と同じような法則によって支配されている。「急速な経済成長は、商品とサービスの多様性が閾値を超えたときに始まる」という理論は、化学的な多様性が閾値を超えたときに生命の起源がはじまるのと同じ論理にしたがっている。多様性が臨界値を上回ると、新しい種の分子が、あるいは新しいタイプの商品やサービスが、さらなる新種のためにニッチを提供する。そうして生まれた新種は、自らが可能性の爆発の中に置かれた存在であることに気づく。経済システムでも、共進化の系と同じように、多少とも近視眼的な行為者の利己的な活動が絡み合っている。また、生物進化や技術進化における適応的な動きが、種の分化や絶滅の雪崩的現象を引き起こすことがある。いずれの場合にも、まるで見えざる手にしたがっているかのように、システムは自らを安定なカオスの縁に向かわせていく。そこでは、すべての演技者が可能なかぎりうまく演じる。しかし、最終的には舞台から退場していくのである。

カオスの縁は、民主主義の論理についても、深遠で新しい理解の仕方を与えてくれるかもしれない。われわれは、民主主義を非宗教的な信仰の対象として大切にし、その道徳的・合理的基礎についてさまざまな議論を積み重ねてきた。われわれの生活はそのような歴史の上に築かれている。民主主義という遺産が、豊かな自由を世界中にふりまくことをわれわれは望んでいる。民主主義に含まれる現世的な知恵は、拮抗する利益が絡み合った非常にむずかしい問題を、うまく解決する能力をそなえている。このことを示す新たな驚くべき根拠を、以下の章で見つけることになろう。人々は共同社会に組織され、それぞれの社会はその利益のために活動し、そしてたがいに拮抗する利益の妥協点を求めて運用がなされる。こうした一見でたらめな過程にも、安易な妥協が早急になされるような秩序状態、まったく妥協点が決められないカオス的な状態、そして、早急にではないがいずれは妥協が達成される相転移点のような状態などがみられるのである。最良の妥協は秩序とカオスの間の相転移点においてなされる。このような事実は多元的な社会を擁護する重要な根拠であり、適応的な妥協を得るための自然な手続きとして、民主主義が存在しているわけだ。民主主義は、複雑に進化する社会において複雑な問題を解決するための、そして共進化的な適応地形のピークを見つけるための、断然優れた方法なのである。そのピークにおいては、誰もが繁栄する機会を等しくもつことができる。

力のためではなく知恵のために

以下に続く章では、生命が物理現象や化学現象の自然な結果としていかに形成されたか、秩序とカオスの境界で、どのように生物圏の分子の複雑さが急速に成長していったか、個体発生の秩序はいかに自然なものであるか、そして、カオスの縁についての普遍的法則が、共進化している種の社会や技術、そしてイデオロギーさえも、支配していることを示していきたい。

つり合いのとれたカオスの縁は注目すべき場所である。物理学者のパー・バク、チャオ・タン、そしてクルト・ウィーゼンフェルドによって発見された「自己組織化臨界現象」は、カオスの縁と緊密な親戚関係にある。自己組織化臨界現象の典型例として、テーブルの上の砂山を考えよう。砂山にはゆっくりとした一定の速度で砂を加えていく。砂が積み重なり、やがて雪崩が起きはじめる。小さな雪崩は頻繁に生じる。大きな雪崩はまれにしか起こらない。雪崩の規模を直角座標系のx軸にプロットし、その規模の雪崩が起きた回数をy軸にプロットすると、ある曲線が得られる。結果は、ベキ乗則と呼ばれる関係となる。この曲線の特定の形についてはあとの章で再度議論することになるが、それは同じ大きさの砂粒が、小さな雪崩も、大きな雪崩も引き起こせるという驚くべき事実を意味している。一般に、小さな雪崩の回数は多く、また大きな地滑りはまれにしか起こらない（これはベキ乗分布のもつ性質である）と論ずることはできる。しかし、ある特定の雪崩が、小さな微々たるものであるか、あるいは破局的なものであるかをあらかじめ知ることはできない。

砂山、自己組織化臨界現象、そしてカオスの縁。私の考えが正しければ、共進化の真の性質はこのカオスの縁に到達することにある。妥協のネットワークの中で、それぞれの種は可能なかぎり繁栄する。しかし、次のステップで、最善と思われた一歩が、ほとんど何ももたらさないのか、それとも地滑りを引き起こすのか、誰も推定できない。この不確かな世界においては、大小の雪崩が、無情に系を押し流していく。各自の一歩一歩が大小の雪崩をもたらし、坂の下のほうを歩いている人を押しつぶしていく。自らの一歩が引き起こした雪崩によって、自分自身の命が奪われることもあるかもしれない。こうしたイメージは、われわれが探し求めている創発理論の基本的な特徴をとらえているように思われる。秩序とカオスの中間のつり合いが保たれた状態では、演技者たちは、自分たちの活動がのちにどういう結果を引き起こすのかをあらかじめ知ることはできない。均衡状態で起こる雪崩の規模の分布については法則性があっても、個々の雪崩については予測不可能なのである。次の一歩が一〇〇年に一度の地滑りを起こすかもしれないとしたら、注意深く歩く必要があるだろう。

このつり合いのとれた世界においては、長期間にわたる予測はあきらめなければならない。われわれ自身の最善と思われる活動がもたらす真の結果は、知ることができないのである。われわれ演技者は、部分的に賢く振る舞うことはできる。しかし、長期的にみて賢く振る舞うことはできない。われわれにできることは、身を引き締めて何とかできるかぎりのことをやっていくしかない。神のみが究極的な法則、量子力学的なサイコロ投げを理解する知恵をもつ。神のみが未来を予言することができる。三四億五〇〇〇万年かけて設計された近視眼的なわれわれには、それができないのである。われわれ、そして他のすべての存在が共同して生み出す雪崩的現象とその絡み合いを、あらかじめ知ることはできない。部分的に最善を尽くすことしかできない。それで満足するしかないのである。

フランシス・ベーコンの時代から、西洋の伝統は、知識が力を表すものと見なしてきた。しかし、われわれの活動の規模が空間的にも時間的にも大きくなるにつれて、われわれの理解には限界があること、さらには、理解しうる内容にも限界のあることがわかってきた。普遍的な法則を発見したとしよう。そして、生物圏とそこに含まれるすべてが、カオスの縁でつり合いのとれた存在、たとえば砂山に類似した何らかの存在へと共進化していくことを、それらの法則が示しているとしよう。しかし、法則を見つけたとしても、そこには限界があることを肝に命じておいて、分別を失わないようにするのが賢明である。われわれは新たな千年紀（ミレニアム）を迎える（訳注　原書は西暦二〇〇一年より前に書かれた）。つねに変化し続ける予測不可能な場所、われわれがたがいのためにつねに作り替えている場所、太陽に育まれたその場所に対して、静かな敬意を抱きつつ、新しい時代を迎えるのがいちばんよい。われわれすべては宇宙にしかるべき居場所をもち、それを神聖なものにすることができる。そして、ほんのつかの間、最善を尽くしつつ、たった一度だけそこに滞在するのである。

2 生命の起源

単純な確率論からいえば生命の誕生はありえなかった

およそ三四億五〇〇〇万年前の地球の上で、生命はどのように誕生したのだろうか。もしこのことを知っているという人がいたら、その人は嘘つきか性格が悪いかのいずれかである。誰にもそんなことはわからない。実際、進化的・自己複製的な分子システムが、三〇億年以上前にはじめて地球上に開花したが、そこに至るまでの分子集団の世界の歴史的出来事を、復元することはできない。しかし、たとえ歴史的な過程を永遠に知ることができないとしても、どのように生命が「結晶化」し、定着し、そして地球をおおっていったかを示す理論や実験を展開することは可能である。それでも、誰にもそんなことはわからないという警告を忘れてはならない。

「はじめに『光あれ』という神の言葉があり、光が生まれた。次に光から闇が分かれた。三日目に生命の原型が造られ、そこから魚、鳥その他の生命が分かれた。アダムとイヴは六日目に目覚めた」。

この神話では生命がきわめて早い段階で生じたことになっているが、これはそう見当外れなことではない。現実の世界では、大気中の物質——これらの物質が原始の地球を形成したわけであるが——の落下速度が十分に遅くなり、液体の水を維持できるほどに表面が冷えた直後、どろどろとした地球のふところで生命が誕生した。すでに水の中で化学物質が反応できるようになり、物質代謝もはじまっていた。地球の年齢は約四〇億年である。最初に誕生した自己複製的な分子システムが、どのようなものであったのかは誰にもわからない。しかし三四億五〇〇〇万年前になると、太古の細胞が粘土や岩の表面で活動するようになっていた。その死骸は化石として残り、のちのちのわれわれの疑問に答えてくれている。私はそうした太古の化石の専門家ではない。しかし第1章において、ウィリアム・ショップとその同僚たちによる、世界をまたにかけたすばらしい仕事を分かち合うことができたのは、非常に喜ばしいことである。図1-1や図1-2は、最も古い細胞の化石の例を示している。

これらの初期の細胞はすでにいかに桁はずれの進歩を示していることか！ その形態から推測すると、現代の細胞と同じように、これらの細胞の膜は脂質の二重層——油性の脂質分子からなる二層の石鹼の泡のようなもの——でできている。この膜が、自分自身を維持し複製する力をもった分子のネットワークを、取り囲んでいたのである。しかし、水素や大きな原子や分子からなる原始の雲は、いかにして初期の地球上で凝集することができたのだろうか？ そしてその集合体から、自己複製を行なう分子の集団がいかにして作られたのだろうか。原人と同じように、われわれは創造の神話を必要としている。しかし、われわれには二〇世紀後半の科学の力がある。真実に出くわすことができるかもしれない。

生命の理論

過去何世紀かにわたって、生命の起源についての見方は、大きな変化をとげてきた。これは驚くにはあたらない。一〇〇〇年前の西洋の伝統的社会においては、この問題を考えた人々のほとんどは、生命は非生命的なものから自発的に生ずるものだと思い込まされた。蛆虫（うじ）は、果物や腐った木の中の何もないところから現れるようにみえるし、成熟した成虫はさなぎの殻からせきたてられるように現れてくる。生命は朽ちた場所から自発的に生じ、そして間違いなく消えていく。しかし自発的生成は、神の手によって日常的に起こされる奇跡の一つにすぎない。月並でありふれた奇跡、継続的に生じる奇跡にすぎない。

生命の起源についての理論が現代的な形をとりはじめたのは、ほんの一世紀あまり前、ルイ・パストゥールが見事な実験を行なってからのことである。どのようにすれば、これほどの偉業を、一人の人間が成しとげられるのだろうか？　自発的生成の理論をくつがえした彼の最も有効な実験は、高く評価されている。当時、無菌状態にあるとされた溶液から、細菌の集団が繁殖してくることが示されていた。パストゥールは、細菌の生じた原因は空気それ自身にあるのだと正確に推測した。彼の前に実験を行なっていた人々の用いたフラスコは口が開いており、細菌が中のスープに容易に入っていけるように作られていたのである。パストゥールは、白鳥の首のようなS字型のフラスコの製作に取りかかった。

外から入った細菌が首の部分で引っかかって、スープにたどり着けなくなることを期待したのである。われわれはつねに、単純で見事な実験に最大の喜びを感じるものである。パストゥールは、無菌状態のスープには細菌が繁殖しないことを見いだした。そして、生命は生命から生ずると結論したのである。

しかし、もし生命が生命からのみ生ずるとすれば、いったい最初の生命はどこから生じたのであろうか？　パストゥールの前に、巨大かつ深遠で謎に満ちた起源の問題が突如として姿を現した。おそらくは記述することもできない問題、科学そのものをも超越するかもしれない問題である。錬金術からは化学が生まれ、その化学により、鉛、銅、金、酸素、水素といった無機物の原子や分子の解析が行なわれた。しかし、生物は非生物にはみられない分子を含んでいる。有機分子である。しばらくの間、生物と非生物との違いは、こうした分子種の違いにあると考えられた。この溝を埋めることはできないというわけである。ところが、一九世紀前半にフリードリッヒ・ヴェーラーは、明らかに有機化合物である尿素を、無機的な化学物質から合成してしまった。生物も非生物と同じ材料から作られている。ヴェーラーの得た結果は、生物、非生物のどちらをも支配する物理学的・化学的な原則が存在することを意味していた。彼の仕事は、生物学を化学や物理学へと還元する大きな一歩となった。ある意味では、自発的な生成を信じていた人々は、結局は正しかったことになる。生命は非生命体から生ずるからだ。ただしこの魔法は、誰も想像しえなかったほど複雑であった。

しかし、この還元主義者による命題、すなわち生命も非生命体と同じ原理に基づくとする命題は、簡単には受け入れられなかった。たとえ生物が非生物と同じ素材から作られていることが認められたとしても、素材だけで十分だということには必ずしもならないのだ。実のところ、人間を人間たらしめているのが、その素材である必要はない。フランスの哲学者アンリ・ベルクソンはこのすばらしい謎に対する一つの答、すなわち「生命衝動」(élan vital)という考え方を提供した。そして何十年かにわたって多くの人々がそれを信じた。フランスのすてきな香水が存在しない場合には、肌は単なる肌でしかない。この香水と同じように、「生命衝動」は、細胞内の無機的な分子に浸透し生命を吹き込むエキス、目に見えないエキスだとされたのである。これが命をもたらすのだという。この考え方は、ほんとうにそんなにばかげているだろうか？　大切にしている確信が崩壊するまでは、われわれはひとりよがりになってしまいやすいものである。そのころ、カエルの筋肉が磁気的な性質——現在では、それは神経・筋肉線維に沿って伝搬する電位の変化としてより適切に理解されている——を示すことが明らかにされていた。そしてジェームズ・クラーク・マクスウェルによって提唱された磁場も、目に見えないが、その中にある物体を動かすことができる。見えない磁場が固体を動かせるのであれば、見えない「生命衝動」が、非生命体に命を吹き込むことも可能ではないか？

こうした生気論の考え方を唱道した思慮深い人物はベルクソン一人ではなかった。才気に富んだ実験家であるハンス・ドリーシュも、同じ結論に到達している。ドリーシュは二細胞期にあるカエルの胚についての実験を行なった。他の多くの胚と同じように、この受精卵つまり接合子は、何度も分裂し、二個、四個、八個、一六個と細胞を作っていく。そしてこれが繰り返されて卵がかえる。ドリーシュは、金髪の子どもの髪の毛を一本この胚に巻きつけ、二つの細胞がたがいにばらばらになるように分割した。驚いたことに、それぞれの細胞は完全に普通のカエルに成長したのである。四細胞期や八細胞期など、より後期の胚から切り出された細胞でさえ、完全なカエルの成体に育った。

ドリーシュはことの重大性を見逃しはしなかった。彼は、非常にむずかしい謎を手にしていることを理解した。ニュートン流の物理学的・化学的伝統をどんなに調べつくしても、このような驚くべき結果を説明する上で、一縷の希望すら得られそうもなかった。胚のそれぞれの部分が、成体のひとつの部分を生ずると考えると、この結果は受け入れられない。実際、胚の各部分が成体のひとつの部分を生ずる現象は多くの種の胚においてみられ、「モザイク的成長」と呼ばれている。モザイク的成長は、前成説を唱えたグループによって支持された議論を用いれば理解できるかもしれない。この説によれば、おそらく卵の中には、成体がそのまま小さくなった小人が住んでいる。そしてその各部分が何らかの方法で拡大し、それぞれ成体の対応箇所となるというのである。したがって卵細胞の半分——接合子の二つの娘細胞のうちの一つ——を取り去ってしまうということは、小人の半分を消してしまうことに相当する。卵の残りの半分、単一の細胞からは、カエルの半分が生ずるであろう。しかし実際にはそうはならない。たとえそうなったとしても、前成説を唱える人々にはとてつもなく大きな問題が残されていた。新しく生じた成体からは子どもが産まれるし、その子どもが成長したら、またさらにその子どもが産まれる。同じことが、家系図の下に向かって繰り返される。これを説明しなければならないのである。

前成説者たちは、次のように考えれば問題が解決すると提案した。中国の人形のように、卵細胞の中の小人は、小人の中に入れ子になって収まっている。こうして創造が行なわれたところまでさかのぼれるというのだ。もし生命が永遠に存在するのであれば、この入れ子になった小人も無限に必要となる。この時代遅れの考えに同情する気持ちは、ここに至って消えてしまったことを、私は認めざるをえない。理論は、たとえそれが間違ったものであることがわかったとしても、優雅さと美しさを兼ね備えていることもある。一方、まったくその場しのぎのものもありうる。どんどんと小さくなる小人が無限に必要となるような理論は、真実であるには、あまりにもその場しのぎといえよう。

ドリーシュは重要な発見をしている。二細胞期、四細胞期、あるいは八細胞期にある胚の各細胞が、それぞれ成体になれるというのであれば、情報はどこか他からもたらされねばならない。何らかの方法で秩序が創発しているはずである。各部分から全体が生じているのだ。それにしても情報は、部分のどこから来ているのだろうか？　ドリーシュは、非物質的な秩序の源としてエンテレヒーと呼ばれているものに傾倒した。これが胚やその要素に存在し、不可思議にも部分から全体が生じる能力を与えているという。

生命の起源の問題は、一九世紀の後期からおよそ五〇年以上、進歩が止まっていた。ほとんどの思索者は、その問題を科学的にアプローチできない問題であるととらえるか、あるいはせいぜい、よくても時期尚早でどんなに努力をしても望みがないと考えていた。二〇世紀半ばになって、関心の的は、生命体の化学物質を生じさせた原始地球の大気の性質へと移っていった。現在では多少疑問視されているが、初期の大気は水素やメタン、二酸化炭素といった分子種に富んでいたことを示す証拠が見つかったのである。酸素はほとんど存在していなかった。さらに、大気中の単純な有機分子が、他のより複雑な分子とともに、新たに形成された大海の中にゆっくりと溶け、原始スープが作られたのだろうと考えられた。このスープから、生命が何らかの方法により、自発的に生成したと考えられた。

かなり困難な問題を抱えていたにもかかわらず、この仮説は多くの支持者を持ち続けた。問題点のうち最も深刻なものは、スープが相当に希薄だったと考えられる点である。化学反応の速度は、反応する分子種どうしがいかに早く出会うかによって決まる。つまり分子種の濃度がどれだけ高いかによって決まる。それぞれの濃度が低いと、それらが衝突する機会は非常に少なくなる。実際、希薄な原始スープの中では、反応はきわめてゆっくり起こったであろう。私が最近目にしたすてきな漫画は、このことを題材にしたものである。漫画のタイトルは『生命の起源』であり、日付は三八億七四〇〇万年前となっている。二つのアミノ酸がわびしい岩だらけの崖のふもとでたがいに近づいてきた。それらは二秒後には別れていってしまった。およそ四一二万年後になって、太古の崖のふもとで二つのアミノ酸は再びたがいに近づいてきた。ローマは一日にしてならずと言ったところか。たとえ宇宙の年齢と同じくらい待ったとしても、生命はそんなに希薄な環境の中で「結晶化」することができたのだろうか。われわれは、不幸な計算について少しあとでふれることになる。私はその計算が間違っていることを知っているが、それでも面白いと感じる。それによると、宇宙の年齢の一〇億倍の時間待っても生命は「結晶化」できなかったであろうという結論になる。なんと残念なことであろうか。しかし現に私という存在があって、読者に読んでもらうためにここに座って文章を書いている。どこかで何かが間違ってしまったにちがいない。

ロシアの生物物理学者、アレキサンダー・オパーリンは、スターリン主義という地獄のような生活下にあって、希薄なスープからもたらされる問題に向き合うための、もっともらしい方法を提案した。グリセリンを他の粒子と混ぜると、コアセルベートと呼ばれるゼリー状の構造が形成される。コアセルベートは有機分子をそれ自身の中に集めることができ、また境界を通してそれを交換することができる。要するに、コアセルベートは原始の細胞のようなものであり、希薄な水のようなスープから、内部の分子の活動を隔てている。この小さな区画が原始スープの中に作られたとしたら、物質代謝に必要な適当な化学物質を集めることができたかもしれない。

原始細胞がどのようにして形成されたかについて、オパーリンが理解への道を開いたのだとしても、その中身——物質代謝において交換される小さな有機物の分子——がどこから生じたかについては、完全に不明のままであった。単純な分子のほかにも、その中身としてはさまざまな高分子、すなわちほとんど同じ要素から構成される分子の鎖が存在する。高分子であるタンパク質は、二〇種類のアミノ酸の鎖として構成されており、筋肉、酵素、さらには細胞の骨組みともなる。分子のつながりは直線的であるが、それが折りたたまれ、密集した三次元の構造が作られる。一方、DNAやRNAは、四種類のヌクレオチドと呼ばれる要素の鎖として構成されている。四種類の要素とは、DNAの場合、アデニン、シトシン、グアニン、チミンであり、RNAの場合には、ウラシルがチミンの代わりとなる。これらの分子が存在しなければ、生命のもと、すなわちオパーリンのコアセルベートは、単なる殻にすぎなくなる。それではこれらの中身の分子はどのようにして生じたのか?

一九五二年、ハロルド・ユーリーという有名な化学者の研究室にいた大学院生、スタンリー・ミラーは、ばかげた夢のような考えを試してみることにした。彼はフラスコを、メタンや二酸化炭素、その他の気体で満たした。これらの物質は、原始の地球の大気に含まれていたと一般的に考えられていたものである。彼はフラスコの中に火花を散らせた。これはエネルギーの供給源としての稲光を真似たものである。彼は待った。自家製のエデンの園をのぞき込んでいるのではないかと期待しながら待った。そして何日かたってから、分子の創造性についての証拠という報酬が、彼に与えられたのである。茶色のねばねばしたものがフラスコの壁と底に付着していた。分析してみると、このタール状の物質は豊富な種類のアミノ酸を含んでいることが明らかになった。ミラーは、生物の出現前の化学についての実験を、世界ではじめて行なったことになる。原始地球において、タンパク質の構成要素が形成されるための、もっともらしい方法を発見したのである。彼はこの仕事で博士号を受けた。これ以来、生物の出現前の化学という分野で、彼はずっと指導的立場にいる。

DNA、RNAを構成するヌクレオチドとか、脂肪性の物質とかが形成されうること、ひいてはこの脂肪性の物質から細胞膜の構成物質などが形成されうること（よりむずかしいのではあるが）を示す実験が行なわれている。生物に含まれる他の多くの小さな要素分子も、非生物学的方法で合成された。

しかし重大な謎が残っていた。ロバート・シャピロは著書 *Origins: A Skeptic's Guide to the Creation of Life on Earth*（邦題『生命の起源——科学と非科学のあいだ』）の中で、次のように指摘している。たとえ生命のさまざまな要素が合成されうるということを科学者が示せたとしても、それらを一つの物語の中に、筋が通るようにまとめあげるのは容易なことではない、と。ある科学者のグループが、ある条件下において非常に少ない収量ではあるが、分子Aと分子Bから分子Cが合成されることを発見したとする。Cが作られることがわかり、今度は異なるグループが、高濃度の分子Cから始めて、これに分子Dを加えることで、分子Eが形成されることを示した。ただし、Cが作られたときとはきわめて異なる条件下であり、同じように低い収量ではあった。次に、また異なるグループが、高濃度のEはさらに異なる条件下において、分子Fを形成できることを示す。しかし物質代謝が可能となるためには、すべての物質が、同じ時刻に、また同じ場所に十分な高濃度で集まらなくてはならない。指揮者もいない状態で、いかにしてこれが可能だったのだろうか。舞台監督もいないというのに、この劇にはあまりにも場面の変化が多すぎると、シャピロは言った。

遺伝子の分子構造、有名なＤＮＡの二重らせんの発見は、生命の起源についての関心に終止符を打った。ジェームズ・ワトソンとフランシス・クリックによる有名な論文が一九五三年に出る前は、遺伝物質がタンパク質であるのか、あるいはＤＮＡであるのかという問題は、生物学者や生化学者の間で深刻な論争の種となっていた。基本的な遺伝物質としてタンパク質のほうに味方する人々は、彼らの仮説を支持するような考えをたくさん用意していた。その中で最も注目に値するのは、ほとんどすべての酵素がタンパク質であるという点である。もちろん酵素は、生物学的な触媒の中で主要なものである。基質と結合し、物質代謝を起こすのに必要となる化学反応のスピードを増加させる作用をもつ。さらに、細胞を形作る分子の多くもタンパク質である。よく知られているのは、赤血球の中にみられるヘモグロビンである。これは酸素と結合し、肺から組織へと酸素を輸送するのに重要な物質である。タンパク質はいたるところに存在し、体内の細胞の骨組みを作る際や物質代謝の流れの中での働き手となるのである。したがって、アミノ酸からなるこれら複雑な高分子が、遺伝情報を運ぶものであると考えても、不合理ではないというわけである。

しかし、メンデルを祖にもつ知的学派は、各細胞の中にある染色体が遺伝情報を伝えるのだと考えた。読者のほとんどは、一八七〇年代にエンドウ豆について行なわれた、遺伝に関するメンデルの美しい実験のことを知っているであろう。原子論は当時の知的流行であった。というのは、急速に発展した化学が、「化学反応においては、構成要素である原子が単純な整数比で集まることにより分子が形成される」と考えられる力強い根拠を与えていたからである。水分子は、正確に H_2O（二個の水素原子と一個の酸素原子）である。水素原子が二・五個になることはない。

化学の背景に原子が存在するのであれば、遺伝についても原子が存在するのではないか？　子どもは、二人の親のそれぞれに似ているように見える。この原因が「遺伝原子」にあると考えてみよう。その一部は母親から、一部は父親から伝わるのだ。しかし親には親があり、莫大な数の世代をさかのぼることができる。もしすべての遺伝原子が、それぞれの親からそれぞれの子に受け継がれたとしたら、膨大な数の原子が蓄積されてしまうであろう。こうならないためには、それぞれの子はおのおのの親から平均して遺伝物質の半分を受け取るべきである。最も単純な仮説では、子どもは親のそれぞれから、一つの特性につき一つの遺伝原子を受け取るとされる。特性——たとえば茶色い目と青い目といった特性——を決めるのは、母と父からそれぞれ与えられた二個の遺伝原子である。こうした特性は、さらに次の世代に伝えられるであろう。

一九〇〇年のメンデルの法則の再発見——最初の発見の際には誰も注意を払わなかった——は、生物学の中の心温まる物語の一つである。染色体という名は、顕微鏡で見えるように染めるための染料にちなんで名づけられた。この染色体は、植物や動物の細胞の核の中に存在することが確認されていた。細胞分裂、とくに有糸分裂においては、核も分割される。はじめに核の中の各染色体の複製が作られる。そして、娘細胞の核一個につき一つ、すなわち娘細胞一個につき一つのコピーが渡される。しかし、より印象的なのは、減数分裂と呼ばれる過程、すなわち精子と卵子が作られる過程である。減数分裂においては、精子もしくは卵子に配分される染色体の数は、体内の他の細胞の中にある数のちょうど半分でしかない。しかし、卵子が精子と結合して接合子が作られるとき、はじめて遺伝的継承物が完全に復元されるのである。一方、体細胞と呼ばれる体内の通常の細胞は、染色体をペアでもっている。一つは父親由来のもので、もう一つは母親由来のものである。さらなる研究により、卵子の細胞や精子の細胞が形成されるときには、父方由来と母方由来の染色体のどちらか一方が、ランダムに選ばれて伝えられることが示された。ところでメンデルの法則は、それぞれの親が、遺伝的な指令のうち、ランダムに選ばれた半分を子どもに伝えることを要請する。この結論はほとんど否定しようのないものである。染色体は遺伝情報の運び屋でなければならないのだ。実験遺伝学が開花し、一九四〇年代にこうした信念に対する圧倒的な確証が与えられたのである。

しかし、染色体は主にDNA、あるいはデオキシリボ核酸と呼ばれる複雑な高分子から作られている。こうして遺伝子——遺伝原子の新しい名前——は、DNAからできているようだと考えられたのである。細菌学者のオズワルド・エーヴリーによる有名な実験が問題を解決した。エーヴリーは注意深い実験を行ない、ある細菌が、他の細菌から取り出された純粋なＤＮＡを取り込むようにした。すると受け入れ側の細菌は、提供した側の細菌がもつ特徴を示した。そしてこの新しい特性は、細菌が分裂した際に、安定に引き継がれた。こうして、ＤＮＡは遺伝情報を運べることが判明した。

　この情報をコードできるのは、ＤＮＡの中の何なのかを発見するためのレースが始まった。相補的な鎖からなる二重らせんの話は有名である。生命を支配する分子と呼ばれたＤＮＡ——この見方に私は賛成するとともに、深く反対するのであるが——は、アデニン（Ａ）、グアニン（Ｇ）、シトシン（Ｃ）、チミン（Ｔ）という四種のヌクレオチド塩基からなる二重らせん構造をとっていることが明らかになった。ほとんどの読者は知っているであろうが、魔法のもとは、塩基が特定の対を作ることにある。ＡはＴとだけ結合する。ＣはＧとだけ結合する。遺伝情報は、二重らせんの一本の鎖、もしくはもう一方の鎖における塩基の配列によって伝えられる。塩基の三つの並び——ＡＡＡやＧＣＡその他——が、それぞれアミノ酸を特定するのである。こうして塩基の配列は、タンパク質を正確に作るためのアミノ酸の配列へと、細胞によって翻訳される。

　ＤＮＡの二重らせん構造は、分子がどのように複製されるのかをただちに教えてくれる。この仕組みはまったく驚嘆に値する。それぞれの鎖が、相補的な相手のヌクレオチドの配列を、正確なＡ‐ＴおよびＣ‐Ｇの塩基対によって特定している。片方——これをワトソンと呼ぶことにしよう——の配列さえわかっていれば、もう片方——こちらはクリックと呼ぶ——における配列がどうなっていなければならないかを、正確に言いあてることができるのである。

DNAが二重らせんであり、一方の鎖がもう一方と相補的な関係にあるのであれば、すなわちもしワトソン上の塩基の並びがわかれば、クリック上の塩基の配列が特定され、その逆もまた成り立つのであれば、二重らせん構造をもったDNAは、自発的に自分自身の複製を作ることができる分子であることになる。要するに、DNAは生命をもった最初の分子の候補となるのである。現存の生命を支配するとされるその分子は、遺伝プログラムの運び屋である。この分子により、受精卵から生物が計算され、そして生まれる。これと同じ魔法の分子が、まさに生命の黎明期において、自己複製を行なう最初の分子であったのかもしれない。そして自分自身を纏うためのタンパク質や、触媒となり反応の速度を増加させるタンパク質を作るための処方箋をついには手に入れ、この分子は増殖したのかもしれない。

しかし、生命は核酸から始まったと信じたがる人々は、都合の悪い事実と向き合わなくてはならなかった。DNAだけでは自己複製しないのである。タンパク質である酵素の複雑な集団が、すでにそこに存在していなければならなかった。引き続いて行なわれた生化学者のマシュー・メッセルソンとフランクリン・スタールの仕事は、細胞内の染色体にあるDNAは、その構造が示唆するとおりに確かに複製することを示した。ワトソンは新たなクリックを特定するし、クリックは新たなワトソンを特定する。しかしこの細胞のダンスは、タンパク質である酵素が仲介してはじめて可能になるものなのである。

生命をもった最初の分子を探し求めていた人々は、どこか別のところを探さなければならなかった。生物学者たちの視界に、すぐに別の高分子が入ってきた。RNA、すなわちリボ核酸は、DNAと最も近い親戚関係にあり、細胞が機能する際に中心的な役割をするものである。DNAと同じように、RNAは四種類のヌクレオチド塩基からなる高分子である。A、C、GはDNAと同じであるが、チミンの代わりにウラシル（U）が用いられる。RNAは二重らせんの形でも、一本の鎖の形でも存在できる。DNAと同じように、RNAの二重らせんの二本の鎖は、たがいに相補的な鋳型となっている。細胞の中で、タンパク質を作るための情報は、DNAからいわゆる伝令RNAの一本の鎖へ転写され、リボソームと呼ばれる構造へ渡される。そして別の種類のRNA分子、すなわち転移RNAの助けを借りて、リボソームの中でタンパク質が組み立てられる。

二本鎖RNAの鋳型の相補性から、多くの科学者は、RNAならタンパク質酵素の助けがなくても、自分自身を複製できるのではないかと考えた。自己複製する分子のRNA——時には裸の遺伝子などと呼ばれる——として生命は生じたのかもしれない。しかし、おそらく悲しむべきことなのだろうが、試験管の中でRNA鎖に自分たちのコピーを作らせようとする努力は失敗に終わった。ただ、そのアイディアは簡単で美しいものである。ビーカーの中に、特定の配列、たとえば一〇個のヌクレオチド（CCCCCCCCCC）をもった一本鎖を高濃度にして入れる。そこへ、化合していないGヌクレオチドをやはり高濃度で入れる。ワトソン-クリックの塩基対により、それぞれのGは、一〇個並んだヌクレオチド中のCの一つずつと結合するであろう。こうして一〇個のGのモノマーが、たがいに隣りあって整列する。そして結局、Gヌクレオチドの一〇個のモノマーが適当な結合を形成し、一つにつながったものができる。すなわち、分子生物学者たちが「十量体のポリG」と呼ぶものが形成されるのである。ポリGとポリCの二本の鎖が溶けてたがいに離れてしまえば、はじめからあった十量体のポリCは再び自由になり、さらに一〇個のGのモノマーを整列させて、別の十量体のポリGを作ることができるようになる。そして最終的には、新たに作られた十量体のポリG、すなわち（GGGGGGGGGG）が、今度はビーカーに加えられた化合していないCのモノマーを整列させることが期待される。化合していないCのモノマーがたがいに結合し、十量体のポリC、すなわち（CCCCCCCCCC）を形成すると考えられる。こうして複製する分子の系が得られる。もしこれらのことがすべて生じたとしたら、そして触媒がなくても生じたとしたら、これら二重らせんのRNA分子は、実際に裸で、すなわち単独で自己複製を行なう分子となる。そのようなRNA分子は、生命をもった最初の分子の有力な候補となるであろう。

この考えは明快で魅力的である。しかし、この実験は、ほとんど例外なくうまくいかなかった。その失敗の仕方は、とても教育的である。まず四種類のヌクレオチドのそれぞれは化学的な特性をもっていて、その特性は、実験を失敗させる傾向がある。たとえば、一本鎖のポリGはヘアピンのように自分自身でねじ曲がって、Gヌクレオチドどうしが結合したがる傾向をもつ。その結果、ポリGはもつれてしまい、自己複製の鋳型として働くことができなくなる。CとGのモノマーが一列に並んでいて、かつCのほうが多く含まれた一本鎖から始めると、これと相補的な鎖は簡単に作られる。しかし、その鎖の上では必然的にCよりGのほうが多く含まれており、自分自身でねじ曲がってしまう傾向をもち、自分でゲームから脱落する。ワトソンはクリックを作る。しかしクリックはまるで、自分のへそを調べるように丸くかがみこんで、複製ゲームの継続を拒むのである。

グアニンがもつれることによる複製の停止が、たとえ起こらなかったとしても、RNA単独では、一方の鎖からもう一方をコピーする際の、「エラーによる破局」に悩まされることになる。間違って置かれた塩基——Cであるべきところに来てしまったG——は、遺伝メッセージを壊してしまうであろう。細胞の中では、こうした間違いは、校正を行なう酵素によって最小限におさえられる。この酵素は忠実なコピーができるのを助けるものである。間違いは網の目をくぐり抜けてまれに起こるが、これこそが進化を引き起こす突然変異にほかならない。突然変異のほとんどは有害であるが、時に生物をより適応した状態にそっと動かすことがある。しかし、グアニンのもつれが起こらないようにし、さらには、コピーのエラーやその他の間違いを防ぐような酵素が存在しなければ、RNA上のメッセージはあっという間に意味をなさなくなってしまうであろう。それでは、純粋なRNAのみの世界において、酵素はどこから生じてきたのだろうか?

RNAから生命が始まったと信じる人の一部は、以上の問題を回避する道を探し求める。おそらく彼らは、自己複製を行なうより簡単な分子がRNAよりも前にあったと議論する。

この分子は、グアニンのもつれやその他の問題をクリアしたものでなければならない。現在、このアプローチを支援する明解な実験的結果は得られていない。もしそれが成功したとしても、われわれは今度は次のような疑問に直面することになる。そのように簡単な分子がどのように進化して、DNAやRNAへと変わっていったのであろうか。

もし複製には酵素がどうしても必要だとしたら、RNAが最初だと信じる人々は――そしてこの見方が主流でもあるわけだが――、核酸それ自身が触媒として作用できるという方向性で探究していかなくてはならない。たった一〇年前には、ほとんどの生物学者、化学者、そして分子生物学者たちは、細胞内の触媒分子は例外なくタンパク質の酵素であり、DNAとRNAはいずれも本質的に不活性な情報の倉庫にすぎないという見方をしていた。RNAがより動的に重要な役割を演じている例が皆無だったわけではない。こういう例は、わずかではあるが以下の事実からかぎつけることができたかもしれない。すなわち、伝令RNAと呼ばれる特別なRNA分子は、遺伝暗号をタンパク質に翻訳する際に、受動的とは到底思えない中心的な役割を果たしている。しかも、細胞内で翻訳をなしとげる分子機械であるリボソームは、おもにRNAの配列からできており、ほかにいくらかのタンパク質が加わる程度である。生物の世界を通じてこの機械はほとんど共通であるから、おそらくこのリボソームは、物質が生命をもった最初のころから存在していたのであろう。こうした兆候があったにもかかわらず、トーマス・チェックとその同僚たちが、RNA分子が自分たち自身の酵素として働くことができ、反応を触媒することができるという驚くべき発見をしたのは、一九八〇年代も半ばになってからであった。そのようなRNAは、リボザイム（RNA酵素）と呼ばれている。

DNAのメッセージ——タンパク質を作るための指令——が、一本鎖の伝令RNAに転写される際、情報の一部は無視される。ということは、細胞は校正を行なう酵素だけでなく、編集を行なう酵素ももっていることになる。配列の中で遺伝的指令をもっている部分、すなわちエクソンは、意味のない部分、すなわちイントロンから分離されなければならない。RNAからイントロンを切り取り、エクソンを集めて継ぎ合わせるために、酵素が用いられるのである（この過程をスプライシングと呼ぶ）。こうして隣り合ったエクソンの配列は、さらに他の仕方で処理され核から運び出される。そしてリボソームを発見し、タンパク質へと翻訳される。チェックは——間違いなく驚いたであろうが——ある場合には、編集をするタンパク質酵素が必要ないことを発見した。あるRNAの配列は、それ自身が酵素として働き、その中にあるイントロンを切り出すのである。この結果は、分子生物学界をかなり動揺させるものであった。現在では、このようなリボザイムが多数存在し、さまざまな反応の触媒になることがわかっている。自分自身に作用するものもあるし、他のRNAに作用するものもある。たとえばあるリボソームは、一つの配列の端にあるCヌクレオチドを、別の配列の端に移すことができる。たとえば、（CCCC）と（CCCC）から（CCC）と（CCCCC）ができる。

タンパク質の酵素がないと、RNA分子は自己複製しにくいことがわかってきた。しかし、RNAリボザイムが酵素として作用し、RNA分子の複製の際の触媒となるかもしれない。あるいは、そのようなリボザイムは、自分自身を複製するために、自分自身に作用するかもしれない。どちらにしても、自己複製する一つの分子、あるいは自己複製する分子の集まりのいずれかが手の届くところまできた。生命は始まったのである。

リボザイムに関して何が必要とされているかを、明らかにしておくことは重要である。遺伝情報はヌクレオチド塩基の配列として伝えられる。(CCC)は(UAG)とは異なっているのである。RNA分子の一本の鎖が(UAGGCCUAAUUGA)だったとしよう。このとき、相補的な鎖が作られると、新しく成長した鎖は(AUCCGGAUUAACU)となるはずである。この鎖が成長する際、新たにヌクレオチドが加えられるたびに、四種類の塩基の中から適当な選択がなされなければならない。そして適当な結合が作られなければならない。この微妙な選択を可能とするタンパク質の酵素は、ポリメラーゼと呼ばれている。RNAポリメラーゼやDNAポリメラーゼは、細胞の中でRNAやDNAの配列を合成する際に、絶対に欠かせないものである。しかしRNAの配列で、このポリメラーゼの機能をもったものを見つけるのは、容易ではないだろう。それでも、そのようなリボザイム・ポリメラーゼは、完全に妥当なものである。これらの分子が、生命の黎明期には存在していたのかもしれない。

でも、ほんとうはそうでないのかもしれない。実際、リボザイム・ポリメラーゼ(タンパク質でなくRNAでできたポリメラーゼ)という仮説には深刻な問題がつきまとう。かりにこのようなすばらしい分子が生じたとしよう。それは突然変異による変質に耐えて、自分自身を維持できるであろうか？ そして進化できるのであろうか？ これら両方の問いに対する答は、どうもノーであるように思える。問題は「エラーによる破局」という形で記述される。これは化学者のレスリー・オーゲルが、遺伝暗号に関する話の中ではじめて記述したものである。ポリメラーゼとして機能することができ、自分自身も含めていかなるRNA分子をもコピーできるリボザイムを想像しよう。このリボザイムは、ヌクレオチドが供給されると、役に立たない複製を行なう遺伝子を作ることもあるだろう。どの酵素も、起こりうるいろいろな反応の中で、正しい反応だけを選んでひたすら促進するという働きをするが、エラーは不可避である。自己複製を行なうリボザイムは、必ず突然変異体を作り出すであろう。これら突然変異体のリボザイム自身は、通常の野生型のリボザイムよりも非効率的になりやすい。言い換えると、より頻繁にエラーを起こしやすい。すなわち、このいいかげんなリボザイムは、自分たちの複製を行なう際、野生型のものよりも多くの変異体を作る傾向をもつであろう。さらに悪いことには、このいいかげんなリボザイムは、野生型のリボザイムの複製を触媒するにあたって、より多くの変異体を作り出すであろう。これが繰り返されて、システムはとめどもなくさまざまな変異体を作り出す。いいかげんなリボザイムが触媒効果を混乱させている中で、自分または他のものの忠実なコピーを作る能力をもっていたはずの、もとのリボザイムは失われてしまうかもしれない。そして系は、触媒作用をもたないRNAのシステムへと変化してしまうかもしれない。生命は、エラーによるとめどもない破局の中で失われてしまうであろう。私はこの問題に関する詳細な分析を知らない。しかし、自己複製を営むリボザイムの「エラーによる破局」の可能性は、実際に分析するに値するものであり、RNAのポリメラーゼが存在するという非常に魅力的な仮説に対して、何らかの警告を与えるものだと思っている。

自己複製を行なう裸のRNA分子から生命が始まったとする仮説にはさまざまな問題が残されているが、その中で私が最も克服したいと考えている問題は、ほかではめったに語られないものである。それは「すべての生き物は最小限の複雑さを兼ね備えていて、それを下回ると生きていけなくなるようにみえる」という問題である。自由生活を営む生物のうち、最も単純なものはプロイロモナと呼ばれるものである。これは非常に単純な細菌であるが、細胞膜、遺伝子、RNA、タンパク質合成機構、そしてタンパク質、といった標準的な要素をすべてもっている。プロイロモナの遺伝子の数は、数百からおよそ一〇〇〇までさまざまに見積もられている。比較のために人間の腸にすむ大腸菌をあげると、この数字は三〇〇〇と見積もられている。つまり、プロイロモナは、われわれが知っている生き物の中で最も単純なものである。ここであなたの好奇心が頭をもたげるにちがいない。「ウイルスはどうなのか」と。プロイロモナよりはるかに単純なウイルスは、実は自由生活を営んでいない。これらは寄生者であって、宿主の細胞を侵略し、自己複製を達成するために細胞の物質代謝機能を利用した上で、その細胞から抜け出し、さらに他の細胞を侵略する。自由生活を営む細胞はどんなものでも、少なくともプロイロモナにそなわる分子の最小限の多様性をもっている。あなたのアンテナはここで少し振動したはずである。どうして複雑さに下限が存在しているのか？　なぜプロイロモナより単純なシステムは生きられないのか？

英国の小説家で詩人のラドヤード・キップリング（『ジャングルブック』で有名）は、さまざまな動物がどのように生まれてきたかについて、まことしやかな空想物語を残している。彼とその物語に敬意を表して、言葉を選ぶことにしよう。RNAワールドの提唱者たちが、上記の問題に対して提供しうる最良の答は、進化に関するまことしやかな空想物語にほかならない。医学部にいたころ、私は篩骨（しこつ）と呼ばれる、小さな穴がたくさんあいた骨について学んだことがある。鼻と額のつなぎを形成している骨である。この骨が進化を生き残ってきた理由が説明された。すなわち、軽くて強いために、それが果たすべき機能にうまく順応していたからだという。かりに、篩骨がでこぼこの骨からできた硬くて大きなかたまりで、角のような突起を作っていて、私の大きい鼻をおおうようなものだったとしよう。それでも私の教授は間違いなく、この大きな瘤（こぶ）が何の役に立つかという口実を見つけたであろう。壁に頭を強くぶつけたときのために非常にうまく適応している、という話になるかもしれない。進化に関しては、こうした「まことしやかな話」が多数存在する。もっともらしい筋書きではあるが、その証拠は見つからない。われわれはその手の話をするのが好きだが、学問的な信頼を置くことはできない。

どんな生物も閾値（しきい）以上の複雑さをもって生じたようにみえる。複製を行なう単純なRN

Aから、そのような世界がどのように現れたのだろうか。この点について、キップリング（あるいは、ついでに言うなら、ほとんどの進化生物学者）は、何と答えるだろうか。たとえば「初期の段階でのこれらの生きた分子は、突然変異と適者生存の結果として、自分のまわりに、物質代謝をおおう膜やその他のものを集めることができたからである」という答が返ってくるであろう。そしてついには、われわれが現在知っている細胞へと進化した。周囲を完全におおうことにより、現代の最も小さい細胞には、最小限の複雑さがそなわるようになった、というわけである。しかしこの説明の中には、深遠な真実は何もない。われわれは、別の「まことしやかな話」を語ることもできる。もっともらしくはあるが、説得力をもたない話である。そしてその話は、すべての「まことしやかな話」がそうであるように、「ものごとは、容易に違ったものになりえた」ということを示している。われわれがこの世に現れることを可能にした出来事の連鎖が違った道をたどっていたとしたら、われわれはほんとうに角のような突起を額にもったかもしれない。もしRNA分子が違う道で形成されていたとしたら、複雑さの閾値は異なったものになったかもしれない。プロイロモナよりも単純なものが自分自身を維持することができたかもしれない。あるいはまた、可能な生命形態のうちの最も単純なものが、軟体動物であったかもしれない。

要するに、RNAやリボザイム・ポリメラーゼそのものだけを使って、自由生活を営むすべての細胞にそなわる最小限の複雑さに関して、深い説明をすることはできないのである。起源の理論ならそれができると私は考えているが、これについては第3章で述べることにする。この理論は、物質が生命をもった存在へと飛躍するためには、なぜあるレベルの複雑さに到達していなければならなかったのかを明らかにしてくれる。閾値は、ランダムな突然変異と自然淘汰に由来する偶然のたまものではない。私は、それを生命に固有のものだと考えている。

生命の「結晶化」

われわれはここに存在するはずではなかった。生命はけっして生まれなかったかもしれない。あっ、立ち上がって席を離れてしまわないで、ひとつ礼儀正しく、知的に考え直してみて、もう少し長居していきませんか。あなたの存在そのものが、これからお話しする主張への率直きわまりない論駁になっているのですから。

私がこれから提供する主張は、非常に才能のある科学者たちが本気で考えていたものである。その主張が不成功に終わった原因は、複雑系における自己組織化のもつ深遠な力を理解できなかったことにある、と私は信じている。こうした自己組織化のおかげで、生命の出現はほとんどまったく避けられないものとなったということを、私はすぐあとに力説するつもりである。

ノーベル賞受賞者ジョージ・ウォールドは、一九五四年の『サイエンティフィック・アメリカン』誌の記事の中で、地球上の生命の起源についての議論に関する楽観的なメモを書いている。まずこれを眺めてみることから始めよう。ウォールドは、分子の集合が、いかにして正しく集合し、生きた細胞を形成することができたのかと驚いている。生物の自発的生成が不可能であることを認めるためには、その仕事の膨大さを心に描きさえすればよい。しかし、われわれは厳然としてここに存在している。ウォールドは続けて主張した。事象そのものはとてもありえそうもないことかもしれない。それでも、非常に多くの試行が行なわれることにより、この事象が起こることは、事実上確実なこととなった。実際、この構想においては、時間こそが英雄である。われわれが扱わなくてはならないのは、およそ二〇億年程度の時間である（ウォールドが書いたのは一九五四年であり、地球上の生命の年齢は二〇億年程度と予想されていた。さしずめ現在のわれわれなら四〇億年と言うであろう）。多くの時間が与えられて、不可能なことは可能となり、可能なことは実現しそうなことになり、実現しそうなことは事実上確実なこととなったのだ。待つだけでよろしい。時間こそが奇跡を成しとげるのだ。

しかしこれを批判する者たちが現れる。非常に高名な批判家たちである。純粋に偶然の事象によって生命が生じるには、二〇億年、あるいは四〇億年でさえ十分な時間ではない。何十億年というのは、とてつもなく短い時間でしかない。ロバート・シャピロは、彼の著書である *Origins*（前掲書）の中で計算している。地球の歴史の中で、偶然による生命創造の試行回数は、おそらく（2.5×10^{51}）回に達したであろう。これは非常に大きい数である。しかしこれで十分なのだろうか？　これに答えるためには、一回の試行あたりの成功の確率を知らなくてはならない。

シャピロは、たとえば大腸菌のようなものが偶然によって達成される見込みを計算しようと努力した。彼は二人の天文学者、フレッド・ホイルと、N・G・ウィックラマシングによる議論から始めている。彼らは、完全な細菌を得るための確率を評価するよりも、むしろ機能的な酵素を得るための確率を計算しようと試みた。そして酵素の構成要素となる二〇種類のアミノ酸から出発した。もしアミノ酸がランダムに選ばれ、ランダムな順序で配置されたとしたら、二〇〇個のアミノ酸からなる実際の細菌の酵素が得られるための確率は、どのくらいになるだろう。答は、それぞれ正しいアミノ酸を選ぶ確率、すなわち二〇分の一を、二〇〇回かけ合わせることによって得られる。その結果は、20^{200} 分の1というきわめて低い確率となる。しかし、ある化学反応の触媒として機能するアミノ酸の配列は二つ以上あることを考慮して、彼らは 10^{20} 分の1の確率という、おおいに譲歩した値を与えることにした。

ところが、ここにとどめの一撃が存在する。細菌の複製を作るには、一つの酵素だけでは十分ではない。おそらく、約二〇〇〇種類の酵素の集団が必要であろう。だとすれば、確率は10の四万乗分の一、つまり $10^{20\times2000}$ 分の1ということになる。このように指数を用いて書くのは簡単だが、この数字の大きさを実感するのはむずかしい。宇宙の中にあるすべての水素原子の数は、だいたい 10^{60} 個程度である。したがって 10^{40000} という数は、非常に大きいという程度ではすまないくらい大きな数である。想像できないほどの超天文学的数字なのである。そして10^{40000}分の1は、想像できないほど ありそうもない低い確率である。生命が始まることに対する試行がたった10^{51}回であり、成功するその確率が10^{40000}分の1であったなら、けっして生命は生じえなかったであろう。われわれが生まれたのは好運以外の何ものでもなかったことになる。とんでもないくらい並はずれて好運だった。われわれが存在することなど本来は不可能だったのだ。こういう次第で、ホイルとウィックラマシングは、自発的な生成に見切りをつけてしまった。この事象が起こる見込みは、竜巻きが物置を襲って、そこにあるものを使ってボーイング747を組み立てるという偶然が起きるのと、同じ程度のものなのである。

しかし、あなたはこの本を読んでいるし、私はそれを書いていて、二人とも間違いなく生きている。以上の主張のどこかがおかしいにちがいない。問題は、ホイル、ウィックラマシング、そして他の多くの人々が、自己組織化の力を評価しきれなかったことにあると私は信じている。一連の特定の化学反応を成しとげるために、特定の二〇〇〇種類の酵素が、一つ一つ別々に集まってくる必要などないのである。第3章でみるように、化学物質の集合が十分な種類の分子を含んでいるときには、そのスープから物質代謝が必ず現れる。このことを信じざるをえない、否定しがたい理由が存在するのである。その議論が正しければ、物質代謝のネットワークを、一つの要素ごとに別々に組み立てる必要などなかったことになる。ネットワークは原子スープの中から、十分に成長した形で自己組織的に生じることができたのである。私はそれを、「無償の秩序」と呼ぶ。私が正しければ、生命の標語は、「われわれは生じそうもなかったものである」から、「われわれは生じるべくして生じたものである」に書き換えられることになる。

3 生じるべくして生じたもの

非平衡系で自己触媒作用をもつ分子の集団

生命が生じた最初の日——その未熟な日はいったいどんなものだったのだろう。生命自体もまだ未熟だったに違いないが、未来の出来事の芽はすでにはぐくまれていたのだろうか？　物質代謝という魔法の循環が最初に起きたときから約四〇億年の年月が経過し、あなたや私が存在する今日に至ったが、これはまれなる偶然なのか。宇宙の歴史の数十億年の中で、けっして起こってはいけないほどまれな出来事だったのか？　いまなお説明できないほどまれなことなのか？

生命はほんとうに、フレッド・ホイルやN・C・ウィックラマシングが計算したような、想像もできないほどの偶然の出来事なのだろうか？　ジョージ・ウォールドが議論したように、時間こそがその構想における英雄なのだろうか？　われわれは現在、地殻が冷えてから、生きた細胞の明確な証拠が見つかっている時期までの間には、三億年程度の年月しかなかったと信じている。ウォールドが主張したような二〇億年はなかったのだ。ウォールドの話に見合うほど、時間は十分な長さをもって存在していたわけではない。ホイルとウィックラマシングの物語で考えられた時間にははるかに及ばないのは言うまでもない。

もしわれわれ生物が、ほとんどありえそうもない「まれな存在」であるならば、われわれは空間と時間の広がりの中に生じた単なる不可解な謎となってしまうであろう。しかし、もしこの見方が誤っており、生命が生じやすいものだったと信じる何らかの理由があるならば、われわれは爆発的に広がりつつある宇宙における謎ではなくなる。われわれは、その中の自然な一部となることができる。

私の同僚のほとんどは、生命は単純な形で現れ、そのあとで複雑になっていったのだと信じている。裸のRNA分子が複製に複製を重ねる中で、ついには生きた細胞内にみられる複雑な化学装置のすべてと出会い、それを集めていったのだと彼らは想像する。彼らのほとんどはまた、私が第2章でふれた鋳型による複製の論理、A-T、G-C、ワトソン-クリックの対（つい）形成の分子の論理に、生命の存在は完全に依存していると信じている。しかし私はこれとは異なる見解をもっている。生命は、鋳型による複製という魔法に束縛されるものではない。もっと深遠な論理に基づくものなのだ。どうにか読者を説得して、生命が複雑な化学系の本来の性質であることを、わかってもらいたいと考えている。化学スープの中で分子の種類の数がある閾値（しきい）を超えると、自己を維持する反応のネットワーク――自己触媒的な物質代謝――が、突然生ずるであろうことを、ぜひとも納得してほしいのである。私は主張する。生命は単純な形ではなく、複雑で全体的な形をもって現れた。そしてそれ以来、複雑で全体的なままであるのだ、と。この生命の出現は、不可思議な「生命衝動」によるものではない。生気のない分子から組織への、単純で深遠な変換によるものである。この組織の中では、おのおのの分子の形成に対して、組織内の他の分子が触媒として働く。生命の秘密、複製の源は、美しいワトソン‐クリックの対形成に見いだされるのではなく、集団的に触媒作用を営む閉じた集団の達成に見いだされるのである。その核心は二重らせんよりも深遠で、化学そのものに基づいたものである。したがって、複雑で全体的な生命、創発的である生命は、別の意味で結局単純であり、われわれが住む世界から生じた自然な結果だということになる。

複雑な化学系における自然な相転移として生命が生じたという主張は、従来の理論から決定的に逸脱している。そのため、私はまず読者に警告しておかなければならない。こうした見方は少なくとも理論的に首尾一貫したものであるのか？　それは物理学的・化学的に可能なことなのか？　その見方に対する証拠はあるのか？　証拠は入手できるたぐいのものなのか？　私が示唆するような形で生命が始まったのかどうかを、われわれはほんとうに知ることができるのだろうか？　現在の段階では「注意深く進めた優れた理論的仕事が、私がこれから述べていく内容を強く支持している」と言うのがせいいっぱいである。それらの成果は、われわれが複雑な化学系について知っていることと辻褄（つじつま）が合う。ただし、ここでの見方を支持する実験的な証拠はまだ乏しい。とはいえ、分子生物学の驚くべき発展により、いまではこれら自己複製的な分子系——合成された生命——を実際に作り出すことを、イメージできるようになった。私は一〇年か二〇年の間にそれが達成されると信じている。

生命のネットワーク

第2章で言及したように、多くの研究者たちは、RNAやRNA様の高分子の、鋳型による自己複製能力に注目している。もっともなことである。美しいDNAやRNAの二重らせんを見たとき、自然の華麗にして明確な選択によってワトソン‐クリックの対形成のルールが選ばれる必要はなかったなどと考える人はいないだろう。レスリー・オーゲルとその同僚たちが、酵素なしで複製するような高分子をいまだに作れないでいるからといって、その努力がつねに失敗するというわけではない。オーゲルは、その仕事にだいたい二五年くらい従事しているが、自然のほうは一〇億年程度の時間をかけているのである。オーゲルは非常に賢明である。しかし、米国立衛生研究所（NIH）の三年間の補助金という観点から考えると、多くの可能性を試すには一〇億年は長すぎる時間である。われわれは異なる方針をとることにしよう。化学の法則がわずかに異なるものであったと考えてみよう。たとえば、窒素は五つではなく四つの価電子をもっていた、すなわち許される結合の相手は五つではなく、むしろ四つであったと考える。このことが、量子力学にもたらす歪みについては無視することにする（哲学的な主張をする際に、時として卑劣にも量子力学に話を持ち込んで逃げるケースがあるが、これはその手の話ではない）。化学法則がわずかに異なっていて、DNAやRNAの美しい二重らせん構造ができなかったとしたら、化学に基礎をもつ生命は生じえなかったであろうか？　もしその場合には生命なんてなかったというのなら、われわれはほんとうにわずかな偶然で生まれたことになるが、そんなふうには私は考えたくない。鋳型を用いた自己相補性よりも深遠なところに、生命の基礎を発見できると私は考えている。

生命の秘密は、化学者たちが触媒作用と呼んでいるものにあると私は信じている。多くの化学反応は、非常な困難を伴いつつ進むものである。長い時間かかって、やっと、少量の分子Aが分子Bと化合して、分子Cが生ずる。しかし触媒——他の分子、ここではDと呼ぶことにしよう——が存在すると、反応は大幅に促進され、非常に速く進むことになる。この状況の比喩として、鍵と鍵穴の例を持ち出すことがよくある。AとBがDの鍵穴にはまることによって、Cを形成する化合反応がはるかに起こりやすくなるのである。あとでみるように、これは極端に単純化しすぎた比喩である。しかし、論点を理解するためには現在のところ十分であろう。Dは、AとBを結合させCを作るための触媒であるが、分子A、B、そしてCも、他の反応の触媒となりうるかもしれない。

自己の複製に対して触媒能力をもつ化学物質の系、これが生物の核心である。酵素のような触媒は、非常にゆっくりとしか進まないような化学反応のスピードを速める。「集団的に自己触媒作用を営む系」と私が呼ぶシステムの中では、分子たちが、自分自身を形成する化学反応のスピードを増加させる。AはBを作り、BはCを作る。そしてCが再びAを作る。ここで、これら自己促進的なループからなる全体のネットワークを想像してみよう（図3-1）。素材となる分子が供給されると、ネットワークはたえず自分自身を複製し続ける。生きたあらゆる細胞内に存在する物質代謝のネットワークと同じように、このネットワークも生きているのだ。私が示そうとしているのは、さまざまな種類の分子の混合物がどこかに十分蓄積されれば、自己触媒系――自己維持的、自己複製的な物質代謝――が生じる見込みが、ほぼ確実なものになるということである。これが正しければ、生命が創発するのは、われわれが考えていたよりもずいぶん簡単なことになるだろう。

私が示そうとしていることは簡潔ではあるけれども、過激でもある。生命は、その核心において、ワトソン-クリックの塩基対形成という魔法とか、何か特定の鋳型複製機構に

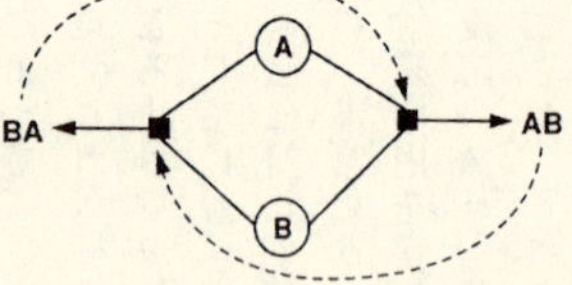

図3-1　簡単な自己触媒ネットワーク。2つの二量体、ABとBAは、2つの単純な単量体AとBから作られる。ABとBAはともに、AとBを化合させてBAやABを作る化学反応（黒い四角）そのものを触媒する（矢印のついた点線）。点線の出発点にある分子は、点線の矢印の先にある化学反応の触媒なので、系は自己触媒的である。素材分子（AとB）が供給されていれば、系は自己を維持し続ける。

は依存しないと私は考えている。生命の本質は、分子種の集合間の一連の閉じた触媒作用の性質に見いだされる。単独では、それぞれの分子種に生気は存在しない。連携によって、それらの間で閉じた触媒作用がひとたび形成されれば、集団的な分子の系は生命をもつことになるのである。

あなたの体の中の各細胞、自由生活を営むすべての細胞は、集団的な自己触媒作用を営む。自由生活を営む生物内において、DNA分子は単独では複製を行なわない。DNAは、細胞内の反応と酵素の複雑なネットワーク、つまり集団的に自己触媒作用を営むこのネットワークの一部となったときに、はじめて複製を行なうのである。RNA分子は、自分たちの複製を行なわない。細胞は総合的存在であり、その起源は確かに不可思議ではあるが、神秘主義的なものではない。「素材となる分子」は別として、細胞を構成するすべての分子種は、反応の触媒作用によって作られる。そしてこの触媒作用そのものが、細胞によって作られた触媒によってもたらされるのである。私は主張する。生命の起源を理解するためには、自己触媒作用を営むこのような分子システムの最初の創発を可能にした条件を理解しなければならないと。

しかし、生命の出現は触媒だけでは不十分である。生きたシステムはいずれも、「食べる」ことが不可欠である。自分たちを複製するために、物質とエネルギーを取り込むために。すなわち生きたシステムは、第1章において述べたことと考え合わせると「開いた熱力学系」と呼べる系なのである。

対照的に、閉じた熱力学系は環境から物質もエネルギーも取り込まない。この閉じた熱力学系の振る舞いについては、非常に多くのことが理解されている。熱力学および統計力学の理論家たちは、そうした系を一〇〇年以上にもわたって研究してきた。ところが、開いた熱力学系の可能な振る舞いについては、ほとんど何もわかっていない。開いた系が無視されてきた事実は、それほど驚くにはあたらない。過去三四億五〇〇〇万年以上にわたる、おびただしい数のあらゆる生命形態の出現は、開いた熱力学系の可能な振る舞いについての、単なるヒントでしかない。宇宙の進化についても同様である。進化する宇宙は、ビッグバン以来、非常に大きなスケールにおいて銀河構造や超銀河構造を形成してきた。これらの星の作る構造は開いた系である。また、星の中で生じる原子核に関連した過程も、開いた系としてとらえられる。この過程により原子や分子が作られ、それらから生命自身も生ずる。こうした開いた系における状態の変化は、非平衡過程である。われわれは、変化する宇宙における非平衡過程のとてつもない創造的な力を、ようやく理解しはじめたばかりである。われわれすべて——すなわち、複雑な原子、木星、渦を巻いた銀河、イボイノシシ、カエルなどのすべて——が、論理的には、この創造的な力の子孫なのである。

十分複雑な非平衡化学システムにおける触媒の自然な達成物として、生命が位置づけられることを私は読者にわかってもらおうと思う。そこで、触媒が何をするのか、平衡状態あるいは非平衡状態の化学システムがどのように振る舞うのかについて、ここで概略を述べておく。化学反応は自発的に起こる。あるものは速い反応だし、あるものはゆっくりとした反応である。典型的な化学反応は可逆的である。すなわちAはBに変化し、BはAに変化する。こうした反応は可逆であるから、ビーカーの中に分子Aだけを入れ、Bは入れないという初期条件から始めて、物質やエネルギーは加わらないように閉じておいたとき、このビーカーに何が起こるかを考えるのは簡単なことである。分子Aは分子Bに変換しはじめるであろう。しかしそれが起こるにつれて、新しい分子Bは、分子Aに逆に変換しはじめるであろう。分子Aだけから始めて、AからBへの変換の速度がBからAへの変換の速度とちょうど等しくなるところまで、Bの濃度は増していく。このつり合いは化学平衡と呼ばれている。化学平衡状態においては、AとBの正味の濃度は時間的に変化しない。しかし、どのAの分子も、一分間あたり何千回もBに変換したり、また逆戻りしたりしているのである。平衡状態はもちろん統計的なものである。AやBの濃度のちょっとしたゆらぎはつねに生じている。

化学平衡は、AとBなどの分子対に限られたものではない。閉じた熱力学的系では必ず生ずるものである。系が何百種類もの異なる分子をもっているとしよう。最終的にこの系は、すべての分子対の間の順方向、および逆方向の反応がつり合うような平衡状態に落ち着くであろう。

タンパク質酵素やリボザイムなどは、触媒の例である。触媒は、順方向、逆方向のいずれの反応も、同じだけ速くすることができる。AとBの間の平衡は変わらない。酵素は、単にこのつり合った状態に到達するための速度を増加させるだけである。平衡状態において、AとBの濃度の比が1、すなわち両者の濃度が等しいものとしよう。化学系が平衡から離れた状態——たとえばBが高濃度で、Aがほとんどない状態——から出発すると、両者の濃度が等しくなるまでの時間、すなわち平衡の比率に到達するまでの時間を、酵素は大幅に短くするであろう。事実上、酵素はAの生成の速度を増加させたことになる。

触媒は何をしたのか？　AとBの中間状態というものが存在する。これを遷移状態と呼ぶ。遷移状態では、分子内の一つもしくは複数の原子間の結合が、激しく引っ張られ、歪められる。したがって、遷移状態にある分子は、かなり不幸せな状況にある。どのくらい不幸せなのか、その程度は、分子のもつエネルギーによって与えられる。引っ張られていない分子は、低いエネルギーをもつ。引っぱられた分子は、高いエネルギーをもつ。バネを考えよう。自然な長さになっているとき、それは幸せな状態にある。自然な長さを超えて引き伸ばされると、バネはエネルギーを蓄える。不幸せな状態に陥るのだ。そして、自然な長さに急に戻ることによって、バネはエネルギーを放出できる。このとき、エネルギーは再び低くなる。

驚くにはあたらないが、AからBへ変換する際に通る遷移状態も、BからAへ変換する際に通る遷移状態も、まったく同じものである。酵素は、遷移状態と結合し、それを安定化させるという作用をすると考えられる。このことにより、A、Bいずれの分子にとっても遷移状態に飛び上がることが容易となり、AからB、BからAの変換速度が増加する。このように、酵素は、AとBの濃度の比が平衡に達するまでの速度を増加させるのである。

われわれの細胞が化学平衡状態にないことを、われわれは感謝しなければならない。生きた系にとって、平衡は死に対応する。実際の生きた系は開いた熱力学的系であり、化学平衡からはつねに離れた状態にある。遠い先祖もそうしたように、われわれは食べて排泄する。エネルギーと物質はわれわれを通して流れる。そして、生命のゲームにおける象徴である複雑な分子を作るのである。

非平衡状態にある開いた系がしたがう法則は、閉じた系がしたがう法則とは非常に異なっている。単純な場合を考えよう。ビーカーの中に、外の供給源から、Aの分子を一定の速度で継続的に加える。分子Bについては、その濃度に比例した速度でビーカーの外に取り出すことにする。前と同じように、AはBに変換し、BはAに変換するであろう。しかし、二種類の分子は、以前に到達したような平衡のつり合いには、けっして行き着くことはない。これは、Aをたえず加え、Bをたえず取り除いているからである。常識から考えれば、こうした系も何らかの定常状態に落ち着くであろうと思われる。この定常状態では、分子Bに対する分子Aの比は、系が閉じていた際の値よりも大きくなるであろう。要するに、熱力学的な平衡状態のときよりも、その比は少し大きいことになる。一般的には、この常識的な見方は正しい。単純な場合には、物質とエネルギーの流れに対して開いた系は、定常状態に落ち着き、その定常状態は、閉じた熱力学系の際にみられた平衡状態とは異なる。

ここで、はるかに複雑な開いた系、すなわち生きた細胞を考えよう。あなたの体内の細胞は、およそ一〇万種の異なる分子の振る舞いを調節している。この際、物質とエネルギーは、細胞の境界を横切って出入りする。細菌でさえ、何千種類かの異なる分子の活動を調節しているのである。非常に単純な開いた系、熱力学的な化学系の振る舞いを理解したからといって、それが細胞の理解にまでつながると考えるのは傲慢である。化学反応と酵素の複雑な細胞内ネットワークがいかに振る舞うかということや、どんな法則がその振る舞いを支配しているのかといったことは、誰にもわかっていないのである。実際、われわれは次の章で、この謎についての議論を始めることになる。しかし、単純な開いた熱力学系は少なくとも出発点であり、それ自身すでに魅力的なものである。非平衡化学システムはどんなに単純なものでも、化学物質の濃度が空間的・時間的に変化するような、非常に複雑なパターンを形成することができる。第1章でふれたように、イリヤ・プリゴジンは、これらの系のことを「散逸構造」あるいは「散逸系」と呼んだ。その構造を維持するために、システムは物質とエネルギーを散逸し続けているからである。

熱力学的に開いたビーカーの中で定常状態にある単純な系とは異なり、より複雑な散逸系における各種の化学物質の濃度は、時間的に一定な定常状態に落ち込まない場合がある。そのかわりに、濃度は、上がったり下がったりのサイクルを繰り返す振動を始めることがある。このサイクルは「リミットサイクル」と呼ばれ、長い時間維持される。またこれらの系は、注目すべき空間的パターンをも生成することができる。たとえば、有名なベロゾフ－ジャボチンスキー反応は、いくつかの単純な有機分子が関連する反応であるが、二種類の空間的なパターンを生ずる。一つめのパターンでは、中心の振動源から同心円状の波が広がり、外側に向かって伝播していく。濃淡は、指示薬の分子のために生じたものであり、空間内の任意の点で、反応混合物がどの程度の酸性あるいは塩基性であるかを示す。二つめのパターンでは、風車のような渦巻きが、中心のまわりを回転する(図3-2)。

これらのパターンは、多くの研究者たちによって研究されている。私の友人であるアーサー・ウインフリーの好著 *When Time Breaks Down: The Three-Dimensional Dynamics of Electrochemical Waves and Cardiac Arrhythmias*(『いつ時間は止まるのか――電気化学的波動の三次元ダイナミクスと心臓の不整脈』)には、多くの研究が要約されて

a

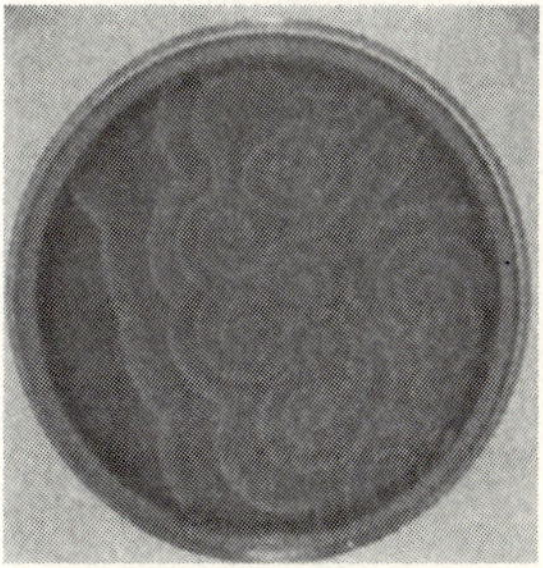

b

図3-2　自己組織化が起こっている様子。単純な化学系の中で自発的な秩序の創発を示している有名なベロゾフ-ジャボチンスキー反応。
a　同心円の円形波が外向きに伝播している。
b　中心から外に向かって渦巻き模様が広がっている。

いる。その中でも、人間に直接に深い関係があるのは、「心臓は開いた系であり、ベロゾフ－ジャボチンスキー反応に類似したパターンにしたがって、拍動する」というものである。不整脈によってもたらされる急死は、同心円のパターンに類似した状態（定常的な拍動）から、風車のような渦巻きのパターンへの切り替わりが、心筋において起こることに対応しているという。濃淡で表された伝搬波は、筋細胞における化学的な条件に対応すると考えられる。この化学的な条件が、筋細胞を収縮させる。均等な距離に置かれた円が同心円状に広がるパターンは、秩序だった収縮波に対応する。ところが渦巻きのパターンでは、渦巻きの中心付近で円はたがいに非常に近寄って集まり、渦巻きの外のほうに行くにしたがって離れるようになる。渦巻きの中心付近をみれば、このパターンは心臓の筋肉がカオス的に痙攣することに対応する。

ウインフリーは次のことを示した。すなわち、ペトリ皿をゆするなどの簡単な摂動は、それがベロゾフ－ジャボチンスキー反応の化学反応物質をそのままに保つものであれば、同心円から渦巻きのパターンへと系の状態を変化させうる。このようにウインフリーは、単純な摂動によって、正常な心臓をカオス的渦巻きパターンへと変化させ、急死に至らしめることがありうることを示唆したのである。

非平衡状態にある化学系のみせる比較的単純な振る舞いは、よく研究されている。それは、生物学的にさまざまな意味をもつかもしれない。たとえばこうした系では、化学物質の濃度が高い部分と低い部分が交互に並んだ、縞状の静的パターンが形成されることもある。われわれの多くは考える。これらの系が形成する自然なパターンが、植物や動物の成長時にみられる空間的なパターン形成について多くのことを語ってくれるのではないか、と。ベロゾフ-ジャボチンスキー反応における濃淡のストライプは、シマウマの模様、貝殻の縞模様、その他の単純な、そして複雑な生物の形態学的な側面を説明するものかもしれない。しかし、こうした化学的パターンがどんなに興味深いものであっても、これらは生きた系ではない。細胞は開いた化学的系であるばかりでなく、集団的に触媒作用を営む系でもある。細胞内では化学的なパターンが生じるだけではない。細胞は複製する存在として自己を維持する。そして、ダーウィン流に進化することもできる。自己触媒系は、どんな法則により、そしてどんな深遠な原理によって、原始の地球に創発したのであろうか？　要するに、われわれは創造の神話を見つけなければならないのである。

創造の神話〈化学編〉

科学者たちは、しばしば簡単な「おもちゃの問題」を考え抜くことによって、より複雑な問題を洞察する。ここで私が語ろうとしているおもちゃの問題は、「ランダムグラフ」に関するものである。ランダムグラフとは、点もしくは節（結び目）の組が、線あるいは辺の組によってランダムに結ばれたものである。図3-3は、その一つの例である。おもちゃの問題をより具体的に記述するために、点のことを「ボタン」、線のことを「糸」と

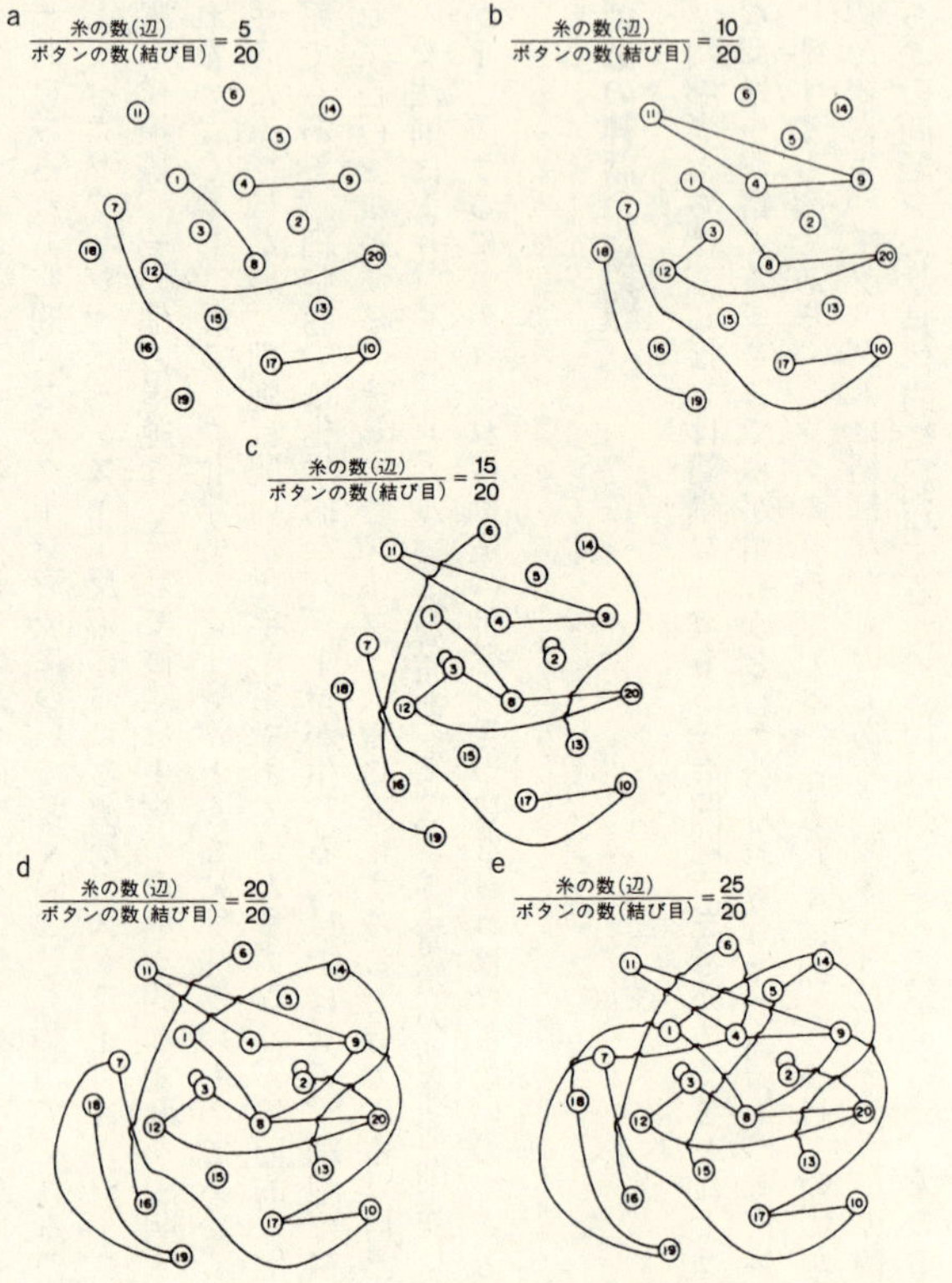

図 3-3　つながったネットワークの「結晶化」。20個のボタン（結び目）が糸（辺）でランダムにつながれていて、糸の数がしだいに増えていく。ボタンの数が非常に大きい場合は、〈糸の数〉対〈ボタンの数〉の比が閾値0.5を超えると、ほとんどのボタンが１つの大きな成分につながるようになる。この比が1.0を超えると、あらゆる長さの閉じた道筋が創発しはじめる。（ｃの②のように、出た糸が同じボタンに戻る場合も１本の糸の数〔辺〕と数える）

呼んでもいい。一万個のボタンが、木でできた床の上にばらまかれているところを想像してみよう。ランダムに二つのボタンを選んで、それらを糸でつなぐ。こんどはこのペアを下に置き、さらに二つのボタンをランダムに選ぶ。そして、それを取り上げ糸でつなぐ。これを続けるのであるが、最初はほぼ確実に、以前取り上げたことのないボタンを取り上げることになる。しかし、しばらくすると、ランダムに二つのボタンを取り上げたとき、その片方は、前にすでに選び上げたボタンだったという状況が増えてくる。したがって、この新しく選んだ二つのボタンの間に糸を結ぶとき、結局は三つのボタンがいっしょに結ばれることになる。要するに、一対のボタンをランダムに選んで糸でつなぐ作業を続けていると、しばらくして、ボタンはより大きなかたまり、つまりクラスターへと相互に連結されるようになる。この様子が図3－3のaからeに示されている。ただし、この図では、ボタンは一万個ではなく二〇個に制限されている。ときどき、ボタンを持ち上げてみて、どれだけ多くのボタンが持ち上がるかみてみよう。つながったクラスターは、ランダムグラフにおいて「成分」と呼ばれる。図3－3のbのように、ボタンのうちいくつかは他のボタンと全然つながっていないかもしれない。ボタンのうちあるものは、二個一対につながっているかもしれないし、三個、あるいはもっとたくさんのかたまりとなってつながっているかもしれない。

ランダムグラフの重要な特徴は、糸とボタンとの比を調節していったとき、非常に規則的な統計的振る舞いをみせることである。とくに、糸とボタンとの比が〇・五を超えると、相転移が生ずる。この点において、「巨大なクラスター」が突然形成されるのである。図3－3では、たった二〇個のボタンしか用いていないけれど、このプロセスの本質が示されている。ボタンの数に比べて、糸の数が非常に少ないときには、ほとんどのボタンはつながっていない（図3－3のa）。しかし、糸とボタンとの比が大きくなってくると、小さなクラスターが形成されはじめる。糸とボタンとの比がさらに大きくなると、ボタンのクラスターのサイズはだんだん大きくなる。当然ながら、クラスターが大きくなるにつれて、それらは交差的に連結しはじめる。

ここで魔法が起こる！　糸とボタンとの比が〇・五を超えると、突然、ほとんどのクラスターが交差的に連結されるようになり、一つの巨大なクラスターが形成されるのである。図3－3のようにボタンの数が二〇個という小さな系では、糸とボタンとの比が半分、すなわちボタン二〇個に対して糸が一〇本のときに、この巨大なクラスターの形成がみられる。一万個のボタンを用いたとすれば、巨大な成分は、糸がおよそ五〇〇〇本になったときに出現するであろう。巨大なクラスターが形成されたときには、ほとんどの節が、直接的に、あるいは間接的につながっている。あなたが一つのボタンを取り上げてみると、一万個の中で八〇〇〇個程度の数のボタンがいっしょに持ち上がる確率が高くなる。糸とボタンとの比が〇・五の点を超えて増え続けると、孤立していた残りのボタンや小さなクラスターが、次々と巨大なクラスターに連結されていく。したがって、巨大なクラスターは大きく成長するのであるが、孤立している残りのボタンや、孤立している小さなクラスターの数が少なくなるにつれて、その成長の速度は減少する。

糸とボタンとの比が〇・五を超えた際に、最大クラスターの大きさがかなり急激に変化するという現象は、おもちゃの問題版の相転移である。私はこの相転移が、生命の起源を導いたのだと信じている。辺と節との比が増加したときに、四〇〇個の節の中の最大クラスターの大きさが変化する様子を、図３－４に定性的に示した。曲線がＳ字形（シグモイド形）になっていることに注意しよう。最大クラスターの大きさは、辺と節との比が大きくなるにつれて、はじめはゆっくり増加し、次に急に増加し、そして再びゆっくり増加するようになる。急激な増加は相転移的な現象の特徴である。四〇〇個のボタンを用いた図

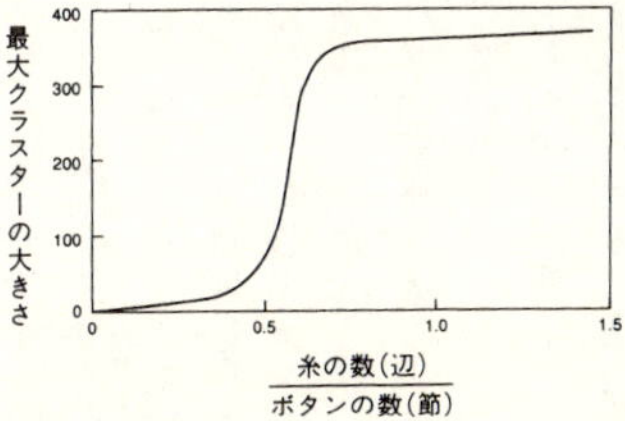

図 3-4　相転移。ランダムグラフ上での、糸とボタンとの比が0.5を超えると、つながったクラスターの大きさはゆっくり増加し、やがて「相転移」が起こって、巨大な成分が「結晶化」する（この実験では、ボタンの数は400にしておいて、糸の数を０から600まで変化させている）。

3-4の例では、S字形曲線は、辺と節との比が〇・五を超えたときに急に立ち上がる。〇・五という臨界点における曲線の勾配は、系の中の節の数によって変わる。節の数が少なければ、曲線の最も急なところでも勾配は緩やかである。しかしおもちゃの系において、節の数が、たとえば四〇〇から一億へと増加すると、シグモイド曲線の急な部分はもっと垂直的になる。もしボタンが無限個存在すれば、糸とボタンとの比が〇・五を超えると、最大クラスターの大きさは、小さなものから莫大なものへと不連続的に飛び上がるであろう。これが相転移である。ばらばらな水の分子が凍りつき、氷のかたまりとなるのとかなりよく似ている。

このおもちゃの問題から、私が読者に養ってほしいと思う直感は、単純なものである。糸とボタンとの比が大きくなると、急に多くのボタンが連結されるようになり、非常に大きなボタンの織物が系の中に形成される。この巨大なクラスターは不可思議なものではない。それが出現するのは当然なことである。ランダムグラフに関して予想されている性質である。これと類似した以下のような現象が、生命の起源についての理論の中に現れる。化学反応系において、十分多くの反応が触媒作用を受けると、触媒された反応の非常に大きな織物が突然「結晶化」する。こうした織物は、ほぼ確実に自己触媒的であることがわかる。そして、ほぼ確実に自己維持的である。生きているのである。

反応のネットワーク

物質代謝の反応グラフを描いて考えると便利である（図3－5）。この図で円は化学物質を表し、四角は反応を表す。話を具体的にするために、四種類の単純な化学反応を考える。もっとも簡単なのは、一つの基質Aが一つの生成物Bへと変換するものである。反応は可逆であるから、BもAに変換する。これは一基質一生成物反応である。Aを出て、AとBの間にある小さな四角へ入る黒い線をかこう。そしてその四角を出てBで終わる線をかく。この線と四角は、AとBの間の反応を表している。こんどは、たとえばAとBという二つの分子を考えよう。これらはつながって、あるいは「結合」されて、より大きな分子のABまたはBAを形成する。逆方向の反応では、ABまたはBAは「分解」されて、AとBができる。AとBから出て、この反応を表す四角に入る二本の線、および、四角を出てABまたはBAで終わる線によって、これらの反応を表現することができる。最後に、二種類の基質と二種類の生成物をもつ化学反応も考えておくべきであろう。この種の反応の典型的なものは、一つの基質から原子の小さなクラスターを引き離し、このクラスターを二番目の基質の一つ、またはそれ以上の原子に結合させることによって生ずる。二つの基質から出てその反応を表す四角に入る線の対、さらに、四角を出て二つの生成物へとつながる線の対によって、二基質二生成物反応を表すことができる。ここで、あらゆる種類の化学物質と化学反応が、化学反応系において存在しえたとすると、化学物質を表すすべての円と、その間のこれらすべての線と四角の集合は、図3－5に示したような反応グラフを構成する。

集団的に自己触媒作用を営む分子系の創発を理解するのがわれわれの目的である。したがって、きわめてゆっくり起こると考えられる自発的な反応と、速く起こると考えられる触媒作用下の反応とを区別するのが次のステップである。ある一つの分子は、どのような条件の下で、自己触媒セットを作り出す反応の触媒となったり、あるいはその生成物になったりするのだろうか。われわれが見つけたいのはその条件である。この議論は、系内の各分子が二つの役割を演じる可能性があることを前提としている。役割の一つは、ある反応の成分あるいは生成物となることであり、いま一つの役割は、他の反応の触媒になることである。反応の成分あるいは触媒、この二重の役割を演じることは完全に可能であり、おなじみのことである。タンパク質やRNA分子は、こうした二重の役割を演ずることが知られている。トリプシンと呼ばれる酵素は、あなたが食べたタンパク質をより小さな断片に分解する。実際トリプシンは、同じようにトリプシン自身も断片に分解してしまう。そして第2章で言及したように、リボザイムはRNA分子に酵素として作用することができるRNA分子である。あらゆる種類の有機分子が、反応の基質や生成物になることができ、しかも同時に、他の反応を速めるために触媒的に働くこともできることは、非常によく知られている。化学物質の二重の役割については、怪しげな点は毫もない。

さらに先に進むためには、どの分子がどの反応の触媒となるのかを知る必要がある。も

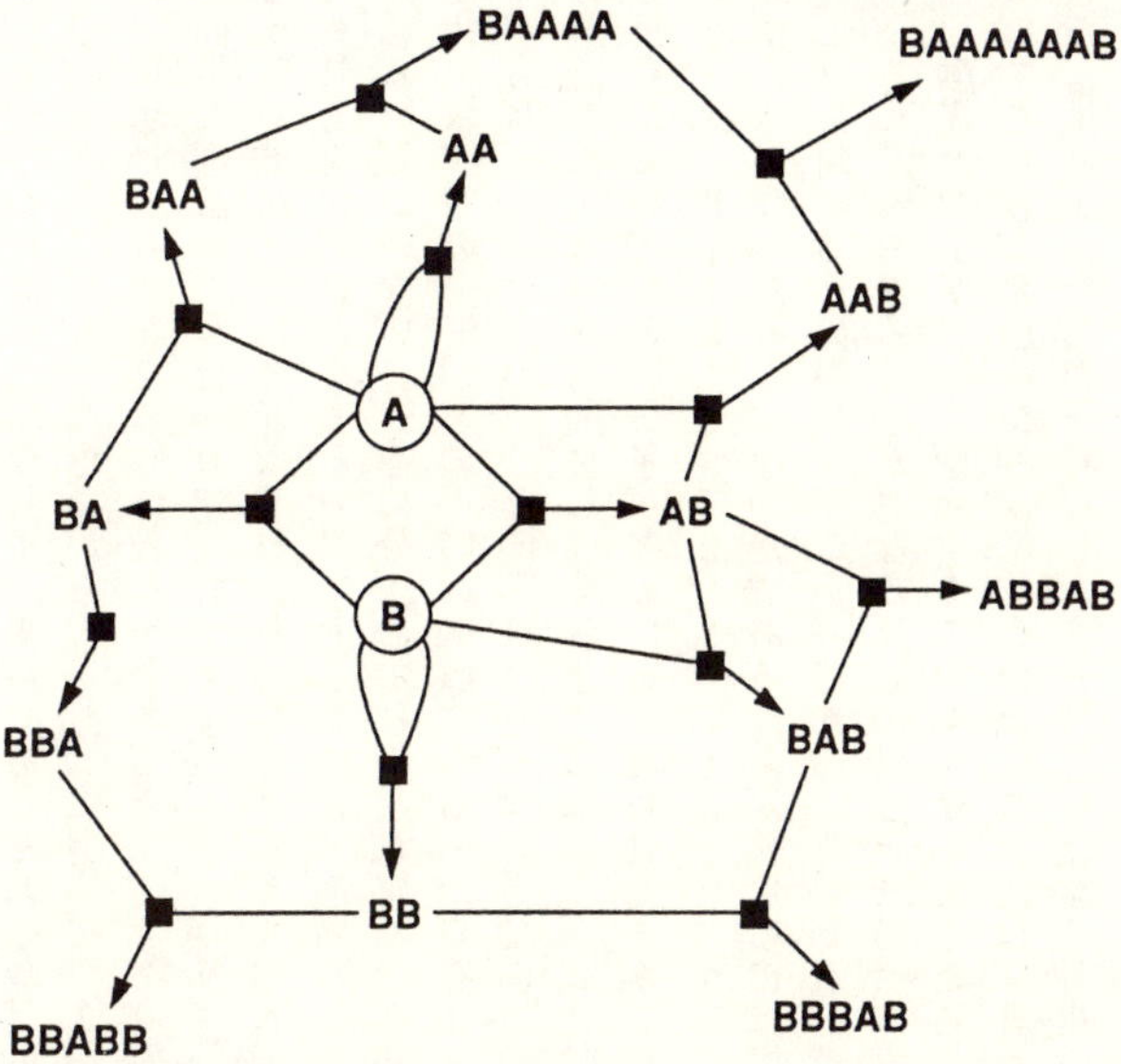

図 3-5　ボタンと糸から化学反応へ。化学反応の仮想的なネットワークを表現したこの図は、反応グラフと呼ばれる。小さい分子（AとB）が結合して、大きな分子（AA、BB など）が形成され、それらはまた結合してさらに大きな分子（BAB、BBA、BBABB など）が作られる。同時に、これらの長い分子は分解して、単純な部分分子に再び戻る。おのおのの反応において、2 つの部分分子は線で黒い四角（化学反応を表している）に結ばれている。矢印は、化学反応を表す四角に始点をもち、反応の生成物に終点をもつ（反応は可逆なので、両方向に反応がおこりうる。矢印を書きこんだのは、ある 1 つの化学反応における基質と反応の生成物とをはっきりさせるのが目的である）。ある化学反応の生成物は、次の化学反応の基質になるので、たがいにつながった反応の網目が得られる。

しこれがわかれば、どんな分子の集合でも、それが集団的に自己触媒作用を営むかどうかを知ることができる。残念ながら、一般的に言って、このような知識はまだ得られていない。しかし、もっともらしい仮定を置くことによって、話を進めることができる。こうした簡単な理論を二つばかり用意しよう（あとで具体的に述べる）。いずれの理論も、いくらか恣意的にではあるが、われわれの考えるモデルの世界において、反応に触媒を割り当てることを可能にしてくれる。しかしたぶん、読者はこのような操作自体に懐疑的になっているにちがいない。一連の分子の中に自己触媒セットが存在するかどうかを確実に知るためには、どの分子がどの反応の触媒になるのかを実際に知らなければならない、と考えるかもしれない。このような懐疑は至極もっともである。私はこの形式に頼ることにする。そして、この懐疑はまた、一つの論証形式の導入を可能にしてくれる。実際の化学反応の世界において、どの分子がどの反応の触媒になるかという割り当て方が、現存のものとは少し違ったものになるように、化学の法則ができていたとする。このとき生ずる結果は、いまとは異なったものになったであろうと反論するのは簡単かもしれない。

これに対する私の答は以下の通りである。もしわれわれが、さまざまな「仮想的」化学——それぞれ異なる分子が異なる反応の触媒となるようなさまざまな化学——において、自己触媒セットがつねに創発することを示せたとしたら、化学の特定の詳細は問題にならないであろう。自己維持的な織物の自発的な出現は、非常に自然でゆるぎないものであり、また、地球上にたまたま存在したある特定の化学それ自体よりも深遠なものである、ということを示すことにしよう。それは、数学そのものに根源をもつのである。

この目的で図3-6を描く。これまで同様、分子AとBのペアの間の反応を、AとBの間にあって反応を表す四角とA、Bをつなぐ黒い線で描くことにしよう。次に、別の分子Cの存在を想定しよう。これはAとBの間の反応に触媒作用を及ぼすことができるものである。Cから出て、AB間の反応を表す四角に先端をもつ破線の矢印を描くことによって、このことを表すことにする。そして、AB間の反応が触媒作用を受けていることを、AとBの間の黒い線を太い線に変えることによって表現する。系の中のひとつひとつの分子を考えよう。そして、その分子がどの反応——もしあれば複数の反応でもいいのだが——の触媒となることができるのかを調べることにしよう。これらすべての触媒作用に対して、対応する反応を表す四角へ破線の矢印を描き、対応する反応の辺を太い線に変える。あなたがこの作業を終了したとき、太線と、その辺がつないでいる化学物質を表す節が、触媒作用を受けたすべての反応を表していることになる。そしてその総体が、反応のグラフ全体の中で、**触媒作用を受けた反応がなす部分グラフ**を構成することになる。また、破線の矢印の起点となる節は、触媒作用を及ぼす分子を表す。

ここで、システムが部分的な自己触媒セットを含むためには、何が必要なのかを考えてみよう。まず、一連の分子は触媒作用を受けた太線の反応によってつながれていなければならない。次に、このセットの中の分子はいずれも、同じセット内のある分子から出る破線の矢印によって触媒作用を受けて生成されるか、あるいはシステム外から供給される。

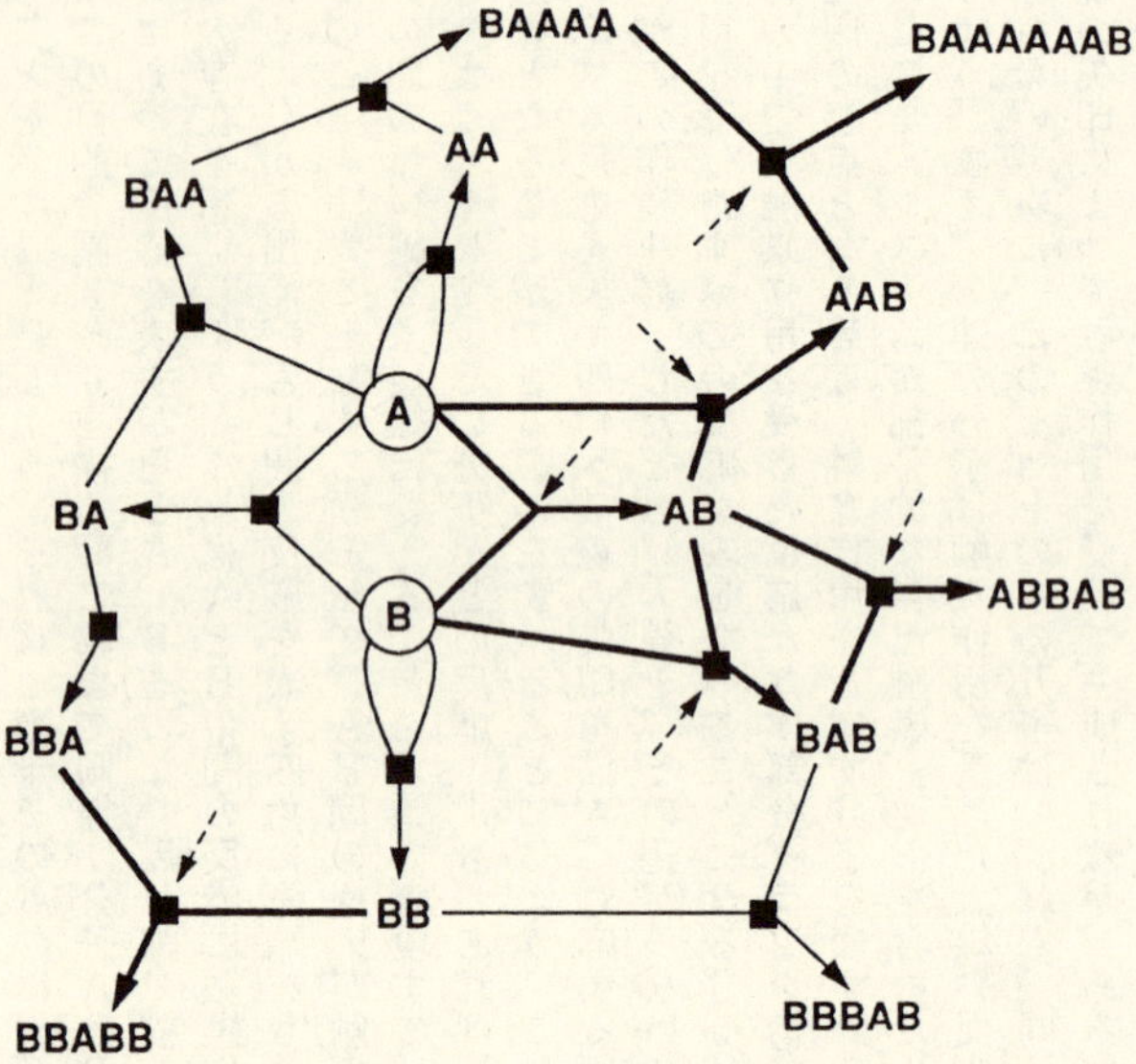

図 3-6　分子が化学反応の触媒になっている場合。図 3-5 ではすべての化学反応が自発的だと仮定されていた。いくつかの化学反応を加速するために、触媒を加えるとどうなるだろうか。図の中で、破線の矢印がついている化学反応は触媒効果を受けているとする。触媒作用を受けている化学反応の基質と生成物を結ぶ線は、太い黒線で表している。その結果、反応グラフの中で、触媒作用を受けた部分グラフを示す太線のパターンが得られる。

後者の分子を「素材分子」と呼ぼう。これらの条件が満たされれば、自分自身の形成に対して触媒作用を営むことができる分子のネットワークが得られるのである。必要となる触媒は、すべてそこで作られることになる。

核心となるアイディア

このように化学反応の自己維持的な織物の自然発生は、どの程度に起こりやすいものだろうか？　集団的な自己触媒作用の創発は、簡単に起こるのか、それとも実質的には不可能なのか？　われわれは化学物質を注意深く選ばなければならないのか、それとも、ほとんどどんな混合物でもよいのか？　これらの問に対する答はわれわれを元気づけてくれる。自己触媒セットは、ほぼ必然的に創発するのである。

何が起こるのかは、クルミの殻の中に隠されている。その中身を、われわれはあとで取り出すことになろう。系の中の分子の多様性が増加すれば、化学物質の数に対する反応の数の比、つまり線と節との比が、つねに大きくなる。言い換えれば、反応のグラフは、化学物質の点をつなぐ線を、点そのものよりもつねに多くもつことになるのである。系の中の分子自身が、ある反応に触媒作用を及ぼす分子の候補となり、それらの反応によって、系内の分子集団そのものが形成される。反応の数と化学物質の数との比が大きくなれば、系の中の分子によって触媒作用を受ける反応の数は増加する。触媒作用を受ける反応の数が、化学物質の点の数とだいたい等しくなると、触媒作用を受けた反応の巨大な織物が形成される。そして、集団的に自己触媒作用を営む系が、突然生まれる。生命をもつ物質代謝が「結晶化」するのである。生命は、相転移として創発する。

さて、クルミの殻の中身を取り出すことにしよう。

まず最初に、系の中の分子の多様性と複雑さが増すにつれて、反応グラフの中で、反応の数と化学物質の数との比もやはり増加することを示そう。これが正しいことは容易に理解できる。四つの単量体（モノマー）からなる高分子を考えよう。これをＡＢＢＢとする。この高分子は明らかに、ＡをＢＢに、ＡＢをＢＢに、ＡＢＢをＢにそれぞれ結合させることによって作ることができる。したがって、高分子ＡＢＢＢは三種類の方法、すなわち三種類の異なる反応によって作ることができる。高分子の長さを一原子分だけ長くすれば、分子あたりの反応の数は増加する。たとえば高分子ＡＢＢＢＡは、ＡとＢＢＢＡ、ＡＢとＢＢＡ、ＡＢＢとＢＡ、そしてＡＢＢＢとＡから形成されうる。長さLの高分子は、内部に（$L-1$）個の結合をもつ。したがって一般的に言えば、長さLの高分子は、（$L-1$）とおりの方法で、より小さな高分子から形成される。しかし、これらの数は、化学者たちが結合反応と呼ぶもの、すなわち分子を小さな部分から組み立てる反応しか説明していない。分子は、分解によっても形成される。高分子ＡＢＢＢは、ＡＢＢＢＡの下の端からＡを切り取ることで作られる。したがって、存在する分子そのものの数よりも、分子が形成されうる反応の数が多いことはかなり明白である。これは、反応グラフにおいて、点よりも線のほうが多いことを意味する。

分子の多様性と複雑さが増すにつれて、反応グラフの中で、反応の数と分子の数との比には何が起こるのだろうか？　単純な線形の細長い高分子に対して、簡単な代数計算により、以下のことが容易に示される。すなわち、分子の長さが長くなれば、分子の種類の数は指数関数的に増加するのである。それに対して、ある分子を別の分子へと変換するための反応の数は、それよりずっと速く増加する。要するに、分子の多様性と複雑さが大きくなればなるほど、化学反応の道筋を表す線は反応グラフの中で飛躍的に密になる。反応「線」の数と点の数との比は爆発的に増加し、反応グラフは可能性でいっぱいに満たされて真っ黒になる。言い換えれば、化学システムは化学反応であふれんばかりになるのである。

この段階でわれわれが手にしているのは、ゆっくりと進む自発的な反応に満ちたフラスコである。システムに火がつき、自己維持的で自己触媒作用を営むネットワークが生成されるためには、分子のいくつかが触媒として働き、反応を促進しなくてはならない。このシステムは、反応を豊富に実らせてはいるが、まだ生命をみごもっているわけではない。そして、どの分子がどの反応の触媒となるかを決定する方法をわれわれがもたないかぎり、生命をみごもることはないであろう。かくして、いくつかの単純なモデルを作るときがやってきた。

最も単純なモデルは、さまざまな目的に対して、非常に役に立つと思われるものである。

このモデルでは、次のように仮定する。すなわち、それぞれの分子は、たとえば一〇〇万分の一という決まった確率で、ある与えられた反応に触媒作用を及ぼす酵素として機能できるとする。この単純なモデルを用いれば、それぞれの高分子がどの反応——それがもしあればの話であるが——の触媒となりうるのかを、一〇〇万回に一回だけ表が出るような、偏ったコインを投げることによって決定することになる。このルールにおいては、どの高分子に対しても、触媒作用を及ぼせる反応がランダムに割り当てられ、固定される。この「ランダムな触媒」ルールを用いれば、触媒作用を受ける反応を「太線にする」ことができるし、また、触媒からそれぞれが作用する反応へと伸びる破線の矢印を描くこともできる。そして、われわれの化学システムのモデルが、集団的に自己触媒作用を営むセット——太線でつながれた分子のネットワークのうち、ネットワーク内の分子が形成されるための反応に、破線矢印を通して触媒作用を及ぼす分子自身もそのネットワーク内に含まれているもの——を内包しているかどうかを、調べることができるようになる。

化学的により現実性の高いモデルとして、われわれの分子がRNAであると考え、鋳型による適合性という性質も導入しよう。この単純化された様式では、ワトソン‐クリックの対形成と同じような仕方で、AとBが適合するものとする。たとえば六量体のBBBBBBはリボザイムのように働くことができる。二つの基質、BABAAAとAAABBABAの、それぞれ対応する三量体AAAの部分を結合させることにしよう。この二つの基質の結合に触媒作用を及ぼすことによって、BABAAAAAABBABAが形成される。

化学的にさらに現実的にしてみよう。候補となるリボザイムが、二種類の基質の上端と下端に適合するような部分をもっていたとしても、その反応の触媒として作用できるために必要な他の化学的性質をそなえる確率が、やはり一〇〇万分の一になるように要請することができる。これは、リボザイムとしての触媒作用を実現するには、鋳型による適合性以外に、他の化学的特徴が要求されるという考え方をとらえたものである。以上を、適合性に基づく触媒ルールと呼ぶことにしよう。

ここからが最も肝心な要点である。右に述べた「触媒」ルールのどれを採用した場合でも、モデルの分子集合の多様性の数が臨界値に達すると、触媒作用を受けた反応を示す「太線」の部分が巨大化して「結晶」になるということである。したがって、集団的に自己触媒作用を営むセットが創発する。この創発が、事実上必然的なものである理由は容易に理解できる。ランダムな触媒ルールを用いるとしよう。そしてすべての高分子は、どの反応の酵素として働くのにも、一〇〇万分の一の確率をもっていると仮定しよう。モデルシステム内の分子の多様性が増加すれば、反応の数と分子の数との比が大きくなる。分子の多様性が十分大きくなれば、ある点で、反応の数と高分子の数との比が、一〇〇万対一に達する。この多様性が実現されたとき、平均的には、各高分子がそれぞれ一つずつの反応に触媒作用を及ぼすであろう(訳注　原文ではこうなっているが、各高分子がそれぞれ一つの反応に触媒作用を及ぼすようになるのは、反応の数そのものが一〇〇万に達したとき)。一〇〇万対一に一〇〇万分の一を掛けると一になる。触媒作用を受けた反応の数と化学物質の数との比が一・〇になると、巨大な「太線」部分、すなわち触媒作用を受ける反応の織物が、非常に高い確率で形成されるであろう。この織物は、集団的に自己触媒作用を営む分子の集まりである。

生命の起源に対するこの見方において、システムに火がつくためには、そして触媒作用を営む閉じた集団が達成されるためには、分子の多様性の数は臨界値に達しなければならない。一〇種類の高分子を含み、触媒作用の確率が一〇〇万分の一であるような単純な系は、単に生命をもたない分子の集合でしかない。一〇種類の分子は、これらの分子間で起こりうるどの反応に対しても触媒となりえないことは、ほぼ確実である。非常にゆっくりとした自発的な化学反応を除けば、この活性のないスープの中では何も起こらない。分子の多様性及び原子レベルでの複雑さが増加するにつれて、それらの間の反応が、次々と触媒作用を受けるようになる。その系の構成要素自身から触媒作用を受けるのである。多様性が閾値を超えると相転移が起こり、触媒作用を受けた反応の巨大な織物が「結晶化」する。触媒作用を受けた反応がなす部分グラフは、つながっていない小さなクラスターを数多くもっている状態から、巨大なクラスターと孤立したいくつかの小さなクラスターをもつ状態へと変化する。その巨大なクラスターは、集団的に自己触媒作用を営む部分集合、すなわち供給された素材分子から触媒作用で自分自身を形成できるような部分集合を含んでいる。このように推測することに対して、あなたの直感は、いまや十分に慣らされていることだろう。

私はいま、生命がいかに形成されたかについての私の考え方、その中心にあるアイディアを述べている。これらの考えは、なじみのないものかもしれないが、実のところ非常に単純なものである。分子の多様性が臨界値に到達して生命が「結晶化」した。触媒作用を営む閉じた集団そのものが「結晶化」したからである。これらの考え方が、化学に基づいたわれわれの新しい創造物語、われわれの太古のルーツに関する新しい見方、そして、物理的世界で予想された性質としての生命の創発という新しい感覚などの中で、実験的に確立された部分となってくれることを私は期待している。

コンピュータ・シミュレーションを用いた動画の中で、われわれはこのプロセスを作ることができる。分子の多様性の増加、もしくは、ある分子がある反応の触媒となる確率の増加の結果として「結晶化」をみることができるのである。この多様性と確率に対するパラメータを*M*および*P*と呼ぶことにしよう。最初は、生気のないスープの中で、ほとんど何も起こらない。しかし、*M*か*P*のいずれかが増加するにつれて、突然生命が生じるのである。実際の化学物質を用いた実験はまだ行なわれていない。それについては、あとでまたふれることにしよう。しかしコンピュータにおいては、生命をもつ系が現れてくる。図3−7は、このような自己複製を行なう物質代謝のモデルの一つが、実際どんなふうに見えるかを示したものである。ここに見られるように、このモデル系は、いくつかの単純な素材分子が、連続的に供給されることを前提としている。具体的には、モノマーAとB、および四種類の可能な二量体、AA、AB、BA、BBである(訳注　図3−7ではA、B、

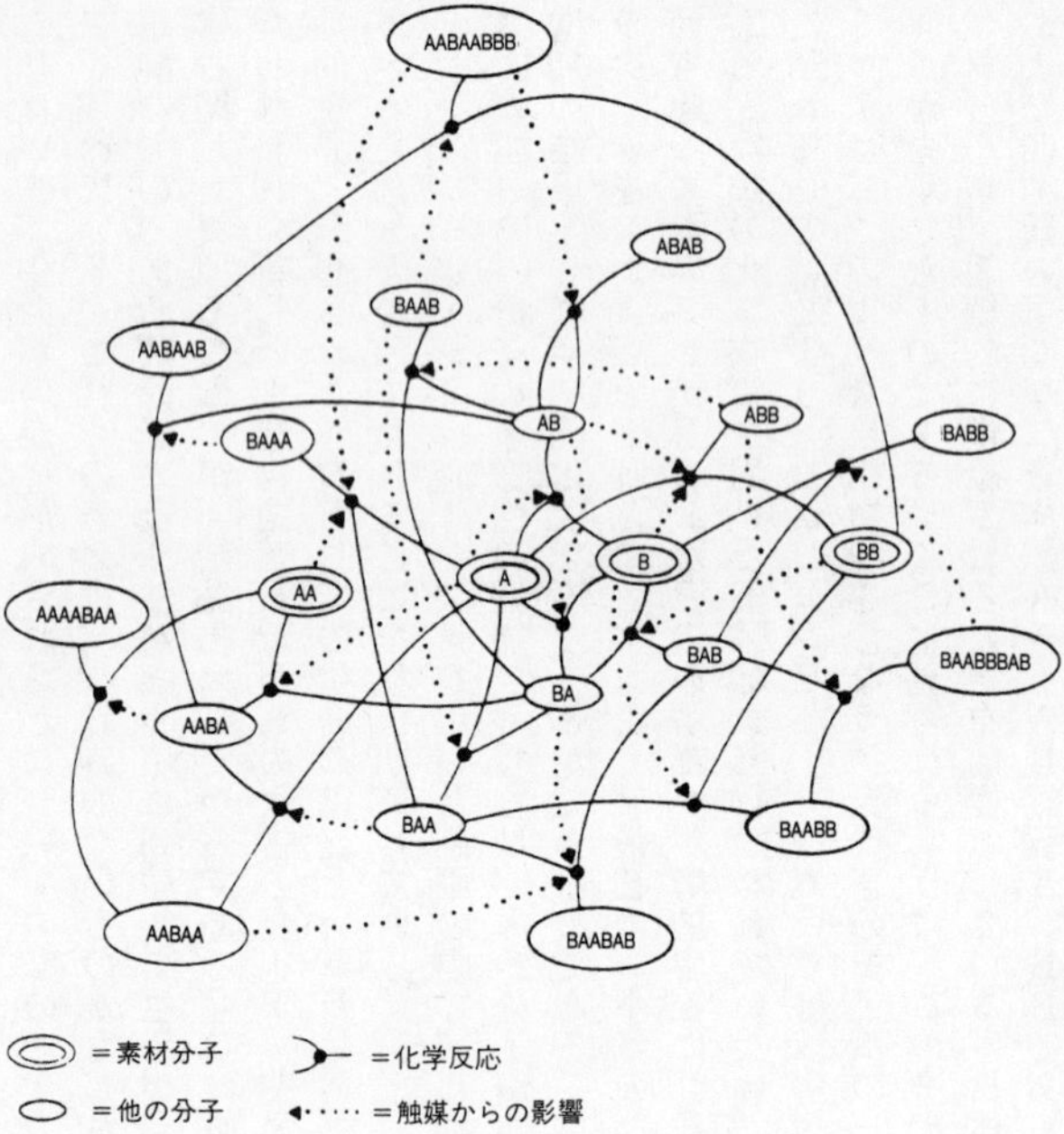

図 3-7　自己触媒系。小さな自己触媒系の典型的な例で、素材分子（A、B、AA、BB）が分子の自己維持ネットワークの中に組み込まれている。反応は小さい黒丸で表している。各黒丸は、大きな高分子と、それが分解してできた生成物とを、結びつけている。点線は触媒を意味し、矢印は、触媒に始点をもち、触媒の影響を受ける反応に終点をもつ。

AA、BBの四種類の分子だけを、素材分子として描いている）。これらが供給されることによって、システムは、自己維持的で、集団的に自己触媒作用を営む物質代謝のモデルを「結晶化」させることができる。図3−7では系は二一種類の分子から成り立っているが、もちろんこれより複雑な自己触媒セットは、何百種、あるいは何千種といった分子の要素をもつことになる。

鋳型による適合性に基づく触媒モデルを用いたとしても、同じ基本的な結果がみられる。可能な反応の数と高分子の数との比がきわめて大きくなるので、ついには、触媒作用を受けた巨大なクラスターと、自己触媒セットが創発する。どの化学物質がどの反応の触媒となるかを、自然がどんな仕方で決定したとしても、分子の多様性はどこかで臨界に達し、触媒作用を受けた太線の反応の数は相転移点を超える。そして化学物質の非常に大きな織物が、系の中に「結晶化」するのである。この大きな織物は、ほとんどつねに集団的な自己触媒作用を営むことになる。

そのような系は、少なくとも自己維持的なものである。そして、ほぼ自己複製的なものでもある。集団的に自己触媒作用を営むわれわれの反応系が、ある種の器の中に入れられたとしよう。器は、反応分子が希薄になってしまうのを防ぐために、欠くことのできないものであったにちがいない。自己触媒系は、アレキサンダー・オパーリンのコアセルベートの一つだと考えてもよい。あるいは、脂質二重膜の小胞を作り出し、その中に入ったと見なしてもよい。系内の構成要素の分子が自分たち自身を再生する際、各種分子のコピーの数は、全体が二倍となるまで増加することができる。ここで系は、二つのコアセルベートに、二つの脂質二重膜小胞に、あるいはその他の形態の容器に分かれることができる。実際には、このような二つの部分への分裂は、これらの系の体積が増加するにしたがって、自発的に生ずるのである。こうして、自己触媒を営むわれわれの原始細胞は、いまや自己複製を行なうものとなった。自己複製を行なう化学システムが存在するようになったのである。以上の基準から言って、それは生きていることになる。

反応の活性化

ここで、「AとBに対して真実であったからといって、それが原子と分子に対しては真実とはかぎらないではないか」という反論があるかもしれない。アインシュタインが言ったように、理論は可能なかぎり簡潔であるべきだが、簡潔すぎてはいけない。これまでのわれわれのモデルで欠けているものの一つはエネルギーである。これまでの議論で述べてきたように、生きた状態にある系は、開いた系、すなわち非平衡状態にある開いた熱力学的系であり、その中を通って流れる物質とエネルギーによって維持される。はるかに単純なベロゾフ－ジャボチンスキー反応と同様に、生きた系は、物質とエネルギーを散逸することによって、その構造を維持している。要するに食べて排泄するのだ。

問題は以下のとおりである。大きな高分子を作るためにはエネルギーが必要である。熱力学は、大きな高分子が、より小さな構成要素に分解するのを好むからである。化学的に現実的な自己触媒セットは、その系の触媒となるような大きな分子を形成し維持するために、エネルギーを取り入れなければならない。

具体的な話にするために、一〇〇個のアミノ酸が結合した高分子を考えることにしよう。あるいはペプチドと呼ばれる、より短いアミノ酸の配列でもよい。二つのアミノ酸をペプチド結合によってつなぐには、アミノ酸の種類のいかんを問わず、必ずエネルギーが必要である。これを簡単に理解するためには、二つのアミノ酸の相互間の運動が、結合により制限されることを思い出せばよい。アミノ酸を引き離すためには、強く引っ張ることが要求される。要求されるその引っ張りの強さのかげんが、結合のエネルギーの大きさの程度を与えてくれる。私は以前、ほとんどすべての化学反応は自発的に可逆であると書いた。これはペプチド結合に関しても正しい。ペプチド結合が形成される際には、反応するアミノ酸のペアから、一個の水分子が抜き出される。水分子自身が反応の生成物である。逆にペプチド結合が引き離される際には、水分子が使われる。ペプチドを水の中に溶かすと、水の分子はペプチド結合を壊す傾向をもつ。

水に富んだ通常の環境では、二つのペプチドアミノ酸が離れて存在する状態にある確率と、アミノ酸のペア（ジペプチド）になって存在する確率の、平衡状態における比は、およそ一〇対一である。同じ計算は、ジペプチドと単一のアミノ酸が離れて存在する状態と、集まってトリペプチドを形成している状態に対しても成り立つ。水に富んだ環境においては、ジペプチドと単一のペプチドアミノ酸が離れて存在する確率と、トリペプチドとして存在する確率の、化学平衡下における比はほぼ一〇対一なのである。結果をまとめて書き記しておこう。平衡状態においては、二つのアミノ酸とそれらが形成するジペプチドとの比は一〇対一である。ジペプチド＋単一のアミノ酸とトリペプチドとの比もやはり一〇対一である。したがって、三つの単一アミノ酸とトリペプチドとの比は一〇対一ではなく、大雑把に言って一〇〇対一となる。同様に、平衡状態においては、四つの単一アミノ酸とテトラペプチドとの比はほぼ一〇〇〇対一である。大きなほうの高分子の長さがアミノ酸一個分だけ増えるごとに、複数の単一アミノ酸と比較した平衡濃度は、約一〇分の一ずつ減少する。

以上の単純な計算から以下のことが示される。単一のアミノ酸と、たとえば二五までの長さのさまざまなペプチドの混合物があったとしよう。平衡状態では、アミノ酸の濃度と、二五個のアミノ酸からなるある特定のペプチドの濃度との平均的な比は、およそ一対10^{-25}となってしまうであろう。この話を具体化するために、一リットルの水の中に、アミノ酸を達成可能な最高の濃度になるまで溶かしたとする。平衡状態においては、二五残基分の長さをもったある特定のアミノ酸配列は、一個も存在しない可能性が高い！　これとは対照的に、単体のアミノ酸のほうは、10^{20}〜10^{23}程度も存在する。自己触媒セットは大きな高分子を必要とすると考えられる。この熱力学的な困難の下で、大きな分子の濃度をいかにしたら高くできるであろうか？

この大きな障害を乗り越えられるかもしれない方法が、少なくとも三つある。それぞれ非常に単純である。第一の方法は、化学反応が体積内全体で起こるのではなく、表面に限定されると仮定するものである。この仮定が大きな高分子の形成を助ける理由は簡単である。化学反応の起こる速さは、反応の相手どうしがいかに頻繁に衝突するかに依存している。もし酵素が関与するとすれば、酵素にも同様に出会わなければならない。もし反応が、たとえばビーカーのような体積内全体で起こるとすれば、各分子は三次元空間内を拡散し、反応の相手と出くわさなければならない。三次元空間をさまよっている分子たちにとって、何度も出会い損なうことのほうがむしろ容易に起こることである（第2章で述べた漫画（七七ページ）『生命の起源』のことを思い出そう）。それに比べて、分子の集団が、粘土や脂質二重膜といった非常に薄い表面層内に閉じ込められている場合には、探索は二次元的にのみ行なわれる。分子がたがいに出会い損なうのは三次元の場合よりずっと少なくなる。直感的に理解するために、径の小さい一次元の管の中で拡散している分子を想像しよう。このときにはこれらの分子は、たがいに必ず衝突するように運命づけられている。要するに、反応を表面内で起こるように制限することは、基質どうしがぶつかる可能性を著しく高めるのである。したがって、より長い高分子の生成率が増加する。

長い高分子の生成を増進する単純なメカニズムの二番目は、系を脱水することである。脱水は水の分子を取り除き、ペプチド結合の分解を遅らせる。私は、同僚であるドイン・ファーマー、ノーマン・パッカード、そしてのちにはリチャード・バグリと、コンピュータ・シミュレーションを行なった。そして単純な脱水だけで、高分子からなる現実の自己触媒系の複製は十分可能となる、という強力な証拠を発見した。われわれのモデルは、無理せずとも化学や物理学の法則とうまく適合しているのである。

脱水はごまかしではない。それは実際に有効である。プラステイン反応と呼ばれる有名な化学反応は、ほぼ六〇年前からよく研究されていた。胃の中のトリプシンという酵素は、われわれが食べたタンパク質を消化するのを助ける物質である。水に富んだ媒体中で、トリプシンを大きな高分子と混ぜ合わせると、それはタンパク質を小さなペプチドに分解する。しかし反応系が脱水され、ペプチドに対する水の濃度が減少すると、小さなペプチドの断片からより大きな高分子が合成される方向に平衡が移動する。トリプシンは、これらの結合反応に触媒作用を及ぼすように働き、より大きな高分子を生成する。これらの大きな高分子を取り除き、系を再び脱水すると、トリプシンは大きな高分子をもっとたくさん合成することになる。

表面での反応、および脱水は、大きな高分子の形成を有利にする。しかし、現在の細胞は、より柔軟で洗練されたメカニズムをも用いている。細胞が結合を作る際、いたるところに存在するヘルパー分子の中の、高いエネルギーをもつ結合を同時に分解することによって、必要なエネルギーを手に入れるのである。アデノシン三リン酸（ATP）は、これらの中で最もよく知られたものである。エネルギーを必要とする反応は、「吸エルゴン反応」と呼ばれる。エネルギーを放出する反応は、「発エルゴン反応」と呼ばれる。細胞は、いくつかの発エルゴン反応と吸エルゴン反応をうまく組み合わせることによって、合計としてはエネルギーを取り入れる吸エルゴン反応を営むのである。

自己複製を営む初期の物質代謝に活力を供給した可能性のある高エネルギー結合として、いくつものもっともらしい候補が示唆されている。たとえば、二つのリン酸が結合してできたピロリン酸は豊富に存在し、分解する際に相当のエネルギーを放出する。ピロリン酸は、生命をもった初期の系において、合成を行なうための自由エネルギーの供給源として、役に立つものだったのかもしれない。ファーマーとバグリはコンピュータ・シミュレーションを用いて、これらの結合からエネルギーを供給されたモデル系は、熱力学的にもっともらしい条件を満足し、自己を複製することができることを示した。

いくつかの発エルゴン反応と吸エルゴン反応を組み合わせるには、何が必要となるだろうか？　一連の閉じた触媒作用を作るのに成功しても、まだ新たな謎がわれわれの前に立ちはだかっているのであろうか？　私はそうは思わない。確かに問題は存在する。しかし、それは謎なんかではない。結局、発エルゴン反応と吸エルゴン反応を組み合わせる触媒を自己触媒セット自身がもっており、発エルゴン反応が吸エルゴン反応にエネルギーを与えるという図式になっている。吸エルゴン反応である大きな分子の合成は、素材分子、あるいは究極的には太陽光によって供給された高エネルギーの結合を分解することによってのみ可能になる。しかし、これは圧倒的な障害にはみえない。このように反応を組み合わせるのが使命であるような触媒作用は、他のもっと一般的な役割を担った触媒作用と比べて、本質的に異なっているところはない。遷移状態と結合できる酵素が必要なだけある。要求されているのは、分子の十分な多様性だけである。

根強い全体論

生命の起源に関するこの理論は、根強い全体論に起源をもつものである。神話主義から生まれたものではなく、数学的な必要性から生じたものである。生命が「結晶化」するためには、分子種の多様性が臨界値に達することが必要なのだ。より単純な系は、一連の閉じた触媒作用を単に作り出さないだけのことである。生命は断片的にではなく全体として創発した。そして現在もそうである。このように、われわれの理論では、裸のRNAに基づいた優勢な見方――およびその進化に関する「まことしやかな話」――とは異なり、生命の起源に関して、生物がなぜ最小限の複雑さをもつのか、なぜプロイロモナより単純なものは生きられないのか、といったことを説明できる可能性がある。

もしこの見方が正しければ、われわれはそれを証明することができるはずである。われわれは伝説的な試験管の中で、生命を新しく作り出すことができるはずである。ファウストの夢にとりつかれたいく人かの科学者たちが心に抱いていたように。われわれは新しい生命形態を作り出すことを期待できるのであろうか？　われわれは神の面前で謀反を起こすことができるのだろうか？　イエス。私はそう思う。そして寛大さと実直さをもった神は、彼の法則を見いだすためのわれわれの奮闘を歓迎してくれるはずである。科学の道筋は、ほんとうに謎に満ちている。第7章でみるように、集団的に自己触媒作用を営む分子のセットを作るという期待は、新しい薬、ワクチン、そして医学的な奇跡を約束するような、生物工学の第二期となるべき流れと結びつくかもしれない。そして、集団的に自己触媒作用を営む分子のセットの中に含まれる「一連の閉じた触媒作用」という概念は、複雑さの法則の深遠な特徴としてとらえられはじめるであろう。生態系、経済システム、そして文化システムを理解する際に、再び現れてくるであろう。

イマニュエル・カントは、二世紀以上も前にそう書いているのだが、生物を全体として眺めていた。全体は部分によって存在する。部分は、全体のおかげで存在するとともに、全体を維持するために存在する。全体論は、生物学の中で果たしていた自然な役割を奪われてしまった。そして分子のダンスに命令を与えるゲノム、中心指令部としてのゲノムの概念に取って代わられた。しかし、分子の自己触媒セットは、カントの全体論のおそらく最も簡潔なイメージであると言える。一連の閉じた触媒作用は、全体が部分によって存在し、部分は全体のおかげで存在するとともに、全体を維持するために存在するということを保証してくれる。自己触媒セットは、全体論の創発的な特徴をもっている。集団的に自己触媒作用を営むセットから生命が始まったのだとすれば、それらは、神話主義的な感情ではなく、畏敬に満ちた敬意と驚きを受ける値うちがある。生物圏の開花は、それらが地球上に解放した創造力に支えられているのだから。

いちばん大切な点は、もし今の話がほんとうならば、生命は、われわれがこれまで考えてきたよりも、存在する確率がはるかに高いものだということである。われわれは宇宙の中にしかるべき居場所を見つけられるだけにとどまらない。まだ知らない仲間たちと、それを分かち合うこともおおいにありうるだろう。

4

無償の秩序

自然に生じた自己組織化は進化する力ももっていた

生き物の世界は、秩序という恵みによって美しく飾られている。それぞれの細菌は、何千種類ものタンパク質や、その他の分子の合成と配置を、調和を保ちながら行なっている。あなたの体内の各細胞は、およそ一〇万種の遺伝子、およびそれが作り出す酵素やその他のタンパク質の活動を調節している。おのおのの受精卵は、一連のステップを通って、整った全体へと成長していく。この整った全体が、「有機的組織体」と名づけられているのは、実に当を得ている。ジャック・モノーが「翼を得た偶然」と呼んだもの、すなわち、相次いで生じた偶然の突然変異と自然淘汰による変化の結果が、この秩序の唯一の源であったとしたら、われわれの存在する可能性はきわめて低いものであった。天国からの堕落——コペルニクスから、天体力学におけるニュートン、生物学におけるダーウィン、そしてカルノーと熱力学の第二法則に至るまで——の結果、われわれは、ある月並な銀河のはずれにある、ある平均的な星のまわりをまわっていることを確認するに至った。生命をもつ形態として創発したことは、ほんとうに幸運だったことになる。

しかしもし、十分複雑な分子の混合物の中で、生命がほとんど不可避的に「結晶化」しわれわれは宇宙の中に存在するのではなく、……

たものであり、物質とエネルギーの予期された創発的性質であることが証明されたならば、人類のスタンスはどれだけ違ったものとなるだろう。その意味で、われわれは宇宙の中にわれわれ自身の自然な居場所を見つけるためのヒント探しを始めようとしているのである。

しかしわれわれは、創発的な秩序の物語を語りはじめたにすぎない。生き物の世界の創造にあたって、自発的秩序は自然淘汰と同じくらいに効力をもっていたことを私は示したいと考えている。一つではなく、二つの秩序の源から生まれた子どもとして、われわれは存在するのである。これまでの章では、変化に富んだ化学スープの中で、どのように自己触媒セットが自然に生じたかを示してきた。集団的な自己触媒作用の起源、生命そのものの起源は、私が「無償の秩序」と呼ぶもの――自然に生じた自己組織化――のおかげで存在したことをこれまでの章でみてきた。さらに私は、生命自身の起源を支えるこの無償の秩序は、進化の際の生き物の秩序も、そして進化する当の能力までも支えているのだと信じている。

生命が、何らかのスープの中で渦を巻く系、集団的に触媒作用を営む系として創発したとしたら、われわれの歴史はそこから始まっただけにすぎない。進化する能力が欠けていて、それが突然終わるようなことがあっては困る。ダーウィンがわれわれに教えてくれているように、進化の中心的な原動力として、自己複製と遺伝可能な変異が必要である。ひとたびこれが生じれば、自然淘汰が、適応度の高いものを適応度が低いものから選び出してくれる。ほとんどの生物学者たちは、遺伝情報の安定な貯蔵庫としてのDNAやRNA

は、適応進化にとって欠くことができないものだと考えている。しかし、もし生命が、集団的な自己触媒作用とともに始まり、のちにDNAと遺伝暗号を組み入れることを学んだのだとすれば、われわれは以下の問題に直面することになる。すなわち、まだゲノムが存在しない時期に、そうした自己触媒セットは、なぜ遺伝可能な変異や自然淘汰を実現することができたのだろうか。もしわれわれが、鋳型による複製という魔法や、タンパク質のための遺伝暗号というさらなる魔法を必要とするのであれば、鶏が先か卵が先かのような問題、すなわち考えるのがきわめてやっかいな問題が立ちはだかることになる。進化はこれらのメカニズムなしには進まなかった。ところが、われわれがこれらのメカニズムを手に入れるためには、進化が不可欠であった。なぜならこれらのメカニズムは、進化によってかき集められたものだからである。「われわれは生ずるべくして生じたものである」という理論の探究を続ける中で、われわれは次の疑問を抱くようになる。ゲノムと関連する複雑なもののすべてが存在していなくても、自己触媒セットが進化できるための道があるのだろうか？

私の同僚であるリチャード・バグリとドイン・ファーマーは、これがどのように起こりうるかについて言及している。自己触媒セットが、ある種の空間的な器——たとえば、コアセルベートや脂質二重膜小胞——の中にひとたび閉じ込められれば、自己維持的な物質代謝のプロセスは、系の中のそれぞれの分子種のコピーの数を実際に増やすことができる。このことはすでに第3章でみてきた。原理的には、器に入ったこの系は、全体が二倍となれば二つの子どもに「分裂」することができる。自己複製が起こりうるのだ。先に言及したように、器をもったこれらの系は、その体積が増加するにつれて、二つの子どもに自発的に分裂する傾向を確かにもつことが実験的に示されている。しかし、もし子どもの「細胞」が、親の「細胞」とつねに同一のものであったとしたら、遺伝可能な変異などは生じえない。

バグリとファーマーは、そうした系の中で変異と進化が起こりうるような自然な方法を発見した(バグリは、カリフォルニア大学サンディエゴ校における博士学位論文の一部として、この仕事を行なった。著名なスタンリー・ミラーは、彼の学位論文審査員の一人であった)。彼らは、自己触媒セットのネットワークがせっせと自分の務めを果たしている間にも、触媒作用を受けていないランダムな化学反応が、時として起こるであろうと主張している。これらの自発的なゆらぎは、セットの要素ではない分子を生む傾向をもつ。こうした新しい分子は、分子種のいわば周辺部にあるものと考えてよい。たとえば、自己触媒セットを取り巻く化学的な霞のようなものである。これらの新しい分子種のうちのいくつかを内部に吸収することにより、セットは変化するであろう。もし新しい分子の一つが、そのネットワーク自身の形成に対する触媒作用の助けとなれば、それはネットワークの要素として一人前のものとなるであろう。新しいループが物質代謝に加わることになる。あるいは、でしゃばり屋の分子が以前起きていた反応を抑制する場合には、古いループがセットの中から除去されてしまうかもしれない。どちらにしても、遺伝可能な変異は明らかに起こりうる。結果として生じたネットワークがより効率的なもの——苛酷な環境の中で自分自身をよりよく維持できるもの——であれば、これらの突然変異は報いられるであろう。変化を受けたネットワークは、弱い競争者を締め出すことができる。

要するに、ゲノムなしでも自己触媒セットが進化できることを信じてよい理由が存在するわけである。これは、われわれが考え慣れている進化のシナリオとは異なるものである。そこには、遺伝情報を伝えるＤＮＡのような単独の構造はない。生物学者たちは、細胞や生体を、遺伝子型（遺伝情報）と表現型（身体を作り上げている酵素やその他のタンパク質、さらには器官や組織形態）に分けている。しかし自己触媒セットにおいては、遺伝子型と表現型は分離していない。系はそれ自身のゲノムとしての役割を果たす。それにもかかわらず、新しい分子種を組み入れる能力、そして古い分子を除去する能力をもっており、おそらく、自己複製を営むさまざまな化学ネットワーク、すなわち種々の特徴をもったネットワークの集団を生み出すことを約束している。そして、こうした系が自然淘汰によって進化するであろうことは、ダーウィンの教えから約束されている。

実際、自己複製を営み、器をもったこれらの原始細胞とその娘細胞たちは、必然的に複雑な生態系を形成するであろう。それぞれの原始細胞は、遺伝可能な変異を起こしつつ複製を行なう。それに加えて、分子種を、環境から選択的に吸収したり、あるいは環境に選択的に排泄する傾向をもつであろう。これらのことは、現存の細菌が行なっていることである。要するに、ある原始細胞で作られた分子は、他の原始細胞に運ばれうるのである。

その分子は、後者の細胞内で起きている反応を促進するかもしれないし、損なってしまうかもしれない。物質代謝を行なう生命だけが、全体的に、そして複雑なものとして生じたのではない。われわれが生態系と見なすような、相利共生や競争のひと揃いすべてが、非常に初期の段階から生じていた。こうしたあらゆるスケールでの生態系の物語は、単なる進化の話ではなく、共進化の物語なのである。われわれすべては、およそ四〇億年にもわたって、その世界をともにしてきた。あとの章で示すように、無償の秩序の物語は、分子レベルにおける共進化、ならびに生物のレベルにおける共進化の中に受け継がれていく。

しかし、進化は単に変化する能力、遺伝可能な変異を起こす能力以上のものを要求する。ダーウィンの物語にうまく調和するためには、生命をもった系は、まず内部における順応性と安定性の間の妥協点を見いだすことができなければならない。変化する環境の中で生き残るためには、安定でなければならないことはいうまでもない。しかし、永久に変化しないでいるほど安定であってはいけない。そして、非常にわずかな内部の化学的ゆらぎが、ぐらついている全体の構造の崩壊を引き起こすほどに不安定であってもならないのである。この問題を認識するためには、いまではおなじみとなった決定論的なカオスの概念について、ここでも考えてみればよい。リオの有名な蝶のことを思い出そう。蝶が羽を元気いっぱいにはばたけば、あるいは元気なく動くだけでもいいのだけれど、それがシカゴの天気を変えることができるのである。カオス的な系においては、初期条件のわずかな変化が、絶大なる変動を導きうる。これまで述べてきた論理の中には、われわれの自己触媒セットは敏感にすぎることはないとか、カオス的ではないとはじめから決まっている、などと信ずる理由はひとつも存在しない。近隣の細胞から何らかの分子が吸収されることにより、内部の代謝物質の濃度はわずかに変化する。この変化が大きく増幅され、ネットワークは消えてしまうかもしれない。私が提唱している自己触媒セットは、何千種類もの分子の振る舞いを調節しなければならなかったはずである。この複雑さをもった系の中でカオスが活躍していたかもしれない、というのは驚くべきことである。

カオスが存在したという可能性は、単なる理論的可能性ではない。われわれ自身の細胞内では、酵素に他の分子が結合し、その活動を抑制したり、増加させたりすることができる。反応のネットワーク中の他の分子によって、酵素は「つけたり」「消したり」されうるのだ。ほとんどの細胞内において、こうした分子のフィードバックが、複雑な化学的振動や、時間的および空間的振動の原因となりうることは、現在ではよく知られている。カオスの可能性は現実的なものなのである。

生命が生まれたのは、自己触媒作用を営む物質代謝を形成するために、分子が自発的に集合したときである。このようにわれわれが信じたとしよう。このとき分子的な秩序の源、細胞を摂動から保護する基本的な恒常性の源、そして原始細胞のネットワークがわずかなゆらぎに耐えて崩壊せずにいることを可能にした妥協点、こういったものをわれわれは発見しなければならない。ゲノムは存在しないというのに、いかにしてそのような秩序は生じたのであろうか？　秩序は、ネットワークの集団的なダイナミクス、すなわち分子の集合の調和的な振る舞いから、何とかして自発的に生まれなければならない。これは無償の秩序の別の例でなければならないのだ。驚くほど簡単なルールや制限が存在しさえすれば、思いがけない秩序、深遠な動的秩序が、自発的に創発することが保証される。このことをわれわれはまさに示そうとしているのである。

恒常性の源泉

ここで理想化を行なうのを許してほしい。単純で、非常に役立つ理想化である。各酵素のとりうる活動状態は、たった二つ——オンとオフ——しかなく、酵素はそれらの間をスイッチできると仮定してみよう。すなわち、各酵素は各瞬間に活動的であるか、あるいは非活動的であるかのいずれかである。この理想化は、すべての理想化と同じく、実際には正しくない。現実には、酵素の触媒としての活動度は緩やかに変化する。最も単純には、反応の速さは、酵素と基質の濃度に依存する。にもかかわらず、酵素上のある場所に結合する分子によって酵素が抑制されたり、あるいは活性化されたり、または他の方法によって酵素が変化したりすることはよくあることであり、これらは酵素の活動度の鋭い変化と関係していることが多い。この理想化に加えて、反応の基質、あるいは生成物も、存在するか否かのいずれかであるとさせてほしい。これもまた実際には正しくないことである。しかし、複雑な反応のネットワークの中では、基質や生成物の濃度が、しばしば高い状態から低い状態へと非常に速やかに変化しうる。「オン・オフ」、「存在する・存在しない」という理想化は、非常に便利である。われわれは、何千種もの酵素、基質および生成物のモデルからなるネットワークを考えようとしているからである。

科学において理想化を行なうことのねらいは、結果の本筋をとらえることである。そのようにしてとらえられた結果が、理想化を取り除いても変化しないことを、あとで示さなければならない。たとえば物理学における気体の法則の解析は、気体の分子を硬い弾性体の球として扱うモデルに基づいたものである。統計力学の創造に必要であった主要な特徴は、この理想化によりとらえられた。第3章では、分子とその反応を、ボタンと糸として表現した。ここで比喩を変えて、酵素、基質、そして生成物の物質代謝のネットワークを、導線によってつながれた電球のネットワーク、すなわち電気回路と見なすことにしよう。他の分子の形成に触媒作用を及ぼすある分子は、他の電球を点ける電球と見なすことができる。分子はたがいの形成を抑制することもできる。これは、他の電球を消す電球と見なせばよい。

こうしたネットワークを規則正しく振る舞わせるための一つの方法は、細心の注意と技術をもってそれを厳密に設計することである。しかしわれわれは、自己触媒作用を営む物質代謝は、原始の水の中で自発的に生じたものであり、たまたま周辺にあったあらゆるものを、ランダムに集積してできたのだと提唱してきた。何千もの分子種を、こうしてでたらめに調合したものは、不規則な、そして不安定な仕方で振る舞いそうなものだと考えられるかもしれない。しかし実際には、その逆が真なのである。秩序は自発的に生ずる。無償の秩序である。比喩に戻ろう。電球をランダムにつないでも、凶暴なクリスマスツリーの巨大な森がきらめくように、電球がランダムに点いたり消えたりするということは必ずしも起こらない。適当な条件が与えられれば、それらは揃ったパターン、そして繰り返しのパターン（周期性をもったパターン）へと落ち着いていくのである。

なぜ秩序が自発的に生じるのかを理解するためには、数学者が力学系を考える際に用いるいくつかの概念を導入しなければならない。自己触媒セットを電気回路網と見なすと、回路網がとることのできる可能な状態の数は膨大なものとなる。すべての電球が消えているかもしれないし、点いているかもしれない。そしてこの二つの極端な状態の間には、無数の組合せが存在できる。一〇〇個の電球からなるネットワークを考えよう。それぞれの電球は、二つの可能な状態、オンまたはオフのどちらかをとることができる。このとき可能な配置の仕方は2^{100}とおりとなる。われわれの自己触媒作用を営む物質代謝の場合には、おそらく一〇〇〇種類の分子が存在するので、可能性の数はさらに膨大となり、2^{1000}とおりに達する。この可能な振る舞いの集合のことを「状態空間」と呼ぶ。この空間は、数学的な宇宙、すなわち系がその中を自由に歩き回れるような宇宙だと考えることができる。

これらの概念を具体化するために、たった三つの電球――1、2、3――からなる単純なネットワークを考えることにしよう。それぞれの電球は、他の二つから「入力」を受け取っている（図4－1のａ）。矢印は、信号がどの方向に流れるかを表す。したがって、電球2と3から電球1へと向かう矢印は、電球1が、電球2と3から入力を受け取っていることを示している。

配線図を描くのに加えて、受け取る信号に各電球がどのように応答するかを、知る必要がある。それぞれの電球はオンとオフの二つの値――これらは1と0と表現できる――しかとりえないのだから、隣の二つから受け取ることのできる可能な入力パターンが、次のような四種類であることを理解するのは簡単である。すなわち、両方の入力がオフ（00）である場合。一方または他方がオン（01または10）である場合。あるいは、両方の入力がオン（11）である場合。以上の情報を用いて、これらの四つの可能な信号のおのおのに対して、各電球が活動状態（1）をとるか、非活動状態（0）をとるかを特定する規則表を作成することができる。たとえば、一瞬前の入力が両方とも活動状態にあるときのみ、電球1は活動状態をとるとしよう。するとブール代数（一九世紀の数学的論理の考案者、ジョージ・ブールに敬意を表して名づけられた）の言葉を用いれば、電球1はANDゲートになる。それが点く前には、電球2と3が活動状態になければならない。あるいは、ブール式OR関数によって電球が支配されるように選ぶこともできる。この場合には、電球2と電球3のどちらか、あるいは両方が一瞬前に活動状態にあれば、電球1は次の瞬間に活動状態をとるであろう。

ここで私がブール式ネットワークと呼ぶものの詳細を完成するために、各電球に対して、可能なブール関数のうちの一つを割り当てる。たとえば、電球1にはAND関数を割り当て、電球2と3にはOR関数を割り当てる（図4-1のa）。時計がカチッと音をたてるたびに、それぞれの電球は二つの入力の活動を調べ、おのおののブール関数によって特定される1、または0の状態を採用する。その結果として生じるのは、次々とパターンが変化するのに伴う万華鏡のような明滅である。

図4-1のbが示しているのは、（000）から（111）までの、ネットワークがとりうる八つの可能な状態である。上から下に読むと、右半分は、各電球を支配するブール規則を特定していると考えられる。一方、同じ図を左から右に読めば、これは時刻Tにおける全系の状態、そのおのおのに対する、一瞬後、すなわち（$T+1$）における系の状態を示したものとなっている。ただし、これはすべての電球が、同時にその新しい活動状態、1または0を採用すると仮定した場合の話である。

こうして、われわれはこの小さなネットワークの振る舞いを理解しはじめている。系は有限の数、ここでは八つの状態をとりうることがわかる。もし一つの状態からスタートすれば、時間の経過とともに、系はある一連の状態を通過して変化していくであろう。この一連の状態のことを軌道と呼ぶ（図4-1のc）。有限の状態しか存在しないのだから、以前訪れたことのある状態に、系はついにはたどり着くにちがいない。そのとき軌道は繰り返される。この系は決定論的であるから、系は状態サイクルと呼ばれる状態の回帰的なループを、永遠に循環することになる。

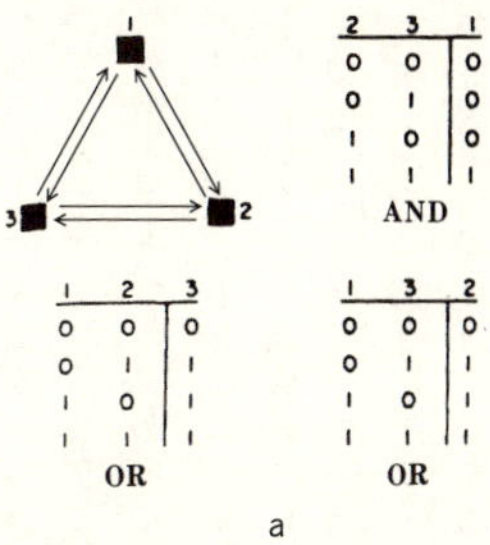

T 1	T 2	T 3	T+1 1	T+1 2	T+1 3
0	0	0	0	0	0
0	0	1	0	1	0
0	1	0	0	0	1
0	1	1	1	1	1
1	0	0	0	1	1
1	0	1	0	1	1
1	1	0	0	1	1
1	1	1	1	1	1

b

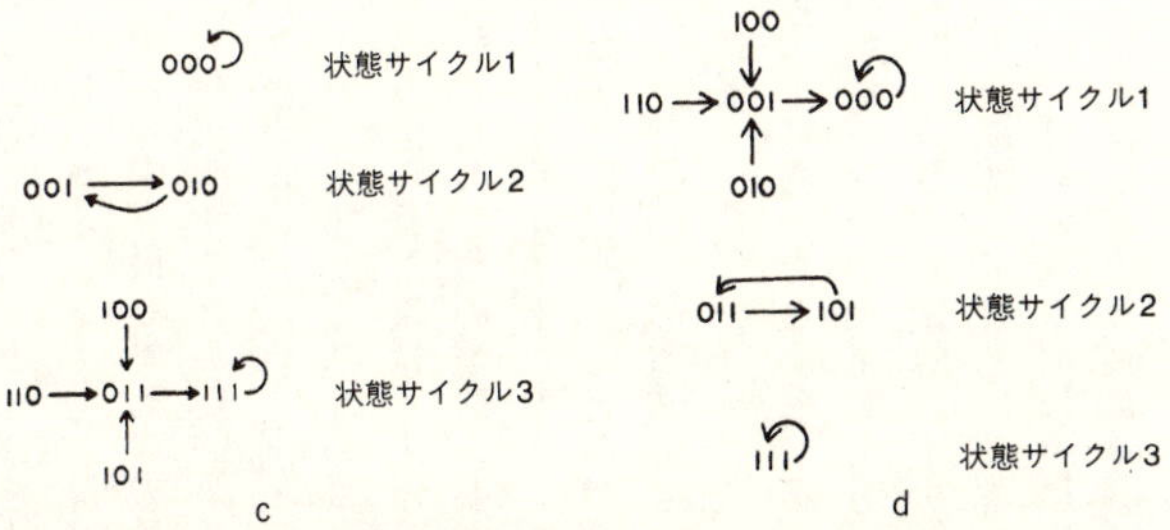

図 4-1　ブール式ネットワーク。
a　3つの2値要素からなるブール式ネットワークにおける導線の図。各要素は、他の2つの要素に「入力」情報を与えている。
b　前項aで示されたブール代数の規則を一覧表にしたもので、時間 T における $2^3=8$ のすべての状態と、次の時間ステップ $T+1$ に各要素がとる状態を示している。左から右に読むと、各要素の時間的な動きがわかる。
c　前2項のaとbに記述されている自主的なブール式ネットワークの状態転移グラフ、または「行動場」。状態の次々の移り変わりを、矢印で示している。
d　要素2の規則を、ORからANDへ突然変異させる効果。

ネットワークをスタートさせる際の最初の状態――オンとオフの電球のパターン――によって、さまざまな軌道が現れる。そしてあるところで、繰り返しの状態サイクルに落ち込む（図4-1のc）。あらゆる振る舞いの中で最も単純なのは、1と0からなるある一つのパターンだけしか含んでいないような状態サイクルに、ネットワークが落ち込む場合である。このような状態から出発した系は変化しない。このとき、「長さ1のサイクルにつかまった」という言葉が使われる。一方、状態サイクルの長さは、状態空間内の全状態数にもなりうる。こうしたサイクルにとらえられた系は、表示しうるすべてのパターンを、次から次へと繰り返すであろう。われわれの三つの電球の系では、系が八つの可能な状態を通過しながら、定常的な点滅パターンを示すことになる。状態の数が非常に少ないために、われわれはその明滅のパターンをすぐに見抜くことができる。ここで、もっと大きいネットワークを考えよう。たとえば、一〇〇〇個の電球をもち、したがって可能な状態の数が2^{1000}個となるような系を例にとろう。ネットワークが、この超天文学的な数の状態のすべてを通過するような状態サイクルにあったとする。その場合には、状態が移り変わるのには、たった一兆分の一秒しかかからないと仮定しても、系がその軌道を一回りするのをみるのは、宇宙の年齢程度の時間の長さでは絶対に不可能である。

というわけで、ブール式ネットワークに関して最初に理解すべき点は、以下のことである。どんなネットワークも状態サイクルに落ち着く。しかしその再帰的なパターンに含まれる状態数は、非常に少ないかもしれないし、数そのものが無意味になるほど多いかもしれない。一つの定常的な状態のみが含まれるかもしれないし、超天文学的な数の状態が含まれるかもしれない。小さな状態サイクルに落ち込んだ系は、規則的な仕方で振る舞うであろう。しかし、状態サイクルが非常に大きいものになると、系の振る舞いは本質的に予測不可能になる。たった数千種の分子からなるネットワークが動き回ることのできる状態空間でも、すでにわれわれの通常の計算の範囲を超えているのである。自己触媒作用を営むネットワークが規則的に振る舞うためには、みたところ終わりのないような状態サイクルへの逸脱は回避されなければならない。そして、系は小さな状態サイクル——安定な振る舞いの一つ——に落ち着かなければならない。

その存続が可能となるほどに自己触媒セットが安定となる状況が、どの程度起こりやすいことかを洞察するためには、以下の問題を考えなければならない。いかにして短い状態サイクルにあるネットワーク、すなわち規則的なネットワークを作ることができるのか？小さな状態サイクルを作るのはむずかしいのか？したがって自己触媒作用を営む安定な物質代謝が創発するのは、奇跡のようなことなのか？それともそれは自然に起こることなのか？それは無償の秩序の一部なのか？

これらの疑問に答えるためには、アトラクターの概念を理解する必要がある。複数の軌道が、同じ状態サイクルに落ち込むことがありうる。すなわち、これらの軌道の異なる初期パターン、そのどれからネットワークが出発しても、一連の状態を通過して激しく変化したあと、同じ状態サイクル、すなわち同じ明滅のパターンに落ち着くことがある。力学系の言葉を用いれば、この状態サイクルがアトラクターであり、そこに流れ込む軌道の集合は、「引き込み領域」と呼ばれる。大雑把に言えば、アトラクターを湖、そして引き込み領域をその湖に流れ込む水の流域であると見なすことができる。

山地には湖がたくさんある。同じように、ブール式ネットワークはたくさんの状態サイクルをもつ場合が多い。そのそれぞれが引き込み領域をもっている。図4－1のａ～ｃの小さなネットワークは、三つの状態サイクルをもつ。最初の状態サイクルは、一個の定常な状態（０００）からなる。このサイクルは、引き込み領域をもたない孤立した定常状態である。そこにたどり着くには、ネットワークをその状態から出発させなければならない。二番目の状態サイクルには、二つの状態、（００１）と（０１０）が含まれる。ネットワークは、これらの状態の間を振動する。このアトラクターにも、他の状態からたどり着くことはない。これら二つの状態のうちの片方からネットワークを動かしはじめれば、ネットワークはこのサイクル内にとどまるであろう。二つの状態の間を行ったり来たりしながら明滅する。三番目の状態サイクルは、定常な状態（１１１）からなる。他の四つの状態は、このアトラクターの引き込み領域内にある。ネットワークを、これら五つの状態のどれから出発させても、ネットワークはたちまち定常状態に流れ込み、変化しなくなってしまう。このとき、電球は三つとも点灯している。

大きな力学系において、適当な条件の下では、これらのアトラクターが秩序の源となりうる。系は、アトラクターに流れ込む軌道を必然的にたどる。したがって、小さなアトラクターは系を「わなに陥れて」、状態空間内の部分的な小領域にとらえてしまうのである。可能な振る舞い方が膨大に存在する中で、系はいくつかの規則的なものに落ち着いてしまう。アトラクターは、それが小さいものであれば、秩序を作り出す。実際、小さなアトラクターは、われわれが求めている無償の秩序が生じるための必要条件である。

しかし小さなアトラクターだけでは十分ではない。自己触媒セットのような力学系が規則的に振る舞うためには、それは恒常性（ホメオスタシス）を示さなければならない。すなわちそれは、小さな摂動に対して抵抗性のあるものでなければならない。アトラクターは、恒常性の基本的な源でもある。系が安定であることを保証しているのである。大きなネットワークでは、どの状態サイクルも、非常に大きい引き込み領域をもつのが典型的であり、多くの状態からそのアトラクターに流れ込んでくる。さらに、引き込み領域内の状態は、それが流れ込む先の状態サイクル内の状態に、非常に類似したものとなりうる。これはなぜ重要なのだろうか？　一つの電球を気まぐれに選んだと仮定しよう。そしてそれを反対の状態にひっくり返してみる。このような摂動のすべて、もしくはほとんどは、系を同じ引き込み領域内にとどまらせる。したがって、系は摂動を受ける前にいたのと同じ状態サイクルに戻ってくるのである！　これが恒常的な安定性の本質である。図4-1のcの状態サイクル3は、このような意味で安定である。そのサイクルにネットワークが存在するとき、どの電球一個の活動状態をひっくり返しても、ネットワークの振る舞いに長期的な影響は生じない。系は同じ状態サイクルに戻ってしまうであろう。

しかし、恒常的な安定性はつねに生じるわけではない。状態サイクル1は、対照的に孤立的な定常状態であり、最も微小な摂動に対しても不安定である。どのように電球の状態をひっくり返しても、系は異なるアトラクターの引き込み領域に押しやられてしまう。再び家に戻ってくることはできないのである。このようにすべてのアトラクターが不安定であるという性質をネットワークがもっていたとすれば、わずかな摂動（蝶の羽のはばたき）が、持続的に系をアトラクターの外側にほうり出すであろうと想像できる。そしてその摂動は、終わりがなく二度と繰り返すこともない状態空間の旅に向けて、系を送り出してしまうことになる。系はカオス的になったと言うこともできる。

自己触媒作用を営むネットワークが、自発的に生ずることにより生命が生まれた、ということを信じるのであれば、それらが恒常性という性質をもっていたと期待すべきであろう。しかし、ある種の大きなネットワークが恒常性を示すのは、自然なことなのだろうか？　恒常性をつくり出すのはむずかしいことなのか？　したがって安定なネットワークが創発するのは、きわめてありそうもないことなのか？　それとも、それも無償の秩序の一部でありうるのか？

われわれが必要としているのは、どのような種類のネットワークが規則的に振る舞いやすく、どのような種類のネットワークがカオスに屈しやすいのかを記述する法則である。どんなブール式ネットワークもアトラクターをもっている。そして、そのそれぞれが引き込み領域をもっている。しかし、何千もの分子種からなるネットワークの状態空間は、超天文学的な大きさをもつ。比喩を変えて、それぞれの状態サイクルを宇宙の中の銀河だと見なすことにしよう。このとき、ネットワークの状態空間の中で、たとえば一パーセクの一〇〇万倍の一〇〇万倍という距離をとったとき、ここにアトラクターの銀河はいくつ存在するのか？　状態空間に数えきれないほど多数の状態がある中で、アトラクターも無数に存在するのである。もし膨大な数のアトラクターがあり、系がそのうちのどれにいてもよいというのであれば、これは秩序とは言いにくい。

おそらく集団的に自己触媒作用を営むセットは、そして現在の生物は、系の中の分子種間の機能的つながりを恒久的に変えるような突然変異によって進化した。突然変異を通したこのような恒久的・固定的な変化により、自己触媒作用を営むシステムは、分子の状態空間におけるカオス的な明滅に落ち込んでしまうのであろうか？　自己の複製に触媒作用を及ぼすその能力は、損なわれてしまうであろうか？　わずかな突然変異が、破滅的な変化を引き起こすのは典型的なことなのか？　ブール式ネットワークの言葉を用いて言えば、ネットワークに摂動を与える別の方法は、その配線図に固定的な「突然変異」を起こすことである。結合を変化させたり、電球のオン・オフを支配しているブール関数を変化させたりしてみればよい。図4－1のｄには、電球2を支配している規則をＯＲからＡＮＤに変えたときの結果を示した。図から明らかなように、これによってネットワークの動的形態は新たなものに変わる。いくつかの状態サイクルは残っているが、その他は変化してしまう。新しい引き込み領域は、ネットワークを異なったパターンへと導くことになるだろう。

ダーウィンは、生物の性質に少しだけ修正を施すような突然変異によって、生命をもつ系は進化したと考えた。こうした小さな変化という優雅な性質を手に入れるのは、むずかしいことだろうか？　それとも、これも無償の秩序の一部なのか？　純粋なダーウィン主義者は、この種の優雅な安定性は、一連の進化的実験が行なわれたあとではじめて生じうる、と論ずるかもしれない。しかし、それでは問題を避けたことになる。われわれはまさに進化能力そのものの起源を説明しようとしているのである！　どのように生命が始まったとしても――複製を行なう裸のRNA分子とともに始まったとしても、あるいは集団的に自己触媒作用を営むセットとともに始まったとしても――、この安定性は、自然淘汰によって外部から押しつけられるようなたぐいのものではない。それは、進化そのものの条件として、内部から生じたものでなければならないのである。

われわれが必要とするこれらすべての性質、われわれが求めるすべての秩序は、自発的に生じたものだと私は信じている。われわれが必要としている小さな秩序アトラクター、恒常性、そして優雅な安定性といったものを、無償の秩序がいかにして与えてくれるかを、次に示さなければならない。無償の秩序は、まったく自然なものである。われわれがそれについてこれまでほとんど知らなかったとしたら、それは、生命についての見方を大きく変えてくれるであろう。

秩序に必要な条件

ブール式ネットワークが深遠な秩序を示しうることをみてきた。しかし、ブール式ネットワークは、深遠なカオスをも示しうる。そこで次に、こうした系において規則的なダイナミクス（運動）が創発しうるための条件を探るのである。私は、およそ三〇年にわたる研究の結果をここで披露することになる。

その主要な結果は、簡単に要約できるものである。ネットワークがどのように構成されたかを特徴づける二つの性質によって、（1）ネットワークが秩序状態に存在するのか、（2）カオス的な状態に存在するのか、（3）あるいはこれらの間の相転移点のような状態、すなわち「カオスの縁（ふち）」に存在するのかが決められる。第一の性質は、それぞれの電球を制御している「入力」の数である。それぞれの電球が、他の一つまたは二つのみの電球から制御されている場合には、すなわちネットワークが「まばらに結合している」場合には、系は驚くべき秩序を示す。一方、各電球が、他の多くの電球から制御されている場合には、系はカオス的となる。したがって、ネットワークの結合性を「調節」すれば、秩序とカオスのどちらが出現するかを調節できるわけである。秩序あるいはカオスの創発をコントロールする第二の性質は、制御規則そのものの単なる偏りである。いくつかの制御規則——われわれが論じてきたブール式AND関数とブール式OR関数など——は、規則的なダイナミクスを作り出す傾向をもつ。別の制御規則はカオスを作り出す。

この仕事を進める際に、私や他の研究者たちがとった方法は、かなり直接的なものである。どんな電球のネットワークが秩序やカオスを示すかを調べるための一つの方法は、特定のネットワークを構成し、それについて研究することである。しかしこの方法では、研究すべき特定のネットワークが非常に多く、またまた別の超天文学的な数になってしまい、意味がなくなる。私が採用したアプローチは、**ある一般的な種類**のネットワークが、秩序とカオスのどちらを示すかを調べるものである。この問題の答を得るための自然な方法は、対象となるネットワークの「種類」を注意深く定義すること、そして、ある種類の中からランダムに選ばれた多くのネットワークを、コンピュータを用いてシミュレートすることである。それによって、われわれはまるで世論調査員のように、その種類のメンバーの典型的・一般的な振る舞いについての詳細な描写を手に入れることができるのである。

たとえば、一〇〇〇の電球（このパラメータのことをNと呼ぶことにする）からなり、一つの電球あたり二〇個の入力（パラメータK）を受け取るネットワークの集合を調べてみよう。$N=1000$と$K=20$が与えられたとき、ネットワークの集団として、非常に大きな集団を作ることができる。われわれは、一〇〇〇の電球のそれぞれに二〇個の入力をランダムに割り当てる。また可能なブール関数の中の一つを、これまたランダムに割り当てる。このようにして、上記の集団の中からサンプルを抜き出すのである。このとき、ネットワークの振る舞い、アトラクターの数、アトラクターの長さ、摂動や突然変異に対するアトラクターの安定性、その他を調べることができる。サイコロをもう一度投げれば、同じ一般的性質をそなえた別のネットワークの配線をランダムに作り上げることができる。そしてその振る舞いを調べる。サンプルが増えるにしたがって、ブール式ネットワークの集団についての詳細な描写が構築されていく。そして、今度はNとKの値を変えて、別の集団についての描写を築いていく。

こうした実験を何年も続けていると、さまざまなパラメータをもつネットワークが、古い友だちのようになつかしく身近なものになってくる。各電球が他の一つの電球だけから入力を受け取るようなネットワークを考えよう。これら$K=1$のネットワークでは、とくに面白いことは生じない。それらは速やかに、とても短い状態サイクルに落ち込んでしまう。これらのサイクルは、しばしばたった一個の状態、一個の電飾パターンから成り立つほどに短いものである。こうした$K=1$のネットワークをスタートさせると、凍結して変化しなくなり、同じ電飾パターンを繰り返し見続けることになる。

反対の極限、$K=N$のネットワークを考えよう。$K=N$は、各電球が自分自身を含め、すべての電球から入力を受け取ることを意味する。このとき、ネットワークの状態サイクルの長さが、全状態数の平方根になることがすぐに発見できる。これが意味するところを考えてみよう。わずか二〇〇の二進変数——オンになったりオフになったりできる電球——からなるネットワークでも、可能な状態の数は、2^{200}個つまり10^{60}個である。状態サイクルの長さは、したがって状態の数でおよそ10^{30}個分となる。ネットワークを、オンの電球とオフの電球、あるいは1と0のある任意のパターンからスタートさせる。ネットワークは、アトラクターに引っ張られ、繰り返しのサイクルへと入っていくであろう。しかし、このサイクルはほとんど計り知れないほどに長いものである。状態から状態へ推移するのに、ネットワークは一〇〇万分の一秒をかけると考えよう。このときこの小さなネットワークは、その状態サイクルを一周するのに一〇〇万分の一秒の10^{30}倍の時間を必要とするのである。これは宇宙の一五〇億年にわたる歴史の数十億倍に等しい！　したがって、ネットワークが状態サイクルのアトラクターに落ち着いているという事実を、われわれが実際に観察できることはけっしてないであろう。ネットワークが単に全状態空間の中をランダムにさまよっているのではないということを、電球の点滅パターンから知ることは絶対にできないのだ！

　これを聞いてあなたが息を飲むことを、私は期待している。ここまで述べてきたように、われわれは、秩序だったダイナミクスを生じるに足る法則を探究しているのである。ブール式ネットワークは、非平衡状態にある開いた熱力学系である。わずか二〇〇の電球からなる小さなネットワークが、パターンを繰り返すことなく、無限の未来に向けて点滅を続けることができる。したがって、非平衡状態にある開いた熱力学系に、秩序が自動的にそなわっているということはけっしてない。

　しかし、こうした$K=N$のネットワークは秩序の兆候を確実に示しているのである。ネットワークのアトラクターの数、すなわち湖の数は、たかだかN/e個である。ここでeは、自然対数の底、2.71828である。したがって、一〇〇万の二進変数からなる$K=N$

のネットワークには、これらのアトラクターが、およそ三万七〇〇〇存在することになる。もちろん、三万七〇〇〇というのは大きい数であるが、その状態空間の大きさ、2^{100000}と比べると、はるかにはるかに小さいものである。

次に、われわれがネットワークに摂動を与えたとしよう。一個の電球をオフからオンへ、あるいはその反対にひっくり返してみる。$K=N$ のネットワークにおいては、われわれは極端なバタフライ効果を得ることになる。1ビットをひっくり返す。このとき、系はほとんど確実に他のアトラクターの支配下に入り込むのである。長さが状態の数で 10^{15000} にも達するアトラクターが三万七〇〇〇も存在するのであるから、わずかなゆらぎは、系の将来の展開をまったく変えてしまうであろう。$K=N$ のネットワークは、非常にカオス的である。この集団に対しては、無償の秩序は存在しない。

さらに激しく、ある電球のブール規則をランダムに交換して、こうしたシステムを進化させてみることにしよう。このとき、ネットワーク内の状態遷移の半分が変えられてしまうであろう。そして、以前の引き込み領域や状態サイクルすべてを、ネットワークの歴史用のゴミ箱の中に消してしまうであろう。小さな変化が、ここでは大きな振る舞いの変化を引き起こすのである。優雅で小さな変異、自然淘汰が働きかけるべき遺伝可能な変異といったものは、この集団には存在しない。

ほとんどのブール式ネットワークはカオス的である。そして小さな突然変異についての優雅さを欠いている。K が N よりずっと小さい、$K=4$ または $K=5$ といったネットワークでさえも、予測不可能でカオス的な振る舞いを示す。その振る舞いは、$K=N$のネットワークにおいてみられたものに類似している。

それでは秩序はどこから生じるのであろうか？　秩序は$K=2$のネットワークにおいては、突然に生じ、われわれを驚かせる。これらお行儀のよいネットワークにおいては、状態サイクルの長さは、全状態数の平方根とはならない。大雑把に言って、二進変数の数の平方根となるのである。このことをできる限り明確に説明するために、少し手間をかけることにしよう。ランダムに構成された$N=100000$の電球からなるブール式ネットワークを考える。電球のそれぞれは、$K=2$個の入力を受け取っているとする。「配線図」は、めちゃくちゃに混ぜられた寄せ集め、奥の知れないジャングルのようにみえるであろう。各電球にも、ブール関数がランダムに割り当てられている。したがって、その論理構造も、同様なめちゃくちゃな寄せ集め、でたらめに組み立てられた寄せ集め、単なるがらくたとなる。系は2^{100000}個、あるいは10^{30000}個の状態をもつ。いわば、状態空間という可能性の宇宙が数メガパーセクも広がっているのだ。何が起こるか？　この巨大なネットワークは、速やかに、そしておとなしく落ち着き、電球の数一〇万の平方根、すなわちわずか約三一七個の状態の間を循環することになるのである。

あなたが今度は仰天するだろうと、私は期待している。ほぼ三〇年前にこれを発見して以来、私は驚き続けているのだ。「ここにはすばらしい秩序がある」と発言するのを許していただきたい。状態が遷移するごとに一〇〇万分の一秒かかるとして、ランダムに組み立てられ、どんな知性にも導かれないネットワークが、アトラクターを一〇〇万分の三一七秒で一回りしてしまうのだ。これは宇宙の歴史の何十億倍という時間とは比較もできないくらい短い時間である。三一七個の状態? これが何を意味しているか、別の方法でみてみよう。「系が自分自身を押し込めているのは、全状態空間の中のいかに小さな部分であるか」を調べてみることができる。たった三一七の状態というのは、全状態空間の中のきわめて小さな部分でしかない。およそ 10^{29998} 分の1である!

われわれは秩序を求めている。注意深く、入念に作り上げられることがなくても、それが生じることを求めている。閉じた熱力学系についての第1章での議論を思い出そう。その系では気体の分子が、稀有な配置——隅の一つに凝集させられた配置や、箱の一つの面に平行になるように広げられた配置——から、一様な配置を目指して拡散する。稀有な配置は、秩序を構成する。ここでの議論に話を戻すと、右で述べたたぐいの開いた熱力学系では、自発的なダイナミクスが、系を状態空間の隅の微小な空間に押しやり、そこで永遠に振動するようにひきとめておくのだ。無償の秩序である。

これらのネットワークでは、秩序はさまざまな形で顔を出す。近くの状態どうしは、状態空間の中でたがいに近づき合う。言い換えれば、類似した二つの初期パターンは、同じ引き込み領域の中にいる可能性が高い。したがって、系は同じアトラクターに落ち込むことになる。そういう系は初期条件についての敏感性を示さない。カオス的ではないのである。結果として生じるのは、われわれが求めている恒常性だ。このようなネットワークは、一度アトラクターにのってしまえば、摂動を受けたとしても、非常に高い確率で同じアトラクターに戻ってくるであろう。このたぐいのネットワークでは、恒常性は無償で手に入るのである。

同じ理由から、配線や論理構造を変えるような突然変異にも、これらのネットワークは耐えることができる。ランダムな状態に向かうことはない。小さな突然変異のほとんどは、ネットワークの振る舞いに、われわれが望んでいたような小さく優雅な変化を引き起こすのである。引き込み領域やアトラクターは少しだけ変化する。こうした系は容易に進化する。したがって自然淘汰が、進化を可能にしようと苦闘しなくてもよいのである。

最後につけ加えておくと、これらのネットワークは規則的にすぎるということもない。$K=1$のネットワークとは異なり、それらは岩のように凍結したりはしない。複雑な振る舞いをすることができるのである。

私は強く主張する。秩序の必要条件について、われわれは何千年もの間、間違った直感を抱いてきた。注意深い構成は必要ではない。念入りな作成も必要ではない。われわれが必要とするのは、相互作用し合う要素のきわめて複雑なネットワーク内の結合、これがまばらであることだけなのである。

私の著書 *The Origins of Order : Self-Organization and Selection in Evolution*（『秩序の起源——進化における自己組織化と自然淘汰』）の中で私が示したように、Kが2よりも大きいネットワークも、カオス的ではなく規則的となるように調節する方法がある。私の同僚である、バーナード・デリダとジェラード・ワイスバックは、ともにパリの高等師範学校所属の固体物理学者である。彼らは、Pと呼ばれる変数を調節すれば、カオス的なネットワークを規則的にすることができることを示した。

パラメータPとは、非常に単純なものである。図4-2は、それぞれ四つの入力をもつ三種類のブール関数を示している。それらのおのおのにおいて、入力側の四つの電球の状態、(0000)から(1111)までの可能な一六種類の状態のそれぞれに対して、支配される側の電球の応答が特定されなければならない。図4-2のaに示されたブール関数では、支配される側の電球の応答のうち半分が1で、残りの半分が0である。図4-2のbに示されたブール関数では、応答のうちの一五個は0で、一つの入力パターンのみが、支配される側の電球から1という応答を得ている。図4-2のcのブール関数は図4-2のbのブール関数に似ているが、出力にたくさん現れる応答が0ではなく、1であることが異なっている。一六個の入力パターンのうち、一五個が1の応答を導くのである。Pは、ブール関数の応答において、1が半分、0が半分という応答からの偏りを測定するパラメータである。したがって、図4-2のaのブール関数に対するPは0.5である。一方、図4-2のbのブール関数に対するPは15/16、つまり0.9375、そして図4-2のcのブール関数に対するPも15/16、つまり0.9375である。

デリダとワイスバックが示したのは、わかってみればかなり直感的なことである。偏りがない0.5という値から始めて、最大の値の1.0に至るまでPを増加させていって、さまざまなネットワークを作る。Pが0.5、あるいは0.5より少しだけ大きい値をとるようなネットワークはカオス的であり、Pが1.0に近いネットワークは規則的である。このことは、パラメータPが1.0であるような極限において、容易に理解できる。このとき、ネットワーク内の電球には二つのタイプしかない。一つのタイプは、どんな入力パターンに対しても0と応答し、もう一つのタイプは、どんな入力パターンに対しても1と応答する。したがって、とにかくどのような状態からネットワークを出発させても、0のタイプの電球は0と応答するし、1のタイプの電球は1と応答する。そしてネットワークは、対応する0と1の値のパターンから変化しなくなり、永遠にこの定常状態に居残るのである。したがって、パラメータPが最大のときには、ネットワークは秩序状態に存在する。パラメータPが0.5のときには、一つの電球ごとの入力の数が大きいようなネットワークは、カオス的な状態になっている。未来永劫、ひたすら点滅を続けるのである。そしてデリダとワイスバックは、どんなネットワークに対しても、ネットワークがカオス的状況から規則的状況に転換するような、臨界的なPの値があることを示した。「カオスの縁（ふち）」である。次の小節では、カオスの縁の議論をする。

本小節の結論を要約すると以下のようになる。二つのパラメータは、ランダムな電球のブール式ネットワークが、カオス的であるか規則的であるかを支配するのに足るものである。まばらに結合したネットワークは、本質的な秩序を示す。密に結合しているネットワークはカオスへと向かう。そして、一つの要素につき一つの結合しかもたないネットワー

A	B	C	D	E
0	0	0	0	0
0	0	0	1	1
0	0	1	0	0
0	0	1	1	1
0	1	0	0	0
0	1	0	1	1
0	1	1	0	1
0	1	1	1	0
1	0	0	0	1
1	0	0	1	0
1	0	1	0	0
1	0	1	1	1
1	1	0	0	0
1	1	0	1	0
1	1	1	0	1
1	1	1	1	1

a

A	B	C	D	E
0	0	0	0	0
0	0	0	1	0
0	0	1	0	0
0	0	1	1	0
0	1	0	0	0
0	1	0	1	0
0	1	1	0	0
0	1	1	1	0
1	0	0	0	1
1	0	0	1	0
1	0	1	0	0
1	0	1	1	0
1	1	0	0	0
1	1	0	1	0
1	1	1	0	0
1	1	1	1	0

b

A	B	C	D	E
0	0	0	0	1
0	0	0	1	1
0	0	1	0	1
0	0	1	1	0
0	1	0	0	1
0	1	0	1	1
0	1	1	0	1
0	1	1	1	1
1	0	0	0	1
1	0	0	1	1
1	0	1	0	1
1	0	1	1	1
1	1	0	0	1
1	1	0	1	1
1	1	1	0	1
1	1	1	1	1

c

図 4-2　パラメーター P による変更。
a　4つの入力をもつブール関数。16の入力配置のうち8つが0の反応を与え、残りの8つが1の反応を与える場合。$P=8/16=0.50$
b　16の入力配置のうち、15が0反応を与える場合。$P=15/16=0.9375$
c　16の入力配置のうち、15が1反応を与える場合。$P=15/16=0.9375$

クは、心ないばかりに退屈な振る舞いへと凍結してしまう。しかし、結合の密度だけがすべてを決めるのではない。ネットワークが密な結合をもっていても、偏りのパラメータPが調節されれば、系はカオス的な状態から秩序状態へと変えられる。

この規則は、あらゆる種類のネットワークに対してあてはまる。第5章では、「ゲノムそのものが、秩序状態に存在するネットワークと見なせる」ということを示すつもりである。このように、細胞内の規則正しさのうちのあるもの――ダーウィン的な進化によって磨き上げられたものと長い間、考えられてきたもの――は、ゲノムのネットワークのダイナミクスから生じたと考えてもよいようだ。無償の秩序の別の例である。生命をもつ世界において、自然淘汰が唯一の秩序の源であるわけではないのだ。このことを、私は読者に納得してもらいたいと望んでいる。ここでわれわれが議論している強力な自発的秩序は、安定な自己触媒セットの創発の際だけではなく、その後の生命の進化においても、その役割を果たしてきたようにみえる。

カオスの縁

第3章で議論した集団的に自己触媒作用を営む原始細胞から、あなたの体内の細胞、完全な生体に至るまでの、生命をもった系……。間違いなくこれらの系は、安定に振る舞い、恒常性を示し、突然変異を受けた際には優雅で小さな修正をみせるようなネットワークを有していなければならない。しかし、複雑な環境に対処しようとするのであれば、細胞や生体は、その振る舞いがあまりに融通のきかないものであってもならない。原始細胞は、目の前に浮かぶ見なれない分子に対応できたほうがよい。あなたの腸の中にすむ大腸菌は、内部の分子に信号を送り、この信号は酵素や遺伝子に次々と伝わる。また、毒素から細胞を守ることに熱心な酵素や遺伝子の活動に、さまざまな変化を引き起こす。食料を物質代謝する、あるいは、ときおり他の細胞とDNAを交換する。これらのことによって、大腸菌はきわめてさまざまな種類の分子に対処しているのである。

細胞のネットワークは、いかにして安定性と柔軟性の両方を勝ち取ったのか？　ネットワークは、カオスの縁で平衡を保つ、ある種の均衡状態を実現することによって、これを成しとげたのかもしれない。これは新しく、そして非常に興味深い仮説である。

われわれは、規則的な振る舞いからカオス的な振る舞いへと続く座標軸が存在するというヒントを、すでに電球のモデルの中にみてきた。$K=1$や$K=2$のまばらに結合したネットワークは、自発的に力強い秩序を示す。一つの電球につき、より多くの入力をもつ$K=4$やそれ以上のネットワークは、カオス的な振る舞いを示す。したがって、電球一個あたりの入力の数を——ゆえにネットワークの中の電球間の結合の密度を——大きくするように調節すれば、ネットワークの振る舞いは規則的なものからカオス的なものへと調節される。さらにわれわれは、偏りのパラメータPを0.5から1.0に調整することによっても、ネットワークの状態——カオス的な状態か、あるいは秩序状態か——が調節されることをみたのである。

この座標軸に沿って、振る舞いのある種の急激な変化、秩序からカオスへのある種の相転移が起きたとしても、われわれはそれほど驚かないはずである。実際第3章では、生命の起源に対するおもちゃのモデルにおいて、そうした急激な振る舞いの変化をみた。われわれが、ボタンを糸でつないでいたことを思い起こそう。そして、糸とボタンとの比が0.5という不思議な値を超えると、連結した最も大きなクラスターのサイズが、小さいものからきわめて大きいものへと、突然ジャンプするのを発見したことを思い出そう。比の値がこれより小さいときには、連結したボタンのクラスターは、小さいものしか存在しなかった。一方、比の値がこれより大きいときには、ほとんどのボタンから構成される巨大なクラスターが生まれた。これは相転移である。

非常によく似た種類の相転移が、電球のネットワークのモデルにおいても起こる。構成要素の連結した巨大なクラスターが、ここでも現れるのである。しかし、この連結したクラスターはボタンのクラスターではない。それは巨大な電球のクラスターである。おのおのの電球は、1または0の固定された活動状態に凍結している。この凍結した巨大なクラスターが形成されれば、電球のネットワークは秩序状態に存在することになる。それが形成されなければ、ネットワークはカオス的な状態に存在することになる。この二つの状態の中間で、ちょうど相転移が起こるあたり、すなわち、ちょうどカオスの縁において、最も複雑な振る舞いが生じうる。ここは、安定性を保証するのに十分なだけ規則的であり、しかし柔軟性と意外性に満ちている。実際これが、複雑さという言葉でわれわれが意味していることなのである。

ランダムな電球のネットワークにおいて、何が起きているかを視覚化するための一つの方法は、頭の中で動画を作ることである。ネットワークを、ある初期状態から出発させると考えよう。ネットワークがその軌道を通って状態サイクルへ向かうとき、そしてサイクルに行き着いたあとには状態サイクル上で動く際に、それぞれの電球に対して二種類の電球の振る舞いが見られる。ある電球はいくらか複雑なパターンで、点いたり消えたり点滅するだろうし、別の電球は、つねにオンであるか、つねにオフであるかの、固定された状態へと落ち着くだろう。これら二つの振る舞いを識別するために二種類の色を想像しよう。点いたり消えたり点滅している電球は、緑色にする。オンまたはオフで凍結している電球は、赤にする。

ここで、カオス的な状態をとるネットワーク、たとえば（$N=1000$, $K=20$）のネットワークを考えよう。ほとんどすべての電球は、点いたり消えたりしている。よって、これらは緑色に光る。おそらくいくつかの電球は、もしくは電球の小さなクラスターは、オンまたはオフに固定されている。よって、これらは赤く光るだろう。要するに、点滅している緑の電球の広大な海の中で、凍結した赤い電球の小さな集団がポツリポツリと見えるのである。つまり、カオス的な状態に存在するネットワークは、点滅している緑の電球の広大な海を形成し、凍結した赤い電球の島がみえることになる。

今度は、秩序状態にある電球のネットワーク、たとえば（$N=100000$, $K=2$）のネットワークをシミュレートしたと考えよう。これは、もつれた巨大なネットワークで、人間のゲノム、あるいは非常に大きな自己触媒セットに匹敵する複雑さをもっている。ある初期状態からネットワークを出発させて、状態サイクルへと向かう軌道をたどり、そしてサイクルに行き着いたのちには状態サイクル上での軌道に沿って追いかけてみよう。最初はほとんどの電球が、点いたり消えたり点滅しており、緑色をしている。しかし、ネットワークが状態サイクルに近づき、その後サイクル上をまわるようになると、電球は固定された活動状態、つまりオンまたはオフに凍結した状態に、次々と落ち着くようになる。したがって、ほとんどの電球は赤くなっていく。

そして、ここで魔法が起こる。赤い電球のすべてを考え、これらがたがいにつながっているかどうかを調べることにしよう。ちょうど、ボタンが糸によっておたがいに連結しているかどうかを調べたのと同様に。このときあなたは、凍結した赤い電球が相互に連結して、非常に巨大なクラスターを形成していることを発見するであろう！　秩序状態にあるブール式ネットワークには、凍結した電球の巨大なクラスターが存在する。その中では各電球が、オンまたはオフのいずれかの状態に凍結している。

もちろん、われわれの（$N=100000$, $K=2$）のネットワークにおいて、すべての電球が凍結している必要はない。典型的には、電球が小さなクラスターや大きなクラスターとなってつながり、オンとオフの点滅を続ける。これらの点滅するクラスターは緑色をしている。秩序状態にあるブール式ネットワークの循環的な振る舞いに寄与しているのは、まさに、点滅する緑の電球のクラスターがみせる輝きのパターンなのである。赤い凍結した巨大なクラスターの中の電球は、まったく点滅しない。

さらに（$N=100000$，$K=2$）のネットワークの典型的なものを調べれば、重要な詳細をみることができる。複数存在する緑のクラスター、すなわち点滅する電球のクラスターは、それら自身、すべて相互につながっているわけではない。むしろ、凍結した赤い電球の広大な海の中に浮かぶ緑のきらめく島のように、それらは点滅する独立なクラスターを形成しているのである。

すでに述べたように、カオス的な状態にあるブール式ネットワークは、オン・オフ間を点滅し、つねに変化している緑の電球の海と、そしておそらくは、オンまたはオフで凍結した赤い電球のクラスターをいくつかもっている。これとは対照的に、秩序状態にあるブール式ネットワークは、赤い巨大なクラスター、すなわちオンまたはオフのいずれかに凍結した赤い電球の非常に巨大なクラスターと、点滅する緑の電球の孤立した島をもっている。これを聞いて、あなたのアンテナは震えたにちがいない。一つの電球あたりの入力の数Kや、偏りPのようなパラメータが調節されると、カオスから秩序への相転移が起こる。それが起こるのは、凍結したクラスター、すなわち赤い巨大なクラスターが形成され、点滅する緑の孤立した島があとに残るときである。

これを簡単に理解するためには、正方格子上に置かれた、非常に単純なブール式ネットットワークモデルを作ってみればよい。ここで各電球は、東西南北の四つの電球とつながれている。各電球は、その四つの入力の現在の活動状態をみて、どのように点いたり消えたりするかを指定するブール関数によってコントロールされている。図4-3には、そうした格子上のネットワークを示す。これはデリダとワイスバックによって研究されたものである。彼らは、偏りのパラメータPを1.0に十分近い値に調節した。したがって、このネットワークは秩序状態にある。彼らは、ネットワークをまず状態サイクルに落ち着かせ、次に各電球の循環の周期を記録した。循環の周期が1の電球は、オンまたはオフのいずれかに凍結しているものである。われわれの頭の中の映像では、こうした電球は赤色をしているはずである。他の電球は点滅しており、したがってこれらは緑色である。図4-3が示しているように、周期1の凍結した電球は、つながった巨大なクラスターを形成しており、それは格子全体に広がっている。その中に、点滅する大小のクラスターがいくつか残っている。

図4-3を眺めながら話をすると、カオス的なネットワークが初期条件の変化に対して敏感性をもつことや、秩序状態にあるネットワークではそうした摂動に対する敏感性が欠けていることをうまく説明できる。一つの電球の状態がひっくり返されたとき、その摂動を受けた場所から変化がまわりに広がっていくのを追いかけることができる。しかし、図4-3に示されるような秩序状態では、これらの変化のさざめきは、周期1の凍結した赤いクラスターを通り抜けて広がっていくことができない。凍結した巨大なクラスターは、

```
  8   8   1   1228228228228228228   1   1   1   1   1   1   1   1   1   1   1   1   1
  8   8   1   1   1   1   1228228228228   1   1   1   1   1   1   1   1   1   1   1   1
  8   8   845645645622822822822822 8   1   1   1   1   1  10  10  10   1   1   1   1
  1   8   1   1228228228228228   1   1   1   1   1   1   1   1  10  10  10   1   1   1   1
  1   1   1228228228228228228228   1   1   1   1   1   1   1   1   1   1   1   1   1
  1   1   1   1   1228228228228228228228   1   1   1   1   1   1   1   1   1   1   4   4
  1   1   1   1   1   1   1   1228228228228   1   1   1   1   1   1   1   1   1   1   1
  1   1   1   1   6   1   1228228228228   1   1   1   4   1   1   1   1   1   1   1   1
  1   4   1   6   6   6   1   1228228228228228228   4   1   4   1   1   1   1   1   1   1
  1   4   1   1   6   6   6228228228228   1   1   1   4   1   4   1   1   1   1   1   1   1
  4   4   1   6   6   6   6   6228228228   1   1   1   1   1   1   1   1   1   1   1   4   4
  1   4  12   6   6   6   1228228228228   1   1   1   1   1   1   8   8   8   1   1   1   4
220   1   1   1   1   1   1   1   1228228228   1   1   1   1   1   8   8   8   8   1   1220
220220   1   1   1   1   1   1   1228228228228   1   1   1   1   8   8   4   8   1   1   1
220220   1   1   1   1   1   1   1228228   1   1   1   1   1   1   1   1   1   1220110   1
   1220110110   1   1   1   1   1228228   1   1   1   1   1   1   1   1   1  20  20110110
   1110110110   1   1   4   1   1228   1   1   2   4   1   1   1   1   1   1  20  20110110
110110110110110   1   4   1   1   1   1   1   2   4   1   1   1   1  20  20  20  20   1110
110110110  22   1   1   1   1   1   1   4   4228   1   1   1  20  20  20  20  20  20  20110
110110   1   1   1   1   1   1   1   1   1   1228   1   4   1  20  20  20  20  20  20  20110
110  22  22  22  22   1   1228228   1   1228228   1   4   4   1   1   1   1   4  20   2  22
 22  88  22  22   1   1   1   1228   1228228228   1   1   1   1   1   1   1   1  20   2   1
  1  88   1   1   1228228228228228228228228   1   1   1   1   1   1   1   4   4   4   1
  1   8   1   1228228228228228228228228228   1   1   1   1   1   1   1   1   1   1   1
```

図 4-3　無償の秩序。この 2 次元格子上では、各格子点は 4 つの最隣接格子と結合していて、規則はブール関数で決められる。各変数が、1 または 0 を偏重する確率を P とする。この P の値が、ある臨界値 Pc より大きくなると、1 または 0 に凍結された電球のクラスターが系全体をパーコレート（浸透）する。その結果、1 や 0 になりながら点滅している電球の島が孤立する。この図の各格子点上の数字は、各電球のサイクルの周期を表す。つまり、数字が 1 の格子点は、オンかオフに凍結された赤いランプに相当し、数字が 2 以上の格子点は、オンやオフを繰り返しながら点滅している緑のランプに相当する。緑の部分は、凍結した赤い海の中で、「凍結しない」孤立した島をなしている（2 次元格子は、上端と下端、左端と右端をそれぞれ糊で貼りつけて、ドーナツ形またはトーラス形にすることができる。そうすると、すべての電球が 4 つの最隣接格子をもつことになる）。

巨大な壁のようなものであり、点滅している島どうしをつねに孤立させているのである。摂動は、点滅したそれぞれの島の中では伝わることができるが、それよりも遠くにはほとんど伝搬していかない。秩序状態にあるわれわれの電球のネットワークが、恒常性を示す理由は、基本的にはこれなのである。

しかしカオス的な状態においては、ネットワーク全体にわたって、点滅する電球の広大な海が広がっている。この場合には、どの電球の状態がひっくり返されても、その結果は、凍結していないこの海の中を、隅から隅まで伝わっていく。そして、電球の活動パターンに強い変化を引き起こす。したがって、カオス的な系は、小さな摂動に対して強い敏感性を示すことになる。その場合には、カオス状態にあるわれわれのブール式ネットワークにおいてバタフライ効果が存在する。あなたの羽、あるいは蝶や蛾やムクドリの羽をはばたかせてみよう。力強くでもいいし、弱々しくでもよい。このときあなたは、アラスカからフロリダに至るまでの電球の振る舞いを変化させるであろう。

原始細胞やあなたの体の細胞、初期の生命、そしてあらゆる生命は、規則的に、しかも柔軟に振る舞うことができなければならない。相互作用する分子のネットワーク、あるいは相互作用する何らかの要素からなるネットワークがあったとき、そのうちのどのようなものが、こうして秩序的で、かつ柔軟な振る舞いを自然に示しうるのだろうか？　こうした振る舞いを達成するのはむずかしいことなのか？　それとも、それも無償の秩序の一部なのか？　ここで、電球を一〇万だけ結合したネットワークにおける秩序とカオスについて、われわれは理解しはじめた。答は歯切れがよく、また魅力的なものである。そして、おそらく真実でさえある。答は次のことを示唆する。ちょうど相転移点にあるネットワーク、ちょうど秩序とカオスの間で平衡を保っているネットワークは、秩序をもち、かつ柔軟であるような振る舞いを、おそらく最もうまく示しうるのである。

ここには美しい作業仮説が存在する。サンタフェ研究所のクリス・ラングトンは、他のどの科学者よりも、この重要な可能性を強調してきた。そしてわれわれは、カオスの縁が複雑な振る舞いを調和的に示す魅力的な状況かもしれないと、直感的に思い描くことができるのである。格子状に配置された電球を考えよう。そして、格子上で遠く離れた二つの場所にある電球の活動がたがいに調和していることを、われわれが期待したとしよう。さらに格子はカオス的な状態にあり、凍結していない海をもっているとする。一つの電球の活動に与えた小さな摂動は、滝のように次々と活動状態の変化を引き起こす。その変化は、格子のすみずみまで伝わっていく。そして、われわれが期待するどのような調和も、劇的な形で消してしまう。カオス的な系は、離れた場所の間で振る舞いが調和するにはあまりにも無秩序すぎる。したがって、信頼できる信号を格子を通して送信することはできないのである。

逆に、格子が秩序状態にどっぷりとつかっているとする。凍結している赤い海が格子上に広がっており、点滅する小さな緑の島が残されている。われわれが、離れた一連の場所の電球の活動を、調和的に働かせたいと望んだとしよう。悲しいかな、この場合は、信号は凍結した海を通って伝わることができない。点滅する島、凍結していない島は、機能的にたがいから孤立しているのである。複雑な調和は生じえない。

しかしカオスの縁においては、点滅する島、凍結していない島は、ツル科の植物のように接触している。どの電球の活動状態をひっくり返しても、系を通して伝わる小さなあるいは大きな変化の連鎖に含まれる信号が、離れた格子点へと送られる。したがって、時間的にも空間的にも網状のネットワークを介して、離れた時間や、離れた場所での振る舞いを調和させることができるようになる。さらに、系はカオスの縁にあるが、ほんとうにカオス的なのではない。だから、系がまったく非調和的な状態に陥ってしまうこともない。おそらく——おそらくとしか言えないが——こうした系は、われわれが生命と結びつけて考えるような複雑な振る舞いを、調和的に示すことができるのではないだろうか。

話の中のここまでの部分を終了するにあたって、私が次章でより完全に展開するであろうアイディア、すなわち「**複雑な系がカオスの縁、あるいはカオスの縁の近傍の秩序状態に存在する理由は、進化が系をそこに連れていったからである**」というアイディアの証拠を提供しておくことにしよう。複雑さの法則のおかげで、自己触媒作用を営むネットワークは、自発的に、また自然に生じることがわかった。一方、自然淘汰は、おそらくそのあとでこれらの系のパラメータを調節することになる。KやPのダイヤルをひねって調節するのである。そして、それらを縁——秩序とカオスの間の転移領域で、複雑な振る舞いが繁栄する場所——の近傍の秩序状態に至らしめる。結局、複雑な振る舞いを示すことができる系は、生き残るにあたって決定的に優位となるのである。こうして自然淘汰は、自発的な無償の秩序を整形するものとして、その役割を見いだすことになる。

この仮説を吟味するために、ポスドク（学位取得後の特別研究員）のビル・マクレディ、コンピュータ科学者のエミリー・ディキンソン、そして私が用いてきたのは、単純だがむずかしいゲームを、ブール式ネットワークたちがたがいに行なえるように、ネットワークを「進化させる」というコンピュータ・シミュレーションである。これらのゲームにおいて各ネットワークは、それが対戦しているネットワークから先に提示された電球の活動状態のパターンに、「適切な」活動パターンで応答しなければならない。各ネットワーク内の電球間の結合や、ブール式規則——各ネットワーク内で電球をオンまたはオフにする——を、進化するネットワークは自由に変異させることができる。このようにわれわれのネットワークは、秩序からカオスへの座標軸上での位置を調節する種々のパラメータを、変化させうるのである。

秩序からカオスへの座標軸上でのわれわれのネットワークの位置を調べるために、マクレディとディキンソンと私は、秩序状態をカオス的な状態から区別する単純な特徴を利用した。カオス的な状態では、次のような傾向がある。すなわち似たような初期状態は、おたがいに、より似ていない状態へとしだいに遷移していく。したがって、おのおのが軌道に沿って変化していくうちに、これらは状態空間の中で、どんどん遠くに離れていく。これは、まさにバタフライ効果であり、初期条件に対する敏感性である。小さな摂動が増幅するわけである。逆に秩序状態では、次のような傾向がある。すなわち似たような初期状態は、たがいによりいちだんと似るようになる。したがって、軌道に沿って変化していくにつれて、これらはより近くに集まるようになる。これは、まさに恒常性の別の表現である。近くの状態へ動かすような摂動は、「減衰する」と言ってもよい。われわれは、ネットワークの軌道に沿って、平均的な集まり方の程度、あるいは離れ方の程度を測定し、ネットワークの秩序‐カオス座標軸上での位置を決定した。実際この測定において、相転移点に存在するネットワークは、たがいに近くの状態が離れも集まりもしないという性質をもつのである。

結果はどうなったか？　ネットワークがたがいの電球のパターンを調和させようとゲームを続けていくにつれて、コンピュータ・シミュレーションは、突然変異によってより適応した変種――すなわちよりうまくゲームを行なうネットワーク――を選択していく。われわれの求める適度に複雑な振る舞いに関してわかったことは、ネットワークは適応し進歩すること、そしてそれらはちょうどカオスの縁にではなく、カオスの縁からそれほど遠く離れていない秩序状態に向かって進化するということである。カオスへの転移が起こる点の近傍の秩序状態、その中のある場所が、安定性と柔軟性が最もよく混じりあった振る舞いを提供しているようにみえる。

しかし「複雑適応系はカオスの縁に向かって進化する」という作業仮説を評価するのは、きわめて時期尚早にすぎる。もしそれがほんとうだとわかったら、非常に美しいことであろう。しかし、「複雑適応系は、カオスの縁付近の秩序状態内のどこかある場所に向かって進化する」ということが真実であるとわかったとしても、これは同じくらいすばらしいことであろう。おそらく、こうした座標軸上の位置——秩序をもち、安定で、それでいて柔軟性もそなえている——は、生物学やそれ以外に現れる複雑適応系の、ある種の普遍的な特徴として現れてくるであろう。

われわれは、これらの美しい可能性について、以下に続く章でより詳細にふれることになる。複雑系がカオスの縁、あるいはつり合った縁の近傍の秩序状態に向かって進化するという仮説は、個体発生のもつ非常に多くの特徴を説明してくれるからである。発生、すなわち受精卵から、鳥、シダ、ワラビ、ノミ、そして木に至るまでの、秩序だった成長の壮大なダンスの特徴を説明してくれるのである。しかし、ここでも警告を忘れてはならない。この段階においては、普遍的な法則としての可能性をもつものは、せいぜい魅力的な作業仮説としてのみとらえられるべきなのだ。

一方で、自己組織化の強烈な力——巨大なブール式ネットワークという単純なモデルの中で、われわれはこの力を理解しはじめた——が、動的な秩序の究極的な源泉なのかもしれないとわれわれは考えはじめている。非平衡状態にあるこれらの開いた熱力学系における秩序は、秩序領域に由来するものである。この秩序領域における秩序はまた、近くの状態どうしは集まる傾向をもつという事実に由来している。系は、自分自身を小さなアトラクターに「押し込めて」いるのである。このように状態空間の微小な体積の中に自分を押し込めることが、究極的に秩序を構成している。そして、私はこれを「無償の秩序」と呼んできた。こうした秩序は、自然で、また自発的なものであるという意味である。しかし、それは熱力学的には「無償」ではない。むしろ、これらの開いた系においては、状態空間の小さな領域に系が自分を押し込めることの代償は、環境に熱を捨て去ることによって、熱力学的に「支払われている」のである。熱力学の法則は破られていないし、異議が唱えられているわけでもない。新しいポイントは、きわめて多くの開いた熱力学系が、秩序領域に自発的に位置することができるということである。こうした系は、安定な自己複製、恒常性、そして優雅で遺伝可能な変異に要求される秩序の、自然な源なのかもしれない。

もしわれわれが、そして過去の学者たちが、秩序の源としての自己組織化の力をまだ理解しはじめていないとしたら、ダーウィンもまた然りであった。ランダムに組み立てられ、相互に連結された二進変数の巨大なネットワークに創発した秩序は、ほぼ確実に、あらゆる種類の複雑系でみられる同様な創発的秩序の単なる予兆でしかない。われわれは、生命をもった世界を美しく飾っている秩序の新しい基礎を発見しつつあるのかもしれない。もしそうなら、生命に対するわれわれの見方、われわれの立場は、どのように変化するのか。結局、自然淘汰は秩序の唯一の源ではない。広大な秩序、定められた秩序、無償の秩序。われわれは、宇宙の中での居場所を手に入れるかもしれない。われわれがまだほとんど理解していないような方法で。

5 個体発生の神秘

一個の卵から生物体ができる「法則」は何か

少なくとも五億五〇〇〇万年前のカンブリア紀の爆発より前、おそらくは七億年ほど前に、多細胞生物は、人類の知性がいまだ理解していない神秘、すなわち個体発生という仕組みを手に入れた。ある神秘的な進化上の創造を通して、カンブリア紀の新しい生物——そしてずっと最近になって、ホモ・サピエンス——が、精子と卵子の接合によりできた単細胞、すなわち接合子として生命をもちはじめた。どういうわけかその単細胞は、完全なる構造、組織化された全体である生物を作り出す方法を知っていた。驚くべきことに、暗黒の宇宙では、渦巻き銀河内の星の一群がひとかたまりになって相互に引力で引き合い、自然に秩序を生んでいる。しかし、われわれ自身の個体発生は、それ以上に驚くべきことといえよう。たがいに抱き合った何万種類かの分子の集まりにすぎない一つの単細胞が、いったいどのようにして、人間の幼児という複雑な生き物を作り出す方法を知りえたのであろうか。まだ誰にもわからない。もしホモ・ハビリスが、もしクロマニヨン人が、どのようにして自分たちが存在するようになったのかを不思議に思ったのなら、われわれも同じように不思議に思わなければならない。

話を接合子から始めよう。精子と卵子の受精後、人間の接合子つまり受精卵は、多数の小さな細胞を作り出すすばやい分裂、すなわち細胞分裂（卵割）を行なう。これらの細胞は、卵管を下り子宮に入る。下っている最中、細胞の塊は中空のゴムまり状になる。内部細胞塊と呼ばれる少数の細胞は、中空のゴムまりの一方の極から陥入し、残りの外壁層にすり寄ってとまる。すべての哺乳類は、内部細胞塊に起源をもつ。人間の外壁層は、分化して子宮の内壁に潜伏し、胚体外膜すなわち胎盤や、生まれる前に必要なその他のものを形成する。

この最も初期の段階においてさえ、個体発生つまり発生における二つの基本的な過程が見られる。一つが「細胞の分化」であり、もう一つは「形態発生」である。接合子は単細胞なので、細胞の種類は必然的に一つである。接合子から新生児として誕生するまでに、ほぼ五〇回の一連の細胞分裂を経て、さまざまな種類の細胞が生み出される。人間の体には、二五六個の異なる細胞種があると考えられており、それらはすべて、組織と器官における特別な機能のために分化したものである。大まかに言って、われわれの組織は三つの胚葉、すなわち内胚葉、中胚葉、外胚葉から形成される。腸管や肝臓の細胞と組織、およびその他の組織は、内胚葉から生じる。食物の消化を手助けするために塩酸を分泌する胃の内壁の分化した細胞から、血液の解毒を助ける肝細胞に至るまで、多種多様の細胞が形成される。骨や軟骨を形成する筋細胞や、血液を形成する細胞、すなわち酸素を運ぶ赤血球と免疫系の白血球は、中胚葉から生じる。外胚葉からは皮膚細胞や、末梢神経系や中枢神経系を形成する非常に多様な神経細胞が作られる。

人間の受精卵は、約五〇回の細胞分裂を経て、体の中に 2^{50} 個すなわち 10^{15} 個の細胞を作り出す。受精卵はさまざまに枝分かれした経路に沿って分化していき、最終的には二五六個の多様な細胞種を生み出す。そして、これらの細胞が人間の幼児の組織や器官を形成するわけである。多様な細胞種が増殖することを「細胞の分化」と呼び、それらが組織や器官になることを「形態発生」と呼ぶ。

私が生物の世界に入ったのは、細胞の分化の壮大な驚異に圧倒されたからである。たとえ本章で、この驚異を伝えること以外何の目的も果たせないとしても、私はそれで満足である。しかし実は、私が望んでいるのはそれだけではない。前章で議論した自発的秩序こそが、この個体発生の秩序の究極の源であると信じているのである。

前成説を唱える人たちの議論を思い出そう。すなわち、接合子に動物体の縮小版が入っていて、発生の過程でそれがなんとか大きくなって生体を形成するというものであった。この考え方では、非常に多くの祖先と潜在的に無数の子孫が必要であることになってしまう。ハンス・ドリーシュが、髪の毛を使ってカエルの二細胞期の胚を分割し、各細胞から、いくぶん小さいけれども完全なカエルが生じるのを発見したことを思い出そう。いったい、二つの細胞はどのようにして、カエル全体を生む情報を保持しているのであろうか。

このトリックの支配を受けているのは、カエルだけではない。ニンジンのほうが、発生能力の点でははるかに上である。ニンジンを一つ一つの細胞に分割したとしても、事実上それらのどの細胞からでも、細胞の種類の如何を問わず、完全なニンジンを再生することができる。各細胞は、完全な組織体を形成するのに必要な全情報を保持しているにもかかわらず、どのようにして異なった種類の細胞へと変身できるのであろうか。

一九〇〇年、メンデルの法則が再発見され、染色体が遺伝子を運ぶという説が確立された直後、接合子は全数の遺伝子をもってはいるが、それぞれの細胞種においては、遺伝子が部分的に分割されていると考えられた。そして、精子と卵子を形成する生殖細胞だけが、全数の遺伝子を保持しているだろうと考えられた。しかし、まれに例外はあるものの、基本的に生物の全細胞種に染色体の全数が含まれていることが、細胞の微視的研究に基づいて、まもなく明らかになった。受精卵つまり接合子がもっている全遺伝情報を、すべての細胞がもっているのである。もっと最近のDNAレベルでの研究も、この大胆な主張を支持している。ほとんどすべての多細胞生物のほとんどすべての細胞が、同じDNAを含んでいる。ただ例外もあって、いくつかの生物では、父方染色体の組が完全に欠落しているものもある。また、いくつかの生物のいくつかの細胞では、ある遺伝子が数回余分に複製される。免疫系の細胞では、染色体は再配列し、侵入者を退治するのに必要なすべての抗体をつくるために、わずかに修正を受ける。しかし、全般的にみて、あなたの体のすべての細胞の中には、同じ遺伝子の組が存在しているのである。

多細胞生物の中のすべての細胞が同じ遺伝子の組をもっていることがますます確かになるにつれて、発生生物学の中心的教義とも言えるものが確立された。それは、細胞がそれぞれ異なっているのは、活性化される遺伝子が違うためであるという考え方である。たとえば赤血球は、ヘモグロビンを暗号化している遺伝子を発現していて、免疫系のB細胞は、抗体分子を暗号化している遺伝子を発現している。骨筋細胞は、筋線維を形成するアクチンとミオシン分子を暗号化している遺伝子を発現する。神経細胞は、細胞膜内に特定のイオン伝導チャンネルを形成するタンパク質遺伝子を発現している。消化管のある細胞は、塩酸の合成と分泌を導く酵素を暗号化している遺伝子を発現する。

しかし、活性化された遺伝子もあれば、活性化されていない遺伝子もあるといったことが許されるのは、どんなメカニズムによるのであろうか。そして、接合子が体を作っていくにしたがって、さまざまなタイプの細胞がどのタンパク質を表現すべきなのかを、どのようにして知るのであろうか。

ジャコブ、モノーそして遺伝回路

二人のフランスの生物学者、フランソワ・ジャコブとジャック・モノーは、細胞の分化と個体発生を説明するための概念上の枠組みの手がかりを与える研究を行ない、一九六〇年代半ばにノーベル賞を受賞した。

前に注意したように、タンパク質の合成には、それを暗号化した遺伝子をDNAからRNAに転写しなければならない。それから、遺伝暗号に対応した伝令RNAが、タンパク質に翻訳される。ジャコブとモノーは、腸内のバクテリアである大腸菌の振る舞いと、ラクトースと呼ばれる糖に対する大腸菌の応答の研究によって以下のような発見をした。ラクトースが大腸菌の培養基に加えられても、細胞ははじめ、その分子を利用できないことは知られていた。ラクトースを分解する酵素であるベータ・ガラクトシダーゼは、大腸菌の細胞の中に十分な濃度で存在していない。しかしながら、ラクトースを加えて二、三分のうちに、大腸菌の細胞はベータ・ガラクトシダーゼを合成しはじめ、それから細胞の成長と分裂のための炭素の供給源としてラクトースを使用しはじめる。

ジャコブとモノーはまもなく、そのような酵素の誘導——これはベータ・ガラクトシダーゼの合成を誘導するラクトースの能力に対して使われる用語であるが——がどのようにして制御されているのかを発見した。制御は、ベータ・ガラクトシダーゼ遺伝子を、対応する伝令RNAに転写する段階で行なわれることがわかった。この構造遺伝子——タンパク質の構造を暗号化している遺伝子であるのでそう名づけられている——に隣接して、DNAの中にタンパク質が結合する短いヌクレオチド鎖の存在することが、ジャコブとモノーによって発見された。この短いヌクレオチド鎖は、オペレーター（作動遺伝子）と呼ばれており、オペレーターに結びつくタンパク質は、リプレッサー（抑制子）と呼ばれている。その名が意味しているように、リプレッサー・タンパク質がオペレーター・サイトに結合していれば、ベータ・ガラクトシダーゼ遺伝子の転写は抑制される。それゆえ、この酵素に対応する伝令RNAは形成されないので、その翻訳の産物である酵素の生成自体が行なわれない。

ここで話は、調節機能の魔術に進む。ラクトースが大腸菌の細胞に入ると、それはリプレッサーに結合し、そのリプレッサーの形を変えて、オペレーターがもはやリプレッサーに結合できないようにする。そのあとラクトースを加えると、オペレーター・サイトには何もいなくなる。ひとたびオペレーターが自由になると、隣接するベータ・ガラクトシダーゼ構造遺伝子の転写が始まり、すぐにベータ・ガラクトシダーゼ酵素が生成される。

ジャコブとモノーは、小さな分子により「遺伝子のスイッチを入れる」ことができることを発見した。リプレッサーはそれ自体、別の大腸菌遺伝子によって生成されたものであるから、遺伝子が遺伝回路を形成し、たがいにスイッチを入れたり消したりできることはすぐに明らかになった。ジャコブとモノーは、細胞の分化がちょうどそのような遺伝回路によって制御されていることを示唆した草分けの論文を、一九六三年までに書いた。二つの遺伝子がたがいに抑制し合う場合が、最も単純であろう。そのような系について、少し考えてみよう。もし、遺伝子1が遺伝子2を抑制し、遺伝子2が遺伝子1を抑制するなら、そのような系には、二種類のパターンの遺伝子活性が存在する。第一のパターンでは、遺伝子1が活性化され遺伝子2を抑制する。第二のパターンでは、遺伝子2が活性化され遺伝子1を抑制する。二つの異なる安定な遺伝子表現のパターンがあれば、この小さな遺伝回路は、二つの異なるタイプの細胞を作ることができる。これらの細胞のおのおのは、同じ遺伝回路の二者択一のパターンとなる。そうすると、これら二つのタイプの細胞は同じ

「遺伝子型」、同じゲノムをもつが、異なる遺伝子の組を表現することができるであろう。

ジャコブとモノーは、一つの鍵を開けた。彼らの研究は、細胞の分化がどのようにして起こるのかを提案しただけでなく、思いもよらない強力な分子の自由性を明らかにした。リプレッサー・タンパク質は、自分自身の上にある特定の場所を使ってオペレーターに結合する。ラクトース分子（実際は、アロラクトースと呼ばれるラクトースの物質代謝による誘導体）は、リプレッサー・タンパク質上の別の場所に結合する。アロラクトース分子が結合すると、リプレッサー・タンパク質の形が変わり、そのため、リプレッサー・タンパク質上の最初の場所（オペレーターに結合している場所）の形が変わる。それによって、オペレーターDNAに対するリプレッサー・タンパク質の親和力が低下する。そういうわけで、リプレッサー上の別の場所に結合したアロラクトースは、リプレッサーをオペレーターから引き離し、それによって、ラクトースを物質代謝させるベータ・ガラクトシダーゼの遺伝子の合成が可能になる。しかし、アロラクトースは、リプレッサー・タンパク質上のオペレーターDNA鎖に結合している場所とは違う、アロステリー・サイトと呼ばれる別の場所を通して作用するので、アロラクトース分子の形は、その作用の最終結果に――遺伝子活性を制御する能力に――明白な関係がなくてもよい。それに対して、基質のほうはその酵素に適合しなければならない。そして、酵素が作用する同じ場所に結合されることによって、酵素の働きを抑制する別の分子――競合抑制分子――は、ほんとうの基質そっくりでなければならない。

このありふれた例において、基質と競合抑制分子は、必ず類似した分子特性をもっている。しかし、アロラクトースは、リプレッサー上のDNAに結合した場所とは別の場所で作用するので、アロラクトースは、アクチンやミオシン、あるいは塩酸の合成において必要な酵素を暗号化している遺伝子の転写を制御する信号として使われると考えたほうがよいだろう。分子制御を行なう分子の形は、制御過程でできた最終生成物に関係がなくてもよい。両著者が強調したように、別の場所を通しての作用は、任意の論理と複雑性をもつ遺伝回路を作るに際しては、分子的立場を完全に離れてよいことを意味している。

自然淘汰は秩序の唯一の源か？

モノーは、任意の遺伝回路を構成するための自由性に非常に心を引かれ、*Chance and Necessity*（『偶然と必然』みすず書房）というすばらしい本を著した。その本の中にモノーは、私が前にふれた甘美で詩的な表現、「進化は、翼を得た偶然である」を刻んだ。この言い回しは、私が知っている他のどんな言い回しよりも、ダーウィンの出現以来われわれがもっている感覚をうまくとらえたものとなっている。すなわち、ランダムな突然変異による探索や、役に立たない形態のがらくたからまれに役立つ形態を選別する自然淘汰による探索、これらの探索のもつ計り知れない自由度についてのわれわれの感覚を表現しているのである。

すでに強調したように、ダーウィン以来われわれは、自然淘汰を生物における秩序の唯一の源であると見なすようになってきた。これは重要なことである。なぜならば、すべての生命、すべての生物、すべての人間が、大いなる偶然の産物であり歴史的な偶発的出来事であるというわれわれの直感的理解の中心には、このダーウィン流の見方が横たわっているからである。前に述べたように、ジャコブは、進化が利用できるものは何でも利用して、いじりまわして寄せ集めたがらくたを作り出す便宜主義者であることを示した。人間というのは、歴史に委ねられた設計問題に対する場当たり的な解答なのである。われわれはごちゃごちゃと手の込んだ分子機械であり、それはすべて前の時代から引き継いだものなのである。

しかし、でたらめな変異に作用する自然淘汰が秩序を作る唯一の源だとしたら、われわれは、二重の意味で呆然と立ちつくす羽目になる。一つは、秩序が非常に壮大であるという恐るべき現実であり、もう一つは、その秩序は思いもよらず稀なもので、非常に貴重なものであるという結論になってしまうことである。思いがけない存在であるわれわれは、広大な宇宙空間で孤児になったことになる。しかしほんとうに、生命の出現およびその後の進化における秩序の唯一の源として、自然淘汰だけが作用してきたのだろうか？　私はそうは思わない。私の心の底から、私の夢から、私の三〇年の研究から、そして増え続けている他の科学者たちの研究から、私はそうは思わないと主張する。

私は、哲学、心理学そして生理学から生物学へ移ってきた。幸運にも私は、一九六一年六月の正式な卒業式の日よりも半年早くダートマス大学を卒業した。そこで私はオーストリアのサン・アントンでいちばん素敵な場所であるポストホテルの駐車場で、しっかりと装備をととのえたフォルクスワーゲンのキャンピングカーに寝泊まりしながら、登山やスキーの補助員として斜面の整備の仕事などをしてすごした。そうした生活が半年ほど続いたのち、私はマーシャル奨学金を受けてオックスフォード大学に入学した。

私の先生、哲学者のジェフリー・ワーノックと心理学者のスチュアート・サザーランドは、即興の発明を重んじた。言語は認識より先であったか？　神経回路は、二本の平行線が離れて存在することを、その二本線の間の距離が網膜内の錐状体あるいは桿状体の幅より小さいときに、目はどのようにして区別しているのであろうか？　こういった問題を提案しては、その答を即興に発見できるかどうかを議論しあっていた。ここでは、イギリスの伝統によって認められ支持された、見習う価値のある発明の訓練を受けることになった。イギリス人は自分たちが変わっていることを誇りにしている。ある大学教師は、浴室でグレゴリオ聖歌を歌ったものだ。多くの物理学者によっても称賛されるこの精神は、そのような環境で育成されるのである。若い同僚の理論を聞くや否や、ヴォルフガング・パウリは、「それはクレイジーだね。しかし、まだ十分にクレイジーではない！」と答えたという。もし、モノーとジャコブが進化の基礎に拘束のない分子の自由性をみたのなら、われわれが科学上の大仕事の基礎に拘束のない知的自由性を求めてなぜいけないのか？　われわれ自身も同僚たちも、いつも十分にクレイジーでいいのである。われわれが正しいのか間違っているのかを教えてくれるのは、宇宙の大自然なのである。科学は、その最も深い根源において、われわれの抱く疑問によって進歩する。そのような疑問の源は何か？　私にはわからない。ただ私は、生物における秩序が自然に、つまり予期した形で、理解できるようになることをいつも望んできた。自然淘汰が生命を形成する際に、自己組織化という相棒とつねに連れ添ってきたにちがいないと、私はいつも思い描いていた。

接合子がこんなにも美しく変身していくことを説明できる遺伝機構が、もし自然淘汰だけだとしたら、生命が発生するまでにどれほど多くの偶然が重ならねばならないことか。そこから得られた生命は、ただの場当たり的なものにすぎなくなってしまう。ジャコブの言う、いじくりまわして寄せ集めたがらくたの一つということになる。こういう筋書きが納得できなかったので、医学生のころからすでに私は、遺伝子の大規模ネットワークが自発的に個体発生に必要な秩序を示すであろう、と考えはじめた。そこには、神聖な、そして自然で必然的な法則があるはずであると。

個体発生の自発的秩序

実際、第4章で示したように、私の夢見た自己組織化は多数存在する。無償の秩序こそ、個体発生の秩序の究極の源泉であると私は提案する。この説は、異端の説であることに注意しなければならない。しかし、われわれがすでに出くわした自発的秩序の強力さを目にすれば、個体発生の秩序の多くがまず自発的になされ、その後、自然淘汰によって仕上げられたという可能性をまじめに調べないのは、単に愚かであるか強情であるかだと思える。

ジャコブとモノーは、待機していた生物学者たちに、遺伝子はたがいにオン・オフの切替えができ、遺伝子活性の二者択一のパターンを遺伝回路がもつことができ、異なるタイプの細胞を構成できることを明らかにした。そのような遺伝子ネットワークの構造はどんなものであろうか？　個体発生を支配している制御網の中で、たがいに関係し合っている遺伝子とその生成物の振る舞いを支配している法則とは、いったい何であろうか？

私は、これらの疑問を探究する目的で、第4章で議論したブール式ネットワークモデルを創案した。たがいにオン・オフの切替えができる電球に注目し、これらの電球を、たがいの生成を促進したり抑制したりする酵素であると解釈したことを思い出そう。この同じアイディアはジャコブ－モノー型の遺伝子調節回路にも適用できる。ベータ・ガラクトシダーゼに対する構造遺伝子が転写されるか否かを、オンまたはオフと見なす。また、リプレッサー・タンパク質がオペレーター・サイトに結合しているか否かを、オンまたはオフと見なす。オペレーター・サイトが自由であるか自由でないかを、オンまたはオフと見なす。アロラクトースがリプレッサー・タンパク質上の別の場所に結合しているか否かを、オンまたはオフと見なす。これは確かに理想化されたものではあるが、われわれはそれを、調節回路機構の巨大な網目の中でたがいに相互作用している遺伝子とその生成物とのネットワークに拡張することができる。

　要するに、われわれは遺伝子の調節機構を、ブール式ネットワークでモデル化することができるのである。電球間の「配線図」はいまや、遺伝子とその生成物との間の分子調節のつながりを意味する。この文脈では、リプレッサー・タンパク質はオペレーターへの分子調節の入力であり、一方、オペレーターは、ベータ・ガラクトシダーゼ遺伝子活性への調節入力である。電球のどのパターンがオンになるのかオフになるのかを示すブール関数あるいは規則は、ここでは、ある与えられた遺伝子活性を高めたり抑制したりする分子信号の組合せを意味する。たとえば、オペレーターはリプレッサーとアロラクトースの両方によって制御される（図5－1）。アロラクトースがリプレッサーに結合して、リプレッサーをオペレーターから引き離さないかぎり、オペレーターにリプレッサーが結合したままである。それゆえ、オペレーターはブール関数の（NOT IF）で制御される。ベータ・ガラクトシダーゼを生成する遺伝子は、アロラクトースが存在しなければ、不活性である。

　第4章で、N個の遺伝子をもつブール式ネットワークモデル――あるいはここでは遺伝ネットワークモデルとも呼ぶことにする――が、遺伝子の組合せの違いによってオンになったりオフになったりする2^N個の状態のうちの一つの状態にあることを示した。力学系の言葉で言えば、その状態空間は2^N個の異なる可能な遺伝子活性からなる。遺伝子は、ブール代数の規則にしたがい、それらの分子入力の活性に従ってスイッチがオンになったりオフになったりするので、そのようなネットワークは、その状態空間における軌跡をた

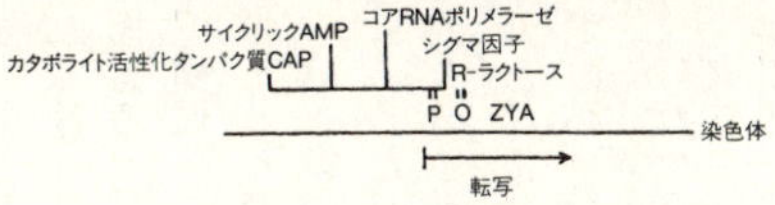

アロラクトース	リプレッサー	オペレーター
0	0	0
0	1	1
1	0	0
1	1	0

NOT IF

CAP	サイクリックAMP	コアRNAポリメラーゼ	シグマ因子	プロモーター
0	0	0	0	0
0	0	0	1	0
0	0	1	0	0
0	0	1	1	0
0	1	0	0	0
0	1	0	1	0
0	1	1	0	0
0	1	1	1	0
1	0	0	0	0
1	0	0	1	0
1	0	1	0	0
1	0	1	1	0
1	1	0	0	0
1	1	0	1	0
1	1	1	0	0
1	1	1	1	1

AND

図 5-1　遺伝回路の機構。上の図は、大腸菌の中のラクトース・オペロンを示す。Z、Y、A は構造遺伝子、O はオペレーター・サイト、P はプロモーター・サイトである。R はリプレッサー・タンパク質であり、それ自身にラクトースかその代謝物質であるアロラクトースが結合しないかぎり、オペレーターに結合して転写を防ぐことができる（プロモーターは、4 つの分子因子：サイクリック AMP、コア RNA ポリメラーゼ、シグマ因子、カタボライト活性化タンパク質 CAP によって調節されている）。真ん中の図は、リプレッサーとアロラクトースによるオペレーターの調節を記述するブール関数を示す。オペレーター・サイトに対しては、0＝自由な状態、1＝結合している状態である。リプレッサーとラクトースに対しては、0＝存在していない状態、1＝存在している状態である。調節入力の 4 つの可能な現在の状態のおのおのが与えられたとき、次の瞬間のオペレーターの活性は、ブール関数 NOT IF で特定される。下の図は、4 つの分子入力によるプロモーターの調節を示す。ブール関数は、四変数の AND 関数である。

どることを思い出そう。結局、軌跡は一つの状態循環アトラクターに収束し、その後は系がそのまわりを永久に循環する。湖に流れ込む水のように、さまざまな異なる軌跡がすべて、同じ状態循環に収束することもあるだろう。状態循環アトラクターは湖であり、それに収束する軌跡はその引き込み領域を構成する。いかなるブール式ネットワークも、言い換えると、いかなるモデル・ゲノム調節ネットワークも、少なくとも一つはそのような状態循環アトラクターをもたねばならないが、複数もつこともありうる。この場合、各軌跡はそれぞれの引き込み領域に流れ込む。

第4章の目的——これは実は、ネットワークモデルについての私の初期の研究の目的でもあったが——は、何千もの結合した電球をもつ広大なネットワークが、自発的に秩序を示すかどうかを確かめることだった。そこでわれわれは、大規模な秩序を見つけた。一〇万もの電球、言い換えれば、2^{100000} つまり 10^{30000} の状態空間をもつネットワークが、一つの小さな小さな状態循環に落ち着き、そして、その状態循環には、たった三一七の状態しかないということがわかった。無償の秩序である。私が言ったように、10^{30000} と比較して三一七というのは、ネットワークを状態空間の 10^{29998} 分の1に等しい部分に押し込むことに相当する。

そのような計り知れないほどの状態空間の中に、アトラクターを示すことはできない。図5-2に、たった一五個の電球からなる小さなネットワークにおける、約三万二〇〇〇の状態すなわち、イルミネーションのパターンの中の、四つのアトラクターを示す。広大

図 5-2　引き込み領域。$N=15$ 個の 2 値変数および 1 変数あたり $K=2$ 個の入力をもった、ランダム結合ブール式ネットワークのレパートリー、すなわち振る舞いの場における 4 つの引き込み領域とアトラクター状態循環。

なネットワーク状態空間全体の中で、引き込み領域に入ったすべてのものを吸い込むような、点状のブラックホールがアトラクターだと考えることができる。考えもつかないほど大きな状態空間全体は、いくつかのそれほど多くない数のこれらブラックホールに分割され、おのおののブラックホールは、自分のまわりの何メガパーセクも離れた状態空間のものをすべて集める。系を任意の場所に置いてみよう。するとその系は、終極地点に向かって突進する宇宙船のように、不可避的に引きつけられる空間の小さな地点、アトラクターに向かって速やかに落ち込むのである。

小さなアトラクター。大きな大きな秩序。

ジャコブとモノーは、彼らの遺伝回路の二者択一の安定なパターン――遺伝子1がオンで遺伝子2がオフのパターンと、遺伝子1がオフで遺伝子2がオンのパターン――が、ある一つのゲノムネットワークの異なるタイプの細胞であると提案した。一方、私は、ゲノムネットワークの広大な状態空間の中の各ブラックホール状態循環アトラクターが、異なるタイプの細胞であると提案する。あまり多くない数の遺伝子からなるネットワークでも、可能性としては広大な状態空間を探索できることになる。しかし、もし私が正しければ、系は少数のアトラクターによって、二、三の方向に引きつけられる。ネットワークがどの状態循環をまわるのかによって、さまざまな遺伝子が、オンになったりオフになったりするであろう。そして、さまざまなタンパク質が作られるであろう。ゲノムネットワークは、異なるタイプの細胞として働くのである。

このたった一つの仮説から、非常にたくさんの予測が引き出せる。ゲノム系と個体発生の非常にたくさんの特性は、ぴったりと辻褄が合っているように思える。どちらも、この新しい概念的枠組みに適合している。このように、新しい仮説は証明されてはいないけれども、すでに多くの証拠によって支持されている。

個体発生の問題を、ここで再び取り上げよう。人間のゲノムは、約一〇万の構造遺伝子と、未知の数のオペレーター、リプレッサー、プロモーター（これは、他の遺伝子をオフからオンに切り替えるものである）などを暗号化している。これらの遺伝子は、そのRNAおよび生成されたタンパク質とともに、一つの調節相互作用の込み入った網目、つまりゲノム調節ネットワークを形成している。そして、そのネットワークの結合の振る舞いによって、接合子から成体への発生が調整されているのである。そして、人間の体には二五六種類の細胞がある。ヒドラのゲノムの数ははるかに少なく、細胞の種類も一三から約六〇種類の細胞がある。キイロショウジョウバエには、一万五〇〇〇ほどの構造遺伝子と、一五ほどである。どんな原理によって、そのような遺伝調節ネットワークが、この上もなく見事な個体発生の秩序を導くのであろうか？

バクテリア（細菌）や高等生物の遺伝回路を調べると、次の三つの特徴が浮かび上がる。

1　遺伝子や他の分子変数はどれも、かなり少数の分子入力によって直接調節されている。たとえば、はじめに述べたラクトース・オペレーターは、二つの分子入力、アロラクトースとリプレッサー・タンパク質によって調節される。

2　遺伝子が違えば、その活性を記述するブール代数の規則も異なる。たとえば、ラクトース・オペレーターはブール関数（NOT IF）にしたがっており、ラクトースによって抑制されない。他の遺伝子は、ブール関数のORやANDやもっと複雑な規則にしたがって、分子入力により活性化される。

3　遺伝子を、転送において活性であるか活性でないかの二値変数であるとし、調節入力を、存在しているか存在していないかのやはり二値変数であるとする。そうすると、第4章で導入したブール関数による理想化ができ、既知の遺伝子は、ブール関数のある特別な部分集合——私はこれを「方向づけ関数」と呼び、すぐにもっと正確な特徴づけを行なう——によって調節される。

ここに驚くべき事実がある。すなわち、これら三つの性質をもつゲノム調節ネットワークのほとんどが、われわれの望む無償の秩序のすべてを示すのである。これらの知られている性質は、すでに生物の世界の秩序の多くを予測している。

第4章でわれわれは、二値変数を要素とする大規模ネットワークであるランダム結合ブール式ネットワークの振る舞いが、一般的に三つの領域に分類できることをみた。つまり、カオス的振る舞いの領域、秩序立った振る舞いの領域、カオスの縁（ふち）の複雑な振る舞いの領域である。集団の要素の大部分が、秩序立った振る舞いの領域にあることを保証するには、二つの単純な条件を加えるだけで十分であることもみた。第一の条件として、各二値変数の要素が、$K=2$ あるいはそれより少ない数の入力を受けるとする。あるいは、第二の条件として、各電球あたり $K=2$ よりも多くの数の入力がある場合には、ブール関数の規則に、パラメータ P によって記述されるある偏りを加えることで、秩序を保証するように調節することもできる。

　秩序立った振る舞いを保証する別の方法は、「方向づけブール関数」と呼ばれるものを使ったネットワークを構築することである。これらのブール関数の規則は、分子入力の少なくとも一つが、1か0のどちらか一つのある値であるときに、それだけで、調節された遺伝子の応答を決定することができるという単純な性質をもっている。OR関数は、方向

A	B	C
0	0	0
0	1	1
1	0	1
1	1	1

a

A	B	C
0	0	0
0	1	1
1	0	1
1	1	0

b

図5-3　ブール関数。
a　入力が2つのときのブール OR 関数。A あるいは B（あるいは両方）が1なら、C は1である。
b　入力が2つのときのブール EXCLUSIVE OR 関数。A あるいは B（しかし両方ではない）が1なら、C は1である。

づけ関数の一例である（図5－3のa）。この関数によって調節された要素は、最初の、あるいは二番目の、あるいは両方の入力が現在活性化されていれば、次の瞬間活性化される。そのため、もし最初の入力が活性化されていれば、二番目の入力が活性化されているか否かにかかわらず、次の瞬間活性化されることになる。この性質は、一つの方向づけブール関数を定義する。少なくとも一つの入力が、1か0のどちらか一つの値でなければならない。そしてそれだけで、調節された変数がある一つの値をもつことが保証される。

ウイルス、バクテリア（細菌）そして高等生物などの、ほとんどすべての調節された遺伝子は、ブール関数による理想化において、方向づけブール関数で支配されている。図5－1に示したように、オペレーター・サイトは方向づけブール関数（NOT IF）で支配されている。もしリプレッサーがなければ、アロラクトースの有無にかかわらず、オペレーター・サイトは自由な状態（つまり結合していない状態）である。もしアロラクトースがあれば、リプレッサー・タンパク質の有無にかかわらず、オペレーター・サイトはまたもや自由である。アロラクトースは、リプレッサー上のアロステリー・サイトに結合し、リプレッサーをオペレーターから引き離すのである。

多くの入力をもつたいていのブール関数は、方向づけをしない。すなわち、それらには、たった一つの入力だけで、調節された電球の次の状態を決定できるという性質はない。最も簡単な例は、二つの入力をもつ（EXCLUSIVE OR）関数である（図5－3のb）。この関数によって調節される遺伝子は、入力の両方ではなくどちらか一方だけが現在活性化されていれば、次の瞬間活性化される。みてわかるように、どちらか一方の入力の活性・非活性（1か0）だけでは、調節された遺伝子の活性を保証することはできない。たとえば、最初の入力が1のとき、調節された遺伝子は、二番目の入力が0なら活性化され、1なら活性化されない。最初の入力が0のとき、調節された遺伝子は、二番目の入力が1なら活性化され、0なら活性化されない。同じことが二番目の入力に対しても言える。自分だけで、調節された遺伝子の振る舞いを保証するような活性はないことになる。

調節された遺伝子やたいていの他の生化学的な過程が、方向づけ関数によって支配されているようにみえるのは、おそらく偶然ではない。というのは、方向づけ関数は可能なブール関数の中でまれなものであり、入力の数Kの増加とともにますますまれになるからである。しかし、それらを化学的に組み立てるのは簡単である。したがって、方向づけ関数が豊富にあるのは、まれな種類のブール関数規則をわざわざ選び出すことができたためか、あるいは、化学的な組み立てが簡単であるためか、どちらかの理由による。いずれにしても、方向づけ関数の豊富さは、ゲノム調節系の秩序立った振る舞いにとって非常に重要であるらしい。

K個の異なる入力をもつ可能なブール関数の数は$2^{(2^K)}$である。これを確かめるのは簡単である。入力がK個あれば、2^K個の可能な活性の組合せが存在する。一つのブール関数は、これらの入力の組合せのおのおのに対して、1か0の応答を選ばなければならないので、$2^{(2^K)}$という公式が得られる。$K=2$の場合にはこれらの関数のうち、方向づけ関数が現れる割合は非常に高い。実際この場合、一六個のブール関数のうち一四個が方向づけ関数である（図5－4）。（EXCLUSIVE OR）とその補関数である（IF AND ONLY IF）という関数の二つだけが、方向づけ関数ではない。ところが、$K=4$個の入力の場合、六万四〇〇〇かそこらのブール関数のうち、たった五パーセントが方向づけ関数であるにすぎない。Kが増えるにしたがって、方向づけ関数の割合はさらに少なくなる。

方向づけ関数は、分子の観点から言えば作りやすい。二つの入力をもち、どちらか一方の入力が活性化されていれば活性化される酵素を考えよう。これは簡単に組み立てることができる。必要なのは、たった一つのアロステリー・サイトをもつ酵素を作ることである。どちらかの分子入力がアロステリー・サイトに結合されると、酵素の形態が変わり、酵素は活性化される。これが、方向づけＯＲ関数である。しかし、どのようにしたら方向づけ関数でない（EXCLUSIVE OR）関数を実現する酵素を作れるだろうか？　これには、二つの異なるアロステリー・サイトが必要である。どちらか一方のサイトだけにその分子入力、すなわちエフェクターが結合すると、酵素は活性化されるように変えなければならない。しかし、両方のアロステリー・サイトが同時に結合しているか、あるいは両方とも結合していない場合は、酵素は活性化しない。そのような分子機械はもちろん可能であるが、ＯＲ関数より達成するのがむずかしいのは確かである。一般に、方向づけをしない関数よりも、方向づけをする関数を実現する分子仕掛けを作るほうがやさしいように思える。

方向づけ関数が化学的に簡単であることは、次のような重要な意味をもつ。まず、主に

1	2	3
0	0	0
0	1	0
1	0	0
1	1	0

1	2	3
0	0	0
0	1	0
1	0	0
1	1	1

1	2	3
0	0	0
0	1	0
1	0	1
1	1	1

1	2	3
0	0	1
0	1	1
1	0	1
1	1	0

1	2	3
0	0	1
0	1	1
1	0	1
1	1	1

1	2	3
0	0	0
0	1	0
1	0	1
1	1	0

1	2	3
0	0	0
0	1	1
1	0	0
1	1	0

1	2	3
0	0	1
0	1	0
1	0	0
1	1	0

1	2	3
0	0	0
0	1	1
1	0	0
1	1	1

1	2	3
0	0	1
0	1	0
1	0	0
1	1	1

1	2	3
0	0	1
0	1	0
1	0	1
1	1	0

1	2	3
0	0	1
0	1	1
1	0	0
1	1	0

1	2	3
0	0	0
0	1	1
1	0	1
1	1	0

1	2	3
0	0	1
0	1	1
1	0	0
1	1	1

1	2	3
0	0	1
0	1	0
1	0	1
1	1	1

1	2	3
0	0	0
0	1	1
1	0	1
1	1	1

図 5-4　入力が2つ（$K=2$）のときの、16個の可能なブール関数。

方向づけ関数によって支配される二値要素からなる大規模ネットワークは、秩序立った振る舞いの領域に自発的に存在する。また、自然淘汰によるさらなる選別のための広大な無償の秩序も、数多く存在する。したがって、方向づけ関数が化学的に簡単なため細胞に豊富にあると、その化学的な簡単さだけで十分に大規模な自発的秩序を作り出せるわけである。

この自発的秩序は、ゲノムの振る舞いを理解する上できわめて重要であると私は信じる。われわれの細胞一つ一つの中には、およそ一〇万かそれ以上の遺伝子が入っており、人間のゲノム調節系の状態空間は少なくとも 2^{100000} すなわち 10^{30000} ある。すでに注意したように、この数は、われわれの知っているいかなるものと比べても、莫大すぎてほとんど意味をもたない。この広大な状態空間という観点からみたとき、細胞の種類とは何であろうか？　発生生物学の中心的教義は、同じゲノム系の活性パターンの違いが細胞の種類の違いを生むと言っているにすぎない。人間のゲノムのように、少なくとも 10^{30000} もの遺伝子活性の組合せが可能なときに、この教義はほとんど役に立たない。オン・オフの理想化をやめ、遺伝子は表現のレベルを、そして酵素は活性のレベルを、それぞれ徐々に変えることができることを思い出せば、可能性の数はさらに広がる。オン・オフの理想化をしようと、活性のレベルを徐々に変えようと、この数は大きすぎる。ビッグバン以来全世界に存在したであろう全生物の全生涯を想定しても、こんなに多くの遺伝子活性のパターンを細胞が探索できるとは考えられないのである。

ところが、ゲノムネットワークは、それらが構成される様式のゆえに、秩序立った振る舞いをする領域にあるという可能性を考えると、神秘が神秘でなくなりはじめる。全状態空間を歩き回るかわりに、そのようなネットワークは、少数のアトラクターつまりゲノム状態空間のブラックホールによって引き寄せられる。ある特定のアトラクターをまわる細胞は、ある遺伝子とタンパク質を表現し、あるタイプの細胞として振る舞う。異なるアトラクターをまわる同じ細胞は、他の遺伝子とタンパク質を表現する。このように、われわれの理論的枠組みの中での仮説によると、細胞の種類というのは、ゲノムネットワークのレパートリーの中のアトラクターだということになる。

この枠組みの中で、個体発生に関する多くの既知の性質を説明するのは容易である。まず第一に、おのおのの種類の細胞では、遺伝子活性の可能なパターンは小さな部分に制限されなければならない。しかもこの振る舞いは、秩序立った振る舞いの領域において自発的に生じる。状態循環アトラクターの数は、遺伝子の数の平方根である。そうすると、一〇万の遺伝子そして10^{30000}の可能な遺伝子表現のパターンをもつヒトのゲノム系は、たった三一七個——遺伝子活性の可能なパターンの数に比べればごくごく小さな割合である——の状態しかない状態循環に落ち着き、そのまわりを回る。秩序立った振る舞いをする領域の小さなアトラクターが、無償の秩序を構成する。

細胞がそのアトラクターを回るのに要する時間を予測すると、生物学的にもきわめてもっともらしい値になる。一つの遺伝子をオンにしたりオフにしたりするのに、一分から一〇分のオーダーの時間がかかる。そうすると、状態循環をまわるのに要する時間は、三一七分から三一七〇分すなわち約五時間から五〇時間となり、細胞の振る舞いに対してまさしく妥当な範囲におさまるのである！　これはもっともらしい範囲である。

実際、細胞が実現する最も明白な循環は、細胞周期、つまり細胞が分裂してもとの状態に戻るまでである。細菌では、細胞周期の時間は全速力で約二〇分である。レバークーンの陰窩（いんか）と呼ばれるところには、腸の内壁になる細胞があるが、それは八時間の分裂周期をもつ。体の中の他の細胞は、約五〇時間の周期で循環する。そのため、もし細胞のタイプが状態循環アトラクターに対応するなら、細胞周期は、細胞がその状態循環をひとまわり通過することであると見なすことができる。そして、アトラクターを通過する時間スケールは、細胞周期の実際の時間スケールとなる。

遺伝子あたり二個（$K=2$）の入力をもつ遺伝ネットワーク、つまり方向づけ関数に富むネットワークは、自発的秩序だけでなく、実際の細胞にみられるのと類似した秩序も示す。第4章でみたように、一〇万の遺伝子をもつ$K=N$のネットワークでは、10^{15000}もの状態の循環がある。ここまでは、実際にはどれほど長い時間がかかるとしても、状態は瞬時に遷移するものとして、状態循環アトラクターのまわりの軌道を計算することができた。今後は、生物学的な観点から、そのことは忘れよう。$K=4$や$K=5$のネットワーク——これはすでに、十分カオス的振る舞いの領域であるが——でさえ、途方もなく長い状態循環をもつ。ここでわれわれは、実際のゲノムネットワークにおいて知られている条件だけを課した、まったくランダムに組み立てられたゲノムネットワークを考えよう。そうすれば、循環時間は生物学的な土俵でほぼ正しく理解できる。

もしこの考えが正しければ、細胞周期の時間はおおよそ、遺伝子の数の平方根として計られるはずである。図5-5は、細菌から、酵母菌、ヒドラ、ヒトに至る生物に対して、このことが正しいことを示している。すなわち、細胞周期の時間の中央値はほぼ、その生物の中の遺伝子の数の平方根で変化している。たとえば、細菌の分裂時間は約二〇分であり、また、一個の細胞あたりその一〇〇〇倍以上のDNAをもつヒトの細胞の分裂時間は、約二二時間から二四時間となる。

図5-5から、実際に細胞周期の中央値は、われわれの仮説から導き出される予測どおり、おおよそ生物の遺伝子の数の平方根にしたがって増加することがわかる。図5-5からまた、われわれのモデルの予測どおり、中央値のまわりの分布が非常に偏っているのがみられる。複雑さをもつゲノム系においても、大部分の細胞の分裂周期は短く、長い周期をもつ細胞は少ない。同様な歪んだ分布は、遺伝子一個あたり$K=2$個の入力をもつモデル・ゲノムネットワークにおいてもみられる。しかしここで一言、注意しておかねばならない。つまり、これまで非常に多くの研究が細胞周期に関して行なわれてきたけれども、理論と観測との間に強い統計的対応があること以上のことは何も言えていないのである。

そこで、これらの強い対応をもっとよくみてみよう。生物における細胞の種類は、細菌の場合の一、二種類から、酵母菌の三種、ヒドラのような単純な生物の約一三～一五種、

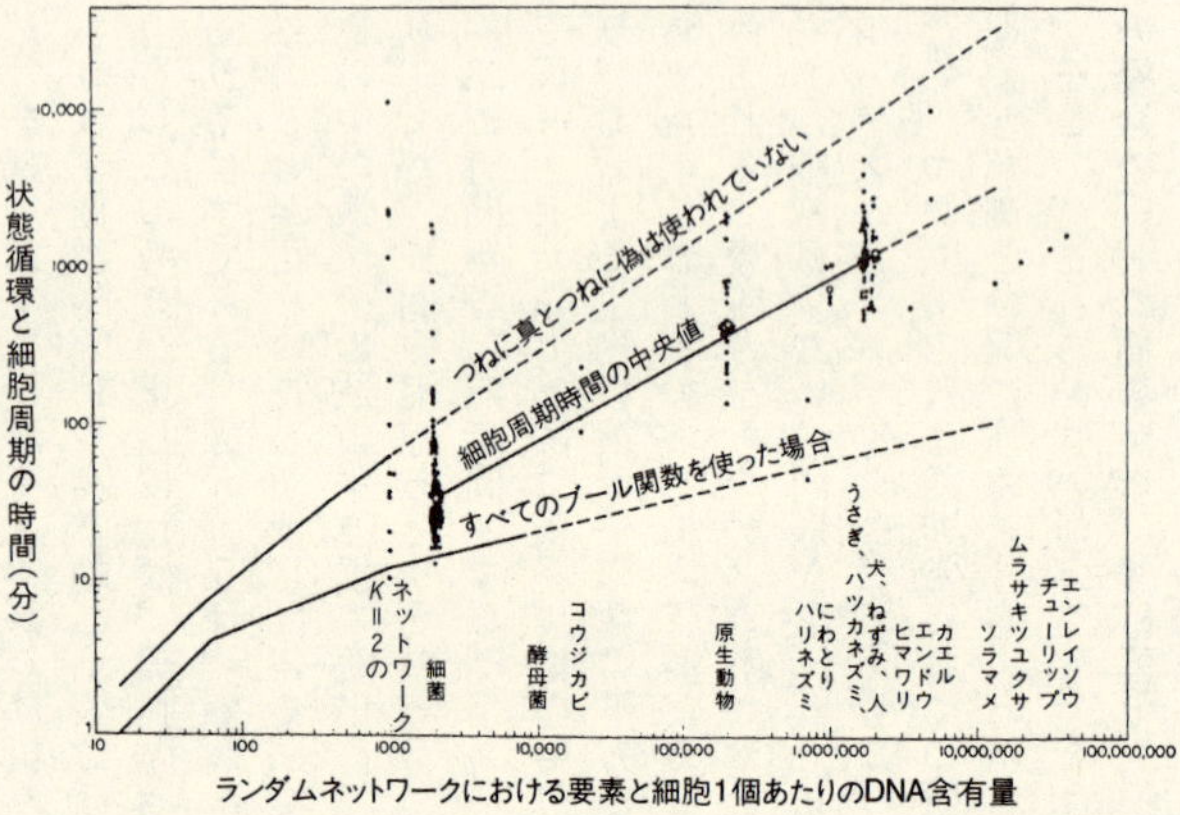

図 5-5　生物の組織化の法則？　対数スケールを使って、ランダムネットワークにおける要素数を状態循環の長さに対してプロットしたもの。また、さまざまな生物に対して、細胞1個あたりのDNA含有量に比例すると仮定して見積もった遺伝子の数を、細胞の複製時間の中央値に対してプロットしている。どちらの場合も、結果は傾き0.5の直線である。これは、平方根の関係を証明するものである（つねに真とつねに偽——図5-4の最初と最後のブール関数——は、ネットワークでは使われていない)。

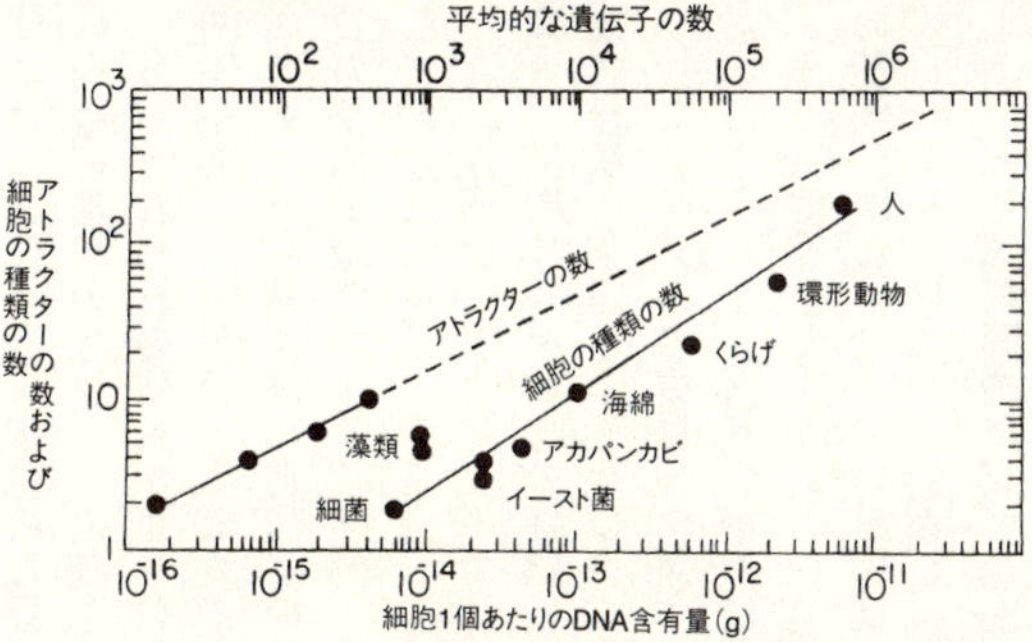

図5-6　候補となりうる別の法則。多くの門にわたる生物の細胞の種類の数を、細胞1個あたりのDNA含有量に対してプロットしたもの(ともに対数)。ここでも、プロットは傾き0.5の直線であり、細胞の種類の数が細胞1個あたりのDNAの量の平方根にしたがって増加することを示している。構造遺伝子と調節遺伝子の数が細胞1個あたりのDNA含有量に比例するとすれば、細胞の種類の数は、遺伝子の数の平方根にしたがって増加することになる。

ショウジョウバエの約六〇種、私たち人間の二五六種へと増加する。それと同時に、遺伝子の数も増加する。さまざまな複雑さをもつさまざまなゲノム系が、細胞の種類においてなぜそのような数をもつのか。この謎が理解できたらすばらしいことであろう。

もし細胞の種類が状態循環アトラクターであるなら、生物中の遺伝子の数の関数として細胞の種類の数を予測できるはずである。遺伝子一個あたり$K=2$個の入力がある場合、もっと一般的に言うと方向づけネットワークの場合、状態循環アトラクターの中央値は、おおよそ遺伝子の数の平方根にすぎない。この議論を進めれば、一〇万の遺伝子をもつ人間には、約三一七の細胞の種類が存在することになる。そして実際に、知られている人間の細胞の種類の数は、この数字に近い二五六種なのである。

もしわれわれの理論が正しければ、遺伝子の数と細胞の種類の数の間とのスケーリング関係を導くことができるはずである。そのとき後者は、前者の平方根の関数として増加するはずである。x軸に遺伝子の数を、y軸に細胞の種類の数をプロットした図5－6から、この予測が確認できる。実際、細胞の種類の数は、おおよそ遺伝子の数の平方根の関数として増加している。

これは感動に値する。すでに述べたように、ゲノム系が秩序領域にあるはずだという理論は、生物学的な意味でほぼ妥当であるだけでなく、ほぼ厳密でもある。しかし、秩序領域にあり、並列処理を行なっているゲノムネットワークの一般的振る舞いの理論から、どうして、ゲノムの複雑性に対する細胞の種類のスケーリング関係が大雑把にでも予測できたのだろうか？　なぜ、絶対値が観測値とそんなに近いのだろうか？

すでに注意したように、恒常性――すなわち引き続いて起こる同様な摂動に対して細胞の種類が変わらないでいる傾向――は、生命にとって不可欠である。何千もの変数をもつブール式ネットワークを考え、それが一つの状態循環アトラクターに落ち着いているとしよう。そして瞬間的に、どれか一つのモデル遺伝子の活性をひっくり返してみよう。そのような摂動に対してはほとんどの場合、系は摂動を加えられる前に属していた状態循環に戻る。これはまさに恒常性であるが、こういう状況は、秩序領域において無償で現れる。

ところが、恒常性は完璧ではない。もし接合子が枝分かれした経路に沿って分化し、それ自体新生細胞や成体の最終的な細胞の種類に分化する中間のタイプの細胞になったとすると、ときには摂動によって、細胞が、新しいアトラクターに流れ込む新しい引き込み領域、すなわち新しいタイプの細胞に至る新しい分化経路に押しやられることもある。たとえば初期の胚では、皮膚細胞を形成する経路にいる外胚葉の細胞は、分子的誘因によって新しい経路にとび移り、神経細胞を形成することが知られている。それと同時に、一世紀近い研究から、おのおののタイプの細胞がほんの二、三のごく近くの経路にしか変われないこともわかっている。若い胚の中の外胚葉性細胞は、皮膚から神経に変わることはできるが、胃の内壁の細胞や塩酸を分泌する細胞に変わることはできない。

分裂し、枝分かれした経路——各分岐点では二、三の選択ができる——に娘細胞を送り、最終的に多様な種類の細胞を生む接合子という描像にこだわることにしよう。われわれが知るかぎり、あらゆる多細胞生物の発生は、いつも、そのような分化の枝分かれ経路によって行なわれている。秩序領域にあるわれわれのモデルゲノム系は、これらの性質を自然な形で示せるであろうか？　答はイエスである。

たいていの摂動に対しては、どのアトラクター上のゲノム系も、元の同じアトラクターへの恒常的な回帰を示す。細胞の種類は基本的には安定である。ところが、いくつかの摂動に対して、系は別のアトラクターへ流れ込む。そのため、分化は自然な形で起こる。そして、さらに決定的な性質は、どのアトラクターからも、ほんの二、三の近傍のアトラクターにしか遷移できないが、系は他の摂動によってそれらのアトラクターからまた別のアトラクターに遷移する、ということである。つまり、おのおのの湖はいわば、ほんの二、三の湖としか接近していないのである。外胚葉性細胞は、網膜細胞を形成するアトラクターにはたやすく落ち込むが、腸の細胞を形成する領域には容易に落ち込めない。

秩序領域にあるゲノムネットワークは、ことによると一〇億年もの間、個体発生を特徴づけてきた基本的な性質、すなわち細胞は接合子から枝分かれ経路を下って分化し、成体の多くの種類の細胞を生むという性質を、自発的にもっているのであって、自然淘汰を考える必要はないのかもしれない。自然淘汰は、この個体発生の中心的性質を一〇億年もの間保持するために努力してきたのであろうか？　この性質は、共通の系統図を下った仲間であることから考えると、あらゆる多細胞生物がもっているものではないのか。つまり、分化の枝分かれ経路は方向づけゲノムネットワークに非常に深く根ざした特徴であって、その結果、個体発生のこの深遠な側面が、無償の秩序の一表現として輝きわたっており、そのあとで自然淘汰がどのようにふるいをかけようと、それはあまりたいしたことではないのであろう。もしそうであれば、自然淘汰は個体発生における秩序の唯一の源ではないことになる。

さらに別の証拠もある。秩序領域において、活性状態あるいは非活性状態のどちらかに凍結した遺伝子の「赤い」成分は、ゲノムネットワーク全体に広がった巨大なクラスターを形成し、複雑なパターンで点滅する機能的に孤立した遺伝子の「緑の」島があとに残る、という事実を思い出そう。ゲノム系がほんとうに秩序領域にあれば、そのような凍結した成分と、凍結していない孤立した島とが生じるはずである。もしそうなら、遺伝子の大半は、体内のどんな種類の細胞においても同じ活性状態にあるはずである。これらは、ネットワーク全体に広がった「凍結したクラスター」に対応する。実際、約七〇パーセントの遺伝子が、哺乳動物の全細胞タイプにおいて同時に活性化された共通の核を形成していると考えられており、植物の場合も、類似した率をもっている。これらは、凍結したクラスターの構成部分に相当する。

これはさらに、遺伝子のほんの一部分が細胞間の違いを決めることを意味する。約二万の遺伝子をもつ植物では、異なるタイプの細胞の間の、遺伝子表現の典型的な違いは、一〇〇〇の遺伝子、すなわち五パーセントのオーダーであることがわかっている。これは、凍結しないで点滅している島の中の遺伝子の数の期待値から予測される割合に非常に近い。最後に、秩序領域では、単一の遺伝子の活性に摂動を加えても、それがネットワーク全体の遺伝子のうちほんの小さな部分にしか伝播しないことを思い出そう。さらに実質的には、何万もの他の遺伝子に雪崩的に伝播することもないはずである。これもまた正しい。

最終理論の夢

一九六四年に医学部に入ると、私は自分でも起源のわからない夢をもっていることに気づいた。そのころ私は生物学を始めたばかりで、多くの学生と同様に、歴史的な偶発、自然淘汰、自然界のデザイン、遺伝的浮動、偶然の出来事、そしてほんとうの驚きが絡み合った自然の驚異について、あまりよく知らなかった。私は若い科学者として、まだ、自然淘汰の力を見抜くことはできなかった。その微妙さは三〇年間にわたって印象を増していった。しかし、まだ解明されていない謎は何でも解いてみたいという夢を、私はいまでももっている。もし生物学者がこれまで自己組織化を無視してきたとしても、なにも自己秩序化が普遍的でないとか深淵でないとか言っているわけではない。

それは、われわれ生物学者たちが二つの秩序の源によって同時に支配された系について、考える方法をまだ理解していないからである。雪片をみたり、単純な脂質分子が細胞に似た中空の小胞を形作って水に漂っているのをみたり、反応している分子の群れに生命が具体化される可能性をみたり、さらには、何十万もの変数がつながったネットワークにすばらしい無償の秩序を見いだしたりしていてもなお、基本的な考えを受け入れることができていない。もし、いつか生物学における最終理論を完成させたいと願うなら、自己組織化と自然淘汰が混合したものを、絶対に絶対に理解しなければならないのである。われわれは、自分たちがより深い秩序の自然な表現であることを知る必要がある。究極的には、われわれは、創造神話において自分たちが結局は生じるべくして生じた存在であると知ることになるだろう。

6 ノアの箱舟

生物の多様性は臨界点の境界への進化から生まれた

旧約聖書に記されたノアは、来るべき洪水にそなえて、良木を腕尺で測り、それを加工して、あるゆる動物種のために箱舟を造った。すべての動物の雌雄一つがいずつが、頑丈なタラップを厳粛に列をなして箱舟に乗り込み、洪水が来るのを待った。神の創造物でいっぱいになった箱舟は、アララト山に漂着し、再び神の創造物の驚異が地上に解き放たれたと言われている。

ノアのような人がほんとうにいて、初期の生物圏の種の数について国勢調査をしたとしよう。もしその結果を入手できたとしたら、われわれの惑星が四〇億年前に誕生して以来、分子や生物の種類がいかに増加してきたかがわかるであろう。原始惑星が形成されたころは、有機分子の種類も少なかったと推定されている。生物種の数も、おそらく生命が誕生してすぐのころは少なかったであろう。

現在人々が住んでいるたいていの場所では一平方キロあたり何百万種類もの細胞が存在し、数えきれないほどの種類の有機分子がその中を埋めつくしている。無機および有機分子の種類が正確にどれくらいなのかは誰にもわからない。しかし、現在の生物圏における有機分子の種類は、原始の大気と海の中で最初の小さな分子が自己集合した四〇億年前に比べればはるかに多いことは確かである。どういうわけか、この自転している地球上の多様な種類の有機分子は、いまだに神秘的なある過程で、浮遊している際にとらえるわずかな日光、熱水エネルギー源、あるいは稲妻の形でエネルギーを手に入れて、簡単な原子や分子から今日われわれが目にする複雑な有機分子に至るまでを作り上げた。

生物圏の秩序が自然淘汰だけではなくもっと深い法則群によって形作られている可能性を求めて、いまわれわれは、この呆然とするほどの分子の多様性の源泉を理解しようと努めている。注目すべきは、生物圏における分子の多様性自体が分子の種類の爆発を引き起こす、という可能性である。多様性はそれ自身を餌とし、さらに進行する。おたがいに、そして環境との間で相互作用している細胞は、新種の分子を作る。そして、その分子は一連の激しい創造の過程で、さらに他の種類の細胞を生む。この激しい過程――私はこれを「臨界点を超えた振る舞い」と呼ぶことにする――の源は、すでにみた触媒反応の連結網における相転移と同じような現象にあり、そもそもその相転移が、分子を生きた有機的組織体にしたのであろう。

原子核の連鎖反応においては、ウラン原子核の崩壊によって、いくつかの中性子が作られる。おのおのの中性子は、別のウラン原子核と衝突し、さらに多くの中性子の雨を降らせ、そして次々とさらに多くの原子核と衝突する。連鎖反応は自らを餌とし、不吉なきのこ雲が上空にできるまで、中性子を作り続ける。これと似たように、臨界点を超えた化学系においては、分子種が分子種を生み続け、不思議な雲が合体して、三葉虫からフラミンゴに至るあらゆるものができた。

われわれはいま、大きな獲物を狩ろうとしている、つまり、複雑性の法則をさがし求めようとしているのである。それは、この非平衡で膨張している宇宙における創造過程を支配している法則である。この非平衡宇宙において、豊富なエネルギーが渦巻き状になって、銀河や、複雑な分子や、生命を作り出しており、われわれはすでに複雑性の法則を知るためのヒントをみてきた。第3章では、たがいに反応する十分に多様な化学物質の混合物が「点火」し、自己触媒を行なう閉じた集団となり、そして突然、自己再生を行ないかつ進化する生きた物質代謝として現れるという可能性を調べた。自己触媒作用している集合体は、この無償の秩序の一部として具体化されうる。第4章と第5章では、さらに、電球ネットワークにおける驚くべきコヒーレントな（一体感のある）動的秩序の中に、無償の秩序の足跡をみてきた。ということは、分子の自己触媒ネットワークと現存の細胞や個体発生の中にも、無償の秩序の足跡がみられることを意味している。小さなアトラクターの秩序は、そのような分子系をコヒーレントな状態に向ける。しかし、原始細胞も現存の細胞も単独では生きられない。細胞は、複雑な集合体の中で生きており、その集合体たちは、各細胞が作る分子をこれまでつねにやりとりしてきたし、そしてこれからもたえずやりとりするであろう。窓の外の生態系——それを形成しているさまざまな生物種でおなじみの系——は、同時に、その要素を作ったりやりとりしたりする物質代謝のネットワークでもいる。

ある。地球の生態系は、宇宙の中のこの狭い場所に存在する最も複雑な化学物質製造工場とも言えるものに連結している。地球の非平衡過程は、化学物質製造工場の機械によって分子形態の多様性を増大させ、複雑性と創造性がいたるところに存在することを保証している

今日もしわれわれが共同して地上のあらゆる動物、水中のあらゆる魚類を集めることができるとしたら、どれくらいの種類の生物種、小さな有機分子、大きな高分子が見いだせるであろうか？　誰にもわからない。生物圏における種の数は一億の単位であると推測する人もいる。分類学的に言えば、昆虫の種の数は脊椎動物をすべて合わせた数よりも多い。小さな分子は何種類あるか？　これもまた誰にもわからないが、いくつかの手がかりはある。これまで莫大な数の有機分子の索引が作られてきた。私の友人で、デイライト・ケミカルズ社の創設者であるデイビッド・ワイニンジャーは、コンピュータを使って有機分子の構造の精巧な解析を行なっているが、その彼が言うには、一〇〇〇万種の単位の有機分子構造が世界中で一覧表になっている。これらの化合物の多くは、製薬会社や化学工業で合成されてきた。しかし、多様な生物体の中にある非常に多くの異なる小さな分子は、単離したり特徴づけしたりできそうにないので、たった一〇〇個程度の炭素原子しか含まないような小さなサイズの分子に限れば、自然に生じる生物圏の有機分子の多様性は一〇〇〇万かそれ以上という推定になる。

大きな高分子の種類はどのくらいあるのだろうか？　タンパク質に話を限定すれば、非

常に粗くではあるが見積もることができる。ヒトゲノム——すなわち、体内の各細胞の中にある全遺伝子——は、約一〇万個のタンパク質を暗号化している。地球上にいる推定一億の種のおのおのが、まったく異なるタンパク質を作るというきわめて単純な仮定をすれば、生物圏のタンパク質の多様性は、100,000×100,000,000 つまり、およそ一〇兆の単位となる。もちろん、関連種のタンパク質は非常に類似しているので、これは粗い見積もりでもあり、また過剰の見積もりでもある。それでもなお、生物圏が約一兆個の異なるタンパク質を収容していると推測しても、それほど外れてはいないであろう。

一〇〇〇万の小さな有機分子と一兆個のタンパク質——四〇億年前にはそのようなものはまったくなかった。この多様性のすべては、いったいどこから来たのだろうか？

われわれには新しい法則が必要である。論議を呼びそうな法則であっても役に立つであろう。この章で私は、正確で非神秘主義的な意味において、生物圏は全体として自己触媒的集合体であり、そして——原子核の連鎖反応にいくぶん似ているが——全体として臨界点を超えており、われわれが目にする有機分子の爆発的な多様性を触媒作用によって生み出しているであろうことを納得してもらうつもりである。

しかし、生物圏は全体として、核分裂している原子核の集団のように臨界点を超えているけれども、生物圏を作り上げている個々の細胞は臨界点の手前でなければならない。さもなければ、内部の細胞の爆発的多様性は、死を招くであろう。このことが、生物圏のたえず増え続けている多様性を生む創造的緊張の源であり、読者に納得していただこうと私が考えていることである。その緊張の中に、われわれは新しい法則を見いだすであろう。この緊張のおかげで、細胞の集合体が臨界点手前の領域と臨界点を超えた領域との間の相転移上で平衡を保つことができ、生物圏に次々と分子の目新しさを創造することができるという可能性を、私は探究したい。

生物学的爆発

もし、全体として自己触媒作用している集合体として生命が具体化されるなら、またもし、その触媒反応を行なう閉じた集団が、化学反応図における相転移によって点火され、巨大な触媒反応網が突然意味のある存在に変貌するのなら、最初の生命はすでに臨界点を超えており、すでに爆発していたことになる。もしそうなら、生命はつねにこの爆発を調節するよう努めてきたことになる。

第3章で扱ったわれわれのおもちゃのモデルを思い出そう。すなわち、床の上に一万個のボタンがあり、あなたはたえずランダムに選んだ一対のボタンを糸で結ぶ。そして、ときどき休止してボタンを持ち上げ、一つの連結したクラスターの中に何個のボタンがたぐり寄せられるのかを調べるというものであった。また、ボタンと糸の比が臨界値0.5を超えるときの相転移を思い出そう。つまり、ランダムな図の中に突然一つの巨大な連結したクラスター、すなわち巨大な部分が形成される。一つのボタンを持ち上げると、およそ八〇

○○個のボタンが持ち上がる。
これはまだ、臨界点を超えた振る舞いではない。糸はボタンを連結するだけである。ボタンを連結するという行為は、それ自体さらにボタンや糸を作りはしない。しかし、もしそうだったらどうなるであろう？　ボタンと糸は床一面をいっぱいにし、窓からあふれ出し、そして好き勝手にめちゃくちゃに増殖して隣近所をのみ込んでしまうだろう。

ボタンと糸には、そのような奇妙なことはできないが、化学物質と化学反応にならできるのである。化学物質は、他の化学基質に作用して触媒として働き、さらに化学生成物を作ることができる。それらの新しい化学生成物質は、自分自身や、そこに元からあるすべての分子をまき込んで反応を促進し、さらに分子を作り出す。その反応で作られた新しい分子たちは、自分たち自身と古くからそこにあるすべての分子を含んだ新しい反応を生み出す。そしてまわりの分子はすべて、この新たに利用できるようになったいかなる反応においても触媒として働くことができるのである。ボタンと糸にはできないが、化学物質と化学反応なら窓からあふれ出て、あたりに氾濫し、生命を生み、そして生物圏をいっぱいにすることができる。

分子種のこの爆発的な増大は、私が臨界点を超えた振る舞いと言っているものである。超臨界性は、われわれの生命の創発のモデルの中で、全体として自己触媒作用している集合体としてすでに存在している。この問題については、一組の高分子――小さなタンパク質やRNA分子――を対象として調べたことを思い出そう。われわれがこれらの分子を選んだのは、それらが反応に対する基質として働くと同時に、同種の反応の触媒としても働くからである。重要な点は、分子が基質にも触媒にもなりうることである。

高分子が触媒の働きをするモデルとして、非常に簡単なものを用いたことを思い出そう。前に述べたように、いかなる高分子も、たとえば一〇〇万分の一というごくまれな確率で、任意の与えられた反応に対して触媒として働くことができる。われわれの容器の中の分子種の多様性が臨界レベルに達したときには、分子は触媒作用で非常にたくさんの異なる反応を生み出し、巨大な触媒反応網が現れた。その巨大な反応網の中には、全体として自己触媒作用している分子の集合体、つまり自分自身を維持することのできる化学ネットワークが存在した。

しかし、話はこれだけではない。私の知っている次なる真実は、以下のとおりである。すなわち、もとになる分子の供給が断たれるとか、分子の濃度が不適切なものになるとか、エネルギーの利用ができなくなるとかいう外因的な要素によって制限されないかぎり、そのような系は多様性を爆発させ続け、ますます多くの種類の分子を作り続けることができるのである。そのような系は、少なくともわれわれが行なうコンピュータ・シミュレーションにおいては、臨界点を超えている。

われわれは、全体として自己触媒作用している集合体という形で生命の起源をモデル化し、臨界点手前の振る舞いをすでにみてきた。すなわち、もし高分子が反応を促進する確率を、たとえばすべて一〇〇万分の一とするなら、そしてもし系内の高分子の多様性が非常に小さいならば、まったく、あるいはほとんどまったく反応は促進されない。そして、新しい分子はほとんど作られず、また、たまたま新しい分子が作られたとしても、その影響はすぐに消えてしまう。

この過程を研究する一つの簡単な方法は、われわれが仮想した化学シチューにたえず単純な素材分子を「与える」ことを想像してみることである。自己触媒作用している集合体を組み立てる際、われわれが単量体AとB、そして四つの可能な二量体AA、AB、BA、BBを用いたことを思い出そう（図3-7）。これらの分子は結合して、もっと複雑な分子を形成した。そして、複雑性がある閾値に達すると、自己触媒作用している集合体が混乱の中から現れた。どの時点でそのような系が臨界点を超え、新しい分子の爆発を生むのかをみるためには、「もとになる分子の組」の多様性を調節し、あらゆる可能な三量体――AAA、AAB、ABB、……――やあらゆる四量体などを含むようにすればよい。さらに、高分子基質との任意の結合反応や分解反応に対して、高分子が触媒として作用することのできる確率を調節してもよい。何が起こるのかを図6-1に示す。x軸に最も長い種類の素材分子――二量体、三量体、四量体など――の長さをとり、y軸に任意の高分子が触媒として反応を促進することのできる確率をとって、プロットしている。

何が起こるか、すぐに気づくであろう。図6-1には、二つの領域を分ける相転移線が存在する。触媒反応の確率が低いか、素材分子の種類の多様性が小さいか、あるいはその両方のときには、新しい種類の分子の生成率はすぐに低下し、何もなくなってしまう。振る舞いは臨界点に達していない。これとは対照的に、触媒反応の確率が十分に高いか、素材分子の種類の多様性が十分に大きいか、あるいはその両方が実現されている場合には、系は臨界点を超えており、新しい種類の分子を爆発的に生成し、次々と新しい種類の分子の形成を促進する。ここでは、われわれの化学的ボタンと糸は、際限なくボタンと糸を作り続けるのである。

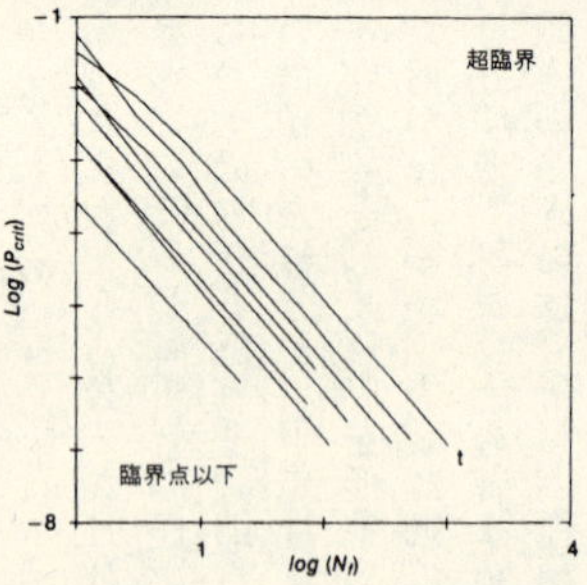

図 6-1　相転移。対数スケールを使って、自己触媒ネットワークにおける分子の種類の数を、任意の分子が任意の特定の反応の触媒となる確率に対してプロットしている。触媒反応の確率は、y 軸の下側よりも上側のほうが高い。t と記した線は、分子の多様性の大きな、つまり触媒反応の確率の高い臨界点を超えた振る舞いと、多様性の小さな、つまり触媒反応の確率の低い臨界点手前の振る舞いとを分かつ臨界相転移曲線の予想される線である。t と記した線に平行している他の線は、2 から20種類の単量体を使った高分子での数値シミュレーションの結果である。単量体の種類が増えるにしたがって、数値曲線は右へどんどん移動していくが、予測される臨界曲線 t に平行のままである。

超臨界スープ

化学的な創造の世界から離れて、コンピュータモデルの中でのみ実現されるような超臨界の反応系について語ることと、現実の化学系で何が起こるであろうかを推測することとは、まったく別の話である。超臨界スープ――ウェットで、キャンベルズ社がこれまで発売したどんな缶詰スープよりずっと多様性に満ちたスープ――を作ることに話を転じよう。もしわれわれが大鍋の中でそれを作ることができるなら、自然も十分な時間をかけてそれを作ることができると断言できる。覚えておいてほしいことは、われわれが、分子の多様性の爆発と生物圏の複雑性を支配する法則を求めていることである。

話を進めるために、われわれは容器の中の分子の種類とそれらが行なう全反応について考えなければならない。そして、それらの反応を促進するための一組の酵素が必要であり、各酵素はある確率で、任意の与えられた反応を実際に促進することができるとする。そうすれば、われわれはこの現実の分子のスープが実際に臨界点を超えているのか、それとも臨界点の手前であるのかを問うことができる。

まず第一に、われわれの方法で何種類の分子と反応が生み出されうるのかを考える。これは実は、非常に難問である。有機分子は、単純に原子がまっすぐつながった鎖ではなく、側鎖や連結環をもつ複雑な構造であることが多い。分子の化学式は、それぞれの原子が何個あるかを記すことによって与えられる。たとえば、$C_5H_{12}O_4S$ は、炭素原子を五個、水素原子を一二個、酸素原子を四個、硫黄原子を一個もっている。この化学式で表される分子が何種類あるのか、数えるのはむずかしい。しかし一つだけ確かなことがある。すなわち、一分子あたりの原子数が増えるにつれて、可能な分子の種類の数はきわめて急速に増加するということだ。もし、炭素、窒素、酸素、水素、硫黄を使って、たとえば一〇〇個の原子からなる可能な分子の全種類を数えようとしたら、まさに呆然と立ちつくすことになるであろう。これまた天文学的数字になってしまう。

量子力学と化学法則にしたがって起こるであろう化学反応の種類の数もまた、数えるのがむずかしい。一般に、一つの基質が一つの生成物に変わる反応、二つの基質が結合して一つの生成物が形成される反応、一つの基質が分かれて二つの生成物になる反応、二つの基質が原子を交換して二つの新しい生成物を形成する反応、などを考えることができる。二基質二生成物反応は、非常にありふれた反応であり、典型的にはある分子から一個またはそれ以上の原子がはがれ、別の分子に結合する。

分子の複雑な集合体の中で、実際いくつの反応が可能であるのかはわからないけれども、われわれの目的に役立つであろう粗い見積もりをしてみたい。任意の二つの、適度に複雑な有機分子に対して見積もる際に、たとえばこの二つの分子が行なうことのできる二基質二生成物反応は、少なくとも一つはあるとする。

これは、ほとんど間違いなく過小評価である。第2章で議論した種類の(オリゴヌクレオチドと呼ばれる)小さなポリヌクレオチド——たとえば、おのおの七個のヌクレオチドをもった（CCCCCC）と（GGGGGG）――を考えよう。どちらの分子においても、任意の内部結合が切断され、その「下部のヌクレオチド」を交換して二つの新しい分子を作ることができる。たとえば、（CCCGGG）と（GGGCCC）である。おのおのの分子は六個の結合をもっているので、これら二つの基質間には、たった一つではなく三六個の可能な二基質二生成物反応が存在する。

適度に複雑な有機分子の任意の対が、少なくとも一つの二基質二生成物反応を行なうことができるとすれば、さまざまな分子の複雑な混合物の中で生じる反応の種類は、少なくとも有機分子の対の数（有機分子の異なる組合せの数）に等しい。たとえば一〇〇種類の有機分子があれば、対の数はちょうど（100×100）つまり一万になる。

重要なのは、分子の種類の数がNなら、反応の種類の数はN^2であるという点である。Nが増えるにしたがって、N^2は急速に増加する。もし一万種類の分子があれば、それらの間には約一億種類の二基質二生成物反応が存在する計算になる！

最後に、酵素の候補分子としてタンパク質を使いたいとしよう。その場合には、おのおののタンパク質が、可能な反応の中から、ある一つの反応だけを促進する酵素として働く確率を考える必要がある。もし、現実に超臨界スープを作りたいなら、酵素の候補として抗体分子を考えるのが賢明である。ただし、この選択が必要不可欠というわけではない。私がいまから述べようとしていることはすべて、触媒として他のタンパク質を使ったとしても、正しいはずである。しかしこの場合、臨界点を超えた溶液を使う将来の実験で、抗体分子は侵入者を打ち負かすように進化し、触媒反応を行なうことができるという驚くべき事実を利用することができる。こうした抗体分子は、「触媒抗体」あるいは「アブザイム」と呼ばれている。そのようなアブザイムを発生させる実験上の手続きは、反応の遷移状態に結合することのできる抗体分子を見つけることである。ただし、そのような抗体が実際に、反応そのものを促進することができるのは、ほぼ一〇に一つの確率である。アブザイムに関する現在のデータから、ランダムに選んだ抗体分子がランダムに選んだ反応を促進する確率は、ほぼ一〇〇万分の一であることが明らかになっている。したがって、その確率は、一〇〇万分の一と一〇億分の一の間にあるとすれば、かなり安全であろう。

さあ、われわれは、一杯の超臨界スープを作り上げる準備が整った。ある適当な容器の中の化学反応系を想像してみよう。一方では有機分子の種類の数を変え、他方では抗体分子の種類の数を変えてみよう。そして、x軸に抗体の種類の数を、y軸に有機分子の種類の数をプロットしてみよう（図6-2）。さて、この座標系の「原点」付近――ここでは、二つの有機分子と一つの抗体分子が反応系に存在する――で何が起こるかを考えてみよう。その抗体が四つの可能な二基質二生成物反応の任意の一つを促進する可能性は、たった一〇億分の一かそこらにすぎない。四つの反応のうちのどれかが促進される見込みはゼロに近い。それゆえ、新しい分子種の形成は、ほとんど間違いなく促進されない。われわれのスープの振る舞いは臨界点に達していない。スープは、きれいに澄んだチキンスープである。

さて今度は、系内に一万種類の有機分子と一〇〇万種類の抗体分子があると想像してみよう。ここでの反応の数は、(10000×10000)つまり一億である。一〇〇万個の抗体があり、そのおのおのは可能な一億個の反応のどれかを促進しうる。任意の抗体が任意の反応を促進する見込みは、ここでも一〇億分の一であるとしよう。そうすると、系内に抗体触媒の存在する反応の数の期待値は、反応の数と触媒の種類の数を掛け、これにさらに、任意の与えられた触媒が任意の与えられた反応を促進する確率を掛けた値である。その結果、触媒反応の数の期待値は一〇万となる。

もし系に一〇万の反応があれば、初期の一〇万種の有機分子は、すばやく約一〇万の反応を行なうであろう。これらの反応の生成物の大部分は、常識から言えばまったく新しいものであろう。このようにして、系内の有機分子の種類の数は、一万から約一〇万まですばやく爆発的に増加するであろう。

いちど系に火がつくと、多様性は爆発し続ける。触媒反応の最初の一巡が終わると、約一〇万の分子種が生じるが、いまや、起こりうる反応の数は爆発的に増加し100000^2になる。つまり、一〇〇億の可能な反応が生じるのである！　同じ一〇〇万の抗体分子が、これらの新しい反応を促進することができ、そして約一〇〇〇万の反応に抗体触媒が存在するであろう。したがって、触媒反応の次の一巡で、約一〇〇〇万の分子種が作られるであろう。最初の一万種は一〇〇〇倍に激増したのである。そして、その過程は続き、分子種の多様性は急速に発展する。この多様性の爆発は、臨界点を超えた振る舞いである。

少し考えると明らかなことであるが、われわれのxy座標系において、ある曲線によって臨界点を超えた振る舞いと臨界点手前の振る舞いが分けられる（図６－２）。もし有機分子と抗体がほとんどなければ、系は臨界点の手前である。しかしもし、抗体分子の種類の数をある小さな数、たとえば一〇〇に固定しておいても、有機分子の種類の数を増やしていけば、結局これらの有機分子間の可能な反応は非常に多くなるため、一〇〇の抗体分子は反応を促進し、有機分子の多様性において超臨界的な爆発が起こるであろう。同様にもし、有機分子の種類の数をたとえば五〇〇に固定したまま、抗体分子の多様性を増やしていけば、結局抗体が反応を促進し、超臨界的爆発が起こるような多様性が達せられ

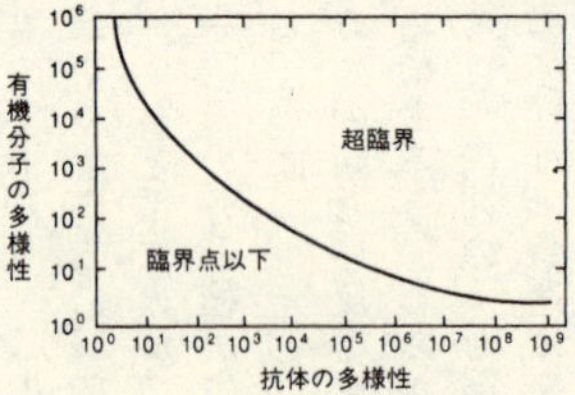

図6-2　１杯の超臨界スープの作成。対数スケールを使って、触媒として働きそうな抗体の種類の数を、基質と生成物の役割を果たす有機分子の種類の数に対してプロットしたもの。曲線は、下側の臨界点手前の振る舞いと上側の臨界点を超えた振る舞いの間の相転移のおおよその形を示す。

るであろう。このことから、xy座標系における臨界曲線を大雑把に示すことができる。有機分子と抗体の種類の数が臨界曲線よりも下にある場合、系は臨界点に達していない。有機分子と抗体の種類の数が臨界曲線よりも上にある場合、系は臨界点を超えている。超臨界スープ。それは、こくのあるミネストローネである。

現実の化学反応系が臨界点を超えうると考えられる根拠がますます増えており、このことから、生物圏それ自体が臨界点を超えているという可能性が示唆される。このことを次に探っていく。超臨界性こそが生物圏における分子の多様性の究極の源泉であると私は信じているからである。しかし細胞は、生物圏を作り、その中でネットワークを組み、それによって維持されるが、その生物圏よりも長く生き残らなければならない細胞にとって、創造性そのものが、最も深遠な危険性を生じさせるのである。もし生物圏が臨界点を超えているならば、どのようにして細胞は、超臨界性に伴う分子的カオスから身を守るのであろうか？　細胞が、現在臨界点の手前であり、これまでもずっと臨界点の手前であった、というのが答だろうと私は思う。もしそうなら、われわれは、どのようにして臨界点に達していない細胞から超臨界生物圏が作られうるのかを説明しなければならない。われわれの大きな目的を探索する過程で、新しい生物学の法則の手がかりをつかみつつあるのかもしれない。

ノアの実験

過ぎ去ったある日、あなたは夕食をとったとしよう。ナイフとフォーク、箸、そして飢えた両手。まったく見慣れた光景であるが、あなたは食物をつまみ、口にもっていき、そして噛んで飲み込む。われわれが食べる食物は、消化によって単純な小さい分子に分解される。そして、われわれはそれを吸収し、再び組み立ててわれわれ自身の複雑な分子種に変える。なぜわざわざ、このような形態で物質とエネルギーを取り込むのだろうか？ シーザーサラダにつけ合わせるレタスの葉に近づき、「私のものになれ！」と叫び、それと融合しないのは、なぜか？ ただ単にわれわれの細胞をほうれん草スフレの細胞と融合させ、それぞれの物質代謝の財産を混合しないのは、なぜか？ 言い換えると、わざわざ分子をばらばらに分解し、再びそれを組み立てるにすぎない消化という無駄なことをなぜ行なうのであろうか。

われわれが食事と融合するのではなく、食事を食べるということから、ある深遠な事実が明らかになると私は信じている。生物圏そのものは臨界点を超えており、われわれの細胞はまさに臨界点の手前である。万が一われわれがサラダと融合したとすれば、この融合によってわれわれの細胞の中に生じる分子の多様性は、超臨界的な大爆発を起こすであろう。目新しい分子が爆発的に増えると、不幸にもその爆発を起こした細胞は、すぐに死に至るであろう。われわれが食べるという事実は偶然の出来事ではなく、われわれの物質代謝網に新しい分子を取り入れるために、進化が出くわしたであろう多くの考えられる方法のうちの一つである。食べることと消化は、われわれが生物圏の超臨界的な分子の多様性から身を守る必要があることを反映しているのではないかと私は思う。

ある思考実験——ノアの箱舟実験——を行なうときがきた。おのおのの種——ハエ、ノミ、スイートピー、苔、イトマキエイなど——から一対ずつ、大きな生物も小さな生物も同程度の大きさにスケールを変えて箱舟にのせよう。たとえば、シダの葉の大きさを基準にすれば、箱舟に飛びのった馬などの大きな動物はスコップにのるぐらいの大きさに縮小してから加えよう。一億の種から一対ずつ。それから、誰でもいいから十分に教育を受けた生化学者をピックアップし、その生化学者の知的素養を使って、それらを粉々に砕こう。乳棒を使えばいいだろう。それらを完全に砕いて、細胞膜と細胞小器官膜を打ち砕き、それぞれの生命に満ちあふれた中の液を解き放ち、混ぜ合わせて全生命を孕んだ液を作り出そう。

何が起こるだろうか？　一〇〇〇万の小さな有機分子は、一兆ほどのタンパク質と混ざり合い、その濃厚なスープの中で両者はすべて寄り添っている。その一〇〇〇万の有機分子は、約一〇〇兆の可能な反応を生む！　ある細胞の中での別々の機能に対する進化によって作られた一兆のタンパク質のおのおのは、それにもかかわらず、鍵と鍵穴を豊富にもっている。偶然の出来事によって、おのおののタンパク質は、抗体のレパートリーの中のたくさんの分子的な鍵のように、一〇〇兆の可能な反応のうちの一つあるいはそれ以上の遷移状態を都合よく結合することのできる鍵と鍵穴をもつ。任意のタンパク質が、ランダムに選ばれた任意の反応に対する触媒として働ける結合サイトをもつ確率は、一〇億分の一よりもはるかに小さい——たとえば、一兆分の一——としよう。どれくらいの数の反応が促進されるだろうか？　一〇〇兆の反応と一〇兆のタンパク質を掛け、一兆で割ると、10^{15}、つまり一〇〇〇兆となる。これは、系内の可能な反応の種類の全部の数よりも多い。事実上、一〇〇兆の反応のおのおのは、一〇個のタンパク質触媒を見いだすであろう！結局、一〇〇兆の生成物が、最初の一〇〇〇万種の有機分子から作られることになる。多様性の大爆発は、うなり声を上げているノアの箱舟の困惑した壁をぶち壊すであろう。

　われわれの見積もりは、大きさの単位（10のベキ）が間違っているかもしれないが、それでも、生物圏は臨界点を超えているというわれわれの大胆な結論は正しいであろう。そして、その超臨界性こそが、最初の生命が地上に現れて以来非常に長い時間をかけて、分子の多様性および複雑性が増大してきた事実に対する基本であると私は信じている。もし地球が臨界点を超えているなら、この地球は複雑性の法則——非平衡の宇宙が創造性を発揮し、そして最終的にわれわれを作った方法——の表れであるにちがいない。

　しかし、もし生物圏が全体として臨界点を超えているなら、細胞はどうなるだろうか？細胞はどのようにして生き残るのだろうか？　細胞は、そのような爆発する世界でどのようにして自分自身を維持し、進化することができるだろうか？

　ヒトのある一つの細胞、たとえば肝細胞を考えてみよう。約一〇万のタンパク質が、ヒ

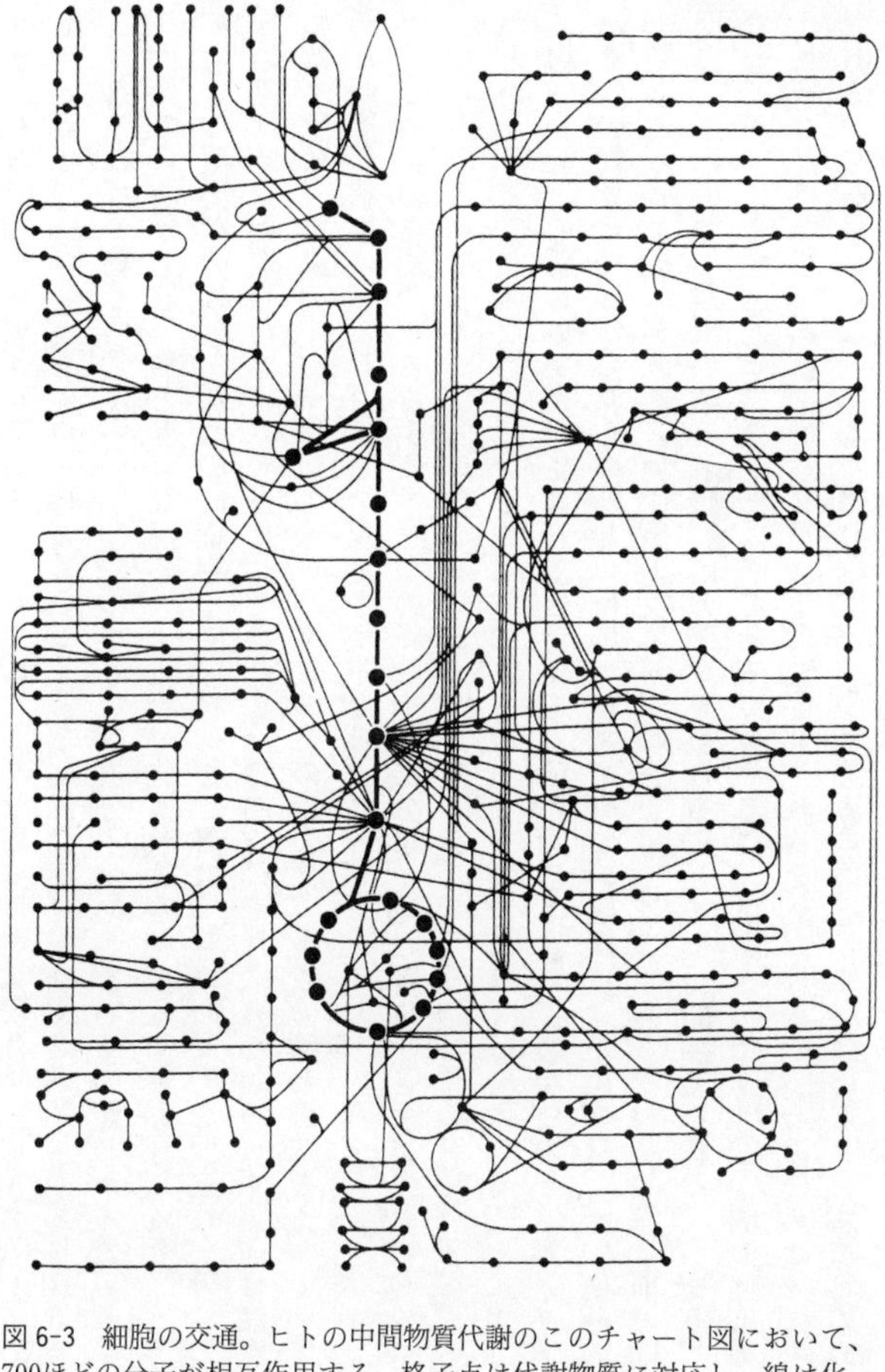

図 6-3　細胞の交通。ヒトの中間物質代謝のこのチャート図において、700ほどの分子が相互作用する。格子点は代謝物質に対応し、線は化学的な変換に対応する。

トゲノムの中で暗号化されている。これらのタンパク質を同時に発現する細胞はないが、かりにあなたの肝細胞がそれをしたとしよう。物質代謝のチャート図（たとえば図6－3）をみれば、約七〇〇から一〇〇〇の小さな有機分子がのっているのがわかるだろう。これらの有機分子は、さまざまな反応——細胞の物質代謝を構成する経路——を担う。さてここで重要なのは、あなたの肝細胞の中のタンパク質は、望みの反応を促進し、望みでない副反応を促進しないように進化してきたことである。それにもかかわらず、前に注意したように、肝臓の中の一〇万のタンパク質のおのおのは、多数の鍵と鍵穴をもっていて、新しい遷移状態に結合し、新しい反応を促進するだろう。

新しい実験を想像してみよう。一つの新しい有機分子（Qと呼ぶ）を手に入れ、Qを肝細胞の中に入れてみよう。何が起こるであろうか？ ここで、一〇〇〇の有機分子のおのおのが、Qと二基質反応を行なうことができるとしよう。つまり、Qを入れることによって約一〇〇〇の新しい反応が生まれると考える。前と同じように、あなたの一〇万のタンパク質の任意の一つがこれらの新しい反応の任意の一つの触媒になる確率は、一〇億分の一であるとしよう。どれくらいの数の反応が、触媒を見つけるであろうか？ 答は前と同様に、反応の数と酵素の数と触媒反応の確率を掛けることによって与えられる。つまり、(1,000×100,000/1,000,000,000＝0.1) である。要するに、Qを含んだ一〇〇〇個の反応のうち一つだけでも、あるタンパク質によって促進される見込みは、一〇分の一のオーダーである。しかしこれは、あなたの肝細胞が実際に臨界点に達していないことを意味している。新しい分子を作る反応の雪崩が、細胞の中にQを入れることによって起こらないことは、直感的に明らかであろう。Qは新しい生成物を作りそうもない。たとえそのような生成物、たとえばRを作ったとしても、Rがさらに新しい分子Sを作るような触媒反応を生みそうにはない。Qを入れた効果はすべて、すぐに消えてしまう。

実際、この直感は正しい。分岐過程と呼ばれる数学理論によれば、もし、ある「親」に対する「子孫」の数の期待値が1.0よりも大きければ、その種族は分岐し、多様性が無限に増大することが示される。もし子孫の期待値が1.0よりも小さければ、その種族は死に絶えると期待される（核爆発における連鎖反応はちょうど、一つの中性子を一つのウラン原子核に一回ぶつけることによって作られる娘中性子の数が1.0よりも大きい過程である）。親分子Qによって生じる子孫の数の期待値はたった0.1であり、1.0よりもはるかに小さいので、われわれの粗い計算によれば、われわれの肝細胞は臨界点に達していないことがわかる。

さて、われわれは、この粗い計算の詳細を信じるべきであろうか？　ノーである。この簡単な計算法には非常に粗い推測がたくさん含まれている。私は、Qを入れることによってどれほどの新しい反応が生じるのかをほんとうは知らないし、細胞の一つに実際に含まれるであろうタンパク質や酵素のほんとうの数も知らない。もっと危ないのは、「肝細胞の中でランダムに選ばれたタンパク質が、ランダムに選ばれた反応の触媒となる確率」が誰にもわからないことだ。その確率は、たとえば一〇万分の一から一兆分の一の間であろうか。しかし、次のことを示すにはこの粗い計算で十分である。つまり、もし生物圏が全体として臨界点を超えていないならば、細胞はおそらく臨界点の前後を分ける境界線より下のどこかにいるであろう。

もし細胞が臨界点に達していないなら、このことは非常に重要な事実であるにちがいない。それは、われわれが探し求めている生物学の法則の一つの候補であるにちがいない。細胞がほんとうは臨界点を超えていたとしよう。そうすると、新しい分子Qを入れることによって、新しい分子のカスケードQ、R、Sが生じるであろう。おのおの新しい分子は次々と反応を起こし、さらに新しい分子を作るので、そのカスケードは伝播するであろう。とすると、ほとんど確実に、これらの新しい分子の多くは、細胞の中における恒常的な分子配位を崩壊させ、細胞を死に至らせるであろう。要するに、細胞における超臨界性は、すぐに致命的となるであろう。では、どのような防御法を細胞は進化させてきたのであろうか？　細胞は、すべての「外部」分子を排除するために、巧みに作られた膜を利用してもよいし、あるいは免疫系を発達させてもよい。しかし最も簡単な防御法は、臨界点の手前に居続けることなのである。

われわれは、生物学におけるある普遍性、ある新しい法則を見いだしたのかもしれない。すなわち、もしわれわれの細胞が臨界点に達していないなら、細菌、ワラビ、シダ、鳥、ヒトといったすべての細胞もたぶんそうであろう。生物圏が超臨界的に爆発している間中ずっと、つまり古生代以来あるいは生命が誕生した三四億五〇〇〇万年前からずっと、細胞は臨界点の手前であったにちがいない。もしそうなら、この臨界点の前後を分ける境界線はつねに、一つの細胞の中に収容できる分子の多様性の上限を定めてきたにちがいない。つまり、細胞の分子的複雑性に関して、限界が存在することになる。

しかも、細胞はそれ自体ではおのおの臨界点に達していないが、それらが相互作用することによってできた集合体は全体として臨界点を超えているため、分子の多様性はたえずゆっくりと増大し、ちょうど境界線上に達する。この微妙なバランスはどのようにして生じたのだろうか？　この問題は、「もし細胞が臨界点に達していないなら、細胞によって生じた生物圏はどのようにして臨界点を超えるのか」という形の質問に変えることができる。細胞の集合体が臨界点の前後を分ける境界線に向かって進化する、というのがその答かもしれない。

新しい分子の雪崩

われわれはわれわれ単独で生きているわけではない。私は、混み合っている地球上でのおたがいのせわしい関係を言っているのではなく、腸の中のことを言っているのである。食事をすると、単細胞生物――最も幸運なことには細菌――の集団が繁殖する。これはささいなことではない。というのは、単細胞生物の物質代謝活動がわれわれの健康にとって重要だからである。これらの細菌や微生物は、小さな生態系を形成している。このような比較的孤立した生態系はたくさんある。たとえば、海底の熱水噴出孔のまわりに群がった集合体、アイスランドの遠隔地にある温泉の縁に沿って集まった集合体、古代ストロマトライトを形成した集合体とよく似た細菌と藻類の複雑な集合体などである。

腸内あるいはこれらの小さな生態系は、臨界点を超えうるか？　もし超えうるなら、その生態系はそれ自体、分子の多様性の爆発を生じることができる。図6-2を解釈し直そう。この図では、x軸に抗体分子の多様性を、y軸に小さな分子の多様性を示した。そのかわりとして、細菌の種の多様性をx軸に、集合体に新しく入ってきた分子の多様性をy軸にプロットする（図6-4）。細菌の種の多様性が増えるにしたがって、生態系の中にある高分子の全多様性は増加する。同様にy軸は、生態系に新しく加えられた分子の多様

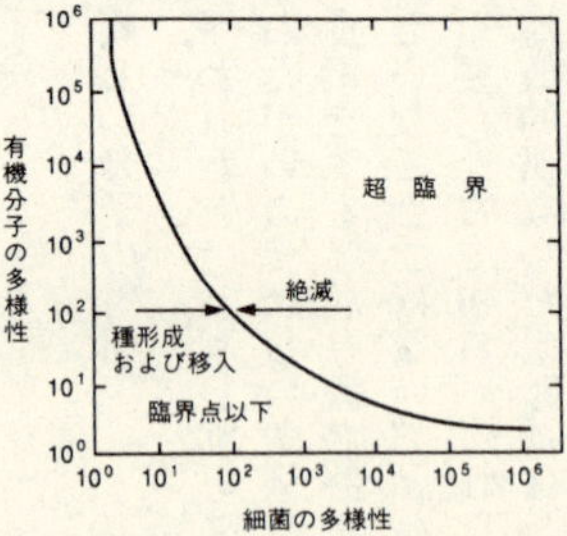

図6-4　超臨界的な爆発。対数スケールを使って、仮想の細菌生態系の中の種の多様性を、外部から加えられた有機分子の多様性に対してプロットしたもの。ここでも曲線は、臨界点手前の振る舞いと臨界点を超えた振る舞いを分ける。臨界相転移曲線に向かっている矢印は、生態系の多様性が境界に向かって仮想的に進化していることを示す。

性と考えることができる。

何が起こるだろうか？　前に出てきたQを考えよう。もしQがある細胞の中に入り込めば、Qは、他を変化させないでその細胞の中で隔離されるかもしれないし、細胞から外部に追い出されるかもしれない。あるいは新しい分子Rを作る反応を行なうかもしれない。もしRが作られたとすると、そのRはその細胞の中で隔離されるかもしれないし、その細胞から外部に追い出されるかもしれない。しかし、その後Rはどうなるだろうか？　もし外部に追い出されたとしたら、Rはたぶん別の細菌の種のある細胞に入り込もうとするだろう。そして話は繰り返されるであろう。というのは、RはSを生み出すかもしれないからである。図6－4を考えよう。種の多様性がどんどん増えている一連の細菌の生態系に、決まった数の新しい分子を外因的に加えることをまず考えてみよう。多様性が臨界状態にあるかあるいはそれ以上の大きさをとるとき、生態系は全体として臨界点を超えるだろうと期待される。新しくできる分子の数は、細胞が群がってできた集合体によって、増幅されるだろう。次に、種の多様性を低く保ち、外因的に加えられた新しい分子の多様性を増やすことを考えてみよう。分子の多様性が臨界状態にあるかあるいはそれ以上の大きさをとるとき、生態系はやはり臨界点を超えるであろう。したがってここでも、ある種の曲線によって臨界点手前の領域と臨界点を超えた領域に分けられるはずである。

要約すると、われわれは種々の細胞をひとまとめにし、ノアの箱舟実験を真似てみた。細胞膜があると、話は少しゆっくりとしたものになる。細胞ごとに、分子は歩き回り、会合し、変化する。細胞ごとに、分子は話を速めるために細胞の機械を使って、自分自身がどうなるのかという話を作り上げる。酵素だけが有機化学の反応を速めることができる。生物圏の超臨界的な爆発は、化学分子自身の組合せの性質からもたらされるものであり、生命そのものによって推進され、超臨界性の最もすばらしい勝利と言える。ところが明らかに、各生態系は何とかしてこの爆発の傾向を抑制しなければならない。爆発している分子の多様性は、生態系の構成員にとって有毒である。何が起こると期待されるのか？　ある新しい均衡、つまり臨界点の手前と向こう側の間との何らかの妥協点が現れるのだろうか？

小さな生態系が、たまたま臨界点を超えているとしよう。ある不運な細菌は、それに衝突する新しい分子を猛毒性の内部毒素に変換する不幸な能力をもってしまう。毒素は、その細胞を殺すことになるので、生態系の中の同種の細菌はすべて絶滅することになる。このような損失はそれなりに悲劇的であるが、その小さな生態系から細菌のある種が絶滅することによって、一つの簡単な結果がもたらされる。すなわち、絶滅によって生態系の中に存在する種の多様性が減少するのである。集合体は臨界点を超えているので、さまざまな新しい分子がたえず形成されるが、これらの分子はそうした一連の絶滅を次々に引き起こす。そして、生態系の種の多様性を、臨界点を超えた領域から臨界点手前の領域へと減少させるはずである（図6-4）。

次に、生態系が臨界点の手前にある場合を考えよう。細菌の種類は少ないため、物質代謝のやりとりは調和がとれており、相利共生で競争は少ない。そのため、物質代謝の舞台をさまよい歩き、たくさんの新しい分子を生むような細菌種はほとんどない。しかし、舞台裏から、新参者である一連の移入細菌が入ってくる。もっと悪いことには、古参のあるものは、遺伝的に同じ状態にあまり長く居すぎるため、ランダムな突然変異や遺伝子浮動を受けて、新しい大きな高分子——DNAやRNAや新しい反応を促進するタンパク質——を作り出すように進化する。このたえまなく続く移入と新種の形成は、生態系中の細菌の種の多様性を増やし、生態系を臨界点手前の領域から臨界点を超えた領域へ向かって移動させる（図6-4）。

そのため、われわれは生物学の法則の一つの候補を得る。臨界点を超えた領域から臨界点手前の領域への圧力と、臨界点手前の領域から臨界点を超えた領域への圧力とが、途中で、つまり臨界点手前の振る舞いと臨界点の先の振る舞いとの境界で一致するであろう。こう考えたくなるのは、明白なことである。局所的な生態系が臨界点の前後を分ける境界に進化し、その境界上でその後ずっとつり合っており、臨界点の手前なら移入と種形成によって押し上げられ、臨界点の先なら絶滅によって押し下げられ、その均衡が保たれると考えざるをえない。生態系は臨界点の前後を分ける境界に進化するのである！

さらに、各生態系はそれ自体、臨界点の手前と臨界点の向こう側の間の境界上にあるが、その材料をやりとりすることによって、全体として一つの超臨界的生態系が作られ、容赦なく複雑になる。

もしこれらの仮説が正しければ、生態系の振る舞いは、核爆発ではなく制御核反応の振る舞いに類似していることになる。核爆発において、連鎖反応は自己触媒的に「暴走する」。しかし、核反応炉においては、炭素棒が過剰な中性子を吸収し、連鎖反応の分岐確率が臨界値1.0かそれ以下になることを保証している。大爆発ではなく、役立つエネルギーが得られる。もし、局所的な生態系が臨界点の前後を分ける境界に進化すれば、新しく生まれた分子の分岐確率は1.0近くになるはずであり、新しく生まれた分子の大小の爆発あるいは雪崩が起こる。臨界値での分岐過程は、パー・バク、チャオ・タン、クルト・ウィーゼンフェルドの砂山モデルで以前出会ったような雪崩のベキ乗則分布を生じる。しかし、制御核反応のように、新しく生まれた分子の雪崩はそれぞれ結局は死に絶える。次に起こる大小の雪崩は、ある新しい分子Qがもたらすゆらぎによって引き起こされるであろう。砂山の砂粒のおのおのが大小の雪崩を引き起こすように、つり合った生態系では新しく生まれた分子の大小の爆発が生まれるであろう。

この見方が正しければ、つり合った生態系は、手に負えない大爆発ではなくて、分子の多様性が制御された形で生成されていく方向に向かう。万一生態系がノアの箱舟実験であり、すべての細胞膜が崩壊していれば、手に負えない爆発が起こるであろう。細胞膜は、たくさんの分子の相互作用を妨げ、それゆえ超臨界的な爆発を妨げるのである。これはちょうど、反応炉の中の炭素棒が中性子を吸収し、それによって、中性子と原子核との衝突回数をおさえ、結局は超臨界的な連鎖反応を妨げる仕組みと原理は同じである。

これまでわれわれは、「局所的な生態系が臨界点の前後を分ける境界に向かって進化する」ということをまったく知らなかったのである。これは、もっともらしい筋道であろうか？　注意を要するが、私はもっともらしいものだと思う。たとえばわれわれは、臨界点を超えた系において分子の多様性が爆発すると、生成物の濃度が減少し、その後に続く反応の速度が遅くなるという事実をあからさまには考慮してこなかった。確かに濃度効果は重要であるが、基本的な結論を変えるとは思えない。新しく生成された分子を識別するために、質量分析器などの現代の実験装置を使って、仮説を試験することができるであろうか？　私はできると信じている。

もしそうならどんなことが言えるのか。もし、生態系の全体は臨界点を超えているけれども、局所的な生態系が物質代謝の点で臨界点の前後を分ける境界でつり合っているなら――。われわれはまったく新しい物語を展開していくことになる。それは、たえず新種の分子を生じさせるために協力する生命の物語と、局所的な生態系は境界でつり合っているが、地球全体の超臨界的な性質によって多様性が全体としてゆっくりと増えていく生態系の物語である。生態系は全体として十分に自己触媒的であり、自分自身の維持と、新しい分子の開発の両方を促進する。われわれがするのは、分子の多様性と複雑性を全体としてたえず増加させる生物圏の生物の物語である。われわれは細胞たちについて語る。これらの細胞たちは、変化か死か、たえず強いられて、その両方を行なっており、自分たち自身のもつ触媒作用から生ずる幸運な結果や悲惨な結果に対応している。砂山の場合と同じように、当事者は次のステップでほんの小さな分子の変化が起こるのか、それともすべてを飲み込む雪崩が起こるのか、けっして知ることができない。その雪崩は、創造性の一つであるかもしれないし、死の一つであるかもしれない。

細胞という生命の形態は、つねに気を引き締め、つねに局所的に全力をつくしている。しかし、それは謙虚さをそなえている。できるかぎりの努力を払って進化している個々の生き物は、それ自身が最終的に削除されるという条件を、必然的に生み出してしまうからである。

われわれは、つつましい居場所を手に入れた。野外劇の一員として、あるいは、ノアが実施した国勢調査に記載された一人として、胸を張って歩いたり、いらいら気をもんだりしているのだ。

7

約束の地

分子の自己組織化を応用すれば新しい薬を作ることができる

われわれは自分自身のことをいろいろな名前で呼んでいる。ホモ・サピエンス（賢い人）、ホモ・ハビリス（能力のある人、道具を使う人）、そしてたぶん最も適した名前ホモ・ルーデンス（遊戯人）である。どの側面もそれぞれ科学に寄与している。呼び名は一とおりではない。というのは、われわれの探究は三つの側面、すなわちあまり明るくない小道を選ぶ賢さ、答を見つける技術、そしていつもいつも表面下にあるけれども遊戯性、という三つの側面のすべてに依存するからである。アインシュタインは、われわれの理解をほとんど超えた知識と技術の持ち主であり、根本では最大限自由に遊ぶことのできた人間であるが、その彼が、「理論は人知の自由な発明である」と言った。

人類の最も貴重な創造性の核心を言い表しているのは、ホモ・ルーデンスの科学である。ここでは、科学は芸術である。法則を探すことは、何と名誉なことであり、うれしいことか。アインシュタインは、古い法則の秘密を探した。われわれは、アインシュタインには及ばないけれども、同様のことを望んでいる。そして時折、といっても予想していたよりも頻繁にではあるが、科学を実践することの遊びであふれた喜びが、シナイ山の向こうにある約束の地からの知らせをもちきたり、われわれの生活様式を変えるテクノロジーを思いがけなく生むのである。

計画的な出来事であろうと思いがけない出来事であろうと、われわれは人類の歴史において、一つの新しい入口を通りすぎつつある。「通る」は控えめな言い方であり、むしろまだ語られていない約束、そしておそらくは危険性の広大な入口を走りすぎているのである。人類史上はじめて、われわれは生物圏に蓄積された分子の多様性に挑むことができる。われわれは、広範囲にわたる新しい分子を作ることができる。この中から、すばらしい新薬が見つかるかもしれないし、危険な新しい毒が見つかるかもしれない。ファウストは取引きをした。アダムとイヴは知恵の木の実を少し食べた。われわれは、前に進まずにはいられない。われわれは、未来への想像を縮小させることはできない。しかし、その結果を予知することもできない。人類が知恵を手に入れたのは、ホモ・ハビリスが柄のついた石を持ち上げて、彼の心に征服欲が花開いたときでもあった。彼もわれわれも、自分たちが立てるにちがいないさざ波の結果を予知することはできない。われわれは砂山の上に生きており、われわれ自身砂を作り、砂山を渡り、おのおののペースで雪崩を引き起こす。多少は予知できるかもしれないという推定は崩れ去ったのである。

この新しいファウスト的な取引きは何であろうか？　われわれは第6章で、生物圏にはおよそ一〇〇〇万個の小さな有機分子とおそらく一兆個のタンパク質や他の高分子が存在することをみてきた。われわれは、生物圏が臨界点の前後を分ける境界上で均衡を保ち、新しい分子の生成に伴う大小の爆発をつり合わせているであろうという証拠をみてきた。われわれは、地球上に広がった生物の連結した物質代謝が、数十メガパーセクの宇宙の中の最も複雑な化学工場ではないのかもしれないと思うようになった。

バイオテクノロジーにおける革命——遺伝子そのものからクローンを作るという神秘と支配——から言えることは、おそらく宇宙ができて一五〇億年の間、一つの場所に同時に集まったことがないような多様な分子形態を、われわれは爆発的に作ることができるということである。新しい薬と新しい毒というのは、それの控えめな表現にすぎない。誇りをもって砂山のように高く積み上げられていくこれらの新しい分子を、われわれはこれからいったいどうしようというのだろうか。

応用分子進化

さてわれわれは、三四億五〇〇〇万年の間の分子進化によって得られた知恵を、大胆にも、応用分子進化と呼ばれる分野の新しい砂場で凌駕しようとしている。分子生物学者、化学者、生物学者、さらには、バイオテクノロジー会社、薬品工業各社はいま、これまで成しえなかったスピードとスケールとをもって、新しい分子を生み出そうとしている。

バイオテクノロジーの新しい先端——すでに、その第二の誕生の時が来ているとさえ言われている最先端——に向けて乗り出す前に、いまやおなじみだけれども目を見張るばかりの魔術である遺伝子スプライシングと遺伝子クローニングについて、少しここでふり返っておくのは価値のあることだろう。その魔術が約束している医学的な側面もいっしょに思い出してみよう。前にみたように、体の中の各細胞には、約一〇万個のタンパク質を暗号化しているDNAが含まれている。これらのタンパク質は、細胞が生きる上で、構造的および機能的な役割を果たしている。一九七〇年代以来、ヒトの遺伝子配列を切り取り、その断片をウイルスや他の運び屋（ベクター）のDNAに取り入れ、それを細菌や他の細胞に感染させるにはどうすればよいかが、明らかにされてきた。このようにして、これらの宿主細胞は、ヒトの遺伝子によって暗号化されたタンパク質を製造する。この過程全体のことを一括して、「遺伝子クローニング」と言う。

遺伝子クローニングの医学的な潜在能力は、科学とビジネスの社会で長い間迷い子になっていたわけではない。多くの病気は、重要なタンパク質を暗号化しているDNA鎖がランダムな突然変異によって変化するために引き起こされる。ヒトの正常な遺伝子のクローンを作ることによって、われわれは正常なタンパク質生成物を製造し、それを使って病気を治療することができる。おそらく商業的に最も成功を収めた生成物は、EPOであろう。EPOはエリトロポエチン・ホルモンであり、赤血球細胞の生成を刺激するため貧血症に有効である。エリトロポエチンは、ペプチドと呼ばれる小さなタンパク質である。アムジェン社は、別の会社との法律上の大きな争いに勝った。そして現在、三四億五〇〇〇万年の間の進化の探究の結果もたらされたこの製品を、売買している。金銭的な立場からだけみても、非常に多くのヒトの遺伝子のクローンが、医学のために使われていることがわかる。アメリカ合衆国やその他の先進国、発展途上国などにおいて、国民総生産のほんのわずかな割合しか健康管理に費やされていないこと、および、世界的に高齢者人口が多く医療援助が必要であることを考えれば、ウォール街があれほどまでに熱心に、このテクノロジーにどっと投資するのも不思議ではない。ほとんどの製品はまだ市場に出回っておらず、投資者の熱心さは盛り上がったり衰えたりするけれども、何十億ドルものお金が、約束の地のこの特別な未来像に投資されてきたのは確かである。

さらに、ヒトゲノム計画は順調に進行している。ゲノムは、われわれの中に生じるすべてのタンパク質を暗号化しているので、ヒトの正常な全タンパク質と、ヒトの集団におけるそれらの変化様式が知られるようになるのは、時間の問題である。これは、莫大な知識の富を約束する。というのは、それらのタンパク質のどれもが、機能不全を起こす可能性をもっているからである。どのタンパク質が機能不全を起こしているのかがわかれば、適切な療法を工夫して、ますます微妙になっていく薬を使った療法から、欠陥遺伝子の置換えを行なう遺伝子療法へと、変えていくことができるはずである。

微妙な薬と私が言ったのは、どんな意味だろうか？　われわれはすでに、個体発生すなわち胎児の発生における遺伝子活性を調整する、各細胞内の遺伝子調節ネットワークについて議論してきた。われわれの電球ネットワークモデルは、ある電球の活性のわずかな摂動（ゆらぎ）が、ネットワークを通じて活性変化の連鎖を引き起こすことを示してきた。

われわれの薬は、われわれの組織に影響を及ぼす。なぜなら、薬はわれわれの細胞内の分子に結合し、それによって、薬が変化の連鎖を引き起こすからである。これらの変化のうち、あるものは有益であるが、他のあるものは、おなじみの、起こってほしくない副作用である。それらは、もし知られているとしても、処方箋に非常に小さくしか印刷されていない。微妙な、と私が言ったのは、正確な分子のみによって治療上の反応を作り出し、副作用を切り離したいという意味である。これらの微妙な薬はどこから来るのだろうか？われわれがいま作ることのできる非常に多様な新種の分子、DNA、RNA、タンパク質、小さな分子などからである。

伝統的なバイオテクノロジーは、ヒトの遺伝子のクローンとタンパク質のクローンとを作ろうと努めてきた。しかし、有益なタンパク質の源が、すでにわれわれの中に存在するものだけであると信じるべき根拠はどこにあるのだろうか？　わずか一〇〇個のアミノ酸からなるタンパク質に話を限定して、可能なタンパク質が何個あるのかをちょっと考えてみよう（生物の世界で出てくるたいていのタンパク質は、数百個のアミノ酸からなっている）。生物学的なタンパク質は、グリシン、アラニン、リジン、アルギニンなどの二〇種類のアミノ酸から構成される。タンパク質はこれらが直鎖状につながったものである。二〇色のビーズを思い描こう。一〇〇個のアミノ酸からなるタンパク質は、一〇〇個のビーズからなるひものようなものである。可能なひもの数はちょうど、ビーズの種類の数（ここでは二〇）を一〇〇回掛けた数である。さて、20^{100} は 10^{120} つまり1のあとに0が一二〇個続く数にほぼ等しい。アメリカの連邦赤字は莫大だが、10^{120}はそれよりずっと大きな数である。宇宙全体にある水素分子の数は、10^{60}と見積もられている。だから、長さ一〇〇の可能なタンパク質の種類は、宇宙に存在する水素分子の数の二乗に等しいことになる。

自然は、自然淘汰を通じてこのものすごい数の組合せをすべて試し、地球上の生命の中に生きる術を見いだしたわずかなもの以外をすべて除外した、と考えることができるかもしれない。つまり、われわれは、進化を生き抜いたわれわれ自身のゲノム以外のいかなるものも見いだす理由はない、と思ってしまうかもしれない。しかし、よく考えてみると、これは合理的ではない。ある一組のタンパク質からできた一つの細胞が、ぱっと完全に組み立てられる見込みについて第2章で行なった計算を思い出そう。ロバート・シャピロは、コロンブスが夢に描いたであろう全海洋での試みの数を見積もった。彼の議論のこの部分は、理にかなっていると私は思う。一つの「試み」が一立方ミクロンの体積内で起こり、一マイクロ秒かかるとすると、地球が誕生して以来10^{51}回かそれ以下の試みがなされてきたことになる。もし、各試みで新しいタンパク質が一つ試されるとすれば、長さ一〇〇の可能なタンパク質10^{120}個のうち、たった10^{51}個しか地球の歴史において試されてこなかったことになる。タンパク質のすべての多様性のうち、これまで地上に存在してきたのはほんの一部にすぎないことになる！　生命は、可能なタンパク質のほんのわずかな部分しか探索しなかったのである。

長さ一〇〇のタンパク質の潜在的な多様性のそのようなごくわずかな部分しか、かつて日の目をみなかったとすれば、人類の探検家が歩き回る余地はたくさんある。進化によって試されたのは、「タンパク質空間」のほんの小さな範囲に限られるはずである。そして、自然淘汰は有用な形態を見いだすとそれに固執する傾向があるので、おそらく進化による探索はよりいっそう制約を受けたものになったであろう。

応用分子進化は、タンパク質空間やDNA空間、RNA空間などの近傍や、その外部領域が、実際非常に有益な新しい分子を十分に生みそうであるという基本的な認識に基づいている。その核心となる考えは単純なものである。すなわち、何十億とか何兆ものランダムなDNAやRNA、あるいはタンパク質の鎖を生成し、そしてわれわれが必要とする役立つ分子を求めて、この呆然とするほど種類の多い分子形態を探索するのである。その結果、われわれはすばらしい新薬を見つけるであろう。恐ろしい新しい毒も見つけるであろう。科学はつねに、プラスの面とマイナスの面をもっている。

私は、この新しい薬の発見法を、応用分子進化と呼びたい。シドニー・ブレンナーは、分子生物学の英雄の一人であり、三つ組遺伝暗号の発見者の一人であり、そして多くのやや攻撃的な批評をする人物であるが、薬の発見のこの新しい時代を記述するために、「不合理な薬の設計」という簡単なキャッチフレーズを好んで使った。

十分な数の分子を作り、うまく働くものを選び出しなさい。もし必要なら、改良しなさい。どうしてそうするのかだって？　だって母なる自然はそうしているのだから——。まあすます増えている分子生物学者と化学者のすぐれた才気のおかげで、このような新しい考え方が確立され、実際にさかんに行なわれるようになっている。現在のところ、いくつかの小さなバイオテクノロジーの会社が、有益な分子を求めて、何兆もの種類のペプチド、DNA、RNAの「ライブラリー」を調査している。

一兆もの異なるDNAやRNAやタンパク質分子？　聞いたところむずかしそうだが、実際のところは比較的やさしい。約一〇億の異なるランダムなDNA鎖——そのおのおのは、ラムダと呼ばれる特別なウイルスの一〇億の異なるコピーのゲノム内部に取り入れられるのであるが——についての、そのようなライブラリーを、私は世界ではじめて作ることができるかもしれない。もし、そのようなライブラリーを急いで作りたいなら、ここに一つの方法がある。すなわち、DNA合成機械をもっている友人に頼んで、一〇〇個のヌクレオチドがつながったDNA鎖を作ってもらうのである。通常なら、人々はまったく同じ100‐ヌクレオチドDNA鎖のコピーを、何兆も作りたいと思う。しかしそれは、何兆もの異なるランダムな100‐ヌクレオチドDNA鎖を同時に作る方法ではけっしてない。鎖の初めと終わりに適切なヌクレオチドを数個加えて、特殊なサイトを作れば、その結果できる分子のライブラリーは、ウイルスや他の宿主にいつでも取り入れられるようになる。そうするためには、宿主自身の二重らせんDNAを酵素を使って切断し、個々の断片の両端に数個のペプチドからなる「末端部」を作ればよい。この末端部は、組み込む相手のDNA鎖にある特別な一本鎖の末端ヌクレオチドと、ワトソン‐クリックの塩基対を通してぴったりと結合する。さて、あなたのライブラリーに入っている何兆ものランダムなDNA分子と、末端部が露出した何兆ものウイルスDNAのコピーを試験管の中で混ぜ合わせてみよう。そして、あなたのDNA鎖をウイルスのDNAにくっつけるために数個のよく知られた酵素を加え、数時間待ってみよう。そうすれば……。

もし運がよければ、ある幸運なウイルスの一兆の異なるコピーに組み込まれた、一兆の異なるランダムなDNA分子のライブラリーを手に入れることになる。あとは、この何兆ものランダムな遺伝子を探し回り、望みのもの——ある生化学的な働きをするDNA鎖——があるかどうかを確かめるだけでよい。

この方法はどのように使えるだろうか？　新薬、新ワクチン、新酵素、新バイオセンサー。最終的にはおそらく、全体として自己触媒的な集合体、すなわち生命を実験的に作り出すことなどに使えるであろう。私はあとで、これらの可能性の概略を述べるつもりである。

しかし、何十億もの多少ランダムな分子の中から役立つものを見つけ出すには、どのような方法があるだろうか？　これは、干し草の山の中から針を探すような骨の折れる問題だと、最初はみえるかもしれない。

針を見つける一つの方法は、非常に単純な考えに基づく。すなわち、もしあなたが鍵を一つもっており、そのコピーを作りたいと思うなら、まずその鍵の鋳型を粘土などで作る。そして次に、その粘土の鋳型に溶解した鍵の材料を注ぎ込むか、あるいはそれがなければ、多くの合鍵を収めたライブラリーの中からその鋳型に合うものを探し出せばよい。鋳型に合う合鍵なら、おそらく同じ錠を開けることができるだろう。

抗体分子は、鍵が鍵穴に合うのとまったく同じように、対応する抗原と結合することを思い出そう。あるホルモン、たとえばインシュリンと形が類似しているペプチドを見つけたいとしよう。まずわれわれは、ウサギにヒトのインシュリンで免疫性を与える。その免疫系は、この侵入物に応答して、抗体分子を作る。われわれは、インシュリンを最初の鍵と見なし、抗体分子をその抗原の鍵に合う鍵穴と考えよう。そして、インシュリンを取り除き、宿主であるウイルスにそのコピーを入れ、この遺伝子のライブラリーが暗号化している多少ランダムなペプチドあるいはポリペプチドを取り出す（実際には、何十億ものランダムなペプチドを作る方法はさまざまである）。一億のペプチドのライブラリーが手に入ったので、これらをすべて同時に、鍵穴である抗体分子のコピーにふれさせる。抗体分子につかまるペプチドはどれも、インシュリンと似た形であるにちがいない。そのため、そのようなペプチドはどれもかかわりの鍵の役割をすることになり、インシュリン・ホルモンに似た活性を示す候補となる。

ホルモンそのものに結合する抗体をつねに使う必要があるわけではない。インシュリンや他のホルモンに対するレセプター――ホルモンがその機能を果たすために結合しなければばならない受容体分子——がある場合には、そのレセプターを鍵穴として使うことができる。そしてその鍵穴に合った、それゆえ最初のホルモンに似た、かわりの分子鍵を取り出すことができる。どちらの場合も、第二の分子鍵は、ホルモンの機能障害の治療のためにいつの日にか使われるであろう療法を成功させる薬の候補である。

この話は、ホルモンに似た分子を見つける場合に限られるわけではない。応用分子進化を使えば、体内のほとんどすべてのペプチドやタンパク質に結合したり、その形を真似たり、その活性を高めたり抑えたりする新しい分子をすぐに見つけることができるはずである。これは、機能障害タンパク質に関連した多くの病気に対する新しい療法の出現を意味する。たとえばその技術は、体内にある数百ないし数千の特定のレセプターのどれかに結合する数百か数千の信号分子に似たペプチドを探すのにも使える。神経系もその一例にすぎない。人間の脳の中だけで数百の異なる種類のレセプターが、すでに確認されている。そして、そのリストは急速に増え続けている。これらのレセプターは、セロトニンやアセチルコリンやアドレナリン等々、数百の神経伝達物質に反応する。選択的に特定のレセプターに結合したり、神経伝達物質に作用する酵素に結合したりする新しい分子を見つけることができれば、神経系や情緒の乱れに対して、強力で有用な新療法が約束されることになる。非常に有用な抗鬱剤であるプロザックは、セロトニンを分解する酵素をおさえることによって機能を発揮する。そしてこのプロザックは、将来の療法においてわれわれが手に入れるであろう分子精密器械の一つのヒントであるにすぎない。

鍵‐鍵穴‐鍵――。もしこの単純な考えが、近い将来豊富な薬をわれわれにもたらしてくれるなら、新ワクチン生成の可能性も、新しい約束の地の最も見込みある展望の一つとなるであろう。

ワクチンを作るには、主に二つの確立された方法がある。ポリオウイルスのようなウイルスが、病気を引き起こすとしよう。ワクチンを作る一つの古典的な方法は、死んだウイルスを手に入れ、それを使うことである。もう一つの方法は、そのウイルスが弱毒化した突然変異体を見つけるか、作り出すことである。そうすれば、病気を引き起こさないで、免疫性を与えることができる。どちらの場合もウイルスを体内に注入すると、将来同じウイルスが攻撃してきたとき、免疫系がそれを寄せつけないような免疫反応をする準備を整える。これが危険であるのは明白である。死んだと思っていたウイルスのいくつかが、完全には死んでいなかったらどうなるだろうか？　弱毒化したウイルスが「復帰突然変異」を積み重ね、再び完全な活性をもったらどうなるであろうか？　ワクチンを作る新しい方法では、遺伝子工学を使ってこの問題を回避する。つまり、免疫系が認識できるウイルス表面上のタンパク質を暗号化しているような遺伝子のクローンを作り、それから、これらのタンパク質をワクチンとして注入する。ウイルスそのものが患者に注入されることは、けっしてない。

この新しい方法は、鮮やかにうまくいく。しかし、それでもまだ問題はある。まず、その病気の原因――ウイルスや他の病原体――を知らなければならない。次に、病原体の進入を阻止する免疫反応を刺激することのできるタンパク質が、その病原体に含まれていなければならない。さらに、そのタンパク質を手に入れなければならない。典型的には、実験室でその病原体を培養して手に入れる。それから、その病原体を暗号化している遺伝子のクローンを作り、実際にワクチンを生成しなければならない。最後の段階は、最初の三つの段階が実行できれば、一般的に実行可能である。

鍵 - 鍵穴 - 鍵の手続きと応用分子進化は、ワクチン開発に対してまったく異なる方法を提案する。そして、それは非常に強力な適用可能性を見いだすであろう。いま述べた例において、インシュリンではなく肺炎のウイルスから出発し、ウサギに免疫性を与えたとしよう。そうすれば、肺炎ウイルス上の特定の分子的特徴（これをエピトープあるいは抗原決定基と呼ぶ）に対する抗体分子が手に入るであろう。そのような抗体分子の鍵穴が手もとにあれば、私はその抗体分子に結合するペプチドを求めて多少ランダムなペプチドのライブラリーを探し、別の鍵——これは、肺炎ウイルス上のエピトープに似ているにちがいない——を取り出すことができるだろう。そのようなペプチドを使えば、肺炎ウイルスそのものに抗するワクチンを作ることができるはずである。というのは、そうした代用物によって免疫性を付与すれば、肺炎ウイルスそのものと、それに似たものの両方に対して、免疫反応を起こすはずだからである。

新しいワクチンは、われわれの手の届くところにあることになる。そしてこの方法の長所は、非常に重要な意味をもっていることがわかる。まずわれわれは、病原体をまったく知る必要がない！　湾岸戦争中にサダム・フセインが、国際法を無視してある有毒な細菌をフェンス越しにほうり投げたとしよう。その細菌に侵された部隊の軍人たちの血清には、その病原体に抗する非常に高濃度の抗体がみつかるだろう。そのような血清を用いて、それらの抗体に結合している新しいペプチドを分離し、そのペプチドが、感染していない健康な人々の血清と結合しないということを示せばよい。そうだとすれば、新しいペプチドは、有毒であることはわかっているけど正体がわからない細菌のエピトープに似たものであるはずだ。われわれは、正体のわからない病原体のワクチンに近いものまで作ることができるのである。このような研究によって、最終的に生物戦争という思想さえ排除できるようになるかもしれない。

鍵‐鍵穴‐鍵の方法には、ほかにもまだ長所がある。ワクチン生成に対するクローンを作る現在の方法において、免疫反応を引き起こすエピトープは、タンパク質でなければならない。その場合には、そのタンパク質を暗号化している遺伝子のクローンが生成され、それによってタンパク質が作られる。しかし多くの病原体に対して免疫反応のきっかけとなるエピトープは、タンパク質エピトープではなく、炭水化物と呼ばれる糖の複雑な高分子のような他種の分子である。たとえば、多くの細菌は炭水化物エピトープをもっている。免疫学の古い研究によれば、たとえ最初の鍵である病原体のエピトープが炭水化物分子であっても、鍵‐鍵穴‐鍵の考えはうまくいくだろうことが示されている。そして驚くべきことには、二番目の鍵はペプチドで作れるのである！　要するに、ペプチドは他の種類の分子を真似ることができるという点が本領なのである。実のところ、あなたはこのことをうすうす感づいていたかもしれない。砂糖の代用物である「イコール」(商品名)は、甘い味がするけれども、実際は二つのアミノ酸からできた小さなペプチドである。ジペプチド(ペプチド二つからなるもの)は砂糖に似ている。実際ペプチドは、ほとんどどんなものでも真似ることができるようである。

ワクチンが容易に生成できるということは、世界的な医療の立場から言って重要である。というのは、他の病気とはあまり関係なく生ずる症例の少ない病気に対して療法を確立する役に立つからである。こういう病気にかかる人はほとんどいないかもしれないけれど、多くの人が被害をこうむることもありうる。けれど通常は、その市場が小さすぎるため、薬品開発の典型的な費用——しばしば二億ドル(二〇〇億円強)のオーダーになる——を回収できる保証はない。薬品開発に必要な費用がこんなに高くつくという事実は、ワクチンを含む多くの薬に対する開発にとって明らかに障害となる。応用分子進化が薬とワクチンの開発費用を下げることができれば、症例の少ないさまざまな病気に対する治療法も研究されるようになるだろう。そうなってほしいと、私は考えている。

この方針は全面的にうまくいくのだろうか? こういう試みは始まったばかりであるが、研究は加速度的に進歩している。一九九〇年の夏に、同じ考えを用いた三つの論文がほぼ同時に現れた。その論文を書いた研究者たちは、ただ単に、ランダムなタンパク質を表現する多少ランダムな遺伝子のライブラリーを作るよりはむしろ、ウイルスのライブラリー

――そのライブラリーの中の各ウイルスは、その外殻（エンベロープ）上にある一つの異なるランダムなペプチドを表現している――を作るほうが役に立つことを認識した。すなわち、各ウイルスは一つの分子標識札（分子タグ）、つまりそのウイルスに特有なペプチドをもっているのである。標識札はウイルスの外側にあるので、その標識札自身に結合する分子を使ってウイルスを分離するのは容易である。

続いて、鍵－鍵穴－鍵の方法を実行して、干し草の山の中から針を探すことを考えよう。最初の鍵から始めよう。この場合最初の鍵は、六つのアミノ酸の特定の列――六量体ペプチド――である。次に、この六量体に対する抗体を作ろう。抗体は鍵穴である。それから、抗体鍵穴とランダムな六量体ペプチド標識札の大ライブラリーを使って、その抗体鍵穴に結合する別の鍵である六量体を見つける。その別の鍵は、最初の六量体とよく似た鍵の候補である。ここで強調しておくが、最初の実験が行なわれた時には、鍵－鍵穴－鍵の考えの実用性を示すのが目的であった。医学的に有用な分子を見つけることは目的にはなっていなかった。

初期の研究では科学者たちは、六個のアミノ酸列を暗号化しているランダムなDNA鎖から出発し、それらを、ある特定の種類のウイルスの外殻タンパク質を暗号化している遺伝子に組み込んだ。したがって、そのようなウイルスのすべてが、表面上の標識札として特有の六アミノ酸列を表現していることになる。二〇種類のアミノ酸から作られる六アミノ酸列の可能な数は、20^6 つまり約六四〇〇万である。可能な六四〇〇万の異なるペプチドのうち、二一〇〇万のライブラリーが、このようにして作られたのである。

ペプチドのライブラリーが準備されたので、科学者たちは最初の鍵として特定の六ペプチドを選び、それからその鍵に合う抗体鍵穴を手に入れた。次に、その抗体鍵穴の分子を使って、別の鍵である六量体の標識札をもつウイルスを「釣り上げ」る。これを行なうために、抗体分子をペトリ皿の底に化学的に固定し、二一〇〇万の異なるウイルスのライブラリーを、その皿で培養したのである。手に入れたいのは、抗体鍵穴の分子と結合した第二の六量体の標識札をもつ少数のウイルスである。そこでまず、抗体分子に結合しなかったウイルスはきれいに洗い流し、そのあと条件を変えて、その抗体鍵穴に結合した六量体標識札をもつウイルスをすべて回収した。このような手続きで、第二の鍵を見つけることに成功した。

その結果は驚くばかりであり、たくさんの重要な点を立証することができた。約二一〇〇万の六ペプチドのライブラリーを調べ、一九個の第二の鍵が見つかった。つまり、二つの六ペプチドが同一の抗体分子に結合するほど似ている確率は、約一〇〇万分の一である。似ている分子を見つけることは、信じられないほどむずかしいというわけではない。干し草の山の中の干し草と針の割合は、おおよそ一〇〇万本の藁に対して針一本である。これらの六ペプチドは平均して、三カ所のアミノ酸が、最初の六ペプチドと異なっていた。一つだけではあるが、なんと六カ所全部違っていたものもある！　このように、似た形の分子は、タンパク質空間においてあちらこちらに点在しうる。このことは、大部分の生物学者にとって非常に驚きであった。ほぼ似た分子がほぼ似た形をしていることがよくあるというのは、それまでにも知られていた。しかしこの実験から、まったく異なる分子でも非常に似た形をしていることもありうるのではないか、という考えが示されたのである。これは非常に重要な事実なので、あとでまたふれることにする。

この方針に沿った研究開発競争はいまも続いている。アメリカ合衆国やヨーロッパや日本やその他のバイオテクノロジー会社と薬品会社は、薬品開発のその新しい方法に投資をはじめている。つまり、分子を設計しようとしてはいけない。四の五の言わず、ただ莫大な数の分子ライブラリーを作り、そこからほしいものを探し出すのが、賢い手段なのだ。

この方法による研究開発が過熱しつつあるのは、故あってのことである。役に立つ分子は、タンパク質とペプチドに限られているわけではない。RNA分子やDNA分子もまた、応用分子進化を通じて発見・改良することができる。ギリードという小さな会社は、血液凝固の際に活性化される分子であるトロンビンと結合するDNA分子の試験を行なっている。有害な血液凝固を妨げるようなDNA分子を探し出すのが目的である。

遺伝情報の安定な運び屋であるDNAを使って、トロンビンに結合する分子を作ることができ、しかも臨床においても役に立つことを、誰が予想しただろうか？　しかし、そのような配位子に結合できるDNA分子だけが、われわれが探究すべき役に立つDNA分子というわけではない。体内の各細胞の中にある一〇万の遺伝子が、構造遺伝子の活性を制御する特別なDNAサイトに結合するタンパク質を作ることによって、たがいにスイッチを入れたり切ったりすることを思い出そう。ほぼランダムなDNA鎖からなるライブラリーを作り、それらをゲノム中に挿入して遺伝子活性の連鎖をコントロールすることによって、まったく新しいDNA鎖を進化させるということも、いまや意のままにできるのである。また、細胞自身の調節遺伝子に結合することによって遺伝子活性のパターンを変えられるような、新しいタンパク質の暗号情報をもつ新しい遺伝子を進化させることも、不可能ではない。たとえば、ガンが生じるのは多くの場合、ガン抑制遺伝子と呼ばれる細胞遺伝子が突然変異を起こすためである。ガン抑制遺伝子というのは、細胞内のガン遺伝子のスイッチを切る役割を果たしている。ここで、まったく新しいガン抑制遺伝子を進化させ、そのタンパク質生成物がガン遺伝子のスイッチを切るようにさせることもできるはずである。われわれの想像を超える医薬品が、待ち構えている。

ハーバード大学医学部のジャック・ゾスタックとアンディ・エリントンは、数年前に心が躍るような論文を出した。彼らは、一〇兆のランダムなRNA分子のすべてを同時にふるいにかけ、ある小さな有機分子に結合したRNA分子を取り出した。一〇兆を同時に調べ上げるなんて、どうすればできるのだろう?

RNA分子が反応を促進できることについてはすでに述べた。ゾスタックとエリントンは、任意の小さな分子に結合するRNA分子を見つけることができるだろうかと考えた。もしそうなら、そのようなRNA分子は薬として役に立ったり、まったく新しいリボザイムを作るために修正されたりするであろう。彼らは、現在生化学者たちがアフィニティー・カラムと呼んでいる装置――そこには、特定の小さな有機分子である色素が含まれている――を作った。細長いカラムには、色素分子を表面に固定したビーズがつめ込まれている。溶液をカラムに注ぎ込み、ビーズのそばを流していくというアイディアなのである。溶液内の分子のうち、ビーズ上の色素に結合するものはすべてつかまえられ、結合しないものは速やかにカラムを通りすぎ、底から流れ出る。彼らはまず、約一〇兆のランダムなRNA分子のライブラリーを作った。ライブラリーに含まれる一〇兆のRNA鎖を順にそれぞれのカラムに注ぎ込んだ。RNA鎖のいくつかは、カラム内の色素分子と結合した。残りはすばやくカラムを通りすぎた。結合して残っているRNA鎖を化学条件を変えて洗い、回収した。これによってカラムはもとの状態に戻るので、そのあと何度も同じ実験を続けることができる。このようにして彼らは、選択的に色素分子と結合できる約一万個のRNA鎖を「釣り上げ」た。この研究では、一〇兆の鎖から出発して、そのうちの一万個が色素と結合することを見いだしたわけだから、ランダムに選んだRNA鎖が色素分子の一つと結合する確率は、およそ一万を一〇兆で割った数、つまり一〇億分の一である。

これはすばらしいことである。この結果が示しているのは、任意の分子形状、色素、ウイルス上のエピトープ、レセプター分子内の分子溝を自由に選べるということだ。そして、一〇兆のランダムなRNA鎖のライブラリーを作れば、一〇億のうち一つが、あなたの選んだサイトと結合するのである。一〇億分の一は、大きな干し草の山の中のとても小さな針である。しかしわれわれはいまや、望みの分子や探している薬の候補を取り出すために、何兆もの種類の分子を、同時に並行して作ったり調べたりすることができるようになった。これは、目もくらむほどすばらしいことである。

第6章で、地球全体のタンパク質の多様性を見積もると、およそ一〇兆になるということを述べた。ゾスタックとエリントン、そしていまでは多くの人々が、とても小さな試験管の中でRNA鎖のこの多様性をほとんど当たり前に作り、そして同時にそれらすべてを、望みの機能をもったグループに振り分けている。いまや試験管の中の多様性は、地球の多様性に匹敵する。そして、非常に長い時間をかけて進化することによって取り出された多様性を、われわれは数時間のうちに取り出すことができるのである。

プロメテウスよ、お前は何を始めたのか？

普遍的な分子道具箱

これまで、ペプチドが他の分子の真似をすることをみてきた。あるペプチドがある抗体分子に結合する確率が一〇〇万分の一であり、またあるRNA分子がある小さな有機色素に結合する確率が一〇億分の一であることもみた。これは十分に驚くべきことであるが、われわれが議論してきた事実は、分子機能についてのわれわれの考え方に大いなる転換を迫っている。タンパク質、DNA、RNAやその他の分子の有限個のライブラリーが、望みの機能をどれでも本質的に果たすことができる「普遍的な道具箱」であるかもしれないという仮説を考えるのは、一理あることだ。十分な道具箱をもつのに必要な多様性は、一億から一〇〇〇億という種類のタンパク質であろう。

注意しておくが、普遍的な分子道具箱という考え方は異端である。けれども、もしそれが正しければ、それは、それらの分子を使ってわれわれが望みの分子機能のほとんどどんなものでも作れることを意味する。

核心になる考えは単純である。すなわち、「可能な分子鎖の数は、形の数よりもはるかに多い」ということである。すでにみてきたように、一〇〇のアミノ酸からなるタンパク質の場合、およそ 10^{120} の分子鎖がある。しかし、これらは何個の事実上異なる形を形成することができるだろうか？ 誰にもわからないが、十分な議論の示唆するところでは、分子がたがいに作用し合うことのできる分子サイズのスケールの範囲には、事実上異なる分子形態はたったの一億程度しか存在しないのである。

私の友人であるロスアラモスのアラン・ペレルソンとジョージ・オスターは、私が知っているかぎり、この問題を明解に述べた最初の研究者である。ペレルソンとオスターは、人間の免疫系が一億程度の抗体分子をもつようにみえるのはなぜかと考え続けてきた。なぜ一兆ではないのか？ *The Hitchhiker's Guide to the Galaxy* の中で述べられているように、あらゆる現象に対する普遍的な答である四二でないのはなぜか？ ペレルソンとオスターは、空間次元に対応する三つの次元と、正味の電荷や分子上の瘤の水溶性といった、分子の特徴に対するその他の次元をもった抽象的な「形態空間」を定義した。形態空間を、一種のN次元の箱あるいは部屋と見なそう。任意の形態は、この部屋の中の一点である。さて、最初の重要なポイントは次のように記述できる。抗体分子が抗原に結合するとき、完全にぴったり合うのではなく、近似的に合うにすぎない。これはちょうど、合鍵が完全にぴったりではないけれども十分によく合うのと同じである。だから、抗体分子は、形態空間における類似の形をした抗原の「球」、つまりある程度の広がりをもった形に結合すると考えることができる。

形態空間の概念の範囲内で、一つの明白な考えと二つのはるかに深い考えがある。明白な考えというのは、似ている分子は似た形をしており、それゆえ形態空間内の同じ球の中に存在することである。深い考えのほうは、まず第一には、各抗体は形態空間内の一つの球を覆うわけだが、有限個の球で形態空間のすべてを覆いつくすことができる、というものである。これは非常に重要である。分子認識は正確ではなくいいかげんなので、有限個の抗体分子で、あらゆる形に対応できるのである！　有限個の抗体分子は、あらゆる可能な形を認識する普遍的な道具箱である。あらゆる分子の鍵穴に対処するためには、有限個の分子合鍵で十分なのである。

では、何個の鍵があれば十分なのか？　形態空間を覆うには、何個の球が必要なのか？これに答えるためには、われわれは一個の球の大きさを知る必要がある。

一つの抗体分子によって覆われた形態空間内の一つの球の体積を見積もるために、ペレルソンとオスターは、イモリの免疫系のように最も単純な免疫系には、約一万の抗体分子があるという事実を利用した。ところで、進化において有益であるためには、抗体の形態のレパートリーは、形態空間の適度な範囲を覆うのがいちばんよい。さもないと、選択的な反応という有利さがなくなる。形態空間のかなりの部分に結合することによってのみ、免疫系はかなりの数の侵入者に結合することが可能になる。結合部分の最小の割合は、形態空間の$1/e$すなわち三七パーセントであろうと、ペレルソンとオスターは推測する。形すると、一万の抗体分子のおのおのは、形態空間の三七パーセントの一万分の一を覆うと計算できる。ここから、形態空間内の一つの球の体積を見積もることができる。人間には、約一億の異なる抗体分子のレパートリーがある。抗体分子は、多少ランダムな結合サイトをもつので、つまり言い換えると、形態空間の中で多少ランダムに位置した球を覆うので、もしこの体積をもつ一億の球が形態空間の中にランダムに投げ込まれたら何が起こるだろうかと、ペレルソンとオスターは考えた。たがいに重なり合うことのできない卓球の球を、居間にランダムに投げ込んだと想像してみよう。部屋全体を埋めつくすには何個が必要であろうか（ただし部屋のベゴニアは悲惨なことになるであろうが）。ペレルソンとオスターは、ランダムな卓球の球についての数学の議論を使って、一億の球が形態空間のほとんどすべてを満たすこと、つまり覆いつくすことを示した。

つまり、一億の合鍵があれば十分なのである。たとえタンパク質やその他の分子が、超天文学的な数あるとしても、事実上形が異なるのは、約一億にすぎない。

形態空間についての二番目の深い考えというのは、こうである。つまり、似ている分子が似た形をしているだけではなく、非常に異なる分子も、おのおの数十個の原子からなる小さな部分は、「同じ」局所形態をとることができることである。ペプチドと炭水化物エピトープ、あるいはエンドルフィンとアヘンのように、化学的に非常に異なる分子でも、たとえそれに含まれる原子が同一でなくても、局所的には同じにみえ、それゆえ形態空間内の同一の球の中に存在しうる。

そこで、われわれは重要な結論に至る。約一億の抗体分子を作るあなたの免疫系はおそらく、可能な抗体のほとんどどんなものでも認識することができる! 別の言い方をすれば、人間の免疫系はすでに、いかなる分子エピトープも認識できる普遍的な道具箱なのである。

この能力をもつものは、抗体分子に限らない。普遍的な道具箱は、分子の多様性が十分にあれば、ほとんど確実に組み立てることができる。われわれは、ランダムなタンパク質やランダムなDNA分子を使って、任意のエピトープに結合する普遍的な道具箱を作ることができるはずである。約一億から一〇〇億の分子からなる普遍的な道具箱があれば、事実上いかなる分子にも結合できるはずである。

結合することと触媒作用とは、別物である。けれども、われわれはさらに驚くべき可能性に至る。有限個の高分子を集めれば、普遍的な酵素道具箱として機能させることができるかもしれない。もしそうなら、約一億や一〇〇億の分子のライブラリーがあれば、いかなる触媒作用も十分可能になるであろう。

ペレルソンとオスターは、形態空間という考え方を導入した。次に、触媒作用空間（とわれわれは呼ぶ）の話に進もう。酵素を、ある触媒作用――反応の遷移状態に結合することを実行するものと見なそう。それがなければ起こりそうもない反応が、それによって促進される。遷移状態に結合することによって、酵素は反応を促進する。形態空間においては、似ている分子は似た形になりうるし、非常に異なった分子もまた、同じ形になりえた。触媒作用空間においてもまた、似ている反応は似た作用であるが、非常に異なった反応も同じ作用を構成することができる。たとえば、二つの化学的に異なる反応はそれぞれ、たがいに非常に似ている遷移状態をもつかもしれない。一方の遷移状態に結合する酵素は、もう一方の遷移状態にも結合するであろう。それゆえ、その酵素は、どちらの反応も促進する。二つの反応は両方とも、触媒作用空間内の同一の「球」の中にあるだろう。一つの抗体は形態空間内の一つの球を覆い、有限個の抗体分子が形態空間の体積全体を覆った。同様に、一つの酵素は、類似した反応の一つの球を覆う。それゆえ、有限個の酵素が、触媒作用空間を覆うことができ、普遍的な酵素道具箱になりうる。

実際われわれは、これと似たようなことがほぼ正しいことをすでに知っている。それを口に出して表現しなかっただけである。あなた個人の免疫のレパートリーは、おそらくすでに普遍的な酵素道具箱であろう。

触媒抗体、つまり反応を促進する抗体分子を作れるという事実を思い出そう。そのような抗体分子を作るためには、反応の遷移状態に対する免疫性を与え、遷移状態に結合することができる抗体分子を手に入れる必要がある。そして、それによって反応を促進できるようにしなければならない。不運にも、遷移状態は不安定であり、たった数ナノ秒しか持続しない。そのため、遷移状態そのものに対する免疫性を与えることはできない。その代わりとして、反応の遷移状態によく似ていて、安定な形をした何かほかの分子を使うことができる。その安定な類似分子は、遷移状態と同一の触媒作用を表す別の形態である。これらの安定な分子に対して、免疫性を与えて実験を行なうと、生じた抗体の一〇に一つが、実際に最初の反応を促進するのである。

約一億の抗体分子からなる人間の免疫のレパートリーが、形態の点で普遍的であり、一個または二個以上の抗体分子が任意の抗原に結合し、認識できることを前に述べた。しかし、それはまた、人間の免疫のレパートリーがすでに、普遍的な酵素道具箱であることを意味している。もしそうなら、あなた自身の免疫系は、事実上任意の反応を促進することができる抗体分子を生むことになる。

応用分子進化は、莫大な実際的利益を約束する。DNA、RNA、そしてタンパク質のライブラリーを使えば、新しい薬やワクチン、酵素、ゲノム調節ネットワークにおいて遺伝子活性の連鎖を制御するDNA調節サイト、そしてその他の有益な生体分子の発見が約束されることになる。しかし、シナイ山を越えたばかりのわれわれの未来には、まだまだ多くの障害が待ち受けている。

ランダム化学

第6章で、生物圏の基本的な超臨界的性質および、生命の起源において果たしそうな役割を議論した。十分な多様性をもった分子反応系は点火し、全体として自己触媒作用する集合体を作ることをみた。そして、そのような系は、臨界点手前の振る舞いを示したり、臨界点を超えた振る舞いを示すであろうこともみた。後者の場合、有機分子および酵素になりそうなものの種類が増加して閾値（しきい）を超えると、その化学反応系は分子の多様性において爆発を起こす。同様の原理が、有益な新しい分子を発見する努力の手助けになるであろう。私はこの努力をランダム化学と呼ぶ。

ペプチドとタンパク質は、現在のところ、薬理作用をもつ物質としては価値があまりない。理由は簡単である。タンパク質でできた薬は、肉と同じように、腸の中で消化されてしまうから、口から摂取しても役に立たないのである。薬品会社は、経口投与できる小さな有機分子のほうを好む。

大きな製薬会社は何十年もの間、有用な医学的性質をもつ何十万もの小さな有機分子のライブラリーを選別・収集してきた。これらのライブラリーは、合成したものであったり、バクテリアや熱帯植物などから抽出したものであったりする（ご存知のように、遺伝的な多様性を保存するべきだという論拠の一つは、それが医学的に利益となりうるところにある。私個人としては、この論拠はひどいものだと思っている。四〇億年の進化の結果に対して敬意を払うという論拠だけで十分説得力があるはずである。われわれは、謙虚さや畏敬の念をすべてなくしてしまったのだろうか?)。

化学系の臨界点手前の振る舞いや臨界点を超えた振る舞いに対するわれわれの研究から示唆されることは、最も大きなスケールにおいては、たった一〇万やそこらの多様性を超えるのは可能だという点である。むしろわれわれは、この爆発において、何十億とか何兆とかの新しい有機分子を作り、薬物を探し出すこともできる。

どのようにして? まず、超臨界爆発を起こそう。有機分子と酵素になりそうなものとしての抗体分子を使ったわれわれの実験を思い出そう(図6-3)。約一〇〇〇種類の有機分子を取ってきて、それらを溶液中に入れよう。次に、われわれの酵素の候補である約一億種の抗体分子をその溶液に入れてかき混ぜよう。もしこの混合物が臨界点を超えているなら、時間とともに数千、数百万、数十億と新種の有機分子が形成されるであろう。ある反応経路は速やかに流れ、あるものは非常にゆっくり流れる。しかし、いくつかの点は明らかである。もしわれわれが、ミリモルの濃度の一〇〇〇種の分子から出発すれば、多様性は一〇〇万倍に爆発し、一〇億種の有機分子ができる。そして平衡に達すると、平均濃度は約一〇〇万分の一に減少する。これは、多様性が高い場合、その濃度は平均して一モルの一〇億分の一、つまり、ナノモルの領域にあることを意味する。これは実際には非常に高い。多くの細胞レセプターは、ホルモンがこの濃度領域にあるとき、あるいはこの濃度より低いときでさえ、そのホルモン配位子に結合する。われわれが興味ある分子を取り出すのに必要なのは、まさにそのような反応である。

われわれのスープに、ナノモルの濃度領域で反応するある細胞レセプターを加えよう。話を簡単にするために、エストロゲンのようなホルモンに対するレセプターのクローンを使おう。さらに、そのスープに、「熱い」放射線によってラベルづけした低濃度のエストロゲンを加えよう。ラベルづけしたエストロゲンは、そのレセプターに強く結合するであろう。さて、臨界点を超えた反応混合物において、もしエストロゲンとほぼ同じ親和性をもった、エストロゲン・レセプターに結合する一つかそれ以上の新しい分子が存在すれば、それらの新しい分子は、レセプターから熱い結合エストロゲンを引き離し、置き換わるであろう。この置換は、取り出された放射性エストロゲン分子の測定によって検出できる。このような手順によって、われわれの臨界点を超えた反応混合物の中に、いくつかの未知の種類の分子が形成され、それはエストロゲン・レセプターに結合するのに十分なほどエストロゲンに似ていることがわかる。そのような未知の分子は、エストロゲンそのものを真似たり、変えたりする薬の候補である。

さて、次にわれわれがしなければならないのは、その未知の分子を分離し、それが何であるかを見いだすことである。その分子はおそらく、われわれが出発点で用いた一〇〇〇種の有機分子の要素で構成される集合体から、一連の反応によって合成されたものであろう。話を具体的にするために、最初の集合体から四つの反応が促進され、その未知のエストロゲン類似物を作るための七つの分子ができたとしよう。

それから、以下のように話を進める。三二個の容器を作り、そのおのおのに、一〇〇〇種の分子要素すべてを入れよう。そして、一億種の抗体酵素分子の中から半分をランダムに容器ごとに選び、おのおのの容器に入れよう。さて、決め手となる四つの反応を促進する四つの抗体分子が、いずれかの容器の中に見いだされる見込みは、(1/2×1/2×1/2×1/2) つまり、一六分の一である。確率としては、三二個の容器のうちの二個の中に、四種の抗体分子の重要な集合体が存在する。では、三二個の容器の中で反応を起こさせてみよう。三二個のうち二個は、エストロゲン・レセプターからラベルづけされたエストロゲンを置換する未知の類似物を作るはずである。初期の抗体混合物のランダムな半分を含んでいるこれら二つの容器のうち、一つを選ぼう。いまや、抗体の多様性は五〇パーセントだけ減少した。この「半減」過程を約二六回繰り返す。そうすれば、未知のエストロゲン類似物を作るのに決め手となる約四個の抗体分子の集合体が得られる。要するに、一〇〇〇の要素から、類似物を作るのに必要な四個の触媒抗体の集合体を選び出したのである。その類似物が何であるかを知ることなしに、選出することができたのである。他の抗体分子は捨て去るので、促進される副反応の数は減少するであろう。なぜ？　副反応は、これらの抗体分子のいくつかによって促進されたものだから。抗体分子を取り除くと、副反応はもはや促進されない。それゆえ、未知の類似物の濃度は増加するであろう。特徴づけを行なったり合成することができるほど十分に高濃度の未知のエストロゲン類似物が得られるのである。他方、その類似物の構造がどんなものであるのかを前もって知る必要もなしに、エストロゲン類似物を合成する触媒抗体の集合体を選ぶことができたのである。要するに、ランダム化学と呼んでもよい過程を実行したことになる。

想像もできないほど莫大な数の薬物類が、手の届くところにまで来ているといえる。

実験的な生命の創造?

ホモ・ルーデンス、遊戯人。私は、医学的に非常に重要となる可能性を秘めた二つの分野、応用分子進化とランダム化学について述べてきた。不思議なことに科学上の発見は、どんな場合でも同時に行なわれるものである。多くの人々が、多方面からこのような考えに収束してきている。私自身の場合、応用分子進化とランダム化学についての考えは、遊びから出てきた。実際私は、どのようにして生命が自然に現れるのか——複雑な化学の表現はほとんど避けられないが——についての夢と戯れていた。読者はすでにお気づきのことと思うが、私は、自己触媒の集合体に、自分の道を見いだした。その理論は、ランダムに選んだタンパク質がランダムに選んだ反応を促進するという確率のモデルに基づいている。ある日私は、新しい反応を促進する酵素の実験的な進化に関するセミナーに参加して、ある考えにとりつかれた。なぜわれわれは、ランダムなタンパク質を作らないのか?ランダムに選ばれたタンパク質がランダムに選ばれた反応を促進する確率を、なぜわれわれは実際に見いだそうとしないのか?

なぜ応用分子進化を、実際に実行しないのか？

そしてもし、化学反応図が臨界点手前の振る舞いと臨界点を超えた振る舞いとを示すのなら、なぜ抗体分子と有機分子を混ぜ、超臨界的爆発を促進させないのか？

なぜランダム化学を、実際に実現してみないのか？

もし、応用分子進化が新しい分子の収穫を約束するなら、ランダムに選ばれた反応を促進する高分子を手に入れることができる。そしてもし、ランダム化学が明日の薬のために必要な有機分子の多様なライブラリーを約束するなら、化学の多様性の爆発を約束することになる。

どうして、全体として自己触媒作用している集合体を作ることができるのかどうかを確かめてみないのか？

ほんとうにどうして？　この先数十年のうちに、ある実験グループがほんとうに生命を新たに作ったとしても、つまりたがいに臨界点の前後を分ける境界に向かって共進化する原子細胞を作ったとしても、私は跳び上がるほどには驚かないだろう。むしろ、わくわくして感激するであろう。

ホモ・ルーデンスには、ホモ・ハビリスとホモ・サピエンスが必要である。われわれは、地球の歴史上、あるいは宇宙の歴史上かつてないほど、一つの場所に同時に非常に多様な分子形態を作りうる瀬戸際に立っている。新しい有用な分子の広大な富。恐ろしい新分子の未知の危険。われわれは、これを実行するのであろうか？　もちろん、実行するであろう。われわれはいつも、科学技術として実行できることを追求してきた。われわれは結局、ホモ・ルーデンスでもありホモ・ハビリスでもある。しかし、ホモ・サピエンスであるわれわれは、それがもたらす結果のすべてを計り知ることができるであろうか？　答はノーである。これまでもできなかったし、これからもできないだろう。自己組織化された砂山の砂粒のように、われわれは否応なしに自分自身の発明品によってとんでもない方向に連れていかれてしまうのである。われわれは皆、自分自身が解き放つ変化の大小の激流に押し流されてしまう危険にさらされている。

8

高地への冒険

生物や生物集団はより適した地位へと進化していく

「自然の経済におけるくさび」とダーウィンは日記の中に書いたが、これは、彼自身が最初に垣間見た自然淘汰を、われわれに的確に教えてくれる表現である。各生物はすべて、環境に適したものもあまり適していないものも、混み合った生息場所の片隅やすき間に、くさびのように割り込もうとしてきた。そして、すでに表面いっぱいにくさびを打ち込んでいる他のすべての生物と戦った。血まみれの牙や爪をもつ自然というイメージが、一九世紀の自然像であった。生命誕生以来、自然淘汰は、より適したものを選り分け、適応した形態が有益な変異を蓄積して激増するように、ふるい分けをし続けてきた。一九四〇年ごろまでに、生物学者たちは、「適応地形」という概念を創案した。この概念では、ピーク(峰の部分)は高度に適応した形態を表す。そして、その高いピークに向かって登るために生物の個体群が行なう闘争を、進化であると見なした。その闘争は、突然変異や遺伝子の組み換えや自然淘汰によって引き起こされる。

生命とは、高地への冒険である。ダーウィン以来、生物科学における中心的考えは、間違えないようにしていただきたい。

自然淘汰の考えだということである。自然淘汰によれば、ランダムにおける突然変異の中から、生物に有益な影響を与えるものだけがふるい分け残されるのである。この考えは、われわれの現在の生物観を完全に支配している。その最たるものは、自然淘汰が生物における秩序の唯一の源であるというわれわれの信念である。自然淘汰がなければ、秩序などあるはずがなくカオスのみであると、われわれは推論する。われわれは、生じるべくして生じた存在ではなく、非常に運よく生じた存在だというわけである。

しかし本書の中でわれわれは、自発的秩序の深遠な源をみてきた。自然淘汰がなければ秩序などあるはずがないというのは、それほど明白なことであろうか？　私にはそうは思えない。生命を、平衡からずれた宇宙における、秩序へ向かう傾向の自然な現れであると見なす新しい時代に入っている、と私は信じている。生命の起源から、個体発生の秩序、第10章で議論する生態系のつり合いを保った秩序に至るまで、すべての現象は無償の秩序の一部分である、と私は信じている。けれども、私もまた、自然淘汰の効能を確信しているダーウィン信奉者の一人である。自己組織化と自然淘汰と歴史上の偶然の出来事とが、たがいに当然の居場所を確保しつつ、進化論的な過程を説明できるような新しい概念上の枠組みを、われわれは切実に必要としている。いままでのところ、そのような枠組みはない。この章で、まずは、高地をめざす冒険において自然淘汰がどのように働くのかを示し、さらにその限界を述べ、最後に自己組織化と自然淘汰と偶然の出来事との新しい密接な結合について、その一部を説明する。

生物学者でない読者のために、自己組織化が生命の歴史において何らかの役割を演じていることを、私はまず申し上げたい。それはそうだろう、と言われるかもしれない。それが明らかであることに私は同感する。結局のところ、脂質は水中で、自然淘汰の助けを借りなくても、細胞膜のような中空の脂質二重膜の球を形成する。自然淘汰がすべてを行なう必要はない。しかし、「自然淘汰が秩序の唯一の源である」という考え方が絶大な影響力をもっており、ダーウィン以後の生物学者たちに固守されているということを、生物学者でない方々に理解していただくのはむずかしいと思う。ダーウィンより前には、種は安定で不変なものであるという信念と向き合っていた合理主義的形態学者たちは、彼らが収集した形態を使って形態の法則を探究していた。爬虫類から鳥類、哺乳類に至る脊椎動物の肢の類似性は、よく知られた例である。彼らの試みがまったくなかったなら、一八世紀および一九世紀初めの生物学者たちは、生物がみせる秩序をすぐに説明することはできなかったであろう。ダーウィンとともに、まったく新しい、過激的に新しい考えが生まれたのである。ダーウィンと同じ英国のウイリアム・ペーリー主教は、「時計の秩序はその作り手の存在を暗黙のうちに示しており、それゆえ生物の秩序は神聖な作り手を必要とした」と主張した。それに対してダーウィンの説では、生物の秩序は、神の存在ではなく、たえずふるい分けを行なう自然淘汰というまったく新しい機構が存在する証拠となる。だからいままでは、生物学者たちは、自然淘汰こそがよくできた形態を巧みに作り上げる見えざる手であると、心から信じる傾向にある。生物学者たちは自然淘汰を生命における秩序の唯一の源と見なしている、と言い切るのはいささか言いすぎかもしれないが、それほど的外れなことではない。もし、いまの生物学に中心的規範というものがあるとしたら、自然淘汰がまさにその規範なのである。

秩序の唯一の源、あるいは最も根本的な源としての自然淘汰という規範は、偶然の存在であるわれわれ——あらゆる意味でまったく違った形になっていたかもしれないし、そもそもいまここに存在しなかったかもしれないわれわれ——の本質を述べたものである。

もう一度、間違えないようにしていただきたい、と申し上げる。これは、ほとんどすべての現代の生物学者たちの中心的な確立した見方なのである。私は、この見方がひどく不適切である理由を探究するために、自分の科学的な生活のかなりの部分を費やしているが、現代の生物学者たちの標準的な見方にも多くの納得できる点があり、それを認めるのは重要である。生物学者たちは、生物を、下手にいじくりまわしたがらくたのよせ集めと見なしており、そのとき、下手にいじくりまわしたのはほかでもない進化だと考えている。生物は、必要以上に込み入った機械である。たとえば、初期の魚の顎骨は、哺乳動物では内耳になった。生物というのは、その設計デザインという点においては最も奇妙な解答で満ち満ちている。生物学者たちは、これらの奇妙な解答を発見しては、たがいに知らせ合うことに喜びを感じている。とくに、生物に理論を見いだそうとしている人たちに向かって、「こんなこと予測できなかったでしょう」と言うのを無上の喜びとしている。もちろん、彼らの主張は正しい。生物は実際に、最も奇妙な対処法を見つけている。この事実はいつも完璧に頭に刻んでおく必要がある。背教の思想をもつ一人の生物学者の考えを読んでいただいている方々に、まず前もって注意しておかなければならない。背教の思想は、単に背教的だからという理由で、間違っているわけではない。もちろん、本に書かれているとか、内容がおもしろいといった理由とも関係ない。私はここで、この背教の思想が正しいと認めざるをえないような理由があることを、ご理解願おうと考えているのである。

断片的な証拠を見つけるのはたやすい。松かさを一個取り、鱗片のらせん列を数えてみよう。左巻きのらせんが八個、右巻きのらせんが一三個であったり、左巻きが一三個、右巻きが二一個であったり、また別の数の組合せであったりするであろう。驚くべき事実は、これらの数の対が、有名なフィボナッチ数列（1、1、2、3、5、8、13、21、……）における隣り合った数字であることである。ここで、各項は前の二つの項の和である。その現象はよく知られており、葉序と呼ばれている。生物学者たちの多くは、松かさや向日葵（ひまわり）やその他多くの植物が、なぜこの驚くべきパターンを示すのかを理解しようと努力している。生物は最も奇妙なことをするけれども、これら奇妙なことのすべてが、自然淘汰や歴史的偶然を反映している必要はない。葉序をよりよく理解する一つの方法は、自己組織化の形態にその解答を求めることである。スタンフォード大学のポール・グリーンは説得力のある主張を展開しており、フィボナッチ数列がちょうど、松かさや向日葵などを形成する組織の成長点において、特別な成長過程から生成されうる最も簡単な自己循環パターンである、と考えてよいと主張する。雪の結晶やその六回対称性のように、松かさとその葉序は、無償の秩序の一部であるのかもしれない。

標準規範には重要な前提があり、生命とは、その前提にしたがって行動する場当たり的な奇妙な仕掛けということになる。最も重要な前提——そして実際に、ダーウィンの命題全体の中で最も重要な前提——は、漸進主義すなわち、ゲノムあるいは遺伝子型に対する突然変異は、生物の性質つまり表現型に対しては小さな変異しか起こさないという考えである。さらに、その古い考え方は、小さな有用な変異が少しずつ蓄積され、長い時間をかけて、現存の生物に見いだされる複雑な秩序を作ることができたのだという仮定に基づいている。

しかし、これらの主張は正しいのだろうか？「漸進主義」がいつも正しいというのは、本当に明らかなのだろうか？　また、たとえ漸進主義という主張が現代の生物に対して正しいとしても、それらがつねに正しい必要があるだろうか？　つまり、あらゆる複雑系は「改良」されうるものであって、究極的には、一連の小さな修正の蓄積によって組み立てられるのだろうか？　さらに、かりにそれがすべての複雑系に対して正しいというのではなく、生物に対してのみ正しいというなら、複雑系が進化過程によって組み立てられるのに必要な性質とは何だろうか？　これらの性質の源、この進化能力は何であろうか？　進化は、突然変異や遺伝子の組み換えや自然淘汰によって適応可能な生物を組み立てるほど十分な力をもつのだろうか？　それとも、別の秩序の源——自発的自己組織化——が必要なのだろうか？

公正を期すために言っておくが、ダーウィンは単に、ゆっくりとした改良が一般に可能であると仮定したにすぎない。彼は、ウシやハトやイヌやなどの繁殖、あるいは植物の育種にみられる自然淘汰に、論拠の基礎を置いた。しかし、耳の形の変化に関しての自然淘汰の結果から、複雑な生物のあらゆる特徴が、有益な変化を徐々に蓄積することによって進化できるという結論を引き出すまでの道のりは、非常に長い。

ダーウィンの仮定が、ほとんど確実に間違いであったことを、私は示そうと思う。漸進主義は、いつも成り立つわけではないようである。いくつかの複雑系においては、任意の小さな変化が、系の振る舞いに破滅的な変化を引き起こす。以下ですぐに議論するが、この場合、自然淘汰は複雑系を組み立てることができない。ここに、自然淘汰にとっての一つの基本的な限界がある。別の基本的な限界もある。小さな突然変異が表現型に小さな変化を引き起こすという意味で、漸進主義が成り立つときでさえ、なおかつ、自然淘汰が小さな改良をうまく蓄積できるとは限らない。そのかわり、「エラーによる崩壊」が起こりうる。適応個体群は、一連の小さな改良よりもむしろ、一連の小さな誤りを蓄積していく。たとえ自然淘汰によってふるい分けを行なっても、生物の秩序は静かに消え去ってしまう。エラーによる崩壊については、この章の後半で議論する。

要するに、自然淘汰は力をもっているけれども、全能ではない。もしダーウィンが、今日のコンピュータを知っていたら、このことに気づいていたかもしれない。たがいに重力で相互作用している三体の軌道や、任意の実数の七乗根のように、適度に複雑な計算をするコンピュータ・プログラムを進化させようとしていると想像してみよう。コンピュータのプログラムは、1と0の列で書くことがつねに可能であるが、そのような任意のプログラムを選び、ランダムにビットを反転させ、1を0に、0を1に変えてみよう。それから、一組の入力データを使って、変化を受けたおのおののプログラムをテストし、そのプログラムが望みの計算を実行してより適した変種を選択するかどうかを確かめよう。これを実行してみれば、それほど簡単な仕事ではないことがわかるだろう。どうして簡単ではないのだろうか？　さらに、そのようなプログラムを進化させるということに加えて、もう一つ別の野心をわれわれがもっているとしよう。すなわち、その作業を実行する可能なプログラムの中で、最も短いものを進化させようとねらっている場合には、どうなるだろうか？　そのような「最も短いプログラム」は、最大限に圧縮されたものである。すなわち、あらゆる冗長性はプログラムから締め出されているであろう。

逐次コンピュータ・プログラムは、信じられないほど脆弱であるため、非常に困難であるか、あるいは本質的に不可能であるかのどちらかである。逐次コンピュータ・プログラムは、「二つの数を比較して、どちらが大きいかを判断してこれこれを行なう」とか「以下の動作を一〇〇〇回繰り返す」といった命令を含む。演算は、動作を実行する順序や、論理の正確な詳細や、繰り返しの数などに、きわめて敏感である。結果的に、コンピュータ・プログラムにおけるほとんどすべてのランダムな変化は、「ゴミ」を生産する。よく知られたコンピュータ・プログラムはまさしく、構造における小さな変化が、振る舞いにおける小さな変化を生じる、という性質をもたない複雑系である。構造におけるほとんどすべての変化は、振る舞いにおける崩壊的な変化に至る。さらに、そのアルゴリズムを実行するプログラムを最小限にするために、冗長性をプログラムから締め出すと、この問題点はますます著しいものになる。ごく簡潔に言うと、プログラムが「圧縮」されればされるほど、命令における任意の小さな変化によって、プログラムの崩壊的な変化がますます助長される。それゆえ、プログラムが圧縮されればされるほど、いかなる進化的探索過程によっても、最大限に圧縮されたプログラムに達することは、ますます困難になる。

けれどもわれわれの世界には、生物や経済やわれわれの法体系などの、首尾よく進化した複雑系がいっぱい存在する。だからこのあたりでそろそろ、「進化過程によって、どんな種類の複雑系が組み立てられるのか」という問題を考えはじめる必要があるだろう。強調しておくが、一般的な答は知られていない。しかし、ある種の冗長性をもった系が、冗長性のない系よりもはるかに進化しやすいことは、ほとんど確実である。不幸にもわれわれは、進化している系において「冗長性」が、実際どういう意味をもっているのかを、大雑把にしか理解していない。

コンピュータ科学者たちは、「アルゴリズム的複雑さ」と呼ばれる概念を定義した。コンピュータ・プログラムは、有限個の命令の組であり、それにしたがえば、望みの結果を計算してくれる。直感的な意味において、「むずかしい」問題は、「簡単な」問題よりも多くの命令を必要とする問題であると、定義してよいだろう。ある問題のアルゴリズム的複雑さは、その計算を実行する最も短いプログラムの長さとして定義される。実際問題としては、あるプログラムが最小のプログラムであると証明することは、一般的に不可能である。より短いプログラムは、つねに存在するだろう。しかし、この尺度はかなり巧妙に利用されてきた。とくに、以下のことが判明した。つまり、最小限のプログラムとは、記号列が内部冗長性をもたないプログラムのことである。たとえば、真の最小プログラム（1010001……）であるが、手もとに、各「ビット」が複製されたプログラム（1001100000011……）をもっていたとしよう。この例では明らかに、各二重ビットを一つのビットに置き換えることによって、冗長性を取り除くことができる。あるいは、圧縮可能なもっと微妙なパターンが存在するかもしれない。ことによると、二重ビットを取り除いたのち、二二六ビットごとに1と0の同一のパターンが生じることがわかるかもしれない。少しだけ再コード化すると、この繰り返しのパターンは、たとえば、二二六ビットごとにXYZを挿入するというルーチンに置き換えることができる。すると、プログラムはさらに短くなる。もし、あらゆる冗長性を検知し、取り除くことができるなら、結果的に、最大限に圧縮された最小のプログラムが得られるであろう。それは、パターンのないプログラムであろう。つまり、それ以上の冗長性を絞り出すことはできないであろう。当然の帰結として、そのような最小プログラムはいずれも、1と0のランダムな記号列と区別することができないことになる！　もし、パターンが見つかれば、取り除くべき冗長性が存在することになるのだから。

あらゆる可能なプログラムを余すところなく生成し、望みの仕事を実行するかどうかを各プログラムについてテストするのに要する時間よりも短い時間で、最大限に圧縮したプログラムを進化させる方法はなさそうである。あらゆる冗長性をプログラムから排除すると、事実上どの記号の変化も、アルゴリズムの振る舞いの崩壊的な変化を引き起こすと考えられる。したがって、ほんの少ししか違わないプログラムが、まったく異なったアルゴリズムを計算することになる。

適応とは通常、適応地形図における高適応度の「ピーク」に向かって、小さな変化を通して「山登り」をする過程であると考えられる。そして自然淘汰とは、そのようなピークに向かう適応個体群を「引っ張り上げる」ことであると考えられる。われわれは、生物の個体群（あるいは、この場合プログラム群）が山頂への道を感知するような領域を想像することができる。有利であるか否かを判断しながら、ゲノム（コンピュータ・コード）におけるランダムな変化は、突然変異を地形上の高いところや低いところに設置する。もし、山の地形はでこぼこだけれども、見慣れた山のように見えるならば、その地形はやはりなめらかであり、どの方向を向くべきかについての手がかりはそのすぐ近傍を見るだけで判断することができる。遠く離れたピークに向かって登る経路は、必ず複数存在する。そして、自然淘汰が、より適した変異を求めてふるい分けを行ない、それらのピークに向かって個体群を引っ張り上げる。

このような探索問題は、進化している個体群が適応地形の全体像を実際に見ることができないために、いっそう困難なものとなる。高いところに登って、神の目で見る方法はない。個体群は、さまざまな突然変異をランダムに生成することによって「探り」を入れていると考えてよいだろう。もし、ある突然変異が地形上の高い場所を占めるならば、それはより適しており、個体群はその新しい場所に引っ張り上げられる。そこでまた、ランダムな突然変異を探して、その場所からあらゆる方向に探りを入れる。自然淘汰は再び、個体群をもう一段高いところに引っ張り上げる。ここでは、ダーウィンの意味で漸進主義が働いている。間違いなく、生物はそのような漸進的な山登りによって進化する。間違いなく、人々もまたしばしば、複雑な設計問題を一つずつ解いていき、一連の試行錯誤による探索によって、よい設計に行き着くのである。生物と人工物の進化過程は、非常に類似している。これは、第9章で詳しく調べるテーマである。

しかし、あらゆる小さな変異が、その系（生物でも人工物でも）の振る舞いに崩壊的な変異をもたらすときには、適応地形は本質的にランダムとなる。それゆえ、遠く離れたピークに向かって登る変化の方向を検知する局所的な手がかりは、存在しない。これについては、あとで詳しくみていくつもりであるが、当座は、極端にぎざぎざの月面に自分がいて、断崖絶壁の岩棚に腰を掛けていると想像してみよう。遠くの景色はまったく見えない。非常に高い頂上がごく近くにあるかもしれないが、それを知る手段がない。どの方向に行くべきかを知らせてくれる手がかりはまわりにはまったくない。こういうときには、探索は、単にランダムな探索になる。

ひとたび探索がランダムになり、どの方向が登りかについての手がかりがなくなれば、最も高い頂上を見つける唯一の方法は、全空間を探索することである！ シャモニーからモンブランを眺め、ワイン、チーズ、パテ、パン——実際の登山用具もあったほうがいいが——をリュックに入れ、モンブランに向かって登っていくのではなく、網羅的にアルプス全土を探検し、モンブランの頂上を見つけるために一平方メートルずつ試してみるという手段をとるしかない。

可能なプログラムの全空間を探索するのに要する時間よりも短い時間で、最大限に圧縮されたコンピュータ・プログラムを進化させることは、ほとんど確実にできない相談である。そのような系は、宇宙の年齢の長さの間に、自然淘汰によって進化しうるたぐいの複雑系ではない。われわれの探し求めている最小プログラムが、Nビット必要であったとしよう。そうすると、その長さのあらゆる可能なプログラムの空間は、2^Nである。一〇〇〇ビット、つまり$N=1000$の比較的小さなプログラムに対して、われわれは、見慣れた種類の超天文学的数字、2^{1000}つまり10^{300}を得る。

さて、一番目の結論は次のように記述できる。そのプログラムは最大限に圧縮されているので、いかなる変化も、演算に崩壊的な変化をもたらす。その適応地形は、まったくランダムである。二番目の結論は次のように表される。その適応地形には、望みのアルゴリズムを実行するようなピークが、ほんの数個しかない。実際、たいていの問題に対しては、そのような最小プログラムは一個か、せいぜい数個しかないことが、数学者グレゴリー・

どう見積もってもプログラム空間の大きさに比例する。平方メートルずつ探索することによってモンブランを見つける話と似ている。探索時間は、探索しなければならない。これは、直感的にも明らかである。そしてこれはアルプスを一ところで所詮は、10^{300}個の可能なすべてのプログラムをランダムに、あるいは網羅的には、すなわち、たぶん一個しかない最小プログラムを見つけるためには、どんなに考えた方向についての手がかりが提供されないならば、干し草の山の中から針を見つけるためにチャイティンによって最近証明された。もし適応地形がランダムであり、探索すべきよい

そこでわれわれは、次の結論に達する。もし、探索すべき可能なプログラムが10^{300}個あり、確実に最善のものを見つけるためにはそれらをすべて試さなければならず、そして、一〇億分の一秒ごとに異なるプログラムを「試す」ことができるとすれば、最善のプログラムを見つけるために10^{291}秒かかるであろう。ここでわれわれは再び、宇宙の歴史よりも途方もなく長い時間スケールと直面することになる。

あなたは、反論を思いつくかもしれない。「結構。進化は、最大限に圧縮されたプログラム、あるいは最大限に圧縮された生物を、それが何であろうと、すぐさま組み立てることはできない。しかし、おそらく進化は、まず最初に冗長なプログラムを、あるいは生物を進化させ、それから圧縮を最大にするためにそれを絞り込むことによって、そのような最大限に圧縮されたプログラム、あるいは、生物を実際に組み立てることができる」と、あなたは言うかもしれない。しかし、そういう主張をすることは、はじめから最小プログ

ラムの空間の探索に制限されないかぎり、宇宙の歴史よりも短い時間で、長さ一〇〇〇の最小プログラムへの道を見つけることはできないと、あなたは認めていることになる。しかしもし、探索過程が非常に冗長なプログラムから始まり、徐々に圧縮することによって最小の長さ $N=1000$ に到達するとしたら、どうなるだろうか？ そのような手続きによって、うまく最小プログラムを見つけることができるだろうか？ 誰にもわからないが、私はできないと断言する。これは直感である。

非常に冗長なプログラムを進化させることは、容易なはずである。もしプログラムの長さを気にしなければ、同じ仕事を行なうプログラムは、たくさんたくさんある。そして、これらの非常に冗長なプログラムは、圧縮されたプログラムほど脆弱ではなく、コード中の小さな変化は、プログラムの振る舞いに小さな変化しか引き起こさない。たとえば、一つのサブルーチンがある仕事を成しとげる状況を考えてみよう。そのルーチンのコピーを挿入しても、振る舞いが変わる必要はない。その後、一方のコピーが突然変異を起こしても、機能が消失する心配はない。なぜなら、他方の冗長なコピーがなお、代わりに機能するからである。その間、突然変異したコピーは、新しい可能性を「探検」することができる。このようにして、冗長なアルゴリズムは、なめらかに進化することができる。最初のよいプログラムが、最小の長さNの二倍、つまり $2N$ の長さであったとしよう。それから、より短いプログラムを進化させることによって、ゆっくりと冗長性を排除する場合を考えてみよう。長さ $2N$ のプログラムから始め、ランダムに選んだ一つのビットを削除し、それからランダムにいくつかのビットを反転させ、一ビット短い、長さ（$2N-1$）のよいプログラムを進化させてみよう。次に、（$2N-1$）のプログラムを突然変異させ、さらに短い、長さ（$2N-2$）のプログラムを見つけよう。そして、最小のプログラム長Nになるまで、これを続けよう。

ここで基本的な欠点が生ずると、私は考える。すなわち、この過程――最小限の長さのプログラムに向かって徐々に近づいていく過程――が有用なものであるためには、長さが1だけ短くなった次の段階ではどれがよいプログラムであるかを、それより一段階前のプログラムから知ることができなければならない。しかし、段階が進み、ますます短いプログラムを進化させるにつれて、各プログラムは、その前のプログラムと比べて冗長さが少なく、ランダムさが増している。したがって、それは徐々に脆弱になり、突然変異による進化の余地はしだいに少なくなる。もしそうなら、各段階で見つけられたばかりのプログラムは、次の短いプログラムをどこで探すべきかについて、ますます少ない手がかりしか提供できない。そして、最小限の長さのプログラムに近づくと、その前の長さ（$N+1$）のプログラムは、長さNの可能なプログラムの空間のどこを探すべきかについて、何の手がかりも提供しなくなると、私は断言する。

私には、この考えの正当性を示す方法がわからないが、それはおそらく、有能な数学者たちが証明するたぐいの問題だと思われる。それゆえ、私はこの考えを、数学者たちの言う推測の域まで推し進めることにしよう。すなわち、最小のプログラムに近づくと、それの探索は、完全にランダムな曲面上の探索となり、より冗長なプログラムからの役立つ手がかりはなくなる。もしそうなら、最小のプログラムとは、進化過程によって組み立てることのできるたぐいの複雑系ではないことになる。

この例から引き出される直感は、より適応度の高い場所の探索(適応探索)によって、すべての種類の複雑系が、適度な時間内に達成できるのではないということである。進化的探索過程によって組み立てることができる複雑系はどんな特徴をもっているのか。それにはいくつかの条件が存在しなければならない。それについては、まだほとんどわかっていないが、冗長さを含んだものであるにちがいない。たとえば、スタンフォード大学のジョン・コーザは、適度に複雑なさまざまな仕事を実行するコンピュータ・プログラムを、実際に進化させることに成功している。ジョンによれば、彼のプログラムはまさに、骨董品の断片的な寄せ集めで、ちょうど生物学者たちが生物の中に見いだしそうな代物である。そして、それはけっして高度に圧縮されたものではなく、いまだにあまり理解されていないさまざまな点で、非常に冗長である。以下で、適応地形の構造および、その適応探索との関係について議論したあとで、この議論に戻ることにしよう。

「進化的探索過程によって、どういうたぐいの複雑系が組み立てられうるのか」という質問は、生物を理解する上で重要であるばかりではなく、技術および文化の進化を理解する際にも、重要であろう。われわれの最も複雑な人工物が、小さな原因からの崩壊的な故障に敏感であること――たとえば、チャレンジャー号の大惨事、失敗に終わった火星探査ミッション、大規模な領域に影響を及ぼす送電線網の故障――から、以下のことが示唆される。われわれはいまや、生命がきわめて長い間つき合ってきた問題に、もろに突き当たっている。すなわち崩壊に瀕しても動揺しない複雑系をいかにして作ったらよいのだろうか。おそらく、可能性の広大な空間における探索を支配する一般的な原理は、これらの多様な進化過程のすべてに及び、そして、より頑強な系を設計する手助けに――あるいは進化させる手助けにさえ――なるであろう。

適応地形における生命

宇宙の始まりのころに戻ろう。ほぼ三〇億年の間、生命は静かに脈動していたけれども、やはり待機状態にあった。三〇億年の間、細菌は分子的な知恵を完成させ、何兆もの水たまりや裂け目や熱い通気孔の中で繁茂し、分子形態が臨界点を超えた爆発（と私は信じているのであるが）を起こして地球全体に広がった。初期の生命形態は、物質代謝と連結しており、分子的多様性の超臨界的な波を広めるため、分子生成物や毒や栄養物や排泄物をやりとりしていた。

そうした三〇億年が終わると、小さいけれども見事な舞台装置の変化が起こった。核をもった真核細胞が生じ、細菌は捕捉され、光合成とエネルギー代謝を引き起こす細胞器官である葉緑体とミトコンドリアになった。細胞器官をもった真核生物のもっとも古い証拠は、カリフォルニア大学ロサンゼルス校（UCLA）のブルース・ラネガーによれば、二一億五〇〇〇万年前の岩の中にみることができる。これらのらせん状の生物は、複雑な帯状のパターンをしており、一直線に伸ばせば長さが五〇センチメートルに達する（図8-1）。ラネガーは、これらの生物が現代のカサノリにいくぶん似ている大きな単細胞生物であろうと言っている（図8-2）。茎の上に精巧な傘をもったカサノリの複雑な形態や、細かい形態と複雑な生活サイクルをもつ他の単細胞生物に関連して、発生学者であり理論生物学者であるルイス・ウォルパートは、次のように言う。「現代の真核細胞は、知るべきことをすべて知っている。真核細胞以後はすべて、楽な下り坂である」。ルイスの論点はこうである。多細胞生物を形成するのに必要なほとんどすべての条件が、すでに真核細胞の中に含まれている。

おわかりであろうが、細胞は多細胞生物を形成することを学ばなければならなかった。さらに細胞は、個体を形成することを学ばなければならなかった。この個体の進化は、それほど簡単ではない。なぜなら、体内の大部分の細胞は、その生物が死ぬと死んでしまうからであり、それゆえ、細菌のように永遠に分裂を続ける不死の運命を、放棄しなければならないからである。死ぬ細胞は、体細胞である。精子と卵子を生む生殖細胞だけが、不死の可能性を維持している。多細胞生物の起源、言い換えれば個体の起源の難問は、発生論的に同じ細胞の群体が、なぜ多細胞生物を形成するようになったのかということである。これは、普遍的でむずかしい問題、「個の利益」対「群の利益」の最初の例である。エー

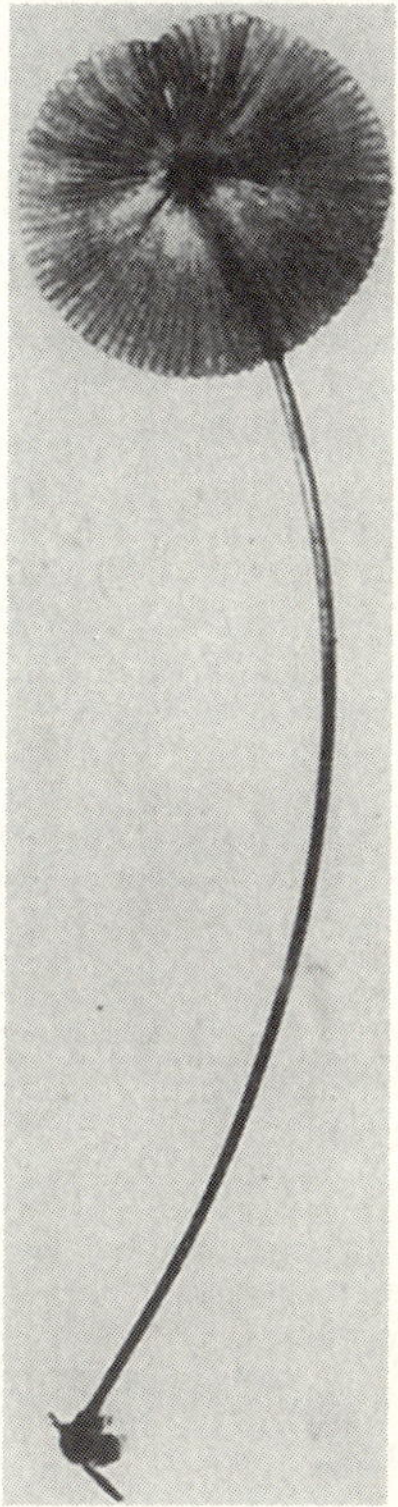

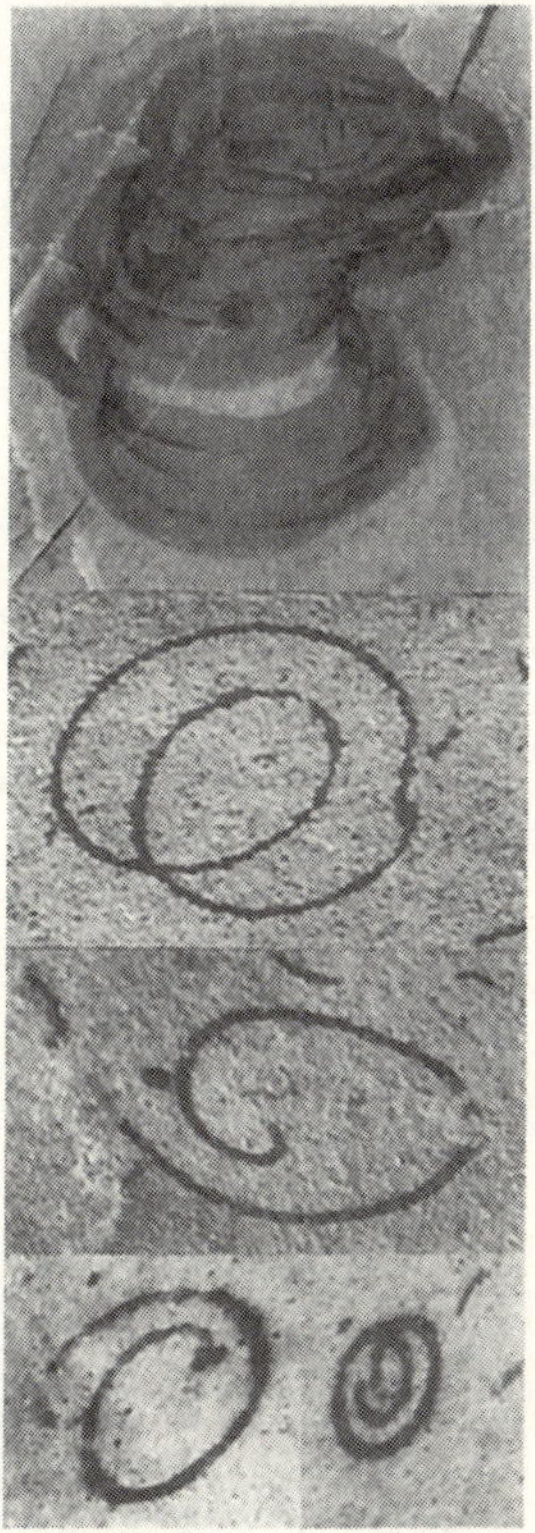

右図 8-1　太古の祖先。真核生物の最も古い化石であるグリパニアのらせん模様。21億5000万年前の光合成藻類。
左図 8-2　カサノリ。非常に複雑な形をした単細胞生物。ライフサイクルは、太古の真核生物の生活様式に似ているのではないかと言われる。成熟したときの長さは約１ミリメートル。

ル大学のレオ・バスは、この問題に焦点を絞った。というのは、個体の起源はわかっていなかったからである。自然淘汰は、より環境に適した個体を大事にする。もし世界が、分裂する単細胞真核生物からなり、私がその生物の一つだとすれば、死すべき運命を変えて多細胞生物の一部を形成することが、なぜ私の利益になるのだろうか？　もし、生殖細胞だけが子孫を未来に残すことができ、多細胞生物中の残りの細胞は塵となる運命にあるなら、それらの運命づけられた細胞は、なぜ自分の運命に満足しているのだろうか？　個としての多細胞生物の進化の場合、答は適度に明白である。生物内の全細胞は、同じ遺伝子をもっているので、全細胞は遺伝的に等価である。たとえ、生物内の大部分の細胞が死んで、生殖細胞しか子孫を残さないとしても、遺伝的遺産をまき散らす際には、単細胞だけよりも多細胞生物そのもののほうがうまくいくので、個々の細胞が死ぬという損害をこうむっても多細胞生物という形態が選ばれるのであろう。たぶん、多細胞生物の仲間に入ると、新しいニッチ（生態的地位）を侵略したり、たくさんの子孫を残したりする可能性が高まるのだろう。

多細胞生物は実際、五億五〇〇〇万年前の有名なカンブリア紀の爆発のはるか以前から存在していたことが知られている。およそ七億年から五億六〇〇〇万年前に、ヴェンディアおよびエディアカラ動物群が、前カンブリア紀後期を形成している。これらの名前は、オーストラリアのある地域にちなんでつけられたものである。ここで、ラネガーと彼の同僚は、これらの太古の岩の中で、体が軟らかく、長さが一メートルにも及ぶ、環形動物に似た形態のものを見つけている（図８－３）。そのあと、カンブリア紀に多様性のビッグバンが起こった。四〇億年という年月からみれば、進化のビッグバン以後は最近の歴史ということになる。

生命が誕生して三四億五〇〇〇万年の間、単純な生物も複雑な生物も、適応し、有益な変化を蓄積し、高適応度のピークに向かって適応地形を登ってきた。けれどもわれわれは、そのような適応地形がどのようにみえるのかとか、進化的探索過程が適応地形の構造の関数としてどれほどうまく進行しているのかといったことを、ほとんど知らない。適応地形は、なめらかな単一ピークであったり、でこぼこした多峰ピークであったり、まったくランダムであったりする。進化は、突然変異と遺伝子の組み換えと自然淘汰を使って、その

図8-3　初期の多細胞生物ディッキンソニア（環形動物か節足動物とされている）。長さ約１メートルで、７億年前のもの。

ような適応地形を探索する。しかし、最大限に圧縮したプログラムに対してすでにみてきたように、そのような探索過程は、高いピークを見つけることができないであろう。あるいは、なめらかな適応地形図の上に高いピークが見つかる条件がととのっている場合でも、適応個体群に蓄積していく突然変異は、前に言及したエラーによる崩壊を引き起こすであろう。エラー崩壊が起こると、その個体のピークは消え去り、適応地形図の上を流れ出し、蓄積されたいかなる有益な変種も失われてしまう。明らかに、自然淘汰を通してより適したものになるという確固たる生物の観念は、見かけほど単純ではない。問題点とその意味をさらに認識するために、集団生物学として知られている分野の歴史を少しふり返ってみよう。

生物は遺伝性の変異に作用する自然淘汰によって進化すると、ダーウィンはわれわれに教えた。しかし、ダーウィンは突然変異の源を知らなかった。実際に何が変化しているのかは、ダーウィンのあと半世紀の間不明瞭であった。ダーウィンもその他の人たちも、「融合遺伝」という見地からものごとを考察した。子どもは両親に似ている。遺伝がどのように働こうとも、両親と似ているのは、黄色と青色を混ぜると緑色になるように、一種の混合と平均のためであると考えられた。しかし、融合の考え方は一つの問題につき当たった。融合遺伝が正しいとすると、何世代もあとには、交配個体群における遺伝的変異は、しだいになくなってしまうだろう。もし、黄色と青色が目の色であるとすれば、融合遺伝の何世代もあとでは、個体群全体は緑色の目になるであろう。自然淘汰が作用できるような遺伝性の変異は、それ以後は起こらなくなるであろう。

最終的には、メンデルの遺伝の研究が、融合遺伝の問題を解決した。メンデルの研究ののち、半世紀近く経ってからであるが、まず、有名な数学者ジョージ・H・ハーディと生物学者W・ワインバーグ、さらには、ケンブリッジ大学の若い数学者ロナルド・A・フィッシャーによって、メンデルの研究が利用された。メンデルのえんどう豆、およびその裏に潜んだ遺伝の原子という概念を思い出そう。メンデルは、七対の十分に選ばれた形質——たとえば、しわのある種子となめらかな種子——を調べた。しわのある親となめらかな親から生じる第一世代では、一方の親に似た子どもしか生まれないが、孫の代になると一方の親の形態をもつものもいれば他方の親の形態をもつものもいて、要するに両方の遺伝子型が再び現れるということを見いだした。明らかに、「しわのある」遺伝の原子——いまは遺伝子と呼ばれている——と「なめらかな」遺伝の原子は、子から孫へ渡されるとき、変化も受けないし融合もしないのである。

二〇世紀の前半に、細胞核の中の染色体が、遺伝情報の担い手であることが明らかになった。さらに、多くの異なる形質を反映して多くの異なる遺伝子が、各染色体上に一列に配置されており、多くの遺伝子は、「しわ」と「なめらか」のように、対立因子と呼ばれる二者択一的な形で現れる、ということが明らかになった。このことに基づいて、ハーディとワインバーグは、交配個体群の中で、異なる対立遺伝子の融合は起こらないことを示した。遺伝的変異と呼ばれるさまざまな対立遺伝子は、自然淘汰が作用する交配個体群の中で融合しないで生き残ることがわかってきた。

メンデルの法則をきっかけとして、フィッシャーは、一つの基本的な問いを提案した。もしダーウィンの説が正しいのであれば、この問いへの答はイエスでなければならないようなものである。ある個体群における一つの遺伝子が、二つの対立因子、たとえばAとa——青色の目と茶色の目に対応して——をもっているとしよう。そして、そのAという対立因子のために、その担い手は自然淘汰の意味でわずかに有利であるとしよう。個体群に作用する自然淘汰は実際に、その個体群におけるAという対立遺伝子の頻度を増やすことができるであろうか?

フィッシャー、J・B・S・ホールデーンとセウォール・ライトによって立証された答は、イエスである。ダーウィン説は正しいかもしれないのである。これが正しくあるための条件を定めることが、現代の集団遺伝学の基礎を用意した。しかし、その答は適応個体群によって探索される適応地形の構造——それがなめらかで単一ピークであるのか、でこぼこの多重ピークであるのか、それとも完全にランダムであるのか——に依存することがやがてわかってきた。そのような適応地形の構造や、その上でのより適応度の高い場所の探索の効能について、われわれはいまだによく知らない。突然変異や遺伝子の組み換えや自然淘汰は、実際にいつ高いピークを登ることができるのであろうか? 影響力の強いダーウィンの本が出てほぼ一四〇年の年月が経っているにもかかわらず、われわれはいまだに自然淘汰の可能性と限界を理解していないし、どういった種類の複雑系が進化過程によって組み立てられるのかを知らない。そしてわれわれは、自然淘汰と自己組織化がどのように力を合わせて、アルプスの草地における夏の午後の輝き——そこには、花や昆虫や虫たちや土や動物や人間が、いっぱい満ち満ちて世界を形作っているのであるが——を創造しうるのか、という問題を、理解しはじめてさえいないのである。

遺伝子型の空間と適応地形

さて、適応地形の簡単なモデルを詳細に考えるときがきた。これらのモデルは手はじめにすぎないけれど、自然淘汰の可能性と限界についての手がかりを、しっかりと与えてくれるのである。

人間は、ほとんどすべての高等動植物と同様に、二倍体である。われわれは両親から、各染色体の二つのコピーを受け取る。すなわち、一つは父親からであり、もう一つは母親からである。バクテリアは半数体であり、染色体のコピーをただ一つしかもっていない。典型的には、バクテリアは単に分裂するだけであり、両親ももたないし、性もない（これは完全に正しいわけではない。バクテリアは、時には交配をして遺伝物質を交換する。しかし、以下の議論においては、そのようなバクテリアの性を無視しても大丈夫である）。大部分の集団遺伝学は、二倍体交配個体群に関して発展したが、われわれはバクテリアのような半数体個体群に話の焦点を絞り、交配は無視する。このように話を限定することは、適応地形がどのようにみえるかというイメージを得る上で助けとなる。われわれはあとでまた、二倍性と交配というむずかしい問題についての記述をつけ加えることにする。

話を明確にするために、N個の異なる遺伝子——各遺伝子は、二つの型つまり対立因子（対立遺伝子）1と0で表現される——をもった半数体生物を考えてみよう。遺伝子がN個で、各遺伝子は二つの対立因子をもつので、可能な遺伝子型の数は、いまやおなじみの2^Nである。腸内で活発に生きている大腸菌は、約三〇〇〇の遺伝子をもっている。それゆえ、その遺伝子型空間には、2^{3000}すなわち10^{900}の可能な遺伝子型が存在する。遺伝子をたった五〇〇から八〇〇しかもたない、最も単純な自由生活生物、PPLO（牛肺疫菌様微生物、マイコプラズマ）でさえ、可能な遺伝子型は10^{150}と10^{240}の間である。さて、各遺伝子の二つのコピーをもった二倍体生物を考えよう。植物は、二万くらいの遺伝子をもっている。明らかに、各遺伝子が、それぞれ二つの対立因子をもっているなら、二倍体遺伝子型の数は、母方遺伝子に対する2^{20000}と父方遺伝子に対する2^{20000}を掛けて、約10^{12000}となる。明らかに、遺伝子型空間は広大であり、適度な長さのゲノムに対してさえ、もちうる状態数は天文学的な数字になる。種の個体群はどれでも、いつでも、可能な遺伝子型の空間のごくごく小さな部分しか実現していない。

自然淘汰は、より適した変異体を選び出すという働きをする。これは実際、どのようにして起こるのだろうか？　同一種の細菌個体群を考えよう。そして、そのうちのある部分は、細菌を青色にする遺伝子Bを含んでいるが、残りの部分は、細菌を赤色にする同じ遺伝子の別の対立因子Rを含んでいるとしよう。ある特定の環境では、青色よりも赤色のほうが有利であるとする。赤色の対立因子のほうが青色の対立因子よりも適している、と生物学者たちが言うときは、大雑把に言って、赤い細菌のほうが青い細菌よりも、分裂して子孫を残す確率が高いことを意味する。最も単純な意味においては、赤い細菌のほうがすばやく分裂して繁殖するであろう。赤い細菌に対する分裂時間が一〇分であり、それに対して青い細菌に対する分裂時間が二〇分であるとしよう。そうすると、一時間のうちに、初期の赤い細菌はどれも六回の分裂を起こし、2^6すなわち六四の赤い子孫を作るであろう。それに対して、青い細菌はどれも三回の分裂を起こし、2^3すなわち八個の青い子孫を作るであろう。赤い個体群も青い個体群も、時間の経過とともに指数関数的に増大するが、その指数の増加率は、青い細菌よりも赤い細菌のほうが大きい。このように、個体群内の初期の赤い細菌と青い細菌の比がどんな値であろうと、赤い細菌が少なくとも一つ以上あれば、やがて全個体群は、ほとんど完全に赤い細菌になるであろう。そして、青い細菌の割合は少なく、たえず減少していくであろう。より適した赤い対立因子に有利な自然淘汰は、細菌個体群の中でB遺伝子に比べてR遺伝子の頻度を増すであろう。あまり適していないものの代わりによく適したものを選ぶ自然淘汰の働きの核心部分である。

重要な詳細が抜けていた。初期の個体群の中に、ただ一つの赤い細菌とたくさんの青い細菌があったとしよう。そのただ一つの赤い細菌が分裂する前に、たまたま死んでしまうこともあるであろう。運が悪かったのである。ここで問題は、そのようなゆらぎや偶然の摂動が進化過程に影響を及ぼしうる、そして現に及ぼしているということである。大雑把に言うと、ひとたび赤い細菌の数がある閾値を超えると、赤い個体群が爆発的に増加する前にそれらがすべて偶然消滅する見込みは、ほとんどゼロである。ひとたびその閾値を超えると、たとえゆらぎが生じても、赤い細菌の個体群の容赦のない行進を止めることは、とてもできそうにない。

自然淘汰の力で遺伝子型の空間を横切って動いていく、あるいは流れていく適応個体群の話を後述する。あなたは、細菌のイメージを心にとめているはずである。もし、細菌の個体群がすべて青色から始まり、すべて青色のままだとすれば、何も起こらないであろう。しかし、ある細菌のB遺伝子が、偶然、対立因子Rに突然変異したとしよう。すると、その運のいい赤い欠陥とその子孫は、より速く分裂し、完全に青い細菌に取って代わるであろう。その個体群は、対立因子Bをもった遺伝子型から対立因子Rをもった遺伝子型に「移動する」であろう（実は、少数の青い細菌は、生き残るであろう。しかしわれわれは、実験を修正して、栄養制限型の連続培養装置であるケモスタットの中でその実験を行なうことができる。ここでは、食物を与え、細菌と使われなかった食物と廃棄物を取り除いて、細菌の数を一定に保つことができる。結局、青い細菌はすべて、この有限個体群の系の中で薄まり、赤い細菌のみが残るであろう）。

このようにして、適応地形と遺伝子型空間の考えが導入できた。生物圏の生物を形作る際に、自然淘汰が実際にどれほど有効でありうるのかをはっきり調べるために、道具としてこれらの考えを使うことにする。それでは、これらの適応地形は、実際どのようにみえるだろうか？　そして、そのような適応地形の性質が、進化的組み立て過程の成否をどのように支配しているのであろうか？

各遺伝子型の「適応度」が測れるとしよう。この適応度を、「高さ」と考える。より適した遺伝子型は、あまり適していない遺伝子型よりも、適応度が高いことになる。われわれは、もう一つの重要な概念、すなわち「隣り合った」遺伝子型という概念を必要とする。四つの遺伝子だけからなり、各遺伝子は二つの対立因子1と0をもっている遺伝子型を考えよう。したがって、可能な遺伝子型は、（0000）、（0001）、（0010）から（1111）に至るまでの一六個である。各遺伝子型は、四つの遺伝子のうち任意の一つを別の対立因子に変えることによって得られる遺伝子型と「隣り合って」いる。それゆえ、（0000）は、（0001）、（0010）、（0100）、（1000）と隣り合っている。

図8－4aは、一六個の可能な遺伝子型を示している。各遺伝子型は、数学におけるいわゆる四次元ブール・ハイパーキューブ（超立方体）上の頂点、すなわち「格子点」で表されている。ブール・ハイパーキューブの次元はちょうど、各遺伝子型に隣り合った遺伝子型の数に等しい。もしN個の遺伝子があれば、各遺伝子型に隣り合った遺伝子型の数は、ちょうどN個である。そして、可能な遺伝子型は全部で2^N個あり、そのおのおのは、ハイパーキューブの異なる頂点に位置している。

次のような特別な場合を考えよう。すなわち、一六個の遺伝子型のおのおのに、適応度をまったくランダムに選んで「割り当てる」。たとえば、0.0と1.0の間の小数をランダムに選び出すという約束をしてもよい。さて、遺伝子型を適応度の最も低いもの（1）から、最も高いもの（16）へと順に並べよう。この特別な気まぐれを実行するためには、ブール・ハイパーキューブ上のおのおのの頂点に、（1、2、3、……、16）の数字をランダムに割り当てれば十分である（図8-4b）。

このように、ランダムな適応地形を一つ準備できたとしよう。適応度をランダムに割り当てることに決めたのは、われわれのランダムな適応地形が、最大限に圧縮したコンピュータ・プログラムの適応地形に非常に似ているからである。どちらの場合も、ただ一つの「ビット」を変えることによって、わずかな突然変異を起こしただけで、「適応度」はまったくランダムになってしまう。

ひとたび、これらのランダムな適応地形の性質とその上での進化を理解すれば、生物についての適応地形と異なるのは何であるのかという問題や、その生物の適応地形が実はあまりランダムでないことや、その非ランダムさが複雑な生物の進化的組み立てにとってどれほど重要であるのかという問題などを、よりよく認識することができるであろう。われわれは、生物圏を形作るのが自然淘汰だけではないと信じる理由を見つけることになる。われわれの進化は、ランダムではない適応地形を必要とする。そのような適応地形の最も重要な源は、われわれが探し求めている自己組織化の原理のたぐいのものであろう。ここに、自己組織化と自然淘汰の結合の一部が見られる。

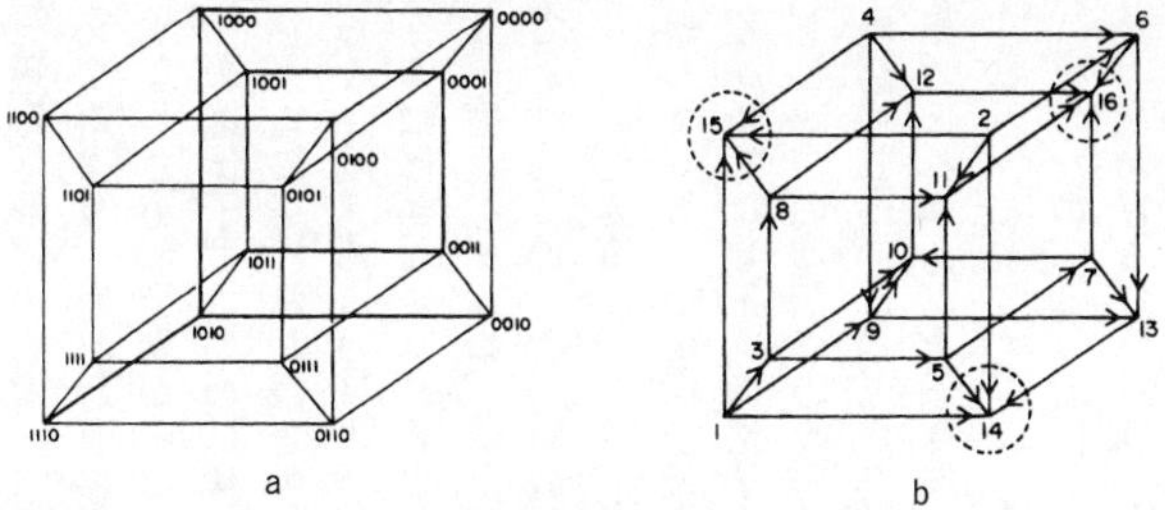

図 8-4　ブール超立方体。
a　4つの遺伝子をもつゲノムのすべての可能な遺伝子型。おのおのは2つの状態をとることができる。すべての可能な遺伝子型は、四次元ブール超立方体の頂点のいずれかで表される。各遺伝子型は、4つの隣接頂点と結ばれている。隣接する頂点にある遺伝子型はたがいに、1つの遺伝子だけが異なる。したがって0010は、0000、0011、1010、0110の「隣接」である。
b　各遺伝子型には、適応度の大きさがランダムに割り当てられている。適応度が最も悪いときには、適応度の大きさは1で、適応度が最も良いときには、適応度の大きさは16である。円で示した頂点は局所的なピークをもっており、その点での遺伝子型は、隣接するどの遺伝子型より高い適応度をもっている。各遺伝子型から出る矢印は、適応度がより高い隣接点を指している。

適応地形図の上で、より適応度の高い場所を探して歩く適応歩行の最も簡単な場合を考えてみよう。われわれの単純化したゲームの規則は、以下のように記述できる。ある頂点、すなわち遺伝子型から出発しよう。遺伝子が一つだけ突然変異した遺伝子型を考えよう。この遺伝子型はいわば隣接の遺伝子型ということになるが、こういう隣接遺伝子型は、ランダムに選ばれた任意の一つの遺伝子の対立因子を、たとえば1から0に、あるいは0から1に変えることによって得られるものである。もしその変異体のほうが適していれば、そこに行きなさい。もし適していなければ、そこに行くのをやめなさい。その代わり、もう一度ランダムに、遺伝子が一つだけ突然変異した別の遺伝子型を選び、それがより適していれば、この新しい遺伝子型に移動しなさい。

この処方箋に従えば、各遺伝子型からより適した隣接の遺伝子型（がもしあれば）に向かって「登る」矢印を使うことができる（図8-4b）。ある適応個体群は、適応地形のある局所的なピークの格子点に「置かれた」とすると、そこにとどまるであろう。しかし、もし四つの遺伝子のうちの一つに突然変異が起こり、得られた新しい変異体遺伝子型のほうが適していれば、より適した個体群は、あまり適していない個体群より成長するであろう。それゆえ、全個体群はハイパーキューブの初期の頂点から対応する隣の頂点に「移動する」、つまり流れるであろう。

そのため、もし遺伝子型の適応度を高さと見なせば、適応歩行はある遺伝子型から出発し、上に登るであろう。いまやわれわれは、ランダムな適応地形上のそのような適応歩行がどのようにみえるのか、なぜ進化がむずかしくなりうるのかを問うことができる。

より適応度の高い場所を探して歩くことの第一の本質的特徴は、ある局所的なピークに達するまで登り続けるということである。山地の頂上のように、そのような局所的なピークはすぐ隣のいかなる点よりも高いけれども、全体的にみて最適な最も高いピークよりもはるかに低いかもしれない。適応歩行は、そのような局所的なピークで止まってしまう。すぐ隣により高い点はないので、別の高い頂上に行くこともできず、そこにとどまらざるをえない。図8-4bにおける適応地形では、三つの局所的なピークがある。ここでは、われわれはたった四つの遺伝子と一六個の遺伝子型からなる小さな適応地形を考えている。非常に大きな遺伝子型空間では、何が起こるのだろうか？　何個の局所的なピークが存在するのだろうか？

ランダムな適応地形は、局所的なピークがいっぱいある。局所的なピークの数は、呆然とするほどの数 $2^N/(N+1)$ である（実際、なぜこれが正しいのかを確かめるのは、わりと簡単である。どの遺伝子型も、N個の隣り合った遺伝子型をもっている。N個の隣り合った遺伝子型と自分自身の遺伝子型の中で、自分が最も適している確率、言い換えると、自分自身が局所的なピークである確率は、$1/(N+1)$ である。2^N 個の遺伝子型が存在するので、それらのうち自分自身が局所的なピークである確率はちょうど、遺伝子型の数と任意の遺伝子型が局所的なピークとなる確率とを掛けたものである。その結果、先に書いた公式が得られる）。この短い公式は、ランダムな適応地形が超天文学的な数の局所的なピークをもっていることを示唆している。$N=100$とすると、約10^{28}の局所的なピークが存在する！

ランダムな適応地形図でのより適応度の高い場所の探索が、いかにとてつもなく困難であるのかが、このようにして明らかになってきた。われわれは、最も高いピークを探したいとしよう。われわれは、上に登ることによって探索を実行するだろう。ところが、その適応歩行は、ある局所的なピーク上でつかまってしまって、そのまま動けなくなるのである。その局所的なピークが全体的にみて最も高いピークである確率は、局所的なピークの数に反比例する。そのため、人間の場合の一〇万を例にとるまでもなく、たった一〇〇の遺伝子からなる適度な数の遺伝子型に対してさえ、その探索過程によって最も高いピークに登れる見込みは、約10^{28}分の1である。ランダムな適応地形図の上では、丘を登ることによる探索で全体的にみて最も高いピークを見つけるという方法は、まったく役に立たないことがわかる。結局は、やはり、可能性の全空間を探索しなければならないことになる。しかし、適度に複雑な遺伝子型、あるいはプログラムに対してさえ、全空間の探索は、宇宙の歴史よりも長い時間がかかるであろう。

適応地形図のどの点から出発しても、より適応度の高い場所を探す歩行によって、何ステップかあとには局所的なピークに達してしまう（図8-4b）。したがってわれわれは、そのようなピークへの歩行の長さの期待値がいくらであるのかを問うことができる。ランダムな適応地形では、非常にたくさんのピークが存在するため、ピークへの歩行の長さの期待値が非常に短い（たったLnNである。ここでLnNはeを底としたNの対数である。ある数の対数とは、底のベキ乗がその数に等しくなるときの、そのベキである。したがって、底が10の場合、一〇〇〇の対数は3であり、一〇〇の対数は2である）。だから、Nがたとえば一〇から一〇〇〇〇に増えるにしたがって、遺伝子型の数は著しく――実際には指数的に――増加するが、最適な点への歩行の長さの期待値は、（一〇の対数である約2.3から一〇〇〇〇の対数である約9.2まで）ほんのわずかしか増加しない。月の表面のように、どの点も局所的なピークに非常に接近しており、適応個体群につかまってしまうので、遠くにある高いピークをさらに探索することができなくなる。

しかし、状況はそれよりもさらに悪い。というのは、ピークが高ければ高いほど、ピークに向かって登ることは、たちまち非常に困難になるからである。図8－4bは、より適応度の高い場所を探す歩行のこの中心的特徴を示している。もし適応度の低い点から出発すれば、高いところに至る方向は複数個存在する。ところが上に登るにしたがって、さらに上に登り続けることのできる方向の数の期待値は減少し、ついには局所的に最適な点に至って、それ以上は、上に登る方向がなくなる。歩行が進むにつれて上に登る方向の割合がどのように減少するのかについて、何かスケーリング則は存在するだろうか？ランダムな適応地形の上では、その答は驚くほど単純である。各ステップののち、上に登る方向の数の期待値は半分になる。N＝10000の場合、適応度の最も低い点から出発すれば、上に登る方向の数の期待値は、（10000，5000，2500，1250……）のように次々に半減する。

したがって、高くなればなるほど、上に続く経路を見つけるのがますます困難になる。上に登る各ステップで、われわれは前のステップの二倍の道筋を試さなければならない。当然、上に登る各ステップののち、次のステップまでの待ち時間の期待値も二倍になる。すなわち、最初のステップでは一回の試みが必要であり、次のステップでは二回の試みが、その後は四回、八回、一六回の試みが必要である。一〇ステップでは、一〇二四回の試みが必要である。三〇ステップでは、上に登る道筋を見つけるために 2^{30} 個の方向を試さなければならない！　適応度が増すにしたがってこのように遅くなるのは、でこぼこの適応地形図の上（適度な場合でさえ）のあらゆる適応過程の基本的な特徴である。この遅延は、第9章でよりくわしく述べることにするが、生物学の進化および技術の進化の基礎にある主要な特徴である。

そのような不親切な地形で進化しようとしている生物の個体群の窮状について、さらに考えてみよう。ランダムな適応地形は、非常に多数の局所的なピークをもっており、そのうちの一つが、全体的にみて最適な点である。もしその個体群がある点から出発し、あらゆる可能な道筋で上に登ることができるとすれば、局所ピークのうち何個のピークに、その出発点から登ることができるのであろうか？　ランダムな適応地形図の上では、より適応度の高い場所を探す歩行をどの点から始めても、その個体群が上の方に登ることしかできなければ、ごくわずかな割合の局所ピークにしか到達することはできない。ランダムな適応地形は、ニューイングランドでのヒッチハイクに少し似ている。ここから目的地に到達する道筋はないのである。ランダムな適応地形図の上で進化し、最も高そうなピークを探すという手段にたよっていると、その個体群は、可能性の空間の微小な領域に閉じ込められたままになる。

あらゆる方向に落ち込んだりそびえたりしている、とてもありそうにない崖で構成されているこれらのランダムな月面においては、どこに行くべきかについての手がかりは存在しない。可能性の広大な空間に点在した、超天文学的な数の局所的なピークが混乱して存在するのみである。ハイカーは、数ステップ登ると、ある小さなピーク——空の星の数さえ少数だと言えるほどたくさんのピークの中の一つなのだが——に達してしまい、それより先の経路がないのを知って途方に暮れるであろう。どこからでも登りはじめなさい。そうすれば、あなたはその空間の非常に小さな領域に永遠に閉じ込められるであろう。

でこぼこの間に相関のある適応地形

ランダムな適応地形の上で進化してきたという複雑系は存在しないのである。あなたの窓の外の生物。おのおのの生物を構成している細胞。それらの細胞の中に入っているDNAやRNAやタンパク質分子。森林や高山の草地や草原などの生態系。われわれが生計を立てている科学技術の生態系——アメリカ海軍空母フォレスタルに関する標準的な運営手続き、ゼネラル・モーターズ社の工場での一連の生産工程、イギリスの慣習法や電気通信ネットワークなどなど——、これらはすべて、小さな「突然変異」が、小さな変化も大きな変化も引き起こしうる適応地形の上で進化する。

進化することのできるもの——分子の物質代謝網、単細胞、多細胞生物、生態系、経済システム、人々など——はすべて、適応地形の上で生きており、進化する。そして、その適応地形は、それ自体特別な性質をもっており、その性質のおかげで、進化は「実際に起こり」うるのである。これら現実の適応地形——ダーウィンの漸進主義の基礎となる好例であるが——は、でこぼこの間に「相関」をもっている。近くの点は、似た高さをもつ傾向がある。高い点ほど見つけるのが簡単である。というのは、その地形は、どちらの方向に進むのが最もよいのかについての手がかりを与えてくれるからである。切り立った断崖絶壁からなるぎざぎざの月面とは違って、これらの適応地形は、ネブラスカの地形のようになめらかで平坦であり、ノルマンディーのゆるやかな丘のようになめらかで丸みを帯びており、あるいは、アルプスのように平坦なでこぼこであろう。アルプスはでこぼこではあるが、ランダムな月面に比べれば登るのはやさしい。コンパスとバックパックと簡単な弁当とよい登山用具を持てば、モンブランへの道を見つけて登頂し、日帰りすることもできる。つらい一日であろうが、すばらしい一日である。高地への冒険である。

しかし、もし現実の適応地形のでこぼこの間に相関があるとすれば、それらを研究するには何からはじめればよいのだろうか？　われわれはいま、有用な理論を作るにあたって、一つの問題に直面している。ランダムな適応地形は、ほとんど一義的に定義される。つまり、ある分布の中からランダムに選んだ値を適応度として、遺伝子型空間内の遺伝子型に割り当てるだけでよい。しかし、でこぼこの間に相関のある適応地形の場合はどうだろうか？　よくはわからないがたぶん、相関のある適応地形を作るには、数えきれないくらいたくさんの方法があるだろう。われわれは、有益な方法を見つけることができるだろうか？

数年前に、サンタフェ研究所での新しい友人たち——アリゾナ大学から来た固体物理学者ダン・シュタインとデューク大学から来たリチャード・パルマーとプリンストン大学から来たフィル・アンダーソン——がスピングラスについて話しはじめるまで、私はどう進めていいのかについて、何も考えをもっていなかった。スピングラスは、乱れた磁性物質の一種であり、アンダーソンは、その振る舞いを理解するためにモデルを導入した最初の物理学者の一人である。私の導入するNKモデルは、物理学におけるスピングラスの一種の遺伝学版である。NKモデルの長所は、遺伝子型の異なる特質がどのようにして異なるでこぼこの度合いをもった適応地形に帰着するのかを明確に示し、そして一群の適応地形を制御しながら調べることができるという点にある。

もう一度、理論生物学者の抽象的なレンズを通して、生物を眺めてみよう。まず、N個の特質をもったある生物を考えてみてほしい。その特質はおのおの、二者択一的な状態0と1をとるとする。これらの記号は、ある特質に対しては、「低い鼻」と「高い鼻」を表すかもしれないし、別の特質に対しては、「がにまた」対「まっすぐな足」を表すかもしれない。そうすると、任意の生物は、N個の特質のおのおのの1か0の状態の一意的な組合せでできていることになる。いままでのところ、特質の可能な組合せは2^N個であり、そのおのおのは、われわれの仮説生物の可能な全遺伝子型である。たとえば、低い鼻でがにまたの生物、高い鼻でがにまたの生物、低い鼻でまっすぐな足の生物、高い鼻でまっすぐな足の生物が存在しうる。われわれはこれらを、00, 01, 10, 11で示すことができる。

ある生物の適応度は、それがどの特質をもっているかに依存する。だから、これらの生物の任意の一つの適応度を、その特質の特定の組合せで理解できればいいと考えることにしよう。ここで問題が生じる。ある決まった環境において、ある特質——たとえば、低い鼻対高い鼻——の、生物の適応度への寄与は、他の特質——たとえば、がにまた対まっすぐな足——に依存するであろう。もしがにまたであれば、低い鼻をもつことはおそらく、非常に有益であろう。しかし、まっすぐな足であれば、低い鼻は有害であろう（よりもっともらしく言えば、太い骨は、重い生物にとっては有益であろうが、ほっそりした足の速い生物にとっては有害であろう）。

要するに、一つの特質の一状態がその生物の全適応度に与える寄与は、その他の多くの特質の状態に、非常に複雑に依存するであろう。類似の問題は、N個の遺伝子——各遺伝子は二つの対立因子をもっている——からなる半数体の遺伝子型を考える場合にも生じる。一つの遺伝子の一つの対立因子が、生物全体の適応度に及ぼす寄与は、その他の遺伝子の対立因子に複雑に依存するであろう。遺伝学者たちは、遺伝子間のこうした結合を、エピスタシスあるいは優位な（上位の）対立遺伝子の結合と呼んでいる。これは、染色体上の他の場所にいる遺伝子が、ある決まった場所にいる遺伝子の適応度に寄与することを意味する。二つの遺伝子LとNがあるとすれば、それらはおのおの、二つの対立因子LとlおよびNとnをもっているであろう。L遺伝子は足を制御する。Lはまっすぐな足を与え、lはがにまたを与える。N遺伝子は鼻の大きさを制御する。Nは大きな鼻を与え、nは小さな鼻を与える。二つの遺伝子の対立因子は、これらの特質を制御しており、大きな鼻の有用性は足の形に依存するであろうから、各遺伝子の各対立因子が生物全体の適応度に与える寄与は、他の遺伝子にある対立因子に依存するであろう。

われわれは、他の遺伝子が適応度に寄与するという遺伝子のこの現象を、優位な相互作用のネットワークと考えることができる。第4章で紹介したゲノムネットワークを思い出してみよう。このネットワークにおいては、遺伝子はたがいにスイッチを入れたり切ったりすることができた。いまここでは、それとはわずかに違った考えを進めている。もし各遺伝子を格子点で描けば、われわれは各遺伝子を、その適応度に影響を及ぼす全遺伝子とつなぐことができる。NKモデルは、優位な結合のそのようなネットワークの特徴をよくとらえており、結合効果の複雑さをモデル化している。そこでは、各特質あるいは遺伝子に、K個の他の特質あるいは遺伝子からの「入力」を割り当てることによって、優位性そのものをモデル化している。したがって、各遺伝子の適応度への寄与は、その遺伝子自身の対立因子の状態、およびその遺伝子に影響を及ぼすK個の他の遺伝子の対立因子の状態に依存する。

遺伝子間の優位性の実際の効果は、非常に複雑である。ある決まった遺伝子の一つの対立因子が、別の遺伝子のある決まった対立因子の適応度への寄与を急激に高めるかもしれない。他方、最初の遺伝子の別の対立因子が、二番目の遺伝子の同じ対立因子を有害にするかもしれない。そうした優位性の効果は確かに生じるが、ある生物における二つの遺伝子間のそのような結合の詳細を確証するには、むずかしい実験が必要なことを遺伝学者たちは知っている。何千もの遺伝子間のあらゆる優位性の効果を確証しようという試みは、現在のところ、一つの種においてさえ実行不可能である。ましてや、多くの種においては問題外である。

優位性の効果を何らかの方法でランダムに割り当てることによって、複雑な優位性の相互作用をうまくモデル化できることが、いくつかの要因から示唆されている。とりあえずは、生物学のことを無視したほうがよい。次にわれわれは、でこぼこだがそのでこぼこの間に相関のある適応地形のかなり一般的なモデルを作り、そのような適応地形がどのようにみえるのか、どんな生物的特徴が適応地形のでこぼこの度合いと関係があるのかを理解していくことにしよう。優位な結合の適応度への効果を「ランダムに」モデル化できたなら、探し求めている種類の適応地形の一般的なモデルが手に入ったことになる。さらに、もし運がよければ、いくつかの場合における現実の適応地形は、われわれのモデル適応地形に非常によく似ていることがわかるであろう。われわれは、現実の適応地形の正確な統計的特徴を、われわれの相関のある適応地形を使ってとらえることができる。したがって、実際の生物における優位な結合の詳細をすべて確証する実験などすることなしに、生物において生じるような優位性や、それの適応地形や進化への効果を理解することができるであろう。要するにわれわれは、モデルを作ることによって、適応地形の構造および進化に関する生物学の一般法則を探し求めることができるのである。

NK適応地形の例を完成させるのは容易である。N個の遺伝子のおのおのに、K個の他の遺伝子を割り当てよう。これらは、ランダムに選んでもよく、何か別の方法で選んでもよい。各遺伝子の、全遺伝子型の適応度への寄与は、それ自身の対立因子(1または0)および、そこへの入力を与えるK個の対立因子(1または0)との両方に依存する。それゆえ、その適応度への寄与は、$(K+1)$個の遺伝子に存在する対立因子に依存する。各遺伝子は、二つの対立因子の状態の一つの状態にいるので、可能な対立因子の組合せの数は、全部で2^{K+1}である。

NKモデルを、図8-5の、$N=3$および$K=2$の場合——つまり、ゲノムは三つの遺伝子をもっており、そのおのおのは他の二つの遺伝子からの影響を受ける場合——を例として説明しよう。この場合、各遺伝子の適応度への寄与は、ゲノム内の全遺伝子、つまり、自分自身と他の二つの遺伝子に依存する。言い換えれば、Kは最大値$(N-1)$である。可能な対立因子の組合せのおのおのについて、N個の遺伝子のおのおのおよび、それに影響を及ぼす$(N-1)$個の遺伝子に対して、0.0と1.0の間の小数をランダムに割り当てる。

残された仕事は、遺伝子型全体の適応度を考えることである。N個の遺伝子の平均適応度をもって、遺伝子型全体の適応度と定義することにしよう。すなわち、その生物全体がどれほど適しているのかを調べるためには、N個の遺伝子の適応度への寄与を合計し、Nで割ればよい。

図8-5におけるNKモデルは、2^3すなわち八個の可能な遺伝子型のおのおのに対する適応地形を与えており、そのおのおのは、三次元ブール立方体の頂点、(000)、(001)、……、(111)に位置している。そのような適応地形は、すべてが目に見える点が優れていることに注意しよう。さまざまな歩行で到達することのできる、二つの局所的に最適な点があるとか、そのような歩行に沿った上に登る方向の数は減少しているとかが、視覚的にわかるのである。

つまり、遺伝子一個あたりの優位性の入力の数Kが変われば、適応地形図の上のでこぼこの度合いやピークの数が変わる。Kを変えることは、制御つまみをねじるようなものである。なぜこういうことが起こるのだろうか？　それは、遺伝子間の優位な相互作用のネットワークをもったわれわれのモデル生物が、拮抗する制約網の中にとらえられているからである。Kが大きければ大きいほど――すなわち遺伝子が相互により密に連結していればいるほど――、ますます多くの拮抗する制約が存在する。そのため、適応地形はますますでこぼこになり、局所的なピークはますます増加する。

Kが増加すると、なぜ拮抗する制約が増すのかは、簡単に確かめることができる。NK

a

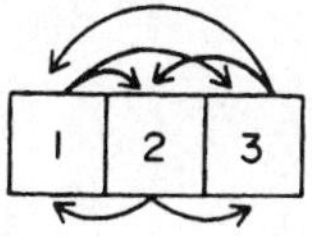

b

1 2 3	w_1	w_2	w_3	$W = \frac{1}{N}\sum_{i=1}^{N} w_i$
0 0 0	0.6	0.3	0.5	0.47
0 0 1	0.1	0.5	0.9	0.50
0 1 0	0.4	0.8	0.1	0.43
0 1 1	0.3	0.5	0.8	0.53
1 0 0	0.9	0.9	0.7	0.83
1 0 1	0.7	0.2	0.3	0.40
1 1 0	0.6	0.7	0.6	0.63
1 1 1	0.7	0.9	0.5	0.70

c

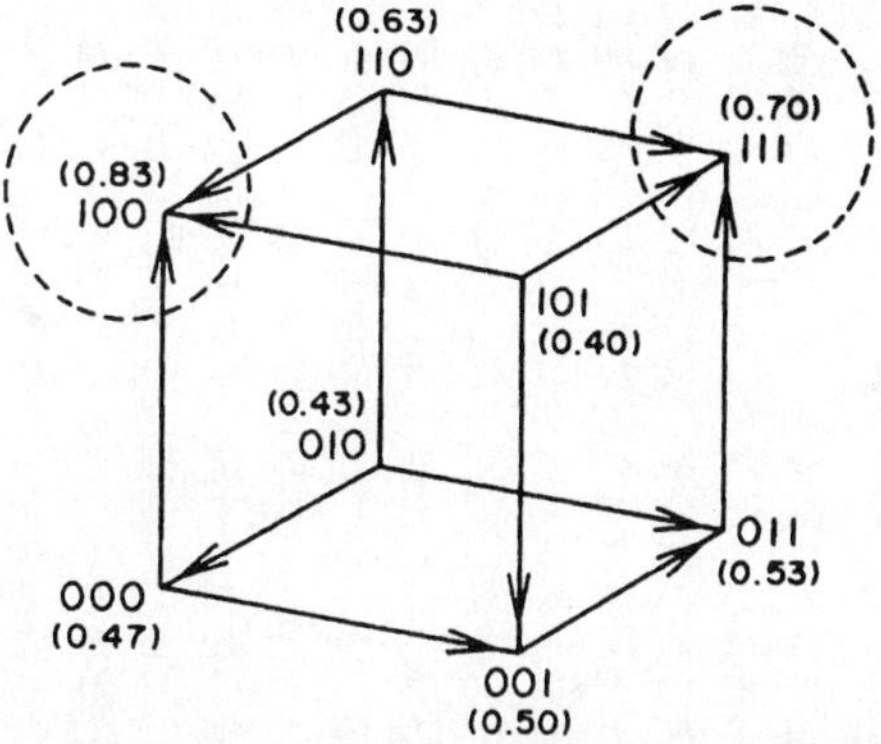

図 8-5　適応地形の構築。3 つの遺伝子（$N=3$）からなる遺伝子ネットワークの NK モデル。各遺伝子は、1 または 0 の 2 つの値のどちらかをとる。各遺伝子は、他の 2 つの遺伝子からの入力を受ける（$K=2$）。この図の例は、$K=(N-1)$ で、K は可能な最大値をとっている。この場合には、適応地形上の点の間の相関はなくなり、遺伝子型空間の各点での適応度はまったくランダムになる。

a　2 つの入力が、各遺伝子に任意に与えられている。

b　$2^3=8$ 個の遺伝子型の各遺伝子に、適応度への寄与（0.0から1.0の間の値）を割り当てている。このとき、各遺伝子型の適応度の大きさは、3 つの遺伝子の適応度の寄与の算術平均で与えられるとする。

c　適応地形が構築されている。ここでも、円で囲まれた頂点は局所的に最適の適応度をもっている。

モデルはまた、次の点が優れている。二つの遺伝子が、同じK個の入力のうちのかなりのものを共有しているとしよう。対立因子の状態のおのおのの組合せが適応度に及ぼす寄与の大きさは、ランダムに割り当てられている。だから、共有した入力の中で、遺伝子1にとっての最善の選択は、遺伝子2にとっての最善の選択とならないことは、ほぼ確実である。すなわち、拮抗する制約が存在するわけである。もしそれらの優位性入力の間に相互結合が存在しなければ、遺伝子1と遺伝子2を同程度に「幸せ」にする方法はない。このように、Kが増加すると、相互結合は増加し、拮抗する制約の様子はさらに悪化する。

適応地形をでこぼこした多重ピークにしているのは、これらの拮抗する制約である。非常に多くの制約が拮抗しているので、明快なすばらしい一つの解というよりも、かなり控えめで妥協した非常に多くの解が存在する。言い換えれば、高度の低い局所ピークが、たくさん存在することになる。適応地形はさらに一層でこぼこしているので、適応するのはますます困難である。われわれの圧縮されたコンピュータ・プログラムを思い出せば、Kの増加は、プログラムの圧縮度の増加のようなものである。どちらの場合も、こういう状況に至ると、その系のおのおのの小さな部分は、系全体の他の部分に影響を及ぼすことができるようになる。相互結合の密度が増すと、ただ一つの遺伝子（あるいは、プログラムにおけるただ一つのビット）を変えるだけで、系全体にその影響が及ぶであろう。ゲノムがわずかに変化すると、それに対応して適応度がわずかに変化するといったように、実際に系がなめらかに進化するのはむずかしい。そのため、その効果を考え合わせると、Kが増加するにつれて、ピークの高さは低くなり、その数は増加し、そしてその適応地形を渡って進化することはますます困難になる。

適応地形の構造とそれの進化可能性への影響についてのわれわれの直感を研ぎすますために、つまみを回して$K=0$の状態から始めよう。この場合は、各遺伝子は他のすべての遺伝子と無関係である。優位性入力や相互連結はないので、拮抗する制約は存在しない。適応地形は、なめらかで緩やかな斜面をもった一つのピークからなる「富士山」のような景色である。これは理解しやすい。「1」という値がたまたま、各遺伝子に対してより適した対立因子であったとしよう。このようにしても、一般性は失われない。そうすると、明らかにグローバルに最適な遺伝子型（1111111111）が唯一存在する。しかも、（0001111111）のような他のどの遺伝子型も、対立因子0のおのおのを次々と対立因子1に「反転」させることによって、グローバルに最適な点に登ることができるのは明らかである。そのため、適応地形の上に他のピークは存在しない。というのは、他のどの遺伝子型も、グローバルに最適な点に登ることが可能だからである。さらに、ただ一つのその遺伝子を1から0に変えても、遺伝子型の適応度はせいぜい（$1/N$）しか変わらないので、隣り合った遺伝子型の適応度は、あまり違わない。それゆえ、ピークの側面はなめらかである。ただ一つのピークは、一般的な出発点からは非常に離れている。もしランダムな遺伝子型から出発すれば、半分の遺伝子が0であり、残りの半分が1であると期待される。したがって、ピークへの歩行の長さ、あるいは距離の期待値は、全空間のさしる方向の数は1だけ減少する。そして、上に登る方向はN個存在する。そして、グローバルに最適な点に必ず到達する適応歩行に沿って、上に登る各ステップで、その数は、(N－1)(N－2)等々と一つずつ減少するであろう。このように上に登る方向の数が徐々に減少することは、各ステップでその数が半減するランダムな適応地形とは、はっきりと異なっている。そのようななめらかで単一ピークの適応地形図の上では、ランダムに遺伝子を突然変異させ、より適した遺伝子型を選択する適応生物の個体群は、富士山の頂上への道をすぐに見つけるであろう。ここには、ダーウィンの理想的な漸進主義が存在する。

しかし、今度は反対にKのつまみを回して、最大値(N－1)にしてみよう。この場合、遺伝子はすべて、他のすべての遺伝子によって影響を受ける。Kが最大値(N－1)まで増加すると、適応地形はまったくランダムなものになる(図8－5)。これは簡単に確かめられる。任意の一つの遺伝子を、別の対立因子に変えると、その遺伝子および他のすべての遺伝子に影響が及ぶ。おのおのの影響を受けた遺伝子に対して、その適応度への寄与は、0.0と1.0の間の新しいランダムな値に変えられる。これは、N個すべての遺伝子に対して成り立つので、ただ一つの遺伝子だけを突然変異させた新しい遺伝子型の適応度は、最初の遺伝子型とは関係のないまったくランダムなものになる。

(K＝N－1)の場合、適応地形は完全にランダムであるので、われわれが先に述べたような性質がすべて現れることになる。適応地形には、$2^K/(N+1)$個の最適な点が存在する。そのため、遺伝子の数が多いと、局所ピークの数は超天文学的数字になる。局所ピークへの歩行の長さは、非常に短い。どこから出発しても、適応系は、ごく少数の局所ピークにしか登ることができない。このことは、適応系が、状態空間の小さな領域に閉じ込められていることを意味する。上に登る各ステップごとに、上に登る方向の数は半減する。その結果、系が適応地形の上方に行けば行くほど、適応度の向上速度（登山速度）は急速に遅くなる。これらすべての理由のために、最も高いピークへの適応進化は、事実上不可能となる。

Kを最小値0から最大値$(N-1)$まで調整しながら増加させると、相関はあるけれどもますますでこぼこで多重ピークをもった適応地形が作られる。ピークの高さは低くなるが、適応地形は、ますますでこぼこで多重ピークをもつようになる。このことは、図8-6で確かめることができる。この図は、Kの値を増やしたときの、ある局所ピークのすぐ隣の適応地形を示している。Kが増えるにしたがって、ピークの高さは低くなるが、ピークの隣は、よりでこぼこになる。NKモデルを考え出したときの私の目的は、でこぼこではあるが、そのでこぼこの間に相関が存在する、そんな適応地形を調べられるようにすることであったことを、ここで思い出しておこう。

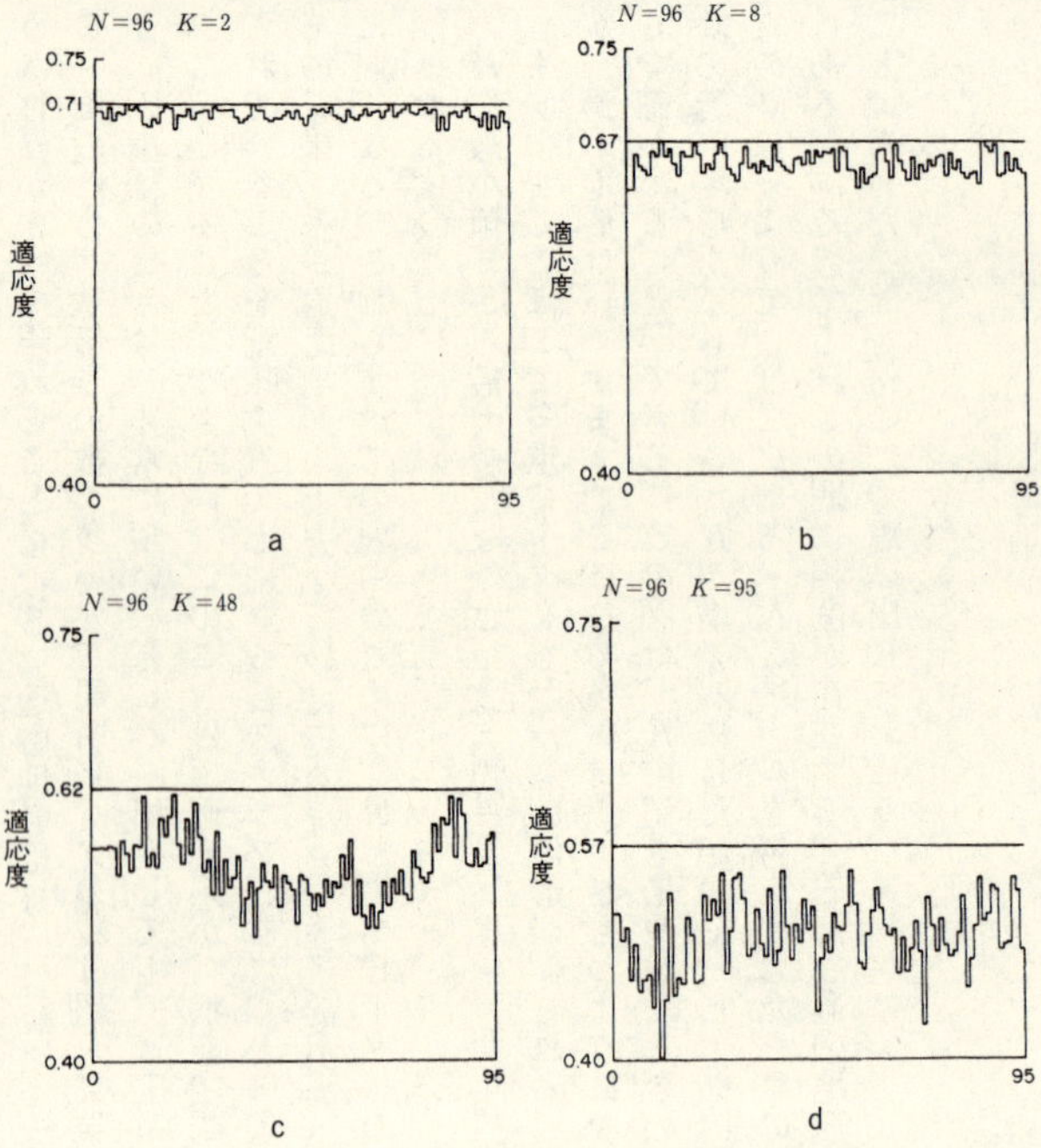

図 8-6　局面のでこぼこの調節。適応地形のでこぼこは、遺伝子ごとの入力の数（K）を調節することによって変わる。局所的に最適点のすぐ近傍の地形が、K を変化させたときに、どのように変わるかを示している。K の値は、a から d へとしだいに増えている。K の増加とともに適応度のピークがしだいに下がり、ピークの近傍の地形はよりでこぼこになる。

でこぼこした適応地形の上での進化

現実の適応地形は、富士山のように単純でもなければ、まったくランダムでもない。あらゆる生物――そして、あらゆる種類の複雑系――は、$N=0$の適応地形である富士山と（$K=N-1$）の月面との間のどこかに調整された相関のある適応地形――でこぼこであるがランダムではない適応地形――上で進化する。そこでわれわれは、進化がどのように実現していくのか、という問いに対するわれわれの洞察力を深めるような一般的な特徴を、これらのでこぼこの適応地形に見いだすことができるかどうかを、考えてみなければならない。

コンピュータ・シミュレーションを使って、われわれは、NK適応地形を神の目で眺めることができる。つまり、以下のように驚くほど大きなスケールの特徴を見下ろすことができる。図8－7は、Kが小さいと、ピークはアルプスの高い山頂のように、たがいに近づいて群がるということを示している。拮抗する制約がほとんどなければ、適応地形は非均質である。すなわち、高いピークが密集する特別な領域が存在する。それゆえ、可能性の空間にこの特別な領域を占めることは、適応過程にとって有益である。しかし、Kが増加し、適応地形がいっそうでこぼこになると、高いピークはたがいに離れて散らばる。そのため、非常にでこぼこの適応地形の上では、高いピークはランダムに点在する。これが起きると、適応地形は均質になる。すなわち、どの領域も他の任意の領域とほぼ同じ状況

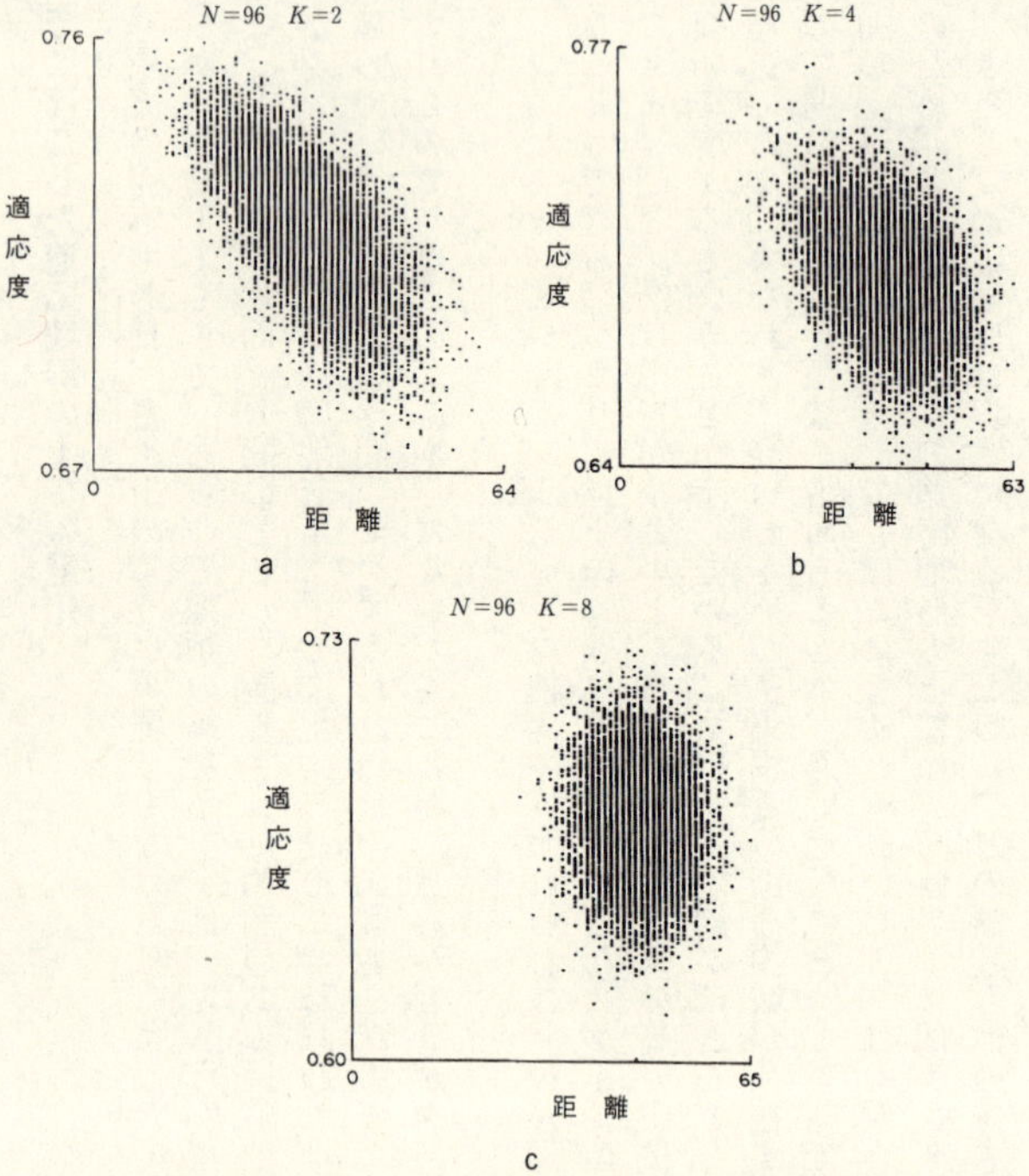

図 8-7　距離を調節する。各点の適応度の大きさが、最高のピークからの「距離」の関数として、描かれている。

a　外からの入力の数が少ない場合（$K=2$）には、高いピークはたがいに集まって現れる。したがって、この図は、左上がり、右下がりの楕円になる。

b　K が 4 まで増えると、高いピークはたがいに離れ出すので、楕円は垂直の方向に移動する。

c　K が 8 にまで増えると、高いピークがたがいの近くに集まる傾向はまるでなくなり、楕円は垂直になる。

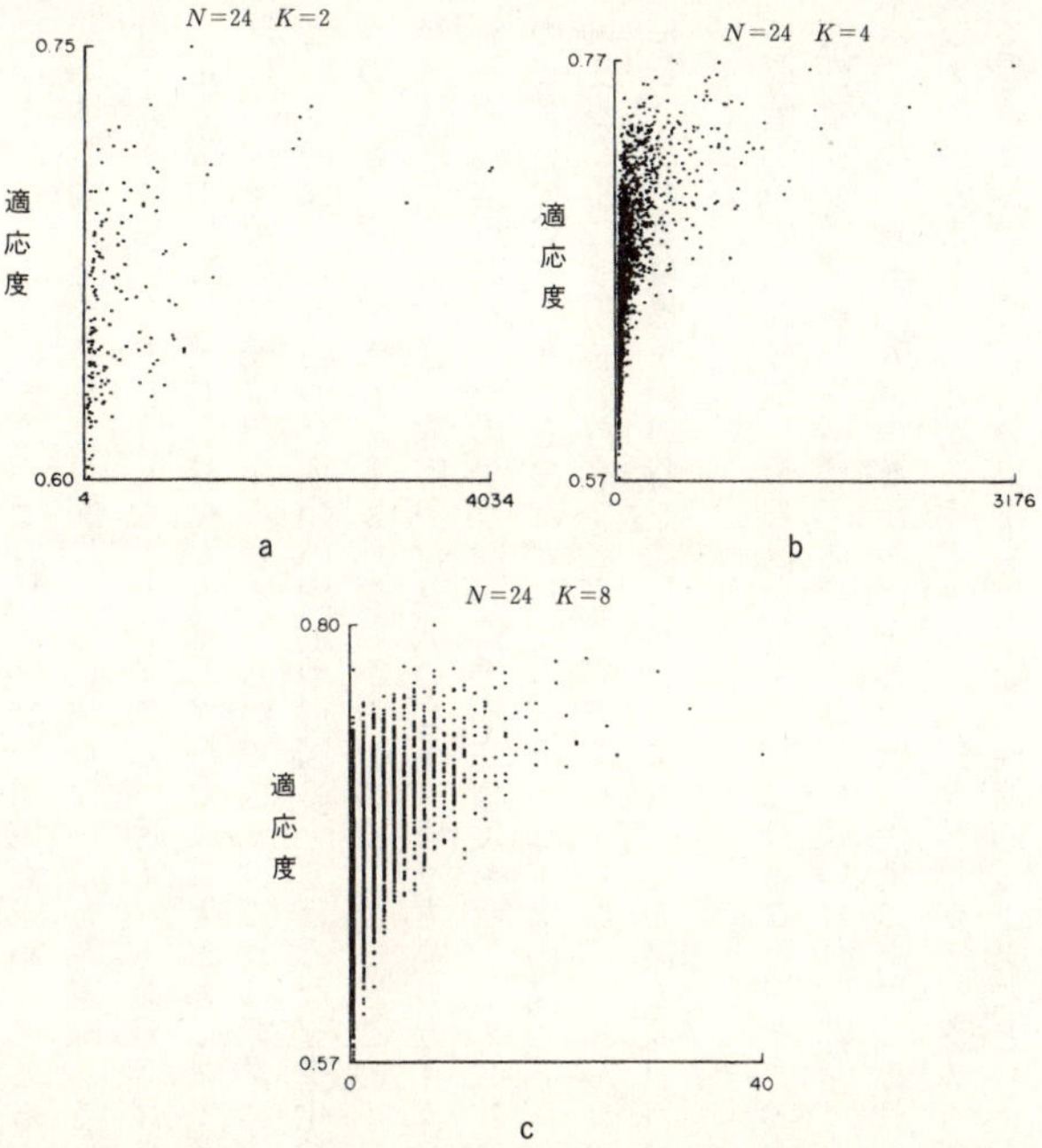

図 8-8　より高いほうを目指して登る。適応地形が適当にでこぼこしている場合には、最も高いピーク群は、大多数の初期位置から登ることができる。

になる。このことはまた、よいピーク群の領域を求めてどこもかしこも似たりよったりの適応地形図の上をあちこち探しても意味がないことを意味している。よいピーク群の領域などは、まるっきり存在しないからである。図8-8に注目すると、適度なでこぼこをもった適応地形は、著しい特徴が共通して現れることがわかる。すなわち、最も高いピーク群は、大多数の初期位置から登ることができる。これは非常に勇気づけられることである。というのは、こういった種類の適応地形図の上では、なぜ進化的探索があれほどうまくいくのかを、説明できるかもしれないからである。でこぼこの（しかしランダムではない）適応地形図の上では、適応歩行は低いピークよりも高いピークに登りつく可能性が高い。もし適応個体群が、そのような適応地形に何度もランダムに「跳び込もう」とし、毎回上のピークに登ろうとするのだとしたら、そのピークの高さと、個体群がそのピークに登る頻度との間には関係があることが理解できる。もし、われわれの適応地形図を上下逆さまにし、かわりに最も低い谷を探したとすれば、その最も深い谷は、最も広い領域を埋めつくすことがわかる。

遺伝子型の大部分が、最も高いピーク群に登ることができるという性質は、当たり前の性質ではない。最も高いピーク群は、非常に狭いけれど非常に高い頂上であるかもしれない。また、適当に広がった丘の頂をもつ低い台地の上に、それらの最も高いピーク群がそびえていることもあるだろう。もし、適応個体群がランダムな場所に置かれ、上に向かって歩いたとすれば、自分自身が、単なる局所的ピークにとらえられていることに気づくであろう。ここでわれわれが発見したわくわくするような事実は、さまざまのでこぼこ適応地形のうちのかなりの数のもの——NK群——に対して、最も高いピーク群が最大領域を「埋めつくす」ということである。これは、拮抗する制約の複雑な網を反映したもので、ほとんどのでこぼこした適応地形がもつ、非常に一般的な性質であるかもしれない。そのためこれは、生物学（および技術）の進化を支えるような場合の適応地形がもつ非常に一般的な性質であるかもしれない。

ランダムな適応地形の別の著しい特徴を思い出そう。すなわち、上に登る各ステップで、

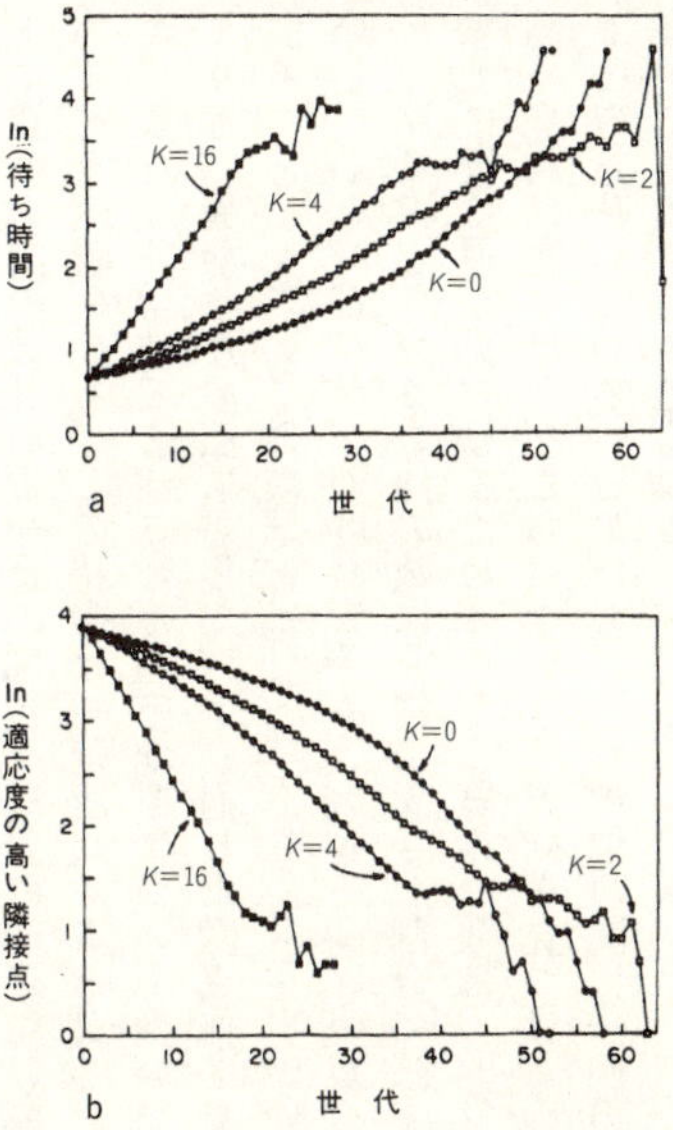

図 8-9　減少し続ける到達可能な隣接点の数。でこぼこした適応地形図では、（より高い適応度を目指して）丘を上に登る各ステップごとに、さらに高い所へ通ずる道がある一定の割合で減少し、より適応度の高い隣接点の数は減り続ける。
a　より適応度の高い隣接点を探し出すまでの待ち時間（あるいは試行回数）の自然対数を、異なる K の値ごとに、試行ステップ（あるいは世代）の関数として表したもの。
b　より適応度の高い隣接点の割合の自然対数を、異なる K の値ごとに、試行ステップ（あるいは世代）の関数として表したもの。

上に登る方向の数はある一定の割合（二分の一）だけ減少し、そのため、登り続けるのがいっそう困難になる。この特徴は、適度にでこぼこした適応地形についてはほとんどの場合、また、非常にでこぼこした適応地形についてはいつも必ず、現れるものである。図8－9は、異なるKの値に対して、より適した変異体を見つけるのに要する待ち時間が増加すること（a）、および適応歩行ではより適した近隣の数が減少すること（b）を示している。ひとたびKが、適度に大きく（およそ$K=8$かそれ以上に）なると、上に登る各ステップで、上に登る方向の数は非常に大きな割合で減少する。そして、待ち時間、すなわち上に登る道を見つけるために行なう試みの数は、非常に大きな割合で増加する。これは、高く登れば登るほど、さらに上に登る方向を見つけるのが、指数関数的にむずかしくなることを意味している。そのため、もし単位時間に一回の試みを行なうとすれば、登山速度は、指数関数的に遅くなる。

もし、ランダムな適応地形図の上で、上に登ろうとして苦労し、上に行く道を探しているなら、最初は一回の試み、次には二回の試み、その次には四回、さらに次には八回等々の試みが必要である。そして、上に登る方向の数はステップごとに半減し、そのため、上に登る試みの数は倍増する。したがって、登山速度は、大きな勾配で指数関数的に遅くなる。いくぶんなめらかな適応地形図の上では、Kが適度に大きいと、上に登る方向の数の減少の割合は各ステップで、二分の一よりも小さくなる。しかし、ここでも遅くなり方は指数関数的である。優位な相互結合Kが増加すると、適応地形はよりでこぼこになり、適応速度はいっそう急速に遅くなる。

このようにわれわれは、非常に多くの、でこぼこした適応地形のきわめて基本的な性質を明らかにすることができた。上に登るにつれて、登山速度は指数関数的に遅くなる。これは単なる抽象概念ではない。そのように指数関数的に遅くなるのは、生物学の進化の特徴であるだけでなく、技術の進化の特徴でもある。

なぜこうなるのだろう？　生物学の進化も技術の進化も、拮抗する制約条件でいっぱいになった系を最適化しようとする過程だからである。生物、人工物、および組織は、相関があって、かつでこぼこな適応地形図の上で進化する。たとえば、超音速輸送機を設計しているとしよう。燃料タンクをどこかに備えつける必要があるので、それを運ぶための、強くて柔軟な翼を設計しなければならない。また、機内に制御装置を取り付けなければならないし、座席や油圧装置などを設置しなければならない。設計問題全体の中のある部分に対する最適解は、別の部分に対する最適解と拮抗する。そこでわれわれは、裏にかくれたさまざまな拮抗する制約条件を満足させるように、総合問題に対する妥協案を見つけなければならない。同様に、食料を探し求める生物は、時間と能力資源をその活動にうまく配分しなければならない。しかし、草地を速く疾走することは、食料を求めてひとつひとつの場所を注意深く調べることと拮抗する。これらの拮抗する要求は、どのようにしてともに最適化されるのだろうか？　木は、日光をとらえるために物質代謝源を利用して葉を作るより、むしろ昆虫を寄せつけないために同じ物質代謝源を利用して化学毒素を作ることもあるだろう。その木は、資源配分において拮抗する制約を、どのように解決するべきなのか？

生物と人工物は、このような拮抗する制約の結果として、でこぼこした適応地形図の上を進化する。一方で、それらの拮抗する制約条件は、適応探索がピークに向かって高く登ると、登山速度が指数関数的に遅くなることを教えてくれる。

神の目で見た眺め

これらのモデルの創造主であるわれわれが、ピークと谷の全体を見下ろし、その大きなスケールの特徴を見抜くのは、十分容易なことである。しかし、生物自身はどうだろう？われわれがこれまで議論してきたすべての例に対して次のことが言える。すなわち、適応地形図の上でより高いところに移動する仕方について、適応個体群が得ることのできる手がかりは、目の前にある情報からのものに限られている。突然変異と自然淘汰だけによる進化は、可能性の空間における局所的な探索に限られ、局所的な地形によってしか導かれない。

もし、適応個体群が神の目で眺めることができて、大きなスケールの適応地形図の特徴を把握することができさえすれば——言い換えると、いまいる場所からただ盲目的に上に登るのではなく、どこに進化するべきかを知ることができるなら——、粗末な局所的ピークにとらえられることはなくなるであろう。適応個体群が、もう少し広い視野でみられさえすればどんなに有利になることだろう。

実は、それは可能なのである。そして、雌雄という性――われわれがこれまで考えてこなかった一種の遺伝的変異――こそが、おそらくその答であろう。

なぜ性が進化したのかという問題は、生物学における大きな神秘の一つである。ご承知のように、もしあなたが分裂する幸運なバクテリアであれば、あなたの適応度は、ちょうどあなた自身の分裂速度である。しかし、性が進化するや否や、一人の子どもを作るのに二人（母と父）が必要となる。このため適応度には単純に二重のロスが生じる！　一人の子どもを作るのに親が二人も必要だなんて、なぜそんなめんどうなことをわざわざするのだろう？　その答として、遺伝子の組み換えを可能にするために性が進化してきたのだと、生物学者たちは考えている。そして、遺伝子の組み換えは、適応地形のまさにこれら大きなスケールの特徴を神の目で見たような、そうしたたぐいの眺めを提供してくれる。

性のある生物は二倍体であり、半数体ではない。卵子は、母方の全数の染色体の半分を含んでおり、精子は、父方の全数の染色体の半分を含んでいることを思い出そう。卵子と精子は接合子になり、全数の染色体が再び作られる。卵細胞と精子の成熟の間に、減数分裂の過程が起こる。母親由来の親染色体のランダムな半数が、卵細胞に引き渡される。父親由来の親染色体のランダムな半数が、精子に引き渡される。しかし、親染色体のランダムな半数が選ばれる前に、卵子のもとになる細胞あるいは精子のもとになる細胞内において、これら母方染色体と父方染色体の間で遺伝子の組み換えが起こる。卵子のもとになる細胞の場合を取り上げよう。その細胞は、いくつかの異なる染色体の、母方コピーと父方コピーをもっている。母方のコピーと父方のコピーの一つずつが隣り合って整列する。遺伝子の組み換えが起こると、両染色体の同じ場所が開裂し、父方染色体の左端が母方染色体の右端と結合する。そして、新しい組み換え染色体が一つできる。他方、父方染色体の右端は母方染色体の左端と結合し、もう一つの組み換え染色体ができる。もし、二つの染色体上の対立因子が、(000000)と(111111)であり、二番目と三番目の遺伝子の間で開裂が起これば、二つの組み換え染色体は、(001111)と(110000)になるであろう。

性はどのようにして、適応地形図を神の目のように眺めることができるのか? ある適応個体群が、適応地形図のある領域に広がっているとしよう。適応地形図の上の異なる場所にいる生物間の遺伝子の組み換えによって、その適応個体群は、親の遺伝子型の間にある領域を「見る」ことができる。母方染色体と父方染色体が、(111111)であったとしよう。そうすると、この場合、遺伝子の組み換えが起こっても、最初の四つの遺伝子に新しいパターンは生まれないが、最後の二つの遺伝子に新しい組合せ(111101)と(111110)ができるであろう。ここで、遺伝子の組み換えは、二つの親の遺伝子型の中間の遺伝子型を生み出している。二つの親の染色体が、(111111)と(000000)のように、まったく違っていたとしよう。遺伝子の組み換えは、最初と二番目の遺伝子間、二番目と三番目の遺伝子間など、どの点でも起こりうる。そのため、遺伝子の組み換えによって、非常に多くの異なる遺伝子型、(111110)、(111100)、……、(000001)が作られる。そして、それらはすべて、遺伝子型空間において、二つの親の遺伝子型の中間に位置している。

遺伝子の組み換えがあるので、適応個体群は、適応地形の大きなスケールの特徴を使って、高いピークを見つけることができる。このような大きなスケールの特徴は、それ自体はまったく同じものであるが、適応地形を登っている半数体の個体群からは、あまりよくみえないか、あるいはまったくみえないので、その場合には局所的な手がかりにしたがうしか仕方ないということになる。

もし、適応地形がアルプスのような形をしているとすると、最も高いピーク群は、たがいに密集している。したがって、高いピーク群にいれば、もっと高いピーク群に関する相互情報が手に入る。もし、あなたがある高いピークの上あるいはその近くにいて、私が別の高いピークの上あるいはその近くにいるとすれば、われわれの間に存在する領域は、もっといっそう高いピーク群を探すのに申し分のない場所だということになる！ もし、あなたがジュネーブにいて、私がミラノにいるとすれば、われわれの間に存在する領域は確かに、よいスキー場を探すのに適した場所であろう。

もし、最も高いピーク群が、最大領域を「埋めつくす」のなら、遺伝子の組み換えは、この大きなスケールの特徴を利用することもできる。もし、あなたと私が高いピーク群の側面の十分上のほうにいて、結婚し、そして遺伝子の組み換えのおかげで、われわれの間にあるランダムな位置にわれわれの子孫を産み落とすとすれば、その子どもたちがすでに適応度の高い場所——そしてもっと重要なことであるが、さらに高いピーク群に登ることのできる場所！——に降り立つ可能性は、非常に高い。

比喩を使わずに言えば、次のようになる。もしある個体群が、その近くのピーク群に向かって登るために、単純な突然変異と自然淘汰を使い、そしてまたその個体群の構成員間の遺伝子型空間を探索するために遺伝子の組み換えを利用すれば、その個体群は、適応地形の局所的な特徴と大きなスケールの特徴の両方を利用して、適応することができる。適応度は、はるかに大きい速度で増加する。まさにこのことが、われわれのNK適応地形図で起きているのである。自然淘汰だけでなく、突然変異と遺伝子の組み換えの両方を使って適応している個体群は、突然変異と自然淘汰だけを使っている個体群に比べて、改良に向けてはるかに容易に進むことができるのである。

たいていの種に性があるのは、少しも不思議ではない。しかし、われわれの難問は、半分しか述べられていない。遺伝子の組み換えは、ある適応地形図の上では目もくらむばかりのすばらしい探索戦術であるが、他の適応地形図の上では、災禍になる。たとえば、遺伝子の組み換えは、ランダムな適応地形図の上では役に立たない。それは役に立たないというだけではなく、もっとたちが悪い。たとえば、あなたと私が局所的なピークに登ったとしよう。少なくともわれわれはいま局所的なピークにいるが、もしわれわれの遺伝子が組み換えられると、われわれの子孫は中間地帯に産み落とされ、平均して、われわれよりもはるかに低い適応度をもつであろう。遺伝子の組み換えは、「不適当な」種類の適応地形では明らかに有害である。

したがって、適応度において厄介なことを伴う二重の犠牲を払っても、たいていの種に性があるとすれば、遺伝子の組み換えが一般に有益なものでなければならない。つまり、(1)生物内で起きる種類の拮抗している制約条件が、遺伝子の組み換えが有益であるような適応地形を、ちょうどたまたま作り出すか、あるいは、(2)自然淘汰そのものが、遺伝子の組み換えが有益であるような性質をもった生物を選択または組み立てたか——のどちらかである。

これら二者択一のどちらが正しいであろうか? 私にはわからない。私は、両者が混ざり合っていると思う。われわれは再び、進化の神秘を感じはじめている。現存している種類の生物を作り上げる際に、自然淘汰もまた、それらが進化する適応地形を作るのに役立つであろう。そして、進化——突然変異だけではなく、遺伝子の組み換えによっても生じる——を最も支持することのできる適応地形を選ぶ。進化可能性そのものは、大勝利である。突然変異、遺伝子の組み換え、および自然淘汰から恩恵を受けるため、個体群は、でこぼこであるが「十分に相関のある」適応地形図の上を進化しなければならない。NK適応地形という枠組みにおいて、「Kのつまみ」は十分に調整されなければならない。われわれは非常に幸運で、進化できるような優位な(上位の)結合の密度をたまたまもっているのか、それともそのつまみを調節する何かが存在したかのどちらかである。自然淘汰が生物学的秩序の唯一の源であると信じている人々は、自然淘汰そのものによって、適切なレベルの優位性、つまり正しいKの値をもった生物が作り出されたと考えなければならない。しかし、自然淘汰は、適応地形を作り上げるほど強力なのであろうか？ それとも、自然淘汰の力には、限界があるのだろうか？ もし自然淘汰が、進化可能性を保証するほど強くはないとしたら、どのようにして、そのような進化可能性が達成され、そして維持されているのであろうか？ 自己組織化なら、役割を果たせるであろうか？ ここに、われわれの考えを修正しなければならない深遠な問題がある。

自然淘汰の限界

もし自然淘汰が、原則として、「何でも」成しとげることができるのだとすれば、生物におけるあらゆる秩序は、自然淘汰のみを反映していることになる。しかし実際は、自然淘汰には限界がある。そのような限界は、生物科学におけるわれわれの考えの転換を必要としはじめている。

われわれはすでに、自然淘汰に関する最初の強力な制限に出会った。役立つ変異を徐々に蓄えるというダーウィンの見方は、漸進主義が前提となることを、われわれはみた。突然変異は、表現型にわずかな変化をもたらすにちがいない。しかしわれわれはいまや、そのような漸進主義が失敗に終わるような、二つのモデル「世界」をみてきた。最初の世界は、最大限に圧縮されたプログラムに関係していた。これらはランダムであるので、ほぼ間違いなく、いかなる変化も、そのプログラムの演算をランダムにする。数個の最小プログラムのうちの一つを見つけるためには、全空間を探索する必要がある。そしてそれは、適度な大きさのプログラムにおいてさえ、宇宙の歴史と比べて想像もできないほど長い時間を必要とした。自然淘汰によって、そのような最大限圧縮されたプログラムに達することはできない。われわれの第二の例は、NK適応地形である。もし、優位な結合の豊富さKが非常に高く、最大値（$K=N-1$）に近いならば、適応地形図は完全なランダムに近づく。ここでもまた、最も高いピークあるいは数個の最も高いピーク群のうちの一つの位置を知るには、可能性の全空間を探索する必要があった。普通の大きさのゲノムに対して、これはまったく不可能なことである。

さらに悪いことには、そのようなランダムな適応地形図の上では、以下のような事情があった。もしある個体群が、突然変異と自然淘汰だけによって進化するとするなら、それは全空間の微小な領域に閉じ込められることになり、どこから出発しようともその近くの領域に、永遠にとらえられたままになる。その個体群が、高いピーク群を求めて、空間を横切り遠いところを探索することなど、まったくできない。かといって、その個体群が思い切って遺伝子の組み換えを試みたところで、害を受けることになる場合すらあり、そうでなくとも概してあまり役に立たない。

自然淘汰には、別の制限がある。自然淘汰が失敗するのは、ランダムな適応地形図の上においてだけではない。漸進主義の中核地域——まさにここで、ダーウィンの仮説が成り立つ——に位置すると思われる、なめらかな適応地形図の上においてさえ、自然淘汰はやはり失敗することがあって、結構手痛い失敗を起こす。自然淘汰は、「エラーによる崩壊」——そこでは、蓄積された有益な特質のすべてが消えてしまう——にまっ逆さまに落ち込む。

でこぼこの適応地形図の上で進化しているバクテリアの個体群を、ここでも考えてみよう。その個体群の振る舞いは、個体群の大きさ、突然変異率、適応地形図の構造などによって決められる。個体群のサイズを——たとえばケモスタット（生存数を一定にする培養器）を使うことによって——一定に保ち、適応地形の構造を固定した上で、ある適当な実験技術を採用して突然変異率を低い値から高い値に調整することを考えてみよう。何が起こるだろうか？　個体群は、はじめは遺伝的に等価であるとしよう。それゆえ、あらゆるバクテリアは、遺伝子型空間における同一点に位置している。突然変異率が非常に低いとすると、より適した変異体が現れるまでには時間がかかるが、いったん突然変異が起こると、その影響は個体群全体に急速に波及する。したがって、個体群は全体として、より適した隣の遺伝子型に「ひょいと跳び移る」ことができる。十分な時間がたてば、その個体群はまさにわれわれが考えてきたような適応歩行を実行し、ある局所的なピークに着実に登り、そしてそこにとどまることになる。

しかし、もし突然変異率が非常に高いとすると、多くのより適した変異体とあまり適していない変異体が非常に頻繁に見いだされることになる。この場合には、何が起こるであろうか？ そのときは、個体群が、遺伝子型空間におけるはじめの点から広がり出て、あちこちの方向に向けて登るであろう。この場合、さらに驚くべきことには、たとえ個体群をある局所的なピーク上で放しても、そこにとどまらないことであろう！ 簡単に言えば、突然変異率が非常に高いため、あまり適していない変異体とより適した変異体を比較して、個体群をそのピークに戻す速度よりも速く、個体群がピークから出て「拡散」してしまうのである。エラーによる崩壊——これはノーベル賞受賞者マンフレッド・アイゲンおよび理論化学者ピーター・シュスターによってはじめて発見されたものである——が起きたのである。というのは、その個体群の中で築き上げてきた有益な遺伝情報は、個体群がそのピークから拡散し去ると、失われてしまうからである。

要約すると、次のようになる。突然変異率が増加しても、その値があまり大きくない場合には、個体群は局所的なピークに登り、その近辺にとどまる。突然変異率がさらに増加して十分高い値に達すると、個体群はそのピークから散り出していき、適応地形図の上のほぼ等しい適応度の尾根に沿って広がりはじめる。ところが、突然変異率がよりいっそう増加すると、個体群は尾根のはるか下方に下り、適応度の低い低地にまで行き着いてしまう。

アイゲンとシュスターは、このエラーによる崩壊の重要性を強調した最初の人たちであった。彼らがその重要性を強調したのは、それが自然淘汰の力の限界を意味するからである。十分高い突然変異率では、個体群は有益な遺伝的変異体を集めて全体として有効に働くことはできない。それどころか、突然変異によって引き起こされた「拡散」は適応度空間全体への「拡散」をもたらし、その結果として、自然淘汰の働きを無効にしてしまうので、個体群は適応ピークへ向かうことができなくなる。

別の観点から眺めると、この限界をよりいっそう顕著にみることができる。アイゲンとシュスターは、遺伝子一個あたりの突然変異率が一定である場合、遺伝子型における遺伝子の数がある臨界値を超えて増加すると、エラーによる崩壊が生じるであろうということも強調した。したがって、突然変異と自然淘汰によって組み立てられうるゲノムの複雑さには、限界があるように思われる。

要するに、自然淘汰は二重の限界に遭遇することになる。非常にでこぼこした適応地形の場合には、個体群は局所的な領域にとらえられ、閉じ込められる。一方、なめらかな適応地形図の上では、個体群はエラーによる崩壊をこうむり、ピークから流れ出してしまって、遺伝子型は、あまり適したものにならない。自然淘汰は、これらの限界に遭遇しても、無力であるとは限らない。なぜなら、自然淘汰は、生物が進化する適応地形のでこぼこの度合いを形作る際にも一役買っているからである。どのような役割を果たすのかについては、すでにいくつかみてきた。たとえば、遺伝子間の優位な相互作用の形成ができこぼこの度合いを変えるということを、NKモデルそのものからも示した。しかし、自然淘汰の力には限界があるので、都合のよい適応地形が自然淘汰のみから獲得できるかどうかは疑わしいように思える。おそらく、別の秩序の源が必要である。すでに内部秩序を示している系があり、かつ、すでに自然調整された適応地形があって、しかるのち自然淘汰の出番が与えられれば、自然淘汰はそこではじめて本領を発揮できるのである。そうなっていないかぎり、進化は不可能であろう。

こういう形で、自己組織化と自然淘汰は、本質的に結びついていると、私は思う。自己組織化は、進化可能性そのものの前提条件であるかもしれない。自発的に自分自身を組織化することのできる系のみが、さらに進化することができるのである。より適した変異体を選ぶにすぎない単純な自然淘汰の像から、何と遠くまで来たことであろう。進化は、よりいっそう微妙ですばらしいものなのである。

自己組織化、自然淘汰、そして進化可能性

私の窓の外の秩序は、どこから来たのだろうか？　自己組織化と自然淘汰の両方からだと、私は思う。われわれは生じるべくして生じたものであり、しかも場当り的な存在でもある。われわれは、究極の法則の子どもである。しかしそれと同時にわれわれは、歴史上の偶然の金襴から生まれた子どもである。

どういう織り方の織物なのかは、まだ誰も知らない。けれど、生命という織物は、想像

以上に豊かなものである。それは、ヌクレオチドの微小部分に作用する量子力学的出来事のランダムな気まぐれによって非現実的に採掘され、ふるいにかけることによって作り上げられた偶然の金の糸で織られた織物である。しかしその織物は、基礎になる法則――自己組織化の原理――を反映する全体の模様、構造、織り込まれたリズムをもっている。

自己組織化と自然淘汰というこの新しい結合に対して、どのような理解をはじめたらいいだろうか？「理解をはじめる」ことぐらいしか、いまわれわれには望めない。われわれは新しい領域に足を踏み入れようとしている。新大陸の海辺の波打ち際に上陸するやいなや、この新大陸については何もかも知っていると考えるのは、傲慢なことである。われわれは、まだ存在していない新しい概念上の枠組みを探し求めているのである。科学のどこを探しても、自己組織化、自然淘汰、偶然、自然の設計の関係を記述し研究する適切な方法は存在しない。歴史科学の中で法則を位置づける適切な理論的枠組みがないのと同様、法則が支配する自然科学の中で歴史を位置づける理論的枠組みはない。

しかしこれまで述べてきた議論の結果、われわれの手がけるべきテーマ、つまり織物の中の織り糸がみえてきた。第一のテーマは、自己組織化である。われわれの直面するものが、脂質二重膜の小胞を自発的に形成する脂質であろうと、低エネルギー状態に自己集合するウイルスであろうと、松かさの葉序のフィボナッチ数列であろうと、秩序領域での遺伝子の並列処理ネットワークの創発的秩序であろうと、化学反応系における相転移としての生命の起源であろうと、生物圏の超臨界的な振る舞いであろうと、あるいは高いレベルでの共進化のパターン——生態系や経済システムや文化システムまでもが対象になりうるもの——であろうと、そこに何らかの法則があることをわれわれはみてきた。これらの現象はすべて、神秘的ではない創発的な秩序の兆候を示す。われわれは、この新しい織り糸を信じはじめており、その力を感じはじめている。問題は二重構造になっている。一つは、そのような自発的秩序の豊富な源泉をまだ理解できていないことである。いま一つは、自己組織化がどのように自然淘汰と相互作用するのかを理解するのが、非常に困難だという点である。

われわれの手がけるべき第二のテーマは、自然淘汰である。自然淘汰が神秘的でないのは、自己組織化と同じである。自然淘汰は強力であるが、限界があることは納得していただいたと思う。あらゆる複雑系が、進化過程によって組み立てられうるというわけではない。実際に進化過程によって進化するような複雑系としては、どのようなものがあるのかを理解しなければならない。

第三のテーマは歴史的偶然の不可避性である。結晶については合理的な形態学で説明することができる。なぜなら、結晶内の原子が占めることのできる空間群の数は、限られているからである。元素の周期表も合理的に説明できる。なぜなら、原子構成要素の安定な配列の数が、比較的限られているからである。しかしひとたび、化学のレベルの話になると、存在可能な分子の種類が宇宙にある原子の数より多くなる。もしこれが正しければ、生物圏における実際の分子は、存在可能なすべての分子の種類のうちのごくごく一部にすぎないことは明らかである。こう考えていくと、われわれがいま目にできる分子は、ある程度、この生命の歴史における歴史的偶然の結果であることは、ほぼ確かである。可能性の空間があまりに大きすぎて、実際にその可能性を使いつくすことができないときに、歴史が生まれる。

テーマを列挙するのは簡単である。まったくわかっていないのは、それらの間の相互関係である。

一つ確かな手がかりがある。すなわち、進化過程がうまくいくためには、それが探索する適応地形は、多かれ少なかれ相関をもっている必要があることである。ダーウィンの漸進主義を仮定したとき、相関のある適応地形を示すのは現実の物理化学系のうちのどんなものだろうか？ 総合的な答はもっていないが、糸口ならすでにもっている。われわれの脂質小胞は、ダーウィンが要求する意味において安定である。脂質小胞の基本は、脂質分子自体が少し変わっても、あるいは脂質分子の混合比率、脂質と非脂質分子の割合、さらには溶媒が少し変わっても、すべてあまり大きく変わることはない。そのような小胞は、安定な低エネルギー熱平衡状態にある（第1章でわれわれは、ボールの底を転がる球のイメージを使った）。その安定な形態は、細かい変化に関して、少なくとも近似的には維持され続けていく。同じことが、自己集合するウイルス、DNAあるいはRNAの二重らせん、あるいはそれらの遺伝子によって暗号化された折り畳まれたタンパク質に対しても言える。細胞と生物は、そのような安定な低エネルギー構造を十分にうまく利用している。

そのような系の形成する安定な構造を「頑強」であると見なしても、間違いはないであろう。

非平衡系もまた、頑強でありうる。渦散逸系は、非常にさまざまな容器の形、流れの速度、流体の種類、流体の初期条件に対して、長時間持続する渦ができるという意味で、頑強である。そのため、系の構成パラメータと初期条件を少しだけ変えると、振る舞いは少しだけ変化する。

渦は、力学系におけるアトラクターである。しかし、アトラクターは、安定な場合もあるし、不安定な場合もある。二つの意味で、不安定が生じる。第一に、系を構成する際に生じる小さな変化が、系の振る舞いを劇的に変えるかもしれない。そのような系は、構造的に不安定であると言われる。さらに、初期条件における小さな変化が、その後の振る舞いを急激に変えることがある（バタフライ効果）。逆に、安定な力学系は、どちらの意味においても安定である。構成における小さな変化は、典型的には振る舞いの小さな変化しかもたらさない。その系は、構造的に安定である。そして、初期条件における小さな変化は、振る舞いの小さな変化しかもたらさない。バタフライは眠っている。

われわれは、不安定なカテゴリーに入る力学系も、安定なカテゴリーに入る力学系も、両方調べてきた。われわれのゲノム調節系のモデルである大規模ブール式ネットワークは、カオスの領域にいることもあれば、秩序領域にいることもある。あるいは、カオスの縁の複雑な領域である相転移付近にいることもある。われわれは、力学系の安定性と、適応地形のでこぼこの程度との間に、明確な関連があることを知っている。カオスの領域にあるブール式ネットワークと、他の多くのクラスのカオス力学系は、構造的に不安定である。小さな変化が、系のそれまでの振る舞いを打ちこわす。そのような系は、非常にでこぼこした適応地形の上で適応する。それとは対照的に、秩序領域にあるブール式ネットワークは、その構造に対する突然変異によっても、わずかしか変化しない。これらのネットワークは、比較的なめらかな適応地形の上で適応する。

われわれは、この章で議論したNK適応地形モデルから、系内の拮抗する制約条件の豊富さと、系が進化していかなければならない適応地形のでこぼこの度合いとの間に関係があることを学んだ。われわれは、生物が進化していく適応地形の構造を修正するために、自然淘汰が生物と生物の構成要素とを変えることができることを、もっともなことだと信じている。ゲノム系をカオスの領域から秩序領域へもっていくことによって、自然淘汰は確かにネットワークの振る舞いを調整する。遺伝子の優位な結合を調整することによって、自然淘汰はまた、適応地形の構造を調整し、でこぼこの構造からなめらかな構造へと変えることによって、そのような生物が探索する適応地形のでこぼこの程度が調整される。

生物を構成する際の拮抗する制約のレベルを低いところから高いところに変えることによって、そのような生物が探索する適応地形のでこぼこの程度が調整される。

生物が進化するだけではなく、生物の探索する適応地形の構造も進化する、と考える必要があるわけだ。自然淘汰は、非常になめらかな適応地形図の上では、エラーによる崩壊に直面し、非常にでこぼこした適応地形図の上では、可能性の空間の小さな領域に過度にとらえられてしまう危険性があるので、自然淘汰は「よい」適応地形を探し求めるのではないかということも、われわれは考えなければならない。われわれは、どんな種類の適応地形が「よい」のか、詳細はまだまったく知らない。ただ、そのような適応地形は、ランダムではなく、密な相関をもっていなければならないという結論を下しても大丈夫であろう。

しかし、われわれが議論してきたように、自然淘汰が限界をもっているがゆえに生ずる疑問がある。自然淘汰そのものは、それがうまく働くような適応地形図の上で適応する種類の生物を作り上げ、維持することができているのだろうか。自然淘汰が自発的に進化可能性に到達し、それを維持することができるのかどうかは、けっして明白なことではない。もし、細胞と生物が、本質的に自然淘汰の働きうるような実体でないとしたら、自然淘汰はどのようにして、足がかりを得ることができるのだろうか？　結局、どのようにして、進化そのものは進化可能性を生み出し、自力で進むことができるのだろうか？

そのためわれわれは、じれったい推論に戻らざるをえない。すなわち「自己組織化は進化可能性にとって必要条件であり、自然淘汰から恩恵をこうむることができるような構造を作り出す」という推論である。自己組織化は、徐々に進化することができる頑強な構造を作り出す。というのは、自発的秩序、頑強さ、冗長性、漸進主義、相関のある適応地形の間には、必然的な関係があるからである。冗長性をもった系は、多くの突然変異が振舞いの変化をめったに引き起こさないという性質をもっている。冗長性は漸進主義を生む。

しかし、冗長性の別の名は、頑強さである。頑強な性質は、多くの細かい変化に鈍感であるということである。脂質細胞の、あるいは秩序領域でのゲノムネットワークにおける細胞型のアトラクターの頑強さは、冗長性の言い換えにすぎない。まさに頑強さのために、そのような系は、変異を少しずつ蓄積することによって形成されうる。したがって、冗長性の別の名は、構造安定性である。構造安定性は、折り畳まれたタンパク質や集合したウイルスや秩序領域におけるブール式ネットワークが示す性質である。安定な構造と振る舞いは、形成されうるのである。

この考えが大雑把に正しければ、自己組織化され頑強なものは、間違いなく自然淘汰に顕著に利用されそうである。そうすると、自己組織化と自然淘汰の間に、必然的で基本的な拮抗はなくなる。これら二つの秩序の源泉は、自然のパートナーである。細胞膜は脂質二重膜であり、ほぼ四〇億年の間、安定であった。それは、それが頑強であり、しかもその頑強な形態が自然淘汰を受けてもたやすく順応するからである。ゲノムネットワークは、秩序状態で、かつおそらくはカオスの縁付近にある、と私は信じている。なぜなら、そのようなネットワークはたやすく形成される無償の秩序の一部であるからである。そしてまた、そのような系は構造的にも動的にも安定であるからである。そのため、ゲノムネットワークは、さらなる環境に適応するために、相関のある適応地形図の上を移動することができるのである。

しかしもし、自己組織化された頑強な性質を利用して——それらの特徴が、進化において手の届くところにあり、しかも同じ自己組織化された特徴が、ちょうどたやすく作られるため——自然淘汰が生物を作ってきたとすれば、われわれは単なる、下手にいじくりまわしたがらくたのよせ集め、場当たり的分子機械ではない。分子から細胞、組織、生物へのさまざまなレベルで、生命の構成要素はまさしく、生命がうまく機能するような、頑強で自己組織化された創発的な性質をもっている。もし自然淘汰が、その構成要素の安定な性質をさらに形成するだけであれば、そのような系によって示される創発的で法則に満ちた秩序は、生物の中に維持されるであろう。自発的秩序は、自然淘汰によるふるい分けを通して——それがどんなものであろうと——輝きをみせるであろう。

自然淘汰は、その構成要素の自発的秩序を超えたところに達することができたであろうか？ おそらくできたであろう。しかしわれわれは、それがどれほど遠くに達したのかを知らない。自然淘汰の探し求める形態が、まれで、ありそうでないものであればあるほど、ますます典型的ではなくなり、頑強でなくなる。そして、典型的で頑強な形態に戻るための突然変異の圧力は、ますます強くなるであろう。となると、やはり自発的な秩序がその輝きをみせていることになるのであろう。だから、われわれは法則の中心にいるのだ。進化は確かに、「翼を得た偶然」であるが、それはまた、基礎となる秩序の表現でもある。

われわれは生じるべくして生じたものである。われわれは宇宙の中にしっかり居場所をもっている。

9

生物と人工物

技術や経済や社会もより適した地位をめざして進化する

生物は自然が生み出す秩序と自然淘汰により形作られるが、人工物はホモ・サピエンスが作り上げるものである。生物と人工物はそのスケールや複雑さ壮大さにおいて大きく異なる。とくにその進化の過程に費やされる時間は比べものにならないが、それでも、両者の間には注目に値するだけの類似点が存在する。

生命は、種がさまざまな方向へ分岐していく中で、時間的にも空間的にも広がっていく。カンブリア紀の生物の爆発的出現は、その最もよく知られた例である。多細胞生物が生まれてまもなく、まったく新しい進化の大爆発が生命の広がりをもたらした。生命は多細胞生物としての生活を楽しみながらも、むちゃくちゃな踊りを踊るようにして進化の方向を可能なかぎりすべて探っていった。リンネの分類表を上から下へ、一般的なものから特殊なものへと埋めつくすよう、それぞれ異なる身体の設計図をもった種が膨大な実験を繰り返すうちに急速に出現し、そしてさらに変化していった。数多くの変異が現れ、それが上位の分類単位である門の基礎を作り、その後いわゆる下位の分類単位である綱、目、科、属を形成する細かな変異につながった。そしてはじめの狂乱の宴とも言える進化の爆発が終わると、初期の生き物の形態は絶滅し、多くの門は失敗に終わり、最も優勢な身体設計に落ち着くことで三〇程度の門が残った。それらは、脊椎動物や節足動物などを含み、生物圏を支配したのである。

これらの経緯は技術の進化とどれほど異なるだろうか。技術の進化においては、人間が根本的な発明を行なう。そして、その時代その時代において、基礎的な技術革新をきっかけに過剰とも言える新たな可能性が試され、異なる形態のものが爆発的に生まれるという体験をしてきている。そしてまた、われわれはこの可能性の爆発を楽しんできたのである。こうした狂乱の宴のあと、われわれは優勢となったいくつかの基本設計の上に立って、より細かな修整に終始するようになる。この優勢となった基本設計は、ある系統の技術が絶滅するまでしばらくの間テクノロジーの世界を支配する。いまや誰もローマ時代の城を攻める重砲など作ろうとはしない。榴弾砲と短距離ロケットがそんな機械を絶滅させてしまったのである。

生物の進化と技術の進化の主要な側面が、同じ法則で支配されている可能性はないだろうか。生物と人工物はともに設計上の制約、それもたがいに矛盾するような制約条件に縛られている。すでに示したように、この制約がでこぼこの適応地形を作り出している。われわれは市場の選択原理の圧力を受けながら、意図をもって技術の可能性の空間を歩き回っている。しかし、もし根底にある設計の問題が生物進化の適応地形と似たようなものを作り出すとしたら、同じ法則が生物と技術の進化をつかさどっているとしても驚くにあたらない。生物組織も人工物も本質的な部分では似たような法則で進化しているのかもしれない。

この章では生物と人工物の間の類似点を調べることからはじめるが、以下、このテーマについては本書の残りすべてにわたって考えることにする。まず、でこぼこの、しかもそのでこぼこの間に相関のある適応地形の二つの特徴を議論する。第一は次のような一般的事実を説明するものである。すなわち、根本的に新しいものが生まれると、それらは数多くのまったく異なる方向に、急速にしかも劇的に改善されていく。そしてそののち、あまり劇的ではない改良がつけ加わっていく。これを「カンブリア型の多様化パターン」と呼ぼう。私が調べたい第二の現象は、ある改良がつけ加わると、その次の改良の選択肢が一定の割合で減るということである。第8章でみたように、改良の速度は指数関数的に減少していく。この特性は、生物学同様、多くの技術の学習曲線においてみられる進歩の特徴的なスピードダウンを説明するものであると思う。そこでこの特性を「学習曲線的特性パターン」と呼ぼう。二つの特徴はいずれも、でこぼこだが相関のある適応地形の統計的特徴から現れた単純な結果であろう。

適応地形を跳び越えて

ここでまた第8章で導入した適応地形のNKモデルを用いる。このモデルは適応地形のでこぼこの度合いを変えられる最初の数学モデルの一つである。ここで調べようとしているこのモデルの特徴は、おそらくほとんどすべてのでこぼこで相関のある適応地形にも当てはまるのではないかと思う。すでにみたように、NKモデルでは、遺伝子一つあたりの優位な相互作用の数Kを増やすと、よりでこぼこが強調された適応地形が現れる。Kを大きくするとたがいに矛盾する制約が増えることを思い出してほしい。たがいに矛盾する制約の数を増やすと、曲面はさらにでこぼこになり山の数が増える。そしてKが最大値($K=N-1$)——このときすべての遺伝子はたがいに影響を及ぼしあっている——に達すると、適応地形は完全にランダムな状態になる。

相関はあるがでこぼこの適応地形図の上での適応度を向上させるための動き——長距離ジャンプ——の説明から始めよう。これまでは、突然変異を一つ作り、それがより適応していたらそちらへ進むという適応度向上の歩みを考えてきた。この場合、適応度の歩みは可能な方向に一歩一歩進むものであり、近くの山へ向かって着実に登っていく。その代わりに今回は、一度に多くの特徴を変えてしまうようなたくさんの突然変異を同時に起こすことを考えよう。これにより、生物は適応地形図の上を遠くまで跳び移ることになる。いまわれわれがアルプスにいるとし、一歩足を踏み出したとしよう。ふつうは、一歩踏み出す前とあとでの標高はほとんど変わらない。つまり一歩踏み出す前とあとの標高は、たがいに無関係ではなく相関がある。もちろんあちこちに崖があるので例外はある。これに対して、五〇キロ先へぽんと跳び出したとしたらどうなるだろう。出発地点の標高と着いた先の標高とでは大きな差があるかもしれないし、ないかもしれない。つまり二つの標高にはほとんど関連がない。これは、地形の相関距離と呼ばれる長さを超えてジャンプしたからである。いまNKモデルのKの値として控えめな数値を選ぼう。一〇〇〇個の遺伝子のそれぞれの適応度への寄与が五つの他の遺伝子によって決まるとし、($N=1000$, $K=5$)とする。曲面はでこぼこしているが、それでもまだ相関が残っている。すなわちすぐ近くの点どうしは非常に近い適応度の値をもっている。一〇〇〇個の遺伝子のうち、一個、五個、あるいは一〇個の遺伝子を変えたぐらいでは、変える前と比べて適応度はほとんど変わらない。相関距離を超えて変化させていないからである。

NKモデルの相関距離はきちんと定義することができる。ある点での適応度がわかれば、ある程度の距離だけ離れた別の点での適応度を予測することができる。どれほど遠くの地点の適応度が予測できるかということで基本的に相関距離が定義される。NKモデルでは、二点間の相関は二点間距離の増加とともに指数関数的に減少する。このため、たとえば五〇〇から一〇〇〇の対立遺伝子をいちどに変えてしまって遠くへジャンプ(空間の半分程度の距離のジャンプ)をすると、相関距離を超えるぐらいの遠いところまで到達する。ジャンプする前の地点での適応度の値とジャンプしたあとの地点での適応度の値とはまったく関連性がない。

そのような長距離ジャンプによって適応度を上げていく過程には、とても単純な法則がある。ランダムな適応地形図の上で一つだけ突然変異を起こしてより適応度の高い変種へ移る場合と同様に、より適応度の高いところへ長距離ジャンプすると、その次にさらに適応度の高い変種を見つけるには前回の平均二倍の回数の長距離ジャンプを試みなければならない。この単純な結果は図9－1に示されている。図9－1のaはKを2に固定し、さまざまなNの値に対してNKモデルでの長距離ジャンプによる適応度上昇の様子を表している。各曲線はジャンプを試みた回数に対して達成された適応度の値を表す。どの曲線もはじめは急激に上昇するが、そのうち緩やかな上昇に変わっていく。この様子から上昇の速度が指数関数的に小さくなっていると推察される（実際、より高いところへ移動するた

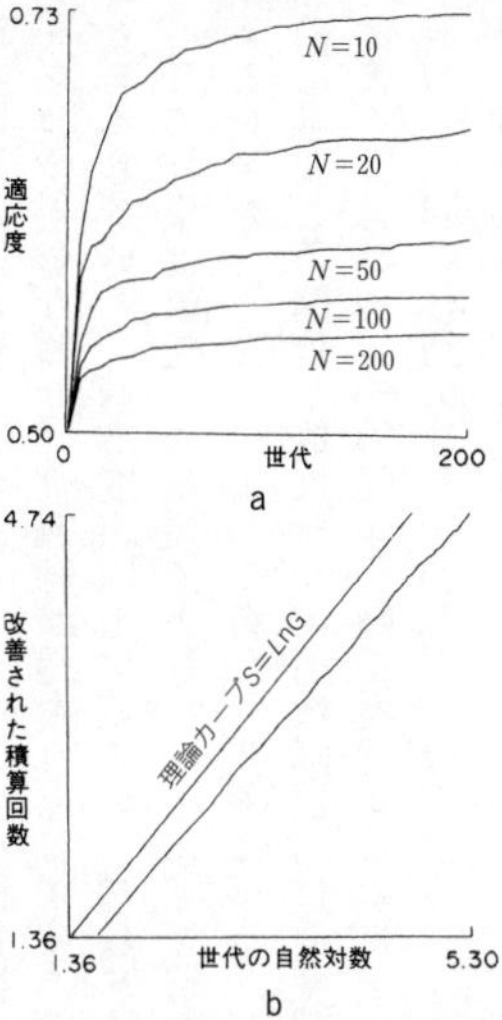

図 9-1　長距離ジャンプを行なった場合。*NK* 適応地形を長距離ジャンプで跳び回り、一度に複数の遺伝子を突然変異させる。しかし相関のある適応地形では、長距離ジャンプによってより適応度の高い変種が見つかると、それよりもさらに適応度の高い変種を次に見つけるには前回の 2 倍の回数のジャンプを試みなければならない。適応度ははじめは急激に増大するが、やがてスピードが落ち、あまり増大しなくなる。

a　この増大の割合が遅くなっていく様子を $K=2$ の場合について示したもの。「世代」とは、長距離ジャンプの積算試行回数。それぞれの曲線は100回のシミュレーションの平均から求めた。

b　対数スケールを用いて適応度が改善された回数と世代数との関係を示したもの。

めに必要な長距離ジャンプの回数が前回の二倍になることを反映してこの上昇速度の低下が指数関数的になるとすれば、ジャンプの試行回数の対数を用いて図9-1のaのデータをプロットしなおせば、直線が得られるはずである。図9-1のbはこのことが正しいことを示している。適応度が向上するステップ数*S*は世代*G*の対数に等しいのである)。

この結果は単純かつ重要であり、ほとんど普遍的性質である。適応地形の相関距離を超える長距離ジャンプによって新たな変種に移るたびに、より適応度の高い変種を見つけるのに必要な時間は二倍になり、指数関数的に速度が落ちていく。最初、より適応度の高いところに向かって一〇回の移動を実現するのに一〇〇〇回のジャンプを試みたとすると、次の一〇回の移動には一〇〇万回、その次の一〇回の移動には一〇億回もジャンプを試みる必要がある。

図9-1のaはもう一つ重要な特徴を示している。すなわち、*N*を増やして移動できる場所を広げると、それ以前に比べて、同じ回数の長距離ジャンプによって達成できる適応度の値が小さくなるということだ。*N*を増加させても*NK*モデルのピークの実際の高さは変わらないことも他の結果からわかっている。こうして適応度が減少してしまうと、自然淘汰の際のさらなる制限となる。これは、私の著書 *The Origins of Order* の中で、「複雑さによる崩壊」と呼んだ現象のことである。遺伝子の数が増えると、長距離ジャンプによって高いところへ移動することはだんだんむずかしくなってくる。生物が複雑になればなるほど、生物にとって有益な劇的変化を、自然淘汰を通して起こすことはますますむずか

しくなるのである。

これらのことに関連した重要なポイントをあげよう。長距離ジャンプで高いところへ移動していくという行動を支配する普遍的法則には、相関のある適応地形図における移動には三つの時間スケールがある、という考えが含まれる。この考えはカンブリア紀の爆発的進化にも当てはまると考えられる。

まずわれわれは、相関はあるがでこぼこの*NK*曲面上にいるとし、平均的な適応度の値の場所から進化を始めるとしよう。出発点の適応度の値が平均値なので、その周辺に存在する変種のうち半分はいまより適応度の高いところである。しかし適応地形のでこぼこはたがいに相関をもっているので、周辺の変種は、出発点よりほんのわずかに適応度が高いだけであろう。一方、遠くに離れた変種はどうだろうか。出発地点の適応度が平均値なので、遠くに離れた変種の半分がやはり高い位置にある。しかも変種のうちのいくつかは、出発点よりもはるかに適応度の高いところにあるはずである（同様に、いくつかははるかに適応度の低い位置にある）。それでは、ほんの数個の遺伝子だけを変えたような突然変異と、たくさんの遺伝子を変えた突然変異を考えよう。前者はすぐ近くの変種、後者は遠くの変種を考えることに相当する。最も適応度の高い変種が最も速く生物集団の中に蔓延するとしよう。すると新しい変種を探っていく初期の過程では、近くの変種よりもずっと適応度の高い遠くの変種が採用される場合が多いと考えられる。最適化を続ける生物集団が複数の方向へ分岐できるとすると、この分岐過程により、最初の遺伝子型とは遠く離れた変種がいくつか生まれ、その変種どうしもまた多くの点でたがいに異なった特徴をもっている。このため早い段階で、まったく異なる形態が最初の種族から生まれてくるはずである。ちょうどカンブリア紀の進化の大爆発のときのように、身体の主要な構造がまったく異なる種すなわち異なる門が、はじめに現れるのである。

第二の時間スケールに移ろう。遠くの適応度の高い変種が見つかると、長距離ジャンプによる変種探しに対して前に述べた法則が効いてくる。すなわち、遠くにいる適応度の高い変種が見つかるたびに、次のより高い位置へ移動するために必要なジャンプの試行回数あるいは次の移動までの待ち時間が二倍になる。はじめの一〇回の移動に一〇〇〇回のジャンプを試さなければならないとしたら、次の一〇回の移動には一〇〇万回、その次の一〇回の移動には一〇億回もジャンプを試みなければならないのである。このように適応度の高いところへ登っていく速度と、遠くのより適応度の高い変種を見つける割合とが、ともに指数関数的に低下すると、むしろすぐ近くの丘を登って適応度の少し高い変種を見つけるほうが簡単になってくる。なぜそうなるのか。それは長距離ジャンプの場合に比べ、周辺の適応度の高い変種が少なくなっていく割合のほうがずっと緩やかだからである。このため、生物をさまざまな種へ分岐させていく進化は、その過程の中ほどでは、遠くのところへジャンプせずに周囲の丘を登りはじめるのである。これもまたカンブリア紀に起きたことである。体の構造がはっきりと違う種がたくさん現れたのちに、このような大きな構造の変化は生まれにくくなり、小さな細工による変化に終始するようになる。進化は自分の足元をみるようになり、小さな細工をほどこしながら新しい種を生み出していくことになるのである。

さらに時間がたって、三番目の時間スケールになると、生物たちはあちこちの丘に登り終え、止まってしまう。あるいは第8章に示したように、突然変異の発生確率が十分高ければ、適応度の高いところを綱渡りしながらさまよい歩くかもしれない。または適応地形そのものが変形し、丘の位置が移動して生物がその丘を追いかけるというようなことも起きるかもしれない。

最近ビル・マクレディと私は、*NK*適応地形を用いて三つの時間スケールの問題をもっと詳しく調べることにした。マクレディはコンピュータを使って、適応地形の上でのさまざまな移動距離に対して、達成される適応度がどう変わるかを調べた。結果を図9-2に示す。

われわれが知りたかったのは以下のことである。すなわち、「適応度を高めていく割合を最大にするために最も適切な移動距離はどのくらいか」ということである。すでに議論したように、適応度が平均値程度ならば、相関距離を超えて遠くへ行ってみるのがよいのか。そして適応度が上がったら、遠くよりも近くを探すべきなのか。図9-2の結果をまとめたものが図9-3であるが、その図が示すように、この二つの問いに対する答はどちらもイエスである。図9-3では適応度の値を横軸にとり、適応度を高めるために試してみるべきジャンプの最適距離を縦軸にとっている。次のようなことがこの図からわかる。適応度が平均的な値のとき、最も適応度の高い変種は遠くのほうで見つかる。適応度が上

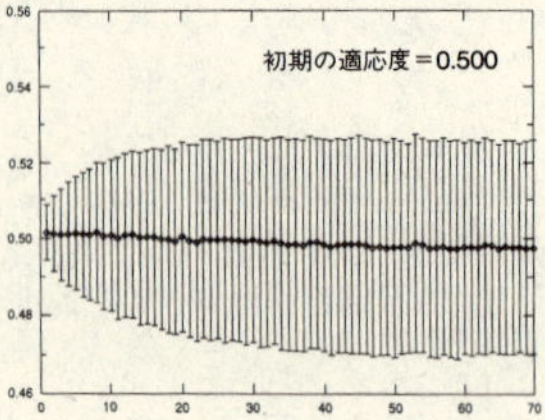

a

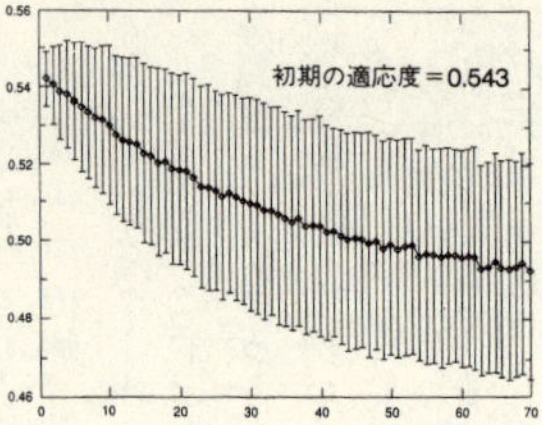

b

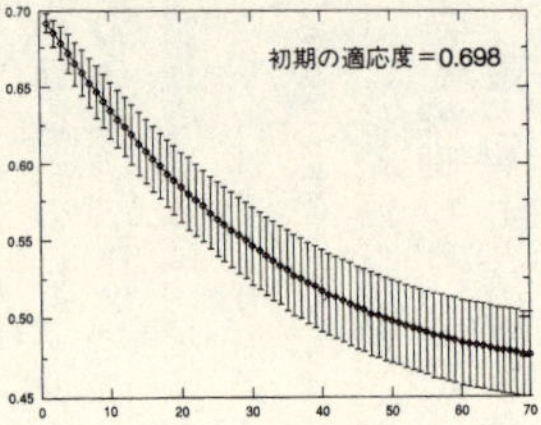

c

各グラフの縦軸は適応度、横軸はジャンプ距離を表わす。

図 9-2　適応度が上昇すると足もと付近を探すようになる。でこぼこの間に相関のある適応地形の上では、すぐ近くの場所どうしは同じ程度の適応度をもつ。遠く離れた場所はとても高い適応度やとても低い適応度をもちうる。したがって適した場所へ移動する距離は、適応度が低いうちは長いが、適応度が高くなってくると短くなってくる。a～c はそれぞれ異なる適応度から出発し、さまざまな距離の移動をした結果の適応度を1000回の統計をとって示している。ある距離の移動をした結果得られる適応度は1000回の統計をとるとガウス型と呼ばれるつり鐘型の分布を示す。各点での縦線は1000回の統計の標準偏差を表し、得られた適応度 6 つごとの最高と最低の値を表している。

がっていくにつれて、最も適応度の高い変種はだんだん現在自分がいる場所に近くなってくる。そのため、進化の初期段階では劇的に異なる変種が現れるが、のちに現れる変種は適応地形の出発地点からあまり離れていないところに位置するという現象がしだいに現れてくるだろう。

もう一つ思い出してほしい点がある。適応度が低いときには、ほとんどどの方向を向いても道は上り坂である。適応度が上昇していくうちに、上り坂になっている方向の数は減っていく。したがって種が分岐していく過程は、最初はいろいろな方向に枝を伸ばしてい

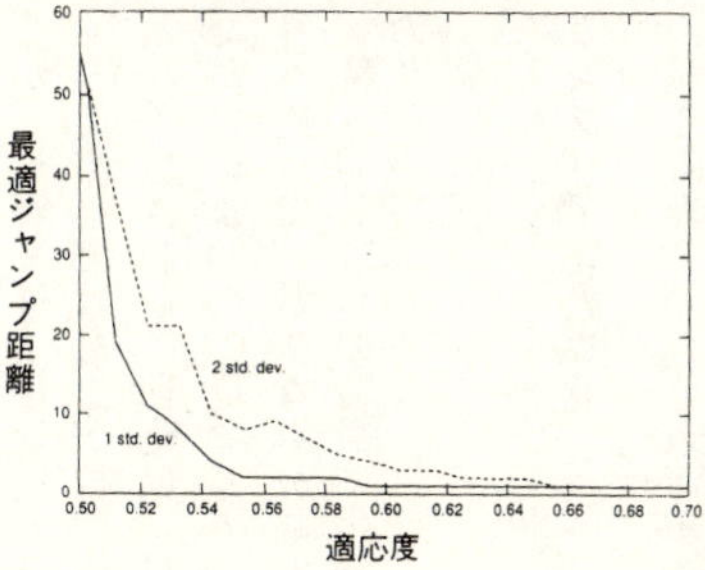

図 9-3　移動するのに最適な距離。適応度を改善する割合を最大にするためには、どのような距離を移動すればよいだろうか。このグラフでは、適応度が上昇すると最適な移動距離は、空間の半分の長さから自分のすぐそばへと縮む。適応度が平均的な値のときは遠くを探すのが最適であるが、適応度が高くなるにつれ、自分の周辺を探すほうがよくなる。

くが、やがて適応度が上がるにつれて枝分かれが少なくなっていくのである。でこぼこではあるが相関のある適応地形の以上のような二つの性質を考えれば、次のことが予想される。進化は、はじめはあちこちの方向へ分岐し、しかも分岐した先の変種がたがいにまったく異なるものであるが、適応度が高くなるにつれてしだいに似たような変種へ向けて、数少ない分岐しかしないという状態へ落ちていく。

私は、これらの特徴は生物の進化と人間の技術の進化の両方にみられることであると思う。

カンブリア紀大爆発

第1章からわれわれはカンブリア紀の進化の大爆発の様子を楽しんできた。そしてまた、それに続いた二畳紀での絶滅のあとに起きる進化の爆発に比べると、カンブリア紀の爆発は根本的に異なる形で起きたことをみてきた。この分野の研究者らによれば、カンブリア紀には非常に多様な、形態学的に異なる形状の生物が比較的短い期間に現れた。

リンネの分類学ができてから、われわれは生物を分類体系に沿って類別してきた。最も上位の分類単位、界と門は非常に広い範囲の生物の最も一般的な特徴を取り入れている。したがって、たとえば脊椎動物の門(魚、鳥、ヒトなどが含まれる)はすべて、体内の骨格を支える背骨をもっている。現在三二の門があり、これらはカンブリア紀の次に来るオルドビス紀からずっと変わっていない。しかし、研究によればカンブリア紀には一〇〇ほどもの門が存在していたが、その多くはすぐに絶滅してしまったと考えられている。すでにみたように、カンブリア紀では門を形成する種が最初に現れ、分類表の上位の分類単位は上から順に埋められていったというのが定説である。これらのまったく異なる生物たちが、やがて下位の種を生み出した。下位の生物たちはたがいにやや類似した点をもつようになるが、それでも今日われわれが綱と呼ぶものの先駆けになる程度にはたがいに異なっていた。これらの種はさらに下位の種に枝分かれし、新しく生まれた種はさらにたがいによく似た点をもつようになるが、しかし目の基礎を作った種として分類できるほどには相違点をもっていた。そしてまたこれらが枝分かれし、科の先駆けと呼ぶべきものに進化し、それがさらに枝分かれして属の基礎を作った。つまり進化の過程のはじめにおいて枝分かれした種はたがいにまったく異なっていたが、その後次々に起こった進化の枝分かれでは、劇的な相違が徐々になくなっていったというのがカンブリア紀の初期の生物パターンである。

　しかしカンブリア紀の三億年のち、すなわちいまから二億四五〇〇万年前の二畳紀に起きた生物の大絶滅においては、これとは異なることが起こった。このとき全種の九六パーセントの生物が絶滅したが、すべての門の生物とその下の多くの綱が生き残った。そののち広範囲にわたる多様化へのゆりもどしが起こり、非常にたくさんの新しい属、たくさんの新しい科、そしてたくさんの新しい目が生まれた。しかし新しい綱や門は生まれなかった。分類単位はこの場合、下から埋められていったのである。不思議な点は、カンブリア紀に生物の爆発的な多様化がなぜ起きたのかということと、カンブリア紀と二畳紀とで生物進化の様子がどうしてこのように異なっていたかということである。

これと関連した一般的な現象として次のようなものがある。絶滅後に再び生物が生まれてくるとき、主な多様化のほとんどが進化の枝分かれの初期に発生する。古生物学者はこのような共通の祖先から分岐を続ける生物群を完系統（クレード、単系統）と呼ぶ。そして根元付近つまり最も初期のころに激しく枝分かれしているさまを、「しもぶくれ」と表現する。属はふつう、科の歴史のはじめの段階で多様化し、科は目の歴史の初期に多様化するのである。すなわち、生物が絶滅したのちに再び発生してくる過程では、種の多様化のほとんどが最初に猛スピードで進行し、その後緩やかに進んでいく。カンブリア紀には分類表の上から下へ種が発生し、二畳紀では下から上へ発生していったが、どちらの場合も最大規模の多様化は初期の段階で起きており、そのあとでよりおだやかな生物進化の実験が繰り返されたのである。

でこぼこの適応地形の一般的な性質から、このような五億五〇〇〇万年前の進化の顕著な性質を引き出すことができるであろうか。すでに指摘したように、相関のあるでこぼこの適応地形において適応度を向上させる進化には三つの時間スケール（図9-3参照）が存在するが、そのことはカンブリア紀の大爆発によく似ている。分岐の初期段階では遠くまで跳び出すような突然変異がみられ、それらはもとの種とは異なり、さらにたがいの間でもまったく異なるものである。これらの種は別の門の始まりとして類別できるほど形態学的に異なった形状をしている。そしてこれらの門はさらに分岐するが、しかし以前ほどは遠くないところへ跳ぶことによって進化する。こうして門を作った生物が綱を形成する生物を生み出していく。この過程が続くと、より適応した変種がすぐ近くの場所にだんだん見つかるようになり、目、科、そして属が次々と出現する。

しかしそうすると、なぜ二畳紀の生物絶滅後の進化の様子は、カンブリア紀の種の大爆発とあれほどに異なるのだろうか。適応地形を調べることで、何か洞察が得られるだろうか。おそらく得られるであろうと私は考えている。そのためにはもう少し生物学からアイディアを借用する必要がある。生物学者は、受精卵から成体への発生・成長の様子を聖堂を建てる過程のようなものだと言う。もし土台作りに失敗すると、その他のものもすべてだめになってしまうという点で似ているというわけである。すなわち、発生の初期段階に影響を及ぼす突然変異は、発生の終わりごろに影響をもつ突然変異よりも、成長の方向を顕著に変えてしまうというのが一般的かつおそらく正しい見方である。指を何本作るかというようなことが決まる発生の終わりごろに影響を及ぼす突然変異よりも、脊髄柱や脊髄の形成を阻害する突然変異のほうがおそらくその生物にとって致命的であろう。この見方が正しいとしよう。これを別の言い方をすれば、発生の初期段階に影響するような突然変異は、発生の後期に影響する突然変異に比べ、より激しくでこぼこした適応地形の上で適応度を向上させようとしているということになる。もしそうならば、周囲にあるより適応度の高い場所の数という点でみれば、発生初期に影響する突然変異のほうが、発生後期に影響する突然変異よりも急速に少なくなっていく。したがって、進化の過程で発生の初期段階を変化させる突然変異を見つけることは、発生後期に影響を及ぼす突然変異を見つけるよりもむずかしいということになる。

もしこれが正しいなら、初期の発生はあまり変化せず固定化し、変異により変わりうるのは発生の後期ということになる。発生初期の変異は門や綱のレベルの変化を起こすに十分な形態学的変化である。したがって進化の過程が進み、初期の発生が固定化して変化が起こらなくなれば、大規模な絶滅ののちに生態系に最も急速に起こる反応はさまざまな方向への特殊化と多様化であり、その変異は発生の後期部分に影響を及ぼすものとなる。その場合には、新たな門や綱は生まれてこない。種の分岐は属や科のレベルで行なわれ、発生後期に影響する突然変異によって小さな変化のみがもたらされる。こうして上位の分類単位は下から埋められていくのである。

二畳紀までにほとんどの門と綱の生物の初期発生は十分固定化して変化しなくなり、その後九六パーセントが死滅したが、門や綱などよりはもっと細かな特質、おそらくは生物の個体発生の後期段階に影響する突然変異によって作られた特質が生まれ、急速に改善されていった。

これらの見方が正しければ、カンブリア紀にまったく異なる方向への分岐により分類表が上から下へ埋められていき、二畳紀にはそれとは異なることが起きたといったという過去の記録の主な特徴は、適応地形の構造からの単純な帰結として自然に説明できるかもしれない。同じように、さまざまな方向への分岐は、一般的に言ってその過程の早い段階で、最も大きな形態学的な変種を生み出すことに注意しよう。したがって絶滅後のゆりもどしとして、属が科の歴史の早い段階で発生し、科は目の歴史の早い段階で生まれたと考えられる。このようなしもぶくれの完系統は進化の歴史の中で繰り返しみられることである。

でこぼこ地形上の技術進化

生物が適応しながら進化する様子と人工物の進化の様子は一見まったく異なっている。第8章のはじめで、ペーリー主教は、時計職人が時計を作り、神は生物を作ったと、みてきたような話を説いたが、ダーウィンは、ランダムな変異と自然淘汰に関する彼の理論の中の「盲目の時計職人」という考え方を強力に推し進めた。生物学者は、突然変異は未来の重要性とは関係なく、ランダムに現れると信じている。一方、道具を作る職人として、人類は苦労して物を発明し改善していった。二〇〇万年以上も前の片面だけ削った石器から始まり、前期旧石器時代には両面を削った手斧などもみられる。その上、ハンマーでたたいて石片を割り出し、さらに表面のでこぼこを削りとって完璧なまでに仕上げられたすばらしい出来映えの火打ち石も見つかっている。いったい生物の適応進化の過程が技術進化とどんな関係があるのだろうか。何の関係もないかもしれないし、おおいに関係しているかもしれない。

人間が物を作ることが人間の意志と知性によって行なわれてきたという事実にもかかわらず、生物と技術の進化はいずれも、たがいに矛盾する制約の問題に直面することがよくある。さらに、私は技術進化の多くがその将来の結果をほとんどほんとうには理解せずに進行してきたのではないかと思っている。これは、それぞれの変種が将来どれほど重要なものになるか、ということを知らずに変種を作り続ける盲目の時計職人を、ダーウィンが考え出したのと同じ論旨である。われわれ人間は考えることができる。生物の進化は考えることはできない。しかし問題が非常にむずかしければ、そもそも考えること自体たいした助けにはならない。われわれはすべて、程度の差こそあれ、盲目の時計職人なのである。

技術の進化のよく知られた特徴は、でこぼこの適応地形の上を探索することに相当する。実際、技術進化の性質は、驚くほどカンブリア紀の爆発的進化に似ている。たとえば、枝分かれして別の形態を作っていくとき、その枝は下にいくほどますます多様に分岐している点や、枝分かれの速度が遅くなって絶滅が起こり、門のようにたがいに大きく異なる最終的な形態がいくつか生き残る点などをあげることができる。

さらに、形態が多様化するのは初期段階では顕著であるが、やがて静かになり、ドアの取っ手や呼び鈴などに手を加える程度の簡単な変化になっていく。分類表は上から下へと埋められていくのである。すなわち基本的な新しい発想——銃、自転車、車、飛行機など——が生まれると、初期の段階ではふつうまったく違う形のものを広範囲にわたって活発に開発しようとし、それらのものはさらに枝分かれし、しだいに支配的ないくつかの系統のものに落ち着く。第1章ですでに述べたように、一九世紀に初期の型の自転車がさまざまな多様化をみせた。ハンドルの横棒がなかったり、後ろの車輪は小さく前の車輪は大きいという自転車が現れたり、車輪の大きさは同じになっても三つ以上の車輪が一列に並んでいたりと、昔の自転車は徐々にいろいろな方向へ分岐し進化していった。車輪をもつものの集まりである「門」に属する自転車という「綱」がこのように過剰になると、それはしだいに二、三の今日あるような形(一般用、レース用、マウンテンバイク)に集約されていったのである。あるいは自動車と呼ばれるものが生まれ、二〇世紀初頭に蒸気やガソリンで動くおもちゃのような自動車が非常に多様な形態をもっていたことを考えてみてほしい。あるいは初期の飛行機の形、ヘリコプターの形、オートバイの形などを考えてみてほしい。ただし、このような定性的な印象だけでは詳細な研究にはならない。

しかし、このようなパターンは、これまで何度も繰り返して現れていることを、既知のデータが示している、と私の同僚の経済学者の多くが語っている。基本的な発想が出ると、人々はそれを改善する方向を探ろうとして過激に変形させようとする。より優れた設計が得られると、改善することがだんだんむずかしくなってくる。このため新たな改良は徐々に過激でなくなりおとなしい形となる。これが正しいとすれば、これは上位の分類単位が上から下へ埋められていったカンブリア紀の進化の爆発に対して言われていることを連想させる。どちらの場合も、でこぼこで相関のある適応地形の上で分岐しながら、より適応した場所を探す過程の一般的な特徴を反映しているのかもしれない。

学習曲線

技術の進化がでこぼこの適応地形の上で起きていることを思わせるもう一つの証拠がある。それは技術の発展の軌跡に沿った学習曲線に関するものである。学習曲線は二つの意味において存在する。第一のものは、ある工場で、ある特定の製品の製造数が増えるにしたがって、その製造効率が高まるという点である。工場で生産される製品の数が二倍になると、製品一つあたりのコスト（インフレ率を補正した通貨でみたコスト、あるいは労働時間として見積もったコスト）が、ある一定の割合で（しばしば約二〇パーセントの割合で）低下する。このことは一般的な結果としてほとんどの経済学者に受け入れられている。第二の点としては、一つの工場内という小さなスケールだけではなく、技術がたどってきた道筋という大きなスケールにおいても、学習曲線が現れる点である。あちこちでみられるように、さまざまな技術が向上する速度は、産業界全体の積算経費が増えるにつれて落ちてくる。つまり仕事のできばえは、はじめのうちは急速に改善されていくが、しだいにあまり改善されなくなっていく。

このような学習曲線はベキ乗則と呼ばれる特殊な性質をもっている。ベキ乗則の簡単な例は次のようなものである。*N*番目に生産された物の労働時間あたりのコストは、最初に作られた物のコストのN分の一になっている。したがってもし一〇〇台の機械を作れば最後のものは最初のものに比べ、たった一〇〇分の一のコストになっている。このようなベキ乗則は単価の対数を生産台数の対数に対してグラフにかけばとくにわかりやすい。生産台数Nが上昇するとともに単価が減少していく様子が、このグラフでは直線となって現れるのである。

経済学者たちは学習曲線の重要性を十分知っている。企業もその重要性は知っており、それを考慮することで、生産コストの見積もりや販売価格の決定、利益が出るまでどれくらいの数の製品を売らなければならないかなどを判断するのである。事実、これらの学習曲線のベキ乗則は技術分野の経済成長のために基本的に重要なものである。急速に技術改善が行なわれているはじめの段階では、新しい技術分野への投資はさらなる業績向上につながる。これは経済学者が「収穫逓増」と呼ぶもので、それが投資を促し、さらなる技術改革へと進むのである。しかしそののち、学習能力が落ちると、投資に対する技術の向上があまりみられなくなり、成熟した技術は経済学者が「収穫逓減」と呼ぶ期間に入る。技術革新のために資本を呼び寄せることはだんだんむずかしくなってくる。その技術分野の成長が鈍り、市場は停滞し、さらなる成長はほかの分野での根本的な技術改革が爆発するのを待たなければならない。

このような技術の進歩と経済成長のよく知られた性質はいろいろなところでみられる重要なものであるにもかかわらず、学習曲線の存在を説明づける理論はないようである。適応地形の上での適応過程に対するわれわれの考え方を使うと何かわかるだろうか。おそらくわかるだろうというのがここでの答である。話はサンタフェ研究所特有の思いきった試みに始まる。一九八七年、ジョン・リード（シティコープ銀行頭取）が、経済学者を物理学者や生物学者、その他の分野の人たちに引き合わせるような会合を主催してくれるようにと、フィル・アンダーソン（ノーベル物理学賞受賞者）とケネス・アロー（ノーベル経済学賞受賞者）に依頼した。そしてサンタフェ研究所ではじめての経済学に関する会合が開かれ、経済学の研究プログラムがスタートした。最初に指揮したのはスタンフォード大学の経済学者、ブライアン・アーサーである。私は技術の進化に対して適応地形の考え方を適用することを始めた。数年後、ワシントン大学（シアトル）のフィル・オウズワルドとコーネル大学のホセ・ロボの二人の若い経済学の大学院生が、研究所の複雑性に関する夏期課程を履習し、適応地形に関するこれらの新しい考え方を経済学に応用するために、私と共同で研究したいと申し出た。さらにロボは、コーネル大学の経済学者でありサンタフェ研究所の賛同者でもあったカール・シェルとも話を進めていった。一九九四年の夏までにわれわれ四人は、研究所で私といっしょに仕事をしていた研究員で固体物理学が専門のビル・マクレディと、マサチューセッツ工科大学（ＭＩＴ）でオールＡの成績をとっていたコンピュータサイエンスが専門の大学院生サーノス・シアパスとの助けを借りながら、共同研究を開始した。

　最終的結論ではないものの、*NK*モデルは学習曲線のよく知られた性質の多くを説明できることがわかってきた。

たとえば単価と生産台数との関係がベキ乗則にしたがうことや、改善がみられないまま長い時間がたつと突然、改善がみられるようになること、あるいは、技術の向上の速度がたいていの場合時間とともに緩やかになり、やがて止まってしまうということなどが説明できるのである。

ランダムな適応地形では、上に登っていくたびに、まわりの上り坂の方向の数が二分の一という一定の割合で減っていくことを思い出してほしい。さらに一般的に、Kが約8以上のNKモデルでは、適応度の高い地点に登るたびに、そこよりも高い地点の数が一定の割合で減っていく様子をみてきた。逆に、高い点に登るたびに、そこよりも高い地点へ行くために移動を試みなければならない回数は一定の割合で増えていく。したがって、より適応度の高い変種を見つける速度、あるいは改善されていく速度は、指数関数的に落ちていく。指数関数的速度の減少の程度は、NKモデルのKの値によって変わる。拮抗する制約の数Kが大きく、適応地形がでこぼこであればあるほど、速度の減少はより著しいものとなる。最後に、でこぼこの適応地形の上で適応しながら移動していくと、やがて局所的に最適なところに達し、それ以上の向上をしようとしなくなることも思い出してほしい。

これとよく似たことが、技術のたどる道筋と学習効果においてもみられる。より適応した変種を見つける速度、つまりよりよい製品やより安い製品を生産できるようになる速度は指数関数的に低下し、局所的に最適となったところで止まってしまう。これは学習曲線のよく知られた二つの側面を別の言い方で表現したことになっている。一つはより適応度の高い変種を見つけるまでに試みなければならない移動の回数が、指数関数的に増えていくということである。したがってしばらくの間まったく改善することなく待ち続けたのち、急により適した変種が見つかるのであり、その待ち時間はだんだん長くなっていく。二つめは、適応度の高い地点を求めて自分の周辺だけを歩いていると、局所的に高いところに行き着いた時点で止まってしまい、それ以上の改善はみられなくなってしまうという点である。

しかしNKモデルは、このように観測されているベキ乗則を再現するであろうか。うれしいことに答はイエスである。われわれはすでに、より適応度の高い変種を見つける速さが指数関数的に落ちることを知っている。しかし各ステップで適応度がどのくらい改善されているのであろうか。NKモデルでいうと、もし適応度の値をエネルギーや単価として考えれば、適応性の高いところを求めて歩くことはエネルギーや単価を下げようとすることに相当する。そして単価が改善されて減少する幅は、おおまかにいって、その直前に減少した分の何分の一かになっている。そのため各ステップで達成されるコストの下げ幅は指数関数的に小さくなっていき、一方でそのようなコストの改善を行なえるようになるための時間も指数関数的に長くなっていく。われわれ四人にとってよかったことは、単価が試行回数すなわち生産台数のベキ乗関数で落ちていくことである。したがって単価の対数をx軸にとり、試行回数あるいは生産台数の対数をy軸にとると、われわれが望んでいた直線（またはそれに近い線）が得られた。

それだけではない。驚いたことに——研究のこの段階では当然疑わしいことではあるが——単に古きよきNKモデルからベキ乗則が出てきただけでなく、実際の学習曲線と合致するような傾きのベキ乗則が得られたのである。

だからといって、この事実は、NKモデルが技術進化のミクロな裏づけを与えるものであることの証拠になっていると思ってはいけない。NKモデルは単にわれわれの直感を具体化したおもちゃの世界なのである。したがって、この適応地形図の最初のモデルがそこそこの成功を収めたという事実は、技術の適応地形をきちんと理解すれば技術進化をより深く理解することにつながることを示しているのである。

私は技術進歩の専門家ではないし、カンブリア紀の進化の大爆発の専門家でもない。しかし両者の類似性は著しいものであり、生物と技術の進化における分岐パターンが同じような一般的法則によって支配されている可能性を真剣に考えることはとても意義のあることと思われる。しかしこの類似性はそれほど驚くには値しない。適応度を向上させる進化はどのような形であれ、ある程度でこぼこした「適応度」あるいは「単価」の地形図において、広大な可能性の空間を探索しているからである。もしそのような適応地形図の構造が全体的に似たようなものであれば、そこで分岐しながら適応度の高い地点を探していく様子もやはり似ているはずである。

生物組織も人工物も、実際、同じように進化しているのかもしれないのである。たとえ、それが自然界の産物であろうと人間の産物であろうと、一般的な法則が複雑なものの進化を支配しているのである。

10 舞台でのひととき

生物集団はたがいに影響し合って進化し、絶滅していく

ダーウィンは、ほとばしる生命にあふれた生態系に対して、複雑に絡み合った堆積層のようなイメージをもっていた。そこは、サンザシ、ツタ、ミミズ、フィンチ、スズメ、蛾、ワラジムシ、みたこともないカブトムシ、さらにはリス、キツネ、カエル、シダ、ライラック、ニワトコの実、やわらかい苔などが満ちている。ダーウィンから一世紀後、ディラン・トマスは故郷ウェールズを詩に詠んだ。

小鳥の囀り(さえず)と木の実のからむ
目眩めくばかりに険しい崖のうえ
海にゆられるわが家の中で私は歌う
森の躍る蹄(ひづめ)には
泡と笛と鰭(ひれ)と大羽根

――『ディラン・トマス詩集』松浦直巳訳（彌生書房）より

生命は、絡まり合い、もつれ合い、そしてリズムと拍子をとりながらともに踊り続ける

のである。その奇跡はなんとすばらしいことか。振付師などいないのだから、なおさらのことである。どの生物も、他の生物たちが芸術的とも言える方法で作り出してくれたニッチ（生態的地位）で生きていく。それぞれの生物が自分の生き方を模索し、そのことが他の生物の生きる方向を定めている。生態系は物質代謝の面から言っても、形態学的、行動学的側面から言っても、複雑に織り込まれたそれぞれの役割が絡み合っている堆積層であり、それはまた不思議なくらいにその状態を保ち続けているのである。太陽の光が降りそそぎ、二酸化炭素と水が糖に生まれ変わり、窒素がとらえられてアミノ酸ができる。そこで閉じ込められたエネルギーが、細胞内で、生物内で、そして生物間で、さまざまにつながりあった物質代謝を引き起こす。

四〇億年前、いくつかの分子の寄せ集めがダンスを踊り、それとは気づかずにたがいに構造を変える触媒として働き、多様性の臨界値に達した。そこでは、自立した化学反応網が現れ、生命を生み出した。無意識の相互作用が細胞の創発的進化の原動力となり、さらに物質代謝という相互作用によって結びついた細胞たちが、無意識のうちに最初の生態系を作り出したのである。このような生態系は何十億年も前に現れ、豊富な種を生み出し、そして絶滅していった。それぞれの段階で、種の豊富さをコントロールしている法則の存在が感じられる。

シカゴ大学の優れた古生物学者デビッド・ラウプはこれまでに存在したすべての種のうち九九から九九・九パーセントが絶滅してしまったと見積もっている。今日の地球には一〇〇万から一億の種が存在する。そうすると生命の歴史は、一〇〇億から一〇〇〇億の種が現れて消えていったのをみてきたことになる。一〇〇〇億の役者たちが舞台の上でほんのひとときだけ胸を張って歩いたり悩んだりし、そして音沙汰もなく消えていったのである。地球のような開いた熱力学的システムがどのような方法で秩序を生み出してきたのか、われわれはほとんど知らない。しかしわれわれの多くは、その奥底に潜む法則性に気がついている。

われわれの無知を補うために、ありがたいことに法則のヒントが三段階に分かれて存在している。第一の段階は、生態系あるいは異種生物の集まりである「群集」のレベルである（群集という術語は英語ではcommunityであり、以下、だいたい「生物群集」と表記する）。そこでは種が集まり、たがいが提供するニッチの中で生活している。二つめの段階は共進化である。これは生物群集の形成や生態系の変化よりも長い時間スケールで起こることが多い。第8章や第9章で議論したように、種は適応地形の上で進化するだけでなく、たがいに共進化するのである。適応地形は固定され不変であると仮定したわれわれの理想化は誤りである。環境の変化にともなって、適応地形も変化するのである。そしてある一つの種の適応地形は、その種のすむ場所に影響をもつ他の種が、自分たちの適応地形の上で適応度を高めようと行動するために、変形を受けてしまう。コウモリとカエル、捕食動物と被食動物は共進化しているのである。コウモリが適応度を上げようと行動すると、そのことがカエルの適応地形を変えてしまう。種は、ダンスを踊るように、たがいが結びついた適応地形の上で共進化しているのである。

しかしさらに上のレベル、第三段階がある。これはおそらく共進化よりも長い時間スケールで起こることである。生物の共進化は、生物自身も、生物が相互作用する仕方も、ともに変えてしまう。時間がたつと、適応地形のでこぼこの度合いが変化し、その変化の仕方も変化する。種が適応度を高めようと動くことでどれほど適応地形が簡単に変形してしまうことか。共進化の進化、つまり共進化のプロセス自体がさらに進化するのである！

これらの振る舞いに振り付けの先生などいない。個々の生物のレベルには自然淘汰が作用しているだけである。淘汰がより適応度の高い個々の変異を選びだし、これらがその後の子孫のほとんどを生み出していく。生物学者たちが考えるように、淘汰は集団のレベルには作用しない。すなわち、競合する集団の中から適応度の高い集団を選び出すといった働きはしない。同様に、種全体や生態系全体に対しても自然淘汰が作用することはない。非常に不思議なのは、生物群集、共進化、さらには共進化の進化においてみられる創発的秩序が、すべて個々の生物レベルで作用している淘汰をほぼ確実に反映している点である。アダム・スミスが『国富論』の中で「見えざる手」という考えをはじめて披露した。それぞれの経済行為者が、自分自身の利益だけ考えて行動していると、それが知らないうちにみんなの利益にもなっているという。もし淘汰が個々の生物のレベルでしか作用せず、その結果として、より適応度の高い種が残るようにふるいにかけられ、それらが自分勝手にさらに子孫を残していくのであれば、生物群集や生態系、共進化システム、あるいは共進化自体の進化の中に現れる創発的秩序は、目に見えない振付師が残した作品ということになる。われわれはこの振付師を作り出した法則をさがす。そして、そのヒントとなるものを、私が「カオスの縁（ふち）」と呼んでいる領域でみつけるだろう。共進化の進化は、共進化している種を、秩序とカオスの間で均衡を保っている状態へと運んでいくだろうからである。

生物群集

生物群集の動力学や生物群集の組み立てを調べている生態学者は、十分に理解されている理論を使って研究を進めている。第一の関心事は、捕食動物と被食動物、あるいはその他の相互作用の絡まり合った生態系において、個体数が時間的、空間的にどのように変動するかということで、このようなテーマを「個体群動態論」と呼ぶ。今世紀初め、A・J・ロトカとV・J・ヴォルテラの二人の理論生物学者は、いまでも広く使われている基本概念の多くを確立し、生物群集の中で多くの異なる種が相互作用することで増えたり減ったりするような簡単なモデルを定式化した。

草とウサギとキツネ、つまり、植物と草食動物と肉食動物のいる仮想的な生態系を考えてみよう。最も単純なモデルでは、草が一マイル四方ごとに決まった量だけ生えていると仮定する。ウサギは草を食べ、つがい、子どもを産む。キツネはウサギを追いかけ、ウサギを食べ、つがい、子どもを産む。この理論では、ウサギの個体数の増減の速度を、その時点でのウサギとキツネの個体数の関数として式に書き表し、さらに、キツネの個体数の増減の速度も、その時点でのウサギとキツネの個体数の関数として別の式に書き表している。それぞれが微分方程式であり、ある量の変化（たとえば個体数の変化）の速さを、他の量の関数（この場合、その時点でのウサギとキツネの個体数の関数）として表した式になっている。この式を解くことは、一マイル四方ごとのキツネとウサギの個体数が、ある一つの値から出発して、時間とともにどのように増減するのかを、式を使って予測することに相当する。

このようなモデルではたいてい、生物群集は安定な状態に落ち着くか、あるいは永久に振動を続ける状態になるかのどちらかである。図10－1はウサギとキツネの個体数の増減を示しており、ウサギの数とキツネの数をy軸に、経過時間をx軸にとっている。最初の例では、ウサギとキツネの数は増えたり減ったりという変化をしばらく繰り返したあと、しだいに一定の値に近づく。第二の例では、ウサギとキツネの数が増減を繰り返すパターンになっている。このように永久に続く振動を「リミットサイクル」と呼ぶ。はじめはキツネの数が少なく、ウサギが子どもを産んで増えていく速さに比べてキツネに食べられて減少する速度は遅い。そのため最初の段階ではウサギは増えることができる。こうして餌となるウサギが増えると、キツネの数も増加する。しかしキツネが増えすぎるとウサギは子どもを産むよりも食べられてしまう割合のほうが多くなり、ウサギが減少する。ウサギが減るとキツネの餌が減ることになり、キツネは餓死する。しかしキツネの数が減るとウサギは敵がいなくなり再び増加する。こうして数の振動はかぎりなく続いていく。

このような振動は現実の生態系でよくみられるものである。ヴォルテラは、アドリア海での漁業でこのような数の振動が報告されたのを聞いてロトカ－ヴォルテラ方程式を導いたのだった。事実、ホッキョクギツネとウサギの数がずっと振動していることは、これまでに何周期にもわたって記録されている。カオス理論はしばしば、いまや伝説のようになったあの有名な蝶のような絵とともに語られるが、カオスそのものはもっと複雑な振る舞いに対するモデルの中で現れるし、おそらく現実の生態系でも現れるであろう。実際、カオス理論の初期の研究の多くは、数学を得意とする生態学者によって進められたのである。

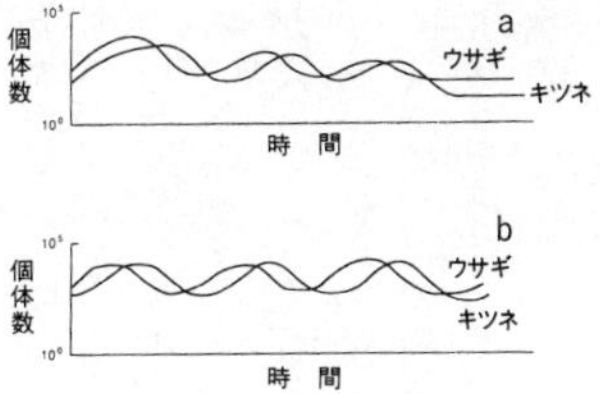

図 10-1　キツネとウサギの仮想的な生態系。時間とともに変化する個体数をグラフにしている。
a　生態系が安定な状態になっていき、それぞれの個体数は一定値に落ち着く。
b　キツネとウサギの個体数は振動を繰り返す。これをリミットサイクルという。

カオスのようなシステムでは、初期条件のほんの小さな違い（たとえばウサギやキツネの数）がシステムの未来の進化を大きく変えてしまう。

ロトカとヴォルテラのモデルやそれに似たモデルにより、生態学者は捕食動物と被食動物の関係を支配する単純な法則を得た。似たようなモデルとして、数十、数百、数千の種がたがいに相互作用する複雑な生物群集において、それぞれの種に含まれる個体数の変化、つまり個体群の動力学（個体群動態）が調べられている。これらの種の間のつながりのいくつかは、どの種がどの種を食べるかという食物連鎖である。しかし生物群集は食物連鎖よりも複雑である。二つの種はたがいに助け合う立場にある場合もあるだろうし、競争相手かもしれないし、寄生する側とされる側かもしれないし、その他のいろいろなつながりをもっているかもしれないからである。一般的に言って、このようなモデルにおける多様な個体群は、安定なパターンに落ち着くか、複雑な振動を示すか、カオス的振る舞いになるかのいずれかである。

生物群集の中のいくつかの種は、その個体数が減少し結局は全滅してしまう場合もあるだろう。そのうちに他の種が移りすみ、その生物群集における相互作用の関係や個体群動態そのものを変えてしまうかもしれない。ある種は生物群集に入り込んで他の種を絶滅に追いやるかもしれない。一つの種の絶滅はほかの種の個体数を増加させるかもしれないが、場合によってはほかの種まで絶滅に巻き込むかもしれないのである。

これらの事実は、生態学理論の次の段階、すなわち生物群集の集合状態の理論へとわれわれを導いていく。それ自体が安定した種の群集が、どのようにしてたがいに寄り集まるのか、という点がここでは基本的な疑問として残る。答はわからない。実験によりさまざまな問題点が浮かび上がってきた。たとえば、大草原の一角あるいはメキシコにあるソノーラ砂漠の一角を想像してみよう。そこに塀をはりめぐらし、ある特定の小動物たちが中には入れないようにする。そうするとその一角の植物の種類は時間とともに変化する。そのあとで塀を取り除き、小動物たちが再び中に入れるようにしてやればどうなるか。元の植物の群集が復活すると思うかもしれないが、その直感は間違っている。

驚くべきことに、まったく別の安定な生物群集に落ち着くのである。生物群集に移りすむことのできる種が与えられたとき、どんな生物群集が形成されるかは、種が入ってくる順番に大きく関係している。私の友人である生態学者のスチュアート・ピムは、こわれると元に戻らない「ハンプティ・ダンプティ効果」という用語を造った。生物群集に最後に残っている種だけを使って生態系を最初の状態に戻すことはできないことを、たとえてこのように呼んだのである。ピムはよい例を示した。北米の草原の植物と動物の生物群集が、一つの間氷期から次の間氷期に移ったとき、どのように変化したかを考えてみればよい。過去一万年にわたり、人間とバイソンと鹿が生きてきた。しかし一つ前の間氷期には、馬やラクダやナマケモノなどもっと多くの大きな動物がいたのである。植物の群集も変わった。

ピムと生物群集の中の種は、間氷期ごとにそれぞれ異なるのである。

ピムと彼の共同研究者はこれらの現象をなんとか理解しようとして、第8章や第9章で議論した適応地形のモデルとよく似た考えにたどりついた。異なる群集は「生物群集地形」の上の異なる点に相当すると考える。出発点の種の構成を変えると、生物群集は異なる山すなわち異なる安定な群集へ登るようになる。彼らはロトカ‐ヴォルテラ方程式を使って生物群集の集合状態をモデル化した。ピムと彼の共同研究者らは種の仮想的な集まりを考えた。あるものは草のようにただ成長し続け、あるものはウサギのように草を食べて成長し、またあるものはキツネのようにウサギを食べて数を増やす。

これらのモデルでピムと彼の友人たちは、ランダムに選んだ種の集合を、生物群集の中の一つの場所に投げこみ、個体群が変化する様子を観察した。個体数がゼロになれば、すなわち絶滅すれば、その種は取り除くことにする。得られた結果は非常に魅力的なものであるが、いまでも十分には理解できていない。最初は、新しい種を加えるのは簡単であるが、種が増えていくにつれて新たな種を加えることがむずかしくなってくる。つまり、いま注目している場所に、より多くのランダムに選ばれた種を加えないかぎり、うまく共存できるような種を見つけるのがむずかしくなるのである。やがてそのモデル生物群集は飽和して安定化してしまうので、それ以上、新たな種を加えることはできなくなる。

同じ仮想的な種の集団を用いて何度もシミュレーションを行なうと、最後に得られる安定化した生物群集は、加えた種の順番によって非常に異なるものとなる。さらに、種の一つを取り去ったら安定化していた生物群集はどうなるかという疑問もわいてくる。モデルを調べた結果、絶滅という現象が雪崩のように次々と生物群集内で発生する場合もあることがわかった。この雪崩のような絶滅現象は連鎖反応によって起こる。特定の草が絶滅すると、その草を食べていたある種の草食動物が絶滅し、さらにそのいなくなった草食動物を食料としていたある種の肉食動物が絶滅に追いやられる。逆に肉食動物を取り除いて二種類の草食動物の被食の機会を減らすと、草の取り合いの末、一方の草食動物がもう一方に勝ったとすれば、負けたほうの草食動物は絶滅してしまう。これらの研究で、絶滅の雪崩的現象が規模は小さいけれど数多くみられ、そして中には大規模な雪崩現象もみられた。ピムとその共同研究者らの結果は非常に重要でかつ一般的なものである。彼らはベキ乗分布と呼ばれる例の特殊な雪崩的絶滅の分布の仕方を見いだしている。絶滅現象の規模を絶滅した種の数で測ってx軸にとり、y軸にはその規模での絶滅が何回起きたのかをプロットしたものが図10-2のaである。小さな絶滅の雪崩は数多く発生しているが、大きなものは少ない。ほんとうにベキ乗関係ならば、絶滅の発生回数はその規模の何乗かで減少するはずである。これを確認する簡単な方法がある。x軸に雪崩的絶滅の大きさの対数をとり、y軸には絶滅の発生回数の対数をとる。このような対数スケール（いわゆる対数・対数プロット）でグラフをみると、ベキ乗関係にある線は直線になる。そして実際、対数スケールでみると図10-2のbにあるようにほとんど直線になっており、ベキ乗関係が成り立っていることがわかる。

このような絶滅規模の分布には、二つの最も興味深い特徴がある。まず、ベキ乗則にしたがう場合には、あらゆる規模の絶滅が起こりうることを意味している。最大の雪崩的絶滅の大きさとしては、全システムに存在する種の総数が上限となる。小さな絶滅はたえず発生し、十分長い時間待っていれば、いずれはどんな規模の絶滅現象でもみることができる。第二のとても面白い特徴は、一つの種を取り去るといった最初の小さな出来事が、小規模な絶滅を引き起こすこともあれば、大規模な絶滅現象を引き起こすこともある、という事実である。ベキ乗則を示すシステムは均衡を保って成立している場合がよくあり、そういう場合には、とても小さな出来事が、別の小さな出来事やシステム全体を崩壊させるような大きな変化をもたらすことがありうる。

ベキ乗則分布へのヒントをもっといろいろなレベルでみていこう。第4章と第5章では

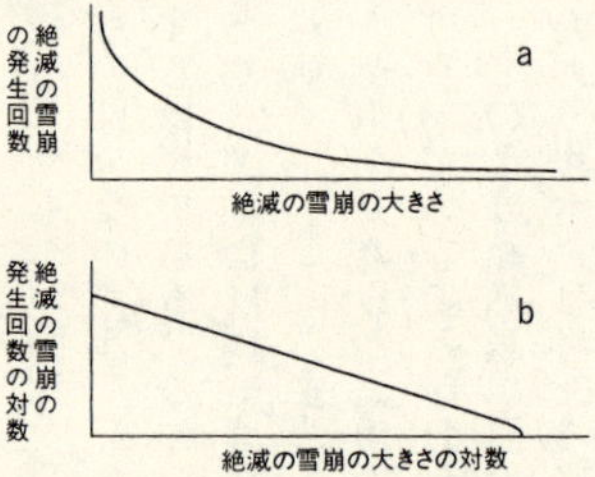

図 10-2　絶滅の雪崩的現象。絶滅現象の雪崩の仮想的分布。

a　絶滅現象の大きさ（絶滅した種の数で表す）と、その大きさの雪崩の発生回数との関係のグラフ。小さな雪崩ほど多く発生し、大きな雪崩ほど発生回数は少ない。

b　同じデータを対数スケールでグラフにしたもの。結果はほとんど直線となり、ベキ乗則が成り立っていることがわかる。

われわれはブールのゲノム・ネットワークにおける「カオスの縁(ふち)」を調べた。一つのオン・オフ遺伝子の活動の中で変種ができると、変種の雪崩的現象が起こる可能性のあったことを思い出してほしい。秩序状態とカオス状態の間の相転移領域では、そのような雪崩現象はほとんどベキ乗則にしたがった分布になっており、たくさんの小さな雪崩と数少ない大きな雪崩が、変化の合図をシステム全体にわたって送り続けるのである。ベキ乗分布は実際多くの相転移でみられるものである。第6章の生態系における物質代謝の多様化を考えれば、生態系は、臨界点の上と下との境目に向かって進化していく可能性のあることがわかる。この境目では新しい分子を作る連鎖反応が分岐する確率は正確に1である。これがまた、新しい分子の爆発的発生のベキ乗分布を生むのである。このようにしてわれわれは、生物群集の集合状態のモデルにおいて、種の絶滅現象のベキ乗則的な分布に対するヒントを得ることができた。この章の後半では、共進化の他のモデルにみられる絶滅のベキ乗分布を紹介する。そしてさらに、実際の種の絶滅が近似的にではあるがベキ乗則にしたがっている証拠をみることにする。これらはすべて平衡状態からはほど遠いシステムのモデルであり、どれも似たような規則性が現れる。そしておそらくは、一般的な法則により説明づけられるだろうと期待される。

生物群集の集合状態に関する研究は、絶滅現象の分布だけでなく、さまざまな理由で魅力的なものである。とくに、なぜ生物群集モデルが飽和して、新たな種を加えることがだんだんむずかしくなり、ついにはそれが不可能になるのかという点は、明らかでないからである。もし「生物群集地形」なるものを考え、異なる点が種の異なる組合せに対応するとすれば、山のてっぺんは高い適応度すなわち種の安定な組合せを表す。ある種が遺伝子を変異させながら適応地形を移動していくのと同じように、ある生物群集が種を加えたり取り去ったりしながら群集地形の上を移動していくのである。ピムは、生物群集が適応度の高い山に向かって上昇していくにつれ、登ることがどんどん困難になってくると主張している。山を登っていくと上り坂の方向が限られてきて、新しい種をつけ加える自由度が少なくなるからである。頂上では新しい種を加えることはもうできない。飽和したのである。そして生物群集は同じ出発点から別の山に登ることもでき、それぞれの頂上が異なる安定な生物群集を表しているのである。

ピムは群集地形のたとえを用いることは厄介なものであることを認めている。問題は、種の仮想的集団から作られる可能なすべての生物群集を表す空間を、可視化している点にある。生物群集の集まりは、種を加えたり取り去ったりして、ある生物群集から隣の生物群集へ移動することで成り立っている。もし生物群集の適応度と呼ぶべきものがあるとすれば、われわれがすでに馴れ親しんでいる適応地形を使うことは正当化されるであろう。しかし生物群集の適応度という言葉を使うことがほんとうに賢明かどうかはっきりしないのが問題である。生物群集のある場所に侵入するのが、私自身なのか、それとも牧草なのか、はたまたリスなのか、という問題は、それが私にとってよいことかどうか、その新しい環境の中で私はほかの種たちとうまくやっていけるかどうかと関係してくる。これは、私が入ることでより適応度の高い生物群集ができあがるかどうかという問題とは、明らかに関係がない。しかしピムのシミュレーションはそのような生物群集の適応度なるものが存在し、生物群集が適応度の山を登っているかのような振る舞いを実際にみせている。

したがって現実の世界は別として、少なくともそのモデルでは新しい現象がみえている。種がどのように相互作用しているか、つまりどの種がどの種を食べ、どの種がどの種に寄生するかということなどは、あるランダムな分布から決められている。ということは、スチュアート・ピムや彼の共同研究者らが意図的に振付師となって種間の相互作用を決めなくても、そしてなぜそうなるかということを知らなくても、生物群集モデルは安定な共同体を目指して付近の山を登っていくような振る舞いをするのである。あたかも見えない手が働いているようにみえる。

共進化

ここまで考えてきた簡単なモデルでは、種そのものは固定されており進化しない。もし現実の生態系を理解する手助けとなるようなモデルを作るとすれば、種が相互作用することで何が起こるかをまず考えなければならない。異なる種がともに進化することを「共進化」という。

種はほかの種が与えてくれる場所（ニッチ）で生きている。これまでずっとそうだったし、これからもずっとそうだろう。最初の生命が生まれ、毒となる分子や食物となる分子をおたがいに交換しながら多様化していくと、生物たちは共進化のダンスに加わり、ともに生きるものとして、敵として、食べる者と食べられる者として、あるいは寄生する者と宿主として、相手の近くの場所に割り込んでいくのである。

花は昆虫とともに進化する。昆虫は花を受粉させ、花は虫に蜜を与える。長い長い時間を通して相利共生が営まれてきた。初秋の野原の美しさの中では、蜂たちが蜜を探し、ダンスを踊って宝の発見を仲間に知らせている。植物の根は根粒バクテリアに炭水化物を与え、根粒バクテリアは植物が必要とする窒素を作り出す。われわれは植物に二酸化炭素を与え、植物はわれわれに酸素を提供する。われわれ皆が持ち物を交換しているのである。人生は巨大なモノポリーゲームのようなものだ。究極の貨幣としてエネルギーを用い、太陽が銀行の役割をしている。

このように共進化する相利共生関係は、以前考えられていたよりもずっとありふれたものであり、身近なものである。すでにみたように、多細胞生物を形作る複雑な真核細胞は、以前は独立生活を送っていた細菌が細胞内に入ってミトコンドリアや葉緑体に変わり、内部共生の協調関係を結ぶことで進化してきたことが現在ではわかっている。ミトコンドリアの中にも独立したゲノムシステムが存在しており、それは独立生活をしていた先祖の細菌のゲノムシステムの（少なくとも部分的な）名残だと考えられている。宿主と内部共生者の両方の細胞の物質代謝の複雑なつながりを考えてみよう。どちらも相手に利益を提供している。ミトコンドリアは一定の割合で分裂を繰り返し、各細胞内で安定した生息数を保つ。細胞のほうはミトコンドリアのそうした努力から生まれるエネルギーの果実の恩恵を受ける。

共進化は相利共生の枠にとどまらない。寄生する側も宿主も、ともに進化する。たとえばマラリアやエイズを引き起こすＨＩＶなどもそうである。マラリアの病原体（マラリア原虫）は、入り込む相手に気づかれないために表面の抗体を変化させる。相手のほうはマラリアに立ち向かい、それをつかまえ破壊しようとして免疫システムを進化させる。分子の追いかけっこが始まるのである。同様のことが、さらに劇的でときには命にかかわることが、ＨＩＶウイルスに感染した人の体内でも発生する。一人のＨＩＶ陽性患者の体内で増え続けるウイルスには、急速に突然変異が起こっている。このことは一人の患者の体内にいるウイルス集団のＤＮＡ配列を詳しく調べた結果わかったことである。カンブリア紀に生物が爆発的に発生したり、それが絶滅したのち再び生物が出現すると、さまざまなウイルスも急激な多様化をみせた。

ある理論によれば、このＨＩＶウイルスの多様化は、ＨＩＶ感染に対抗する免疫反応を無力化するようにウイルスが進化するために起こるらしい。抗体もまたウイルスに対抗するための免疫システムとして進化を続ける。ここでも分子の追いかけっこが起きている。人間の免疫システムとＨＩＶがともに進化しているのである。残念なことに、現在のところはＨＩＶのほうが上を行っている。というのは、ＨＩＶはどこかの粘膜に入って咽頭炎を引き起こすなどというなまやさしいものではなく、免疫システムそのものを構成するヘルパーT細胞に侵入するからである。有効な治療法を見つける試みの一部は、HIVが侵入してヘルパーT細胞に入り込むのを阻止しようというものである。残念ながら、HIVは体内で急速に進化しているために、簡単にとらえられないようである。

共進化する状況は捕食動物と被食動物の間でもみられる。ある種の貝殻の表面にくっついている突起物のような石灰化した要塞のようなものはおそらく、ヒトデがその貝をとらえたときに貝殻をこじ開けにくいような複雑な形になるように進化している。一方ヒトデは獲物をつかまえるために、より鋭く強い口やより大きな体、そしてより強力な吸盤を身につけることでそれに対抗する。このような永遠に続く共進化の形態は「武器開発競争」とか「赤の女王効果」などと呼ばれてきた。シカゴ大学の古生物学者リー・バン・バーレンは後者の呼び名を、赤の女王が不思議の国のアリスに「同じ所に居続けるためには、力の限り走らなければならないのよ」と言った言葉から引用したものである。共進化の武器競争では、赤の女王(つまり、まわりをとりまく環境の悪化)がつねに猛威をふるっており、すべての種がその適応度を単に保つために、自分たちの遺伝子型を永久に変化させ続けるという終わりのない競争をしているのである。

共進化は生物学的進化の大きな一面になっているように思われる。しかし任意の二つの種をとったとき、あるいはある種の中の任意の二つの生物をとったとき、その間で共進化が行なわれていると言い切れるわけではない。進化生物学者の中には、共進化という過程がさほど一般的で強固なものだとは思っていない人もいる。しかしほとんどの生物学者は、生物がほかの生物といっしょに遺伝子のダンスを踊るということが、生物進化の大きな特徴であると感じている。

　共進化は広い意味においてわれわれの経済や文化のシステムの中でも起きている。経済の世界で製品やサービスが存在しているのは、いずれの場合も単に別の製品を作ったり別のサービスを行なったりする上で有用だからにすぎない。あるいは最終的に消費者にとって有用だからにすぎないのである。製品やサービスは他の製品やサービスが作り上げたニッチつまり生態的地位で「生きて」いる。たがいに取引きをすることで得をするような生物圏の相利共生、相互依存と同じものが経済圏にも存在し、製品とサービスの広大な海の中でたがいの取引きを通じて得をするようになっている。この生物と経済の類似性についてはあとでまた議論することにしよう。少なくとも種が相互作用しながら共進化していく光景――すなわちそれぞれの種が生まれ、ほかの種によって与えられた場所で生活し、やがて絶滅していく光景――と、技術の進化が技術、製品、サービスの誕生と消滅を引き起こす様子とがよく似ていることは明らかであろう。われわれはみな――バクテリアもキツネも会社の社長も――自分たちの持ち物をやりとりしているのである。それだけでなく、みんなたがいにニッチを提供し合っている。これはただ似ているということだけではすまされないだろう。生物の共進化と技術の共進化、すなわち生物圏の多様化と「技術圏」の多様化は、同一のまたはよく似た基本法則によって支配されているのではないか。

生物学者は共進化についてどう考えているのだろう。支配的な考えの枠組みは、ゲーム理論に基づいている。これは私の好きな考え方でもある。ゲーム理論は数学者ジョン・フォン・ノイマンが考え出し、経済学者オスカー・モルゲンシュテルンとともに合理的な経済主体を研究するために発展させた。ここでゲーム理論の世界に立ち入る前に、生物進化と経済発展の本質的な違いを強調しておいたほうがいいだろう。たとえばあなたや私は、経済的行為者として先を見通し、ここで行動を起こすとどのような結果になるのかを予測する。それに対し、進化論に応用するゲーム理論は、突然変異がその将来の適応度とは関係なくランダムに起こるという基本的なプロセスに合致していなければならない。私は自分の利益のために合理的な計画を練るかもしれないが、進化しているバクテリアはそのようなことは考えない。自然淘汰がより適応度の高い変種を選んだとしても、突然変異を起こしたバクテリアが自己利益のために特別な方法で変異しようとしたわけではない。

ゲームの最も簡単な一例として有名な「囚人のジレンマ」がある。いま、あなたと私が警察につかまったとしよう。私たち二人は別々の部屋で尋問を受けたとする。刑事が私に向かって、もし私があなたを裏切ってあなたが私を裏切らなければ、私を釈放してやるという。刑事はあなたに対しても同じことを言う。もしあなたが密告し私が沈黙を保ったとしたら、あなたは釈放されるというわけである。どちらの場合にしても、沈黙を守る正直な泥棒のほうは二〇年間刑務所に入れられる。もし二人とも裏切ったら二人ともきついおしおきを受ける。とはいっても一方だけが裏切った場合ほどきつくなく、一二年の刑を言い渡される。もし二人とも黙っていたままならば、どちらも軽い刑を受け四年の服役となる。

これで二人のジレンマがおわかりと思う。しゃべらずにいることを「協力する」ということにし、刑事に密告することを「離反する」と呼ぶことにしよう。自然な結末は、私たち二人とも離反するはめになり、たがいを裏切るというものである。私は密告したほうがよいと判断する。なぜかといえば、この場合、もしあなたが密告しなければ私は自由の身となるからである。そしてあなたが密告したとしても、私が黙っていてあなたが離反するという最悪の場合に比べれば、短い服役ですむからである。あなたも同じことを考えるであろう。こうして二人とも離反して一二年間刑務所に入れられることになるのである。

ゲーム理論の重要な点は、それぞれのプレーヤーに対しいろいろな結末が用意されているということである。各プレーヤーは、さまざまな戦略を選ぶことができる。そのそれぞれの戦略から出てくる結末は、ほかのプレーヤーたちが選んだ戦略によって変わりうる。もし各プレーヤーが自分たちの利益のために行動すると、全体としてどのように調整された行動が現れるだろうか。ゲーム理論は、おのおのの行為者の動きを調整する「見えざる手」を正確に見いだそうとするものである。

ゲーム理論の初期の開拓者ジョン・ナッシュの注目すべき定理によると、各プレーヤーにはつねに少なくとも一つの「ナッシュ戦略」があり、すべてのプレーヤーがそれぞれのナッシュ戦略を選ぶと、誰もが他の戦略を選んだ場合に比べて得をするという。プレーヤーたちがそのような戦略を選択した状態を「ナッシュの平衡状態」と呼ぶ。囚人のジレンマで、ともに離反を選ぶという戦略もその一例である。つまり、あなたが離反するならば、私は離反しないかぎり損をする。同じことがあなたにとっても成り立つのだから、ともに離反するということはナッシュの平衡状態である。ナッシュの平衡状態という概念は、それぞれの自分勝手な行為をする者たちが、振付の先生なしに自分たちの行動をいかに調整できるのかを説明する注目すべき考え方であった。

ナッシュの平衡状態は魅力的ではあるが、ゲームをこのように解決することには大きな欠点もある。ナッシュの平衡状態では、結末は行為者たちにとって特別よいものではないからである。さらに、たくさんのプレーヤーが参加する大きなゲームでは各人がそれぞれ多くの異なった戦略をもち、おそらくいろいろなナッシュの平衡状態があるだろう。そのどの状態も、まったく別の行動をしたときの結末に比べ、大きな得をするような結果にはならない。そして、いろいろなナッシュの平衡状態の中から最善のものをプレーヤーたちが選ぶ上手な方法などは存在せず、膨大な数の可能性の中でこのようなナッシュ戦略を見つけることさえほとんど不可能なのである。

ナッシュの平衡状態が、囚人のジレンマの利害関係で最高の結末をもたらすものでないことは事実である。あなたと私がともに裏切って一二年の刑を受けるナッシュの平衡状態は、二人がともに沈黙を守って四年の服役となる結末に比べ、はるかに悪い状態である。運の悪いことに、二人が協力関係を結ぶという最も得をする戦略は、離反するという行為に対して安定ではない。なぜなら、もしあなたがしゃべり私が黙っていれば、あなたは釈放されるからである。つまり私が沈黙を保って協力しようとすると、私はあなたが離反するかもしれないという危険にさらされるのである。その場合、私は二〇年も刑務所に入れられることになり、あなたは何も取られないまま自由の身となるのである。あなたもまた同じリスクを背負っている。

囚人のジレンマは協力関係が生まれる条件を理解するために詳しく研究されてきた。大雑把に言えば、もしあなたと私が何度もゲームをし、その上、何回その同じゲームを繰り返すのかを知らないとすれば、協力関係が生まれてくる傾向にあるというのがその答である。一回のゲームでは合理的な戦略は両者ともに離反するというものであるが、何度もゲームを繰り返す場合は驚くべきことにまったく異なる戦略が現れるのである。このことを調べるためにミシガン大学の政治学者でマッカーサー特別研究員でもあるロバート・アクセルロッドとサンタフェ研究所の彼の共同研究者らは、プレーヤーたちがたがいに囚人のジレンマゲームを繰り返し行なうというトーナメント戦をコンピュータプログラム上で走らせた。その結果はたいへん興味を引く内容であった。最善の戦略として現れた中に「しっぺ返し」というものがあった。それは、各プレーヤーは相手のプレーヤーが離反するまでは協力を続けるというものである。その場合、あるプレーヤーが次の回で離反すると、相手からしっぺ返しにあい、再び協力するようになるのである。「しっぺ返し」はほかの多くの戦略に比べ優れており、もし全プレーヤーがそれを用いればとても得をするという意味で安定な戦略である。ただ、何回も囚人のジレンマを行なう場合には、可能な戦略の数は膨大なものであり、たとえば二度離反したら一回しっぺ返しを受けるとか、つねに離反したりつねに協力したりとか、あるいはその他の複雑な反応の仕方などさまざまな戦略があるため、しっぺ返しがこの場合最善の戦略かどうかはわかっていない。しかし自分勝手なプレーヤーたちの間で、何度も離反する誘惑にかられながらも、親切な協力関係が生まれることには興味をそそられる。

私の古くからの友人であり著名な進化生物学者のジョン・メイナード＝スミスは一九七一年にシカゴ大学にやってきた。そのとき私はまだ若い研究者であり、医師になったばかりだった。メイナード＝スミスの主な目的は、ゲーム理論をいかに進化に応用するかを明らかにすることだった。彼はイギリス伝統の紅茶をいれる達人だったので、彼が来てくれて私はうれしかった。ある午後の紅茶の時間、私たちは椅子にすわり、メイナード＝スミスは生物群集モデルと個体群動態論をいかにがんばって研究しているかを話してくれた。その時点で彼のコンピュータシミュレーションには根本的な欠陥があった。ウサギの数がゼロ以下にまで落ちてしまうのである。自分の理論がマイナスの数のウサギを予言するとしたら不幸なことだろう。彼はひどく心配したにちがいなく、軽い肺炎になってしまった。私は自分が働いていた応急治療室で彼を治療した。私が肺炎をなおしたかわりに、彼は私のブール・ネットワークについて「和をとる」ように教えてくれた。彼が助けてくれたおかげで、私は第4章や第5章でお話したブール・ネットワークで凍結した状態が発生することに関するはじめの定理を証明することができたのである。

メイナード＝スミスはナッシュの平衡状態の考えを、進化する上で安定な戦略（evolutionary stable strategy、ESSと略記する）の考え方に拡張することで、ゲーム理論をなんとか進化生物学用に定式化しようとしていた。すでに第8章で遺伝子型の空間のアイディアについて説明した。さまざまな遺伝子の組合せは、可能な遺伝子型の高次元空間内のある一点で表されるというものであった。今度はそれぞれの遺伝子型を「戦略」と読みかえてみよう。この場合の戦略とはすなわち、サバイバルゲームを戦うための一連の特質と行動を記号化したものである。ある一つの種の生物たちをたがいにゲームをしているプレーヤーとして考え、また異なる種の生物たちをやはりプレーヤーとして考えよう。囚人のジレンマのように、ある遺伝子型をもったある生物に対する結末は、その生物が出会いそしてゲームをする他の生物によって変化する。メイナード＝スミスはある戦略の結末をその適応度として定義した。あなたの遺伝子型すなわち戦略の平均適応度は、あなたが人生において誰に出会い誰とゲームをするのかということによって変わる。同じことが相互作用しているすべての生物つまり遺伝子型にも成り立つ。

この大筋から彼が次に何をしたか察しがつくだろう。各生物集団は同じ遺伝子型（ここでの文脈では戦略と呼んでもよい）をもっているかもしれないし、複数の遺伝子型をもっているかもしれない。貝たちはいろいろな違った模様の殻をもっているだろうし、ヒトデたちはさまざまな大きさの口や触手などをもっているだろう。これらの遺伝子型——戦略

——は共進化する。各世代においてともに進化している生物集団の遺伝子型は、一つあるいはそれ以上が突然変異を起こす。そのときこれらの戦略がたがいに競い合い、最も適応度の高いものがいちばん速く集団の中に広まるのである。すなわち生物はたがいにゲームをしているのであり、生物群集内のそれぞれの遺伝子型の再生速度はその適応度に比例する。したがって、より適した遺伝子型は増加し、あまり適応度の高くないものは減少していく。一つの種の中で相互作用している生物も、異なる種間の生物も、このようにして共進化しているのである。

メイナード＝スミスは進化の安定な戦略の概念を以下のように定義した。ナッシュの平衡状態において各プレーヤーは、他のプレーヤーが自分たちのナッシュの平衡状態の戦略をとっているかぎり、戦略を変えないほうがよい。同じように、進化の安定な戦略（ESS）が種の集団の中に存在し、おのおのの種はほかの種がそれぞれ独自のESSの遺伝子型をもっているかぎり、自分の遺伝子型を利己的に保ち続ける。それぞれの種はほかの種がESS戦略に従って行動している間は、自分の戦略を変えようとは思わない。もしある種がこの戦略からはずれると、その種の適応度は低下してしまう。

進化論的に安定な戦略（ESS）というのはうまい考え方である。彼は肺炎がなおり、最終的に負の数のウサギを取り除いてESSのアイディアを得たので、私はうれしかった。モルゲンシュテルンの経済に対する最大の貢献は、フォン・ノイマンの興味を引きつけたことにあると言われることがある。私自身の進化生物学への最大の貢献は、メイナード＝

スミスの肺炎の治療のためにペニシリンの簡単な処方箋を書いたことであったのかもしれない。

ここで、知的ゲームのとりうる状態について要約しておこう。この状態は共進化についてて考えをめぐらせているほとんどの生物学者と生態学者が現在用いている理論の骨格をなしているからである。二つの主な振る舞いが考えられる。一つは赤の女王の行動である。そこではすべての生物が果てしない「武器開発競争」により遺伝子パターンを変化させ続けており、共進化している集団が一定の遺伝子型の組合せに落ち着くことはけっしてない。二つめの主な行為は、同じ種の中であるいは異なる種の間で、共進化している生物集団が、ある安定な割合で分布する遺伝子型、すなわち進化論的に安定な戦略（ESS）に達し、遺伝子型を変化させることを止めてしまうことである。赤の女王の行動はこれからわれわれがみていくように一種のカオス的振る舞いである。それに対しすべての種が変化を停止するESS的振る舞いは、一種の秩序の状態である。

現実の共進化している生態系で、赤の女王の振る舞いと進化の安定な戦略の、どちらがどういうときに発生するのか。このことを理解するための懸命な試みが、過去一〇年ほど続けられてきた。実際の生物たちの世界、それは時には湿度が高く時には乾燥しており、花におおわれモミの木が重なり合い、あらゆることが全力で実行され、いろいろなものが複雑に絡み合い、そしてみんなが共有する、そんな世界であるが、そこでは現実に何が起きているのかを知るためにもこのような努力が費やされてきた。それに対する答はまだない。そして実際のところ、ある共進化過程はカオス的な赤の女王領域にあり、またほかの共進化過程は進化の安定な戦略(ESS)の秩序領域に存在しているのかもしれない。進化の時間スケールでみれば、共進化の過程そのものが進化していることは疑いなく、赤の女王領域に向かって進化しているのかもしれないし、進化論的安定戦略の領域に向かっているのかもしれない。

それではレベルを一段階上げ、この共進化の進化をつかさどる法則について考えることにしよう。おそらくカオス的領域と秩序領域の間に相転移があるだろう。そして、おそらく共進化の進化は、カオス状態の縁(ふち)に近いこの相転移領域に位置する戦略を好む傾向があるのだろう。

共進化の進化

共進化の進化を考えるにあたり、概念的な枠組みについてははじめに紹介し、本章の残りの部分でその詳細を説明することにする。すでにみてきたように、共進化は、たがいに結合した適応地形の上で、適した場所を探そうとしている生物集団に関するものである。ある生物たちがより適したところを求めて適応地形の上の丘をよじ登ると、そのことが共進化のパートナーたちの適応地形を変形させてしまう。このような変形により、自分が登っていた丘の位置そのものが移動してしまう。しかし適応度の高いところを探し求めていた集団が、ある丘の頂上に登ることに成功して、そこにとどまり続けることで共進化の動きが止まることもある。これはメイナード＝スミスの進化論的に安定な戦略（ＥＳＳ）によって得られる秩序状態が現れたことに相当する。あるいは、各生物集団が丘を登るうちに適応地形が急激に変形し、すべての種が赤の女王のカオス状態の中で永久に遠のく丘を追いかけるという状況にもなりうる。共進化の過程が秩序状態にあるのか、カオス状態にあるのか、またはその途中のどこかにあるのかは、適応地形の構造と生物たちの動きによってそれぞれの適応地形がどのように変形されるかということに依存する。

第8章と第9章で議論した適応地形のNKモデルは、どのようにして以上のようなことが発生するかを考える上で大きな助けとなる。二つの生き物たち、たとえばカエルとハエを考えよう。ある幸運なカエルが突然変異の気まぐれで、べとべとした舌をもつようになると、そのべとべとした舌を生む対立遺伝子がカエル集団の中に野火のように広がっていく。こうしてカエルの集団は、さらさらの舌をもつものからべとべとの舌をもつものへと移り変わり、遺伝子型空間の中でより適応度の高い遺伝子型へと変わっていく。ここでもしハエが何の変化もしなければ、カエルたちはカエル用適応地形の上の丘へ登り、喜びの歌をうたうのである。

ところがハエの集団も負けてはいない。新しく出現したべとべと舌のカエルたちに直面して、自分の適応地形が変形してしまったことに気づく。かつて適応度の高い山だったところはいまや低くなり、場合によっては谷になってしまっているかもしれない。ハエたちはこの新しいカエルに対抗してすべりやすい足を作ったり、あるいは体全体をすべりやすくしなければならない。こうしてハエの遺伝子型の空間内に新しい山が生まれ、その多くは頂上の特徴として「つるつるした足」という遺伝子型をもっている。共進化はたがいに結合して躍動している適応地形によって巻き起こされる物語なのである。

それぞれの適応地形が他のパートナーが動くことによって変形するという事実は、あることを強く暗示している。固定した適応地形では、突然変異の発生する割合の低い生物たちは、一つのピークを登ってそこでおしまいである。数学者と物理学者たちは固定した適応地形の上での流れを表現するのに、「ポテンシャル関数」を用いる。たとえば、もし適応地形の上下をひっくり返し、そのひっくり返った「適応度」を「エネルギー」と名づけたら、物理学者は単純なあるいは複雑なポテンシャル面上でエネルギーを下げていくような物理系を思い浮かべるであろう。ポテンシャル面が固定されていれば、局所的な谷や極小点の底が系の自然な終着点アトラクターである。これは、適応地形で局所ピークの頂上がアトラクターであったのと同じ事情である。複雑なポテンシャル面の上にボールを置くと、ボールは谷底に向かって落ちていき、止まってしまうであろう。

しかしカエルとハエの集団がたがいになすべきことをなしはじめ、相手がその適応地形の上を動き回ることで自分の適応地形が変形しはじめると、固定したポテンシャル面に関する話ではもうどうしようもなくなる。適応度の丘そのものが動き続けるために、どちらの生物もピークにとどまることはない。より適したところを求めて生物集団はピークを追い求め続け、ピークは彼らから逃げ続ける。したがってこの場合、共進化のシステムはポテンシャル関数をもたない。数学者はこのような共進化システムを一般的で複雑な動的システムと考える。

このようなシステムでは、大雑把に言ってたった二つの根本的な振る舞いが起こりうる。各生物集団はそれ自身の広大な遺伝子型空間の中を進化しながら移動している。もしその集団がある適応度の丘にたまたま登り、さらにそのピークがほかの進化しているパートナーたちによって作り出されるピークと辻褄が合っていたら、すべての生物は共進化をやめてしまう。ここで「辻褄が合う」とは、ナッシュの平衡状態あるいは進化論的に安定な戦略（ESS）で用いた考え方とほとんど同じものである。それぞれの種は、ほかの種たちがそれら自身のピークにとどまっているかぎり、自分のピークにとどまって動かないほうが得である。真核細胞とその内部にすむミトコンドリアの共生関係は、おそらくそのような相互に辻褄が合った状態の一例であろう。なぜなら細胞間の遺伝子的つながりや細胞内の小器官は、おそらく過去一〇億年は安定のまま保たれてきたからである。遺伝子型を変化させないこのような相互に辻褄の合った状態すなわち局所的に最適な状態は、囚人のジレンマでの離反と離反の状態のように、ゲーム理論のナッシュの平衡状態と似たものである。どのプレーヤーも他のプレーヤーが変化しないかぎり、心を動かさないのである。

もう一つの根本的な振る舞いは、ほとんどの、あるいは、すべての種が永久に動き続けるというものである。彼らは逃げる丘を追い続け、その最大限の努力により他の種の適応地形を変形させることが運命づけられている。そして、そのことがまた間接的にめぐりめぐって自分の適応地形を変形させることにつながってしまう。すべてがギリシャ伝説のコリント王シシフスのように、もがきながら山を登り続けるのである。これが赤の女王的振る舞いである。

こうしてわれわれは秩序立ったESS状態とカオス的な赤の女王状態をみてきた。ESS状態では種は丘の上で動きを停止しており、赤の女王状態では種はその遺伝子型空間の中を休みなく動き回っている。遺伝子網のブールモデルでも、ネットワークをはる構成要素が凍りついた秩序領域と、カオス領域とをみてきた。遺伝子ネットの場合、秩序とカオスの間に中間領域があった。そして秩序とカオスの間の相転移の近く、すなわちカオスの縁の複雑領域の近くの秩序領域で、最も複雑な計算の多くが発生する証拠を見つけた。相転移近くの秩序領域では、複雑ではあるがカオス的ではない一連の動きがネットワーク上を伝わり、さまざまな複雑な出来事を起こしていく。同じような中間領域が共進化システムの秩序とカオスの間でもみられるであろうか。

以下では、そのような中間領域が存在すること、つまり秩序のあるESS領域とカオス的な赤の女王領域の間にカオスの縁と呼ばれる相転移のようなものが横たわっていることを示そう。共進化の進化はこの相転移が好きらしい。秩序立ったESS領域の奥深くにいる生態系は、凍りついたようにその場所から動かず、そのたいして高くもない適応度の山の頂上を離れて共進化していくようなことはない。また赤の女王のカオス的領域では、種はうねり動いている適応地形の上で坂を登ったり下りたりし、その結果平均として低い適応度をもつことになる。適応度は結局、秩序とカオスの中間、すなわち両者間の相転移領域の付近で最も高くなる。生態系はそのカオスの縁の状態へどのようにして向かっていくのだろうか。実は進化が生態系をそこに導くのである。

共進化しているシステムが秩序状態にあるかカオス状態にあるかは、それぞれの種が探検する適応地形がどの程度でこぼこしているかということと、おのおのの種の適応地形がほかのパートナーの適応度を高める動きによって、どれほど変形するかということに依存している。もしそれぞれの適応地形にほとんど山がなく、さらにその山の位置は、ほかの種が自分たちの適応地形の上を移動することによって大きく変化することになっているのならば、種が遠のく山をとらえることはほとんどない。このシステムは赤の女王のカオス的領域にある。逆にもしそれぞれの適応地形がたくさんの山をもち、その山がほかの種が動いてもたいしてその場所を変えなければ、おのおのの種は容易に山に登ることができる。この場合システムは秩序立ったESS領域にある。これで明らかなように、共進化システムが秩序領域にあるかカオス領域にあるかは、適応地形の構造と変形しやすさによるのである。しかし、それが正しいと認めると、次にもう一つ先の疑問がわいてくる。

適応地形の構造と変形しやすさは何によって支配されているのだろうか。共進化のパートナーたちが、皆そろって可能なかぎり共進化できるような「よい」構造や変形しやすさといったものがあるのだろうか。もしあるのならば、共進化の進化を支配する法則、皆がよい暮らしをできるような生態系を保証できるような法則が存在することを見つけられるかもしれない。

結合した適応地形

でこぼこの適応地形のNKモデルでは、Nは生物の特質の数あるいはその生物のゲノム内の遺伝子の数を表していた。どの特質あるいは遺伝子もいろいろな形あるいは対立遺伝子として現れうるものである。単純な場合には、各特質あるいは各遺伝子は単に1と0の二種類だけの対立遺伝子となる。たとえば1は青い目、0は茶色の目を表している。われわれはすでに遺伝子間の「優位な相互作用」をモデル化した。そこでは遺伝子の適応度は、その遺伝子が1と0のどちらの状態にあるかということと、K個の他の遺伝子が1と0のどちらの状態にあるかということによって決められる。このKは、ある生物の中の遺伝子がたがいに優位な結合をしている度合いを測るものであり、遺伝子どうしがどのようにたがいに依存しているかを決める量である。こうしてわれわれは、全ゲノム、言い換えると一つの生物個体全体に対する、ある遺伝子からの適応度の寄与をモデル化したのである。遺伝子の状態とその遺伝子と結びついたK個の入力のあらゆる組合せに対し、0.0から1.0までの間のランダムに選んだ小数を割り当てた。そして全体の遺伝子型の適応度を、それぞれの遺伝子からの適応度への寄与の平均として定義した。その結果生まれたものが適応地形だったわけである。

それでは共進化はどのように考えればよいだろうか。カエルがべとべとの舌をもつようになると、その舌に対抗してハエは固有の性質を一部分変えるので、ハエの適応度は影響を受ける。このとき固有の性質とは、たとえばつるつるしたハエの足、あるいはつるつるしていないハエの足のことである。しかしほかの性質もカエルのべとべと舌に反応するかもしれない。たとえば食べるとまずいハエになったり、速効性の粘性物質分解液をもったハエになったり、あるいは嗅覚にすぐれていて粘性物質に含まれる化学物質をすばやく発見し逃げ去ってしまうようなハエになったりするかもしれない。つまりカエルのある特質が、ハエのN個の特質のうちのいくつかを通じてハエの適応地形に変化を与えるのである。逆にハエのいくつかの性質が、カエルのいくつかの性質を通じてカエルの適応地形に影響を与えている。たとえばハエが速く飛ぶようになるとカエルの適応度が下がってしまう。おそらくカエルはより長い舌やより速く動く舌、またはより臭気の弱い粘性物質などを身につけて対抗するだろう。遺伝子が他の遺伝子とどのように相互作用しているのか、あるいは一つの生物の中である性質が他の性質とどのように相互作用しているのかを示すためにNKモデルを利用できるのと同じ理由で、生態系における生物間の性質の相互作用を示すのにもこのモデルを使うことができる。

これを念頭に置いて、適応地形がたがいに結合したような、生物集団の簡単なモデルを作ろう。以前のモデルと同様に、いまハエのN個の性質のそれぞれが適応度に寄与し、それがそのハエの他のK個の性質とカエルのC個の性質との、1または0の状態に依存しているとしよう。同様にしてカエルのN個の性質のそれぞれが、自分のもつ他のK個の性質の状態とハエのC個の性質の状態に依存する形で適応度に寄与しているとする。次にカエルとハエの性質を結びつけなければならない。最も簡単な方法としては、ハエのもつある一つの特質が1と0のどちらの状態にあるのか、他のK個の性質がそれぞれ1と0のどちらの状態にあるのか、そしてカエルのC個の特質が1と0のどちらの状態にあるのか、などによってハエのいま注目している性質の適応度への寄与が決められるとしよう。これらの全入力の可能な組合せのそれぞれに対し、0.0と1.0の間のランダムな小数を割り当てて、問題のハエの性質がハエ全体の適応度にどのような寄与をするのかを記述することにしよう。

以上の手続きをハエとカエルのそれぞれN個ずつの性質に適用すれば、ハエとカエルの適応地形が結びついたことになる。ハエがその適応地形の上を動くとハエのN個の性質の1または0という数字のパターンが変化し、その結果カエルの適応地形を変形させる。逆にカエルの集団がその適応地形の上で移動すれば、ハエの適応地形が変形を受ける。

簡単な問題をもう二つクリアしなければならない。このような生態系モデルにいくつの種を入れるべきかという問題と、それぞれの種がいくつの種とどのような形で結びついているとすべきかという問題である。まず手はじめに設定するモデルでは、現実とはかけ離れた奇妙な生態系を考えることになるが、概要をつかむためにはこれで十分であろう。二五の種を四角いタイルのように（5×5）の格子状に並べ、それぞれの種がその東西南北に隣接する四つの種と結びついているものとする。

このモデルを実際にコンピュータでシミュレーションするには、もう少し詳しい情報が必要である。以下に一つの進め方を示す。まず、それぞれの種に属する生物集団は遺伝子レベルで同等と見なす。各「世代」ごとにその集団は、あるランダムに選ばれた遺伝子を別の対立遺伝子に変異させることで、より適応度の高い遺伝子型を探し歩く。もし新たな突然変異の遺伝子型がより適応度の高いものであれば、集団は適応地形の上のその新しい地点へ移動する。こうして生物たちは一世代ごとにその場にとどまるかあるいは一段高いところへ登るかして、より適した場所を追い求める旅に出る。それぞれの種は一世代ごとに最適化の歩みを一度だけ行なうチャンスを与えられる。したがって「世代」が時間を測るものさしとなる。次にこのモデルで何が起こるかを示そう。

それぞれの種の中で遺伝子間の結合の数Kが多く、登るべき山が多い場合や、種と種のつながりを示すCの値が小さく、パートナーが動いても適応地形がたいして変形を受けない場合には、生態系は秩序のある進化論的安定な戦略（ESS）の領域に落ちつく傾向がある。あるいは、それぞれの種がいくつの種と相互作用するかという第三のパラメータSが小さく、一つの種の動きがそのほかの数多くの種の適応地形をあまり変化させない場合にもESS状態が現れる（図10-3、10-4のa参照）。

種が進化し続けるカオス的な赤の女王領域も存在する（図10-4のc）。Kが小さく適応地形に山が少ない場合や、Cが大きく各適応地形が他の種の最適化を求めた動きによって容易に変形される場合、そしてSが大きくそれぞれの種がほかの多くの種によって直接影響を受ける場合に、この赤の女王領域が現れる傾向がある。この領域では基本的におのおのの種は頂上を追い続けるが、その頂上自体が動いていて、種が追いかけてくるよりも速く逃げていく。

小さいKがカオス的生態系につながるということは、一見驚くべきことかもしれない。NKブールネットワークでは大きなKがカオスを引き起こすからである。内部のつながり

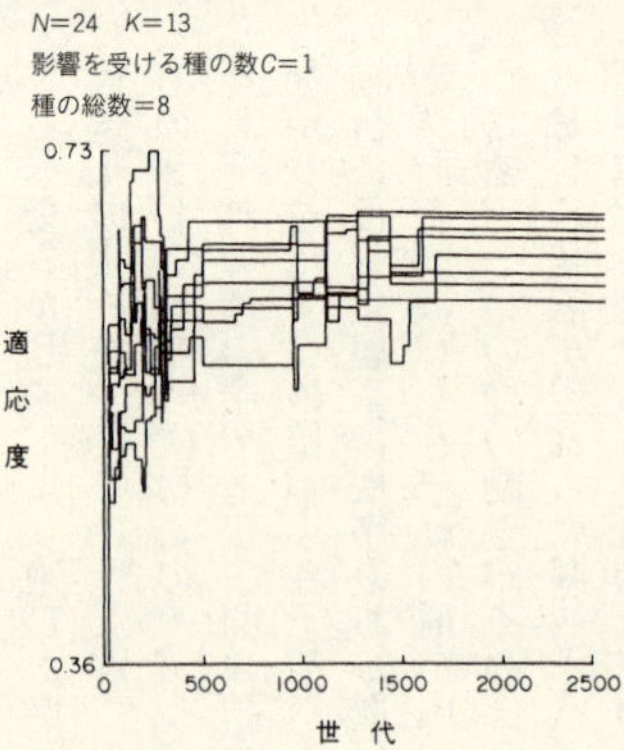

図10-3 進化論的に安定な戦略（ESS）。8つの種のそれぞれがNKモデルによって支配されている場合の共進化を表す。おのおのの種の中のN個の特質は、他のそれぞれの種の特質の1つから影響を受ける（$C=1$）。システムは1600世代ののちに安定な状態に達しており、進化論的に安定な戦略を垣間見ることができる。

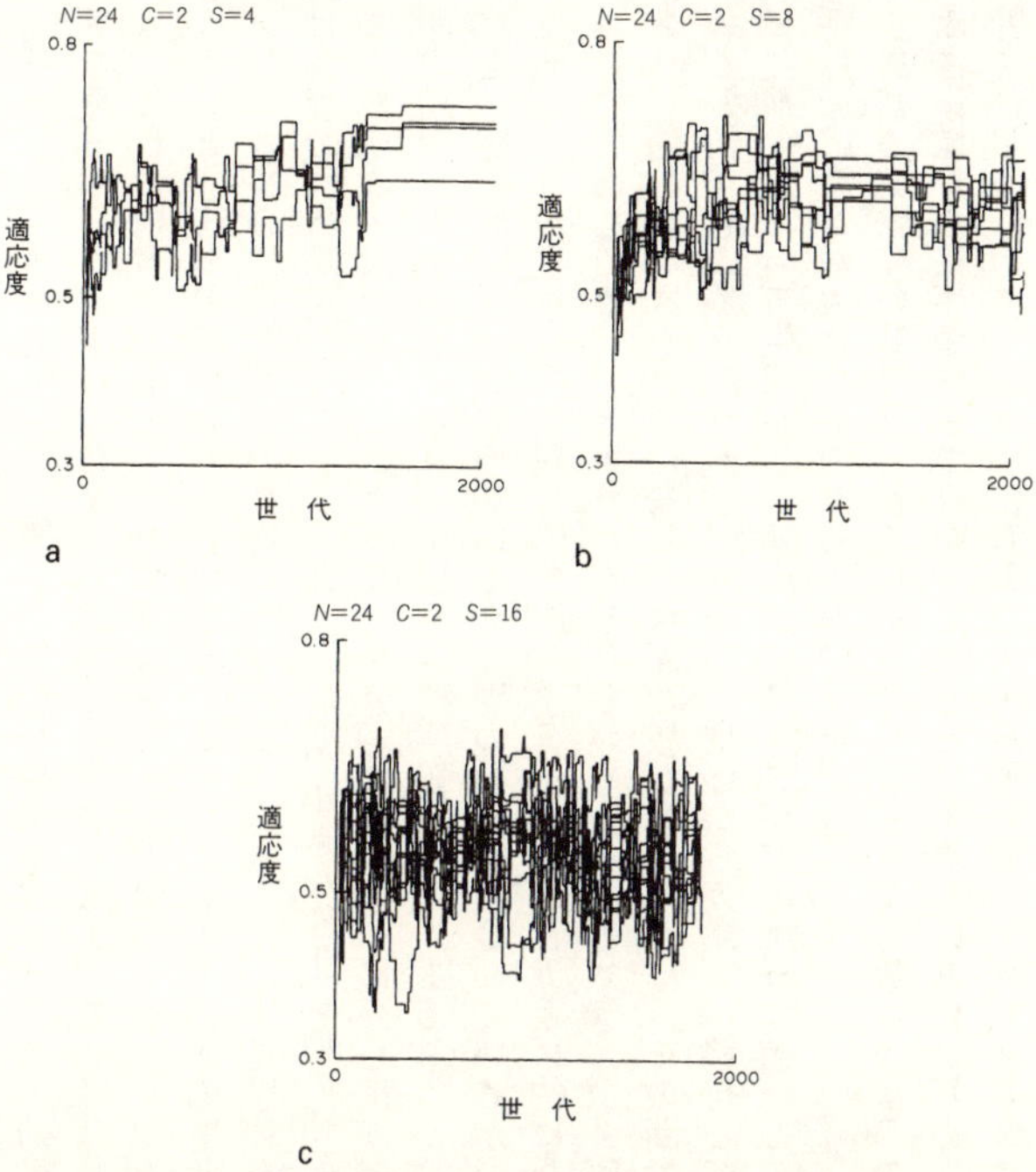

図 10-4　赤の女王効果。4 種(a)、8 種(b)、16種(c)で起こる共進化。相互作用し合う種の数が増えていくと、適応度の平均値は減少し、そのまわりでのゆらぎが増大していることに注意しよう。b と c に関しては、8000世代まで安定な平衡状態には達しなかった。これらはカオス的な赤の女王の振る舞いをしている。

が多いほど小さな変化がより簡単に伝わりやすく、バタフライ効果にみられる初期値に敏感な振る舞いをブールシステムに発生させやすいはずである。しかし結合した適応地形では、これに相当する内部のつながりは異なる種の間のつながりである。種の間の結合Cが大きいと、一つの種が動くことによってそのパートナーの適応地形は激しく変形を受ける。もしカエルの性質がハエの性質のうちの多くのものによって影響を受けるならば（あるいは両者の関係が逆でも）、一つの種の性質の小さな変化が他の種の適応地形を大きく変えてしまうことになる。このようなシステムはカオスへ移行しようとするだろう。逆に種の間の結合Cが十分小さければ生態系は秩序領域へと入るであろう。同じ理由で、もしKとCを一定に保ち、一つの種がいくつの別の種と結びついているかを表すSを変化させると、生態系はSが小さい間は秩序的であり、Sが大きいとカオス的になる（図10-4）。

ここであなたはピンときたかもしれない。もしあるパラメータ値に対してカオス領域があり、別のパラメータ値に対して秩序領域があるならば、その間でパラメータを調節していくと何が起こるだろうか。どうやって秩序からカオスへ移行していくのだろうか。そして共進化している生態系の一連のパラメータがどのような値をとるときに、すべての種の平均適応度が最大になるのだろうか。

最初の興味深い結果は、KとCそしてパートナーの数を表すSの三つのパラメータをカオス領域から秩序領域まで動かしていくと、平均適応度ははじめ上昇するが、そのうち下降をはじめる。プレーヤーたちの最大平均適応度は、秩序からカオスに至る中間地点、カオス領域の深いところでもなく秩序領域の奥深くでもない地点で達成される。図10－5はCとSを一定に保ち、種の内部での遺伝子間相互作用の豊かさを表すパラメータKを変化させたシミュレーション結果を示している。なぜ秩序からカオスに至る軸の両端で適応度が低いのだろうか。カオス領域の奥深くでは、図10－4のcに示したように、適応度が上がったり下がったり激しく変化するために、その平均は小さい。秩序領域ではKが大きく、一つの種のゲノムがたがいに強く結びついているために、それぞれの生物がたがいに対立するような制約条件の網にとらえられ、妥協のしにくい状況となって低い適応度の山しかできなくなる。つまりおのおのの種が登ろうとする山はどれも背の低いものばかりである。

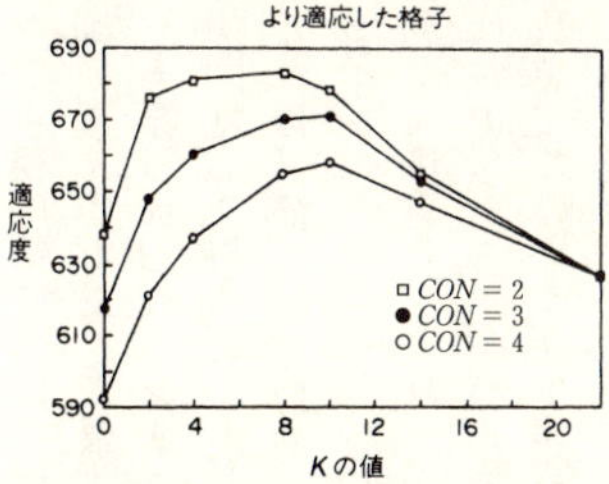

図10-5　生態系を調節する。種の中で遺伝子どうしのつながりの様子を示す値 K が増加し、生態系をカオスから秩序へと調節していくと、平均適応度ははじめ上昇するがやがて減少する。最大値には中間地点で達する。この実験は、5×5の正方格子の生態系で行なわれ、そこでは25の種のそれぞれが最大4つの種と相互作用している。格子の角の種は2つの種と相互作用し（$CON=2$)、格子の辺にいる種は3つの種と相互作用し（$CON=3$)、格子の内部にいる種は4つの種と相互作用する（$CON=4$)。$N=24$、$C=1$、$S=25$。

だから秩序領域では平均適応度が低いのである。こうして適応度は秩序からカオスに至る軸の真ん中あたりで最大となる。

実際われわれのシミュレーション結果では、最大適応度は秩序とカオスの「まさしく」中間地点で得られている。どのようにしてそれがわかったのかを次に述べよう。生態系がどれほど深く秩序領域に入り込んでいるのかは、生態系が進化論的に安定な戦略（ESS）にどれほどはじめから取り込まれているかをみればわかる。一〇〇個の似たような生態系を用意し、これらがいつESSに達し共進化をやめるのかを観察した。すると、何世代かのちに五〇個の生態系がそれぞれのESS状態に落ちついた（図10-6）。この世代数を、このような生態系モデルがESSに落ち込む平均時間と見なそう。カオス領域に落ち込む場合の平均時間はとても長く、秩序領域に落ち込む時間はとても短い。図10-6はわれわれの生態系モデルが二〇〇世代まで進んだときの様子を示している。種と種の間の結合Cは1に固定されている。おのおのの種は（5×5）の格子生態系で東西南北の四つの隣人と結びついている。種の内部の遺伝子間のつながりKを、0から22まで変化させている。これにより生態系はカオスから秩序まで移り変わることになる。図10-6によると、Kが大きいときは生態系モデルはESSの平衡状態に急速に達するが、Kが8以下ではカオス的であり、一〇〇個の生態系が二〇〇世代進化しても、ESS状態になったものは一つもない。重要な点は、Kが8から10に増えると二〇〇世代の間にESSに達する生態系の数が急に増えることである。したがって二〇〇世代という時間スケールでは、遺伝子間相互作用を表すパラメーターKが10のときに生態系はちょうど秩序的になろうとしはじめる。すなわちKが10のときに生態系は秩序領域とカオス領域の中間に位置するのである。

ここで図10－5と10－6を見比べてみると、平均適応度が最大になるのはまさにこのKが10となるところ、すなわち、カオスと秩序のちょうど境目であることがわかる。最大適応度になるのは秩序からカオスへの正確に転移点上なのである。秩序領域の奥深くでは、適応度の山は相互に矛盾する制約条件のために低い。カオス領域の奥深くでは、適応度の山は高いが、その数は少なく、かつ激しく移動しているために登ることができない。秩序からカオスへの転移は、まさにこの適応度の山に、与えられた時間スケールの範囲内で登

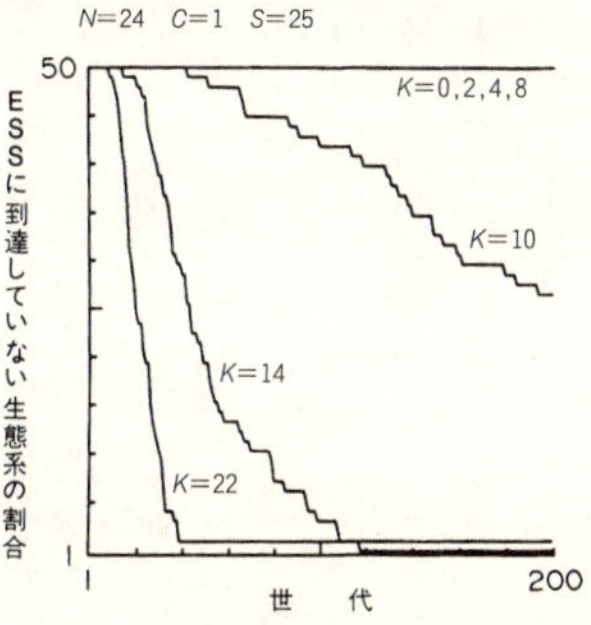

図10-6 カオスの縁（ふち）。5×5の生態系の中でESSの平衡状態になっていない割合を世代数の関数でプロットしたもの。カオス的領域（$K<10$）では、200世代の間に平衡状態に達したものはいない。秩序領域（$K\geqq10$）では、生態系の一部あるいはほとんどがナッシュの平衡状態に凍りつき、その傾向はKの値を大きくすればするほど顕著になる。したがって$K=10$では、生態系はちょうどカオスの縁にいることになり、200世代を経て平衡状態に落ち込みはじめるところが見える。

ることができはじめる点で発生する。このとき山は可能なかぎり高く、かつ時間内に登りきることができる。したがって秩序とカオスの間の転移は、生態系全体の平均適応度を最大にする領域とみることができよう。

ここに何か一般法則のヒントが隠れているだろうか。秩序からカオスへの転移領域は、共進化しているシステムにとって「都合のよい」領域であろうか。そして進化の過程のおのおのに作用する自然淘汰、すなわち見えざる手が、共進化している生態系をこの転移領域に自動的に運んでいくことができるのだろうか。こうして、最終段階——共進化の進化——を理解する準備が整った。

若き共同研究者であるカイ・ノイマンと私は、どのような条件で共進化している種が自発的に最大適応度の領域に進化するのかを調べてきた。種の数Nと一つの種が結びついている別の種の数Sを一定の値に保った生態系モデルを考えよう。これまで同様、それぞれの種を、変化しているそれぞれの適応地形の上で進化させる。さらにそれぞれの種が、その内部の遺伝子間の結びつきKを変えることによって自分の適応地形を進化させることができるとする。さらに種が絶滅することもありうるとしたい。このようなことを実現するために、各世代において生態系のそれぞれの種は次の四つのうち一つを選べるものとする。

（1）同じ状態でとどまる。

（2）一つの遺伝子を変異させ、適応地形の上の隣の点に移動する。

(3)それぞれの遺伝子に対するKの値を一つだけ増減させ、自分の適応地形を変形させる。
(4)生態系に存在する他の種の中からランダムに選ばれたいくつかの種が、自分自身の複製を作って、いま注目している種が適応している場所に侵入してくる。

以上四つのすべての可能性を試してみる。そして四つのうち最も高い適応度を与えたものを採用する。つまり東西南北の隣人たちと共進化しながら、

(1)東西南北の隣人たちによって作られたニッチにとどまり、変異しないままでいることが最も適応度が高ければ、何の変化も起こさない。
(2)もし一つだけ遺伝子を変異させた隣の種の適応度のほうがより高いならば、種はその隣へ移動する。
(3)もしKを変える変異がより高い適応度を与えるならば、種は遺伝子型を変えるかわりに自分の適応地形のでこぼこの度合いを変化させる。
(4)もし侵入者の適応度がより高いならば、はじめにいた種は絶滅し侵入者がその場所を占領する。そして東西南北の隣人たちと共進化を始める。

これはまさにコンピュータ上で繰り広げられる熾烈な戦いの世界である。この系をスタ

ートさせるにあたり、すべての種にとても大きなKの値をもたせて極端にでこぼこした適応地形の上で共進化させてもよいし、あるいはとても小さなKをもたせてほとんどでこぼこのない曲面上で共進化させてもよい。もしKが変化しなければ、大きなKの秩序領域では種はESS状態に急速に落ち込み、周辺のたいして高くもない丘に登りそこにとどまるのである。同様にもしKを低い値に固定して赤の女王領域に入ると、種は適応度の山にけっして登りきることができない。しかしKを固定しないままのモデルに対しては、以上のような話で終わらない。種たちは適応地形のでこぼこの度合いをも進化させることができ、さらに種たちは新しい場所に侵入しようと何度も試み、成功すればその場所の住人が変わることとなり、ESS状態に達することを妨げるのである。

このモデルのシミュレーションから起こったことは、非常に興味をそそるだけでなく驚くべきものである。種たちがどのようなKの値から出発しようとも、生態系はKの最適な中間的な値に収束し、そこでの平均適応度は最大であり絶滅の平均割合は最低なのである！ この共進化システムはあたかも見えざる手によって自分たちのパラメータを調節し、皆にとって最適なKの値へ導くのである。

図10－7と10－8はこれらの結果を示している。それぞれの種は$N=44$の特質をもっており、したがって特質間のつながりKは最大でも43までである。Kが最大値43をとるとき、適応地形のでこぼこは細かく完全にランダムであり、最低値0のときは、富士山のようななめらかで大きな山をもつ曲面となる。世代交代が進むにつれ、共進化システムのK

の値は15から25の間の中間的な値に収束していき、中間的な程度のでこぼこをもつ適応地形の上にほとんどの種がとどまるようになるのである（図10－7）。この場合適応度の値は高く、種たちはESS平衡状態に達している。他の侵入者が、一つあるいは複数の、ともに適応してきた種たちを絶滅に追いやることでバランスを崩すまでは、すべての遺伝子型がかなりの長い時間にわたって変化を停止する。

ある種が絶滅に追いやられると、その出来事が生態系の一部あるいは全体に広がる大小の絶滅の雪崩現象の引き金となる場合がある。なぜなのか？　ある種が絶滅すると、その場所はほかの侵入者に取って代わられる。侵入者はその場所では新参者であり、さらにその場所は山の頂上でないのが普通である。そのため自分の遺伝子型を変化させる新しい方法で適応していかなければならない。この動きはその場所の東西南北にいる隣人たちの適応地形を変えてしまい、通常その隣人たちの適応度を下げる方向に作用する。適応度が下がると、隣人たちはますます侵略を受けやすくなり、その結果、絶滅に向かうこともある。こうして絶滅の雪崩的現象が一つの絶滅から周囲へ次々と広がっていくのである。

雪崩的絶滅は、絶滅した種の数でその大きさを測ると、ベキ乗則で分布していることがわかる（図10－8）。雪崩的絶滅の大きさを対数スケールでx軸にプロットし、y軸にはそれぞれの大きさの絶滅現象の発生件数を対数スケールでプロットすると、ほぼ直線関係となる。すなわち小さな雪崩は数多く発生し、大きなものはあまり起こらない。さらに、Kを大きな値あるいは小さな値で固定しておいたとしてもこのような生態系モデルでの絶滅現象の分布はベキ乗則にしたがうことがわかる。

Kが大きな値や小さな値に固定された場合、つまり系が秩序領域の奥深くにいる場合や、カオス領域の奥深くにいる場合には、大きな絶滅雪崩が生態系モデルの中を音を立てて崩れ落ちていく。絶滅が大規模である理由は、秩序領域では大きな値のKが強い制約を与えるために適応度が低い値をとっているからであり、カオス領域ではカオス的に適応度の値を上下させているために適応度が低くなっているからである。どちらの場合も種の適応度が低いということは、侵入や絶滅に対して弱いということである。共進化している生態系がKの値を調節できる場合は、生態系はそのKの値を自ら調節することによって平均適応度を可能なかぎり高くし、結果として侵入や絶滅に対して種が強くなるようにする。実に興味深いことである。このため絶滅の雪崩的現象はほとんど起きないことがわかった。このことは図10‐8に示されている。

図10‐8では絶滅の大きさの分布と件数の関係を、二つの例について示している。第一の例は、Kを固定して秩序領域の奥深くにいる場合である。第二の例は、適応地形のでこぼこの度合いを決めるKの値と適応度を、生態系が自分で調節した場合である。生態系が自己調節をしても絶滅の雪崩現象はベキ乗則にしたがっており、グラフの傾きは秩序状態に対するグラフの傾きとほとんど同じである。しかし同じ世代数でみると、自己調節する場合のほうが絶滅の回数がずっと少ない。自己調節している生態系はまた、カオス領域の奥深くにいる生態系と比べても、はるかに絶滅の件数が少ない。簡単に言えば、この生態

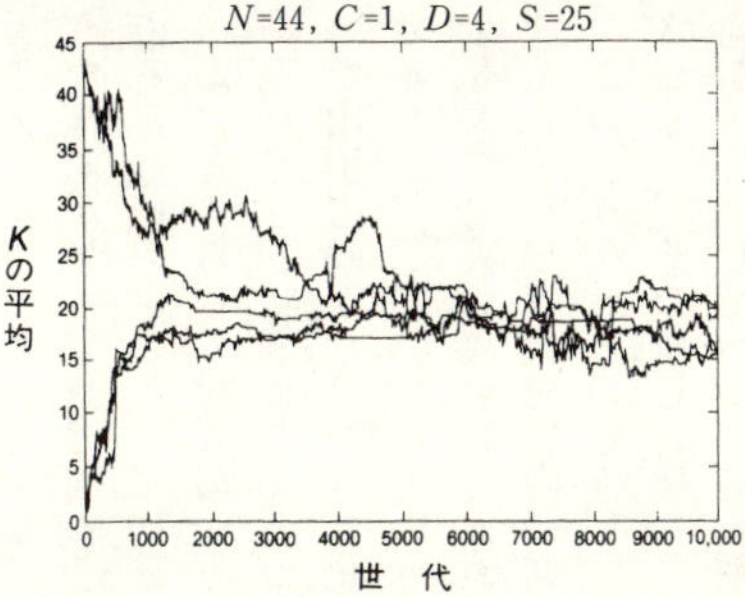

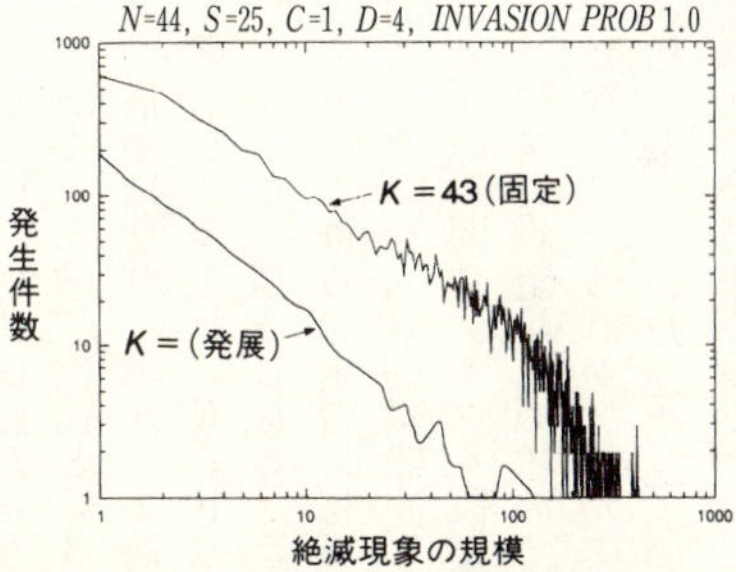

上図 10-7　共進化の進化。異なる K の値からスタートした別々の生態系が進化している。世代が進むうちに、K の値はカオスと秩序の中間の領域に向かって収束していく。その結果、平均適応度は上昇し、絶滅の起こる頻度は減少する。あたかも見えざる手に操られているかのように、生態系が自分を調節して他のみんなにとって都合のいい K の値にもっていくのである。

下図 10-8　絶滅現象を調節する。仮想的な絶滅現象の規模をその発生件数の関数として対数スケールでプロットした。結果はベキ乗則を満たしている。上の曲線は生態系を大きな K の領域（ここでは、K を最大値の $K=43$）に人工的に固定した結果である。たがいに矛盾しあう制約条件のためにこの領域では適応度は低く、大きな絶滅現象の雪崩が生態系を襲う。下の曲線は、適応地形が進化することを許し、K が最終的に中間的な値22をとった場合の生態系に対するデータである。上の曲線に比べ、絶滅の雪崩現象がより少なく規模も小さい。

系は自分で調節することにより絶滅する割合を最小にしているのである！　見えざる手があたかも働き、共進化しているすべての種は適応地形のでこぼこ構造を変え、平均としてすべての種が最大の適応度をもち、できるだけ長く生き残れるように進化していく。

この見えざる手がどのように作用しているのかはわからない。しかし現段階では次のような推測が最も妥当であろう。ともかくも二〇〇世代という時間ステップが経過すると、あるKの値のところで平均適応度が最適になり、種がその時間の範囲内で最高の山のてっぺんに登るらしい。このような時間スケールでは、Kを10に固定した生態系は、最大の山に登りESS状態になんとか達しようとし、到達したあとは、種たちはたがいに辻褄のあった山頂で動かなくなり変化をやめる。これらの場合にはシミュレーションを進める際に、カイと私が二〇〇世代という時間ステップを人為的に設定した。しかしKの値が自動的に変化する今度の場合は、われわれは何の時間ステップも設定していない。絶滅を起こす生態系モデルが、自分自身の時間ステップを設定しているのである。

このようなことがどうして可能になるのだろうか。種がある場所に侵入し古い種を絶滅させると、その新しい種は、古い種がもっていた進化論的安定な戦略（ESS）を壊す傾向がある。したがってある種の絶滅という事態がなかったとしたらESS状態に凍りついていたであろう生態系が、絶滅による種の交代のおかげで「融け出す」のである。われわれは、このモデルが自分の時間ステップを、必然的で自己矛盾のない仕方で設定しているのだろうと考えている。この生態系は自分で適応地形のでこぼこを調節して、種が最も高いピークに達することができるようにし、絶滅によって生態系が壊れる平均速度よりも「わずかに速い」速度でESS状態に達することができるようにする。もしKの値がもっと大きくて、適応地形のでこぼこがもっと激しいものであったなら、種はESS平衡状態にもっと速く達していただろう。しかし同時に、でこぼこの山は小さいので、種は絶滅に対してより弱い存在となる。一方、もしKが小さく、適応地形がよりなめらかで山が大きければ、種はカオス的に振動し与えられた時間ステップではESS状態に達することができず、その結果、絶滅しやすくなる。平均として、ESS状態の生物が絶滅により破壊されるよりもやや速い速度で、種がESS状態に登りつめられるような、そんな微妙な均衡を保った点で、適応度は最大となり絶滅する割合は最低となるのである。

見えざる手がだんだん視界の中に入ってきた。共進化の進化を支配する法則の候補となるものは存在しうるのである。進化の過程において、生態系は自己調節して秩序とカオスの間の転移領域に移動し、生態系は適応度を最大にし絶滅の平均割合を最小にするのである。その過程で、大小のさまざまな雪崩現象が起こる。雪崩は、ある場合には系全体にわずかなさざ波を起こすだけかもしれないし、またある場合には生態系全体を大きくゆるがすかもしれない。われわれはみんな、舞台の上である一時期だけいばって歩いたりくよくよしたりして、その後、音もなく消え去ってしまう、そんな役者なのである。けれどもみんなで協力し、しかも知らない間にその舞台を調節しているので、非常に長い目でみると、結局誰もがいちばん幸せだったということになるのである。

砂山と自己組織化臨界現象

一九八八年、単純で美しくしかも正確な理論が生まれた。物理学者のパー・バク、チャオ・タン、クルト・ウィーゼンフェルドによる「砂山と自己組織化臨界現象」がホットな評判になっていることを、サンタフェ研究所のフィル・アンダーソンやその他の固体物理学者たちから聞いた。そしてある日、パー・バクがブルックヘブン国立研究所から訪ねてきた。私たちは議論を通して友情を深めた。バクは自己触媒反応する集合体の考え方はうまくいかない、と言い続けた。二回の昼食とその後の白熱した議論の末、私はそれが可能であることを彼に納得させた。パー・バクは容易に納得する人物ではないが、とても創造的な人なので、彼を納得させる努力をする価値は高い。彼と彼の友人たちは、この本の多くのテーマと結びついているたいへん一般的な現象、「自己組織化臨界現象」を発見したようだった。

あるテーブルを思い描いてみよう。テーブルの上のほうでは、システィナ礼拝堂（バチカン）の天井画で神の手がアダムの手に向かって伸びているように、ある手が伸び、その手には砂が握られている。砂は手からテーブルへこぼれ落ち続けており、砂山がどんどん高くなっている。そしてあるとき雪崩が発生し、砂山は崩れて、大量の砂がテーブルの上から、ずっと下の床へ流れ落ちる。

砂をこぼしていったとき、砂山が高くなり、やがて斜面がある角度に達すると、砂山はそれ以上は高くならず、安定な状態になる。さらに砂を砂山にこぼし続けると、数多くの小規模の土砂崩れや少数の大規模な土砂崩れが山はだに発生し、砂を床に落としてしまう。大規模な土砂崩れは大量の砂を運び去り重大な結果をもたらすが、そこは単に砂を盛ったテーブルの上のお話である。ただ砂が床に落ちてしまうだけである。

以前に述べたように、もしこれらの土砂崩れをグラフにすれば、見慣れたベキ乗則分布が現れる。土砂崩れの大きさの分布は、生態系モデルでの絶滅現象の大きさの分布（図10－8）によく似ている。小さな土砂崩れは何回も発生し、大規模なものはあまり起きない。しかしいずれにしても土砂崩れはすべての規模で発生しうる。人間の身長やカエルの鳴き声の大きさなど、すべてのものには典型的な大きさがある。しかし砂山の土砂崩れには典型的な大きさというものはない。人間の平均身長を見積もる場合、多くの人を測定すればするほどよりよい推定値が得られる。土砂崩れの平均的な大きさを見積もる場合は、多くの例を測定すればするほど見積もりの値はどんどん増大してしまう。土砂崩れの規模の最大値は、テーブルの大きさで決まる。もしテーブルが巨大でとてつもなく大きな砂山が積み上げられたとしたら、数多くの小規模の土砂崩れとわずかな大規模の土砂崩れが起き、十分長い時間待てば、まれに特大の土砂崩れが発生する。ベキ乗則に示されるように、すべての大きさの土砂崩れが発生しうるかわりに、規模が大きければ大きいほど、その発生頻度は少なくなる。さらに土砂崩れの規模は、その引き金となる砂の粒の大きさには無関係なのである。同じ大きさの砂粒が、小規模の土砂崩れも起こすし、一世紀に一度の巨大な土砂崩れも起こす。大きな出来事と小さな出来事が、ともに同じ種類の小さな原因が引き金となって発生する。均衡を保った系を大きくつき動かすには、大きな力はいらないのである。

これがバク、タン、ウィーゼンフェルドたちが「自己組織化臨界現象」と呼ぶものである。システムは見えざる手を使うかのようにして自らを調節し、砂山の角度を崩れる寸前のところまでもっていき、上から砂が永遠に降り注いできても、そこでそのまま均衡を保つのである。

バクと共同研究者らは、物理、生物、そしておそらくは経済の世界でさえ、その多くの特性が自己組織化臨界現象を示しているかもしれないという。たとえば地震の規模を地震により解放される全エネルギーの対数で表す「リヒター・スケール」で測ると、その分布はベキ乗則に従い、小さな地震は数多く大きな地震はわずかしか起こらない。ナイル川の氾濫の回数も同じようなベキ乗則を示し、多くの小規模な氾濫とわずかな大規模の氾濫とがある。銀河や銀河集団のような宇宙において物質が集まる性質もベキ乗則を示し、小さな集団はたくさんでき、大きな集団は数が少ないのではないかとバクは考える。なぜなら宇宙は永遠に膨張し続ける状態と、いずれビッグクランチに落ち込んでいく状態との、中間のつり合いのとれたところにいるからである。この本でも、均衡のとれた系とベキ乗則の関係を、他の問題を対象にして学んできた。局所的な生態系は超臨界的振る舞いと、臨界点の手前の振る舞いとの、ちょうどまん中にとどまっている。そこでは、新しい分子の雪崩的発生がベキ乗則にしたがっている。遺伝子ネットワークはカオスの縁付近の秩序領域へ向かって進化する。その際、遺伝子の活動を雪崩的に変化させる現象もベキ乗則にしたがっている。そしてさらに、あたかも見えざる手によって生態系が自分の構造を自ら調節して秩序とカオスの間の均衡のとれた状態へ導いていき、そのときの絶滅現象の分布もベキ乗分布となっている。

このように、ベキ乗則が普遍的な性質だと結論してしまうのは正しいだろうか。今のところはまだわからない。しかし手がかりはある。それもたぶんとても重要な手がかりである。私がここまでに描いてきた描像のようなものが正しいかもしれないのである。

手がかりのうちのいくつかは、絶滅の規模の分布に関するものである。その分布は大雑把にみてベキ乗則にしたがっているが、正確には少しずれている。その例として少なくとも二種類の異なる分野のデータが知られている。一つは化石にみられる現実の絶滅現象で、もう一つはトム・レイ（生態学者。コスタリカの森林を研究している。サンタフェ研究所の常勤でもある）がシミュレーションした人工生命に対する絶滅現象モデルである。

デビッド・ラウプは顕生代と呼ばれるカンブリア紀後五億五〇〇〇万年間を七〇〇〇万年間ずつ七七の期間に分けた。それぞれの期間でラウプは絶滅した科の数に関するデータを集めた。図10-9はその数の分布をふつうのスケール（a）と対数スケール（b）との二とおりで表示している。これからわかるように、対数スケールでも直線にならず、曲がった線になっている（図10－9のb）。正確なベキ乗則とならないのである。小規模の絶滅の回数に比較して、大規模な絶滅が期待したほど発生していないためである。

何が大小の絶滅を起こしているのだろうか。白亜紀の終わりに大事件が起きて恐竜たちを滅ぼしたと多くの人は考えている。のちにマヤ文明が花開くメキシコのすぐ外側にあたる大西洋に、大量の流星が降り注いだらしい。流星に関する証拠は間違いなく整っている。すべての絶滅現象はこのような外的原因の大変動によって引き起こされると考えている科学者たちがいる。小規模の絶滅は小さな隕石によって、大規模な絶滅は大きな隕石によって引き起こされたと考えられている。この考えは正しいかもしれない。あるいは逆に、われわれがモデル化してきた生態系でみられたような、内部から発生する過程を絶滅現象は

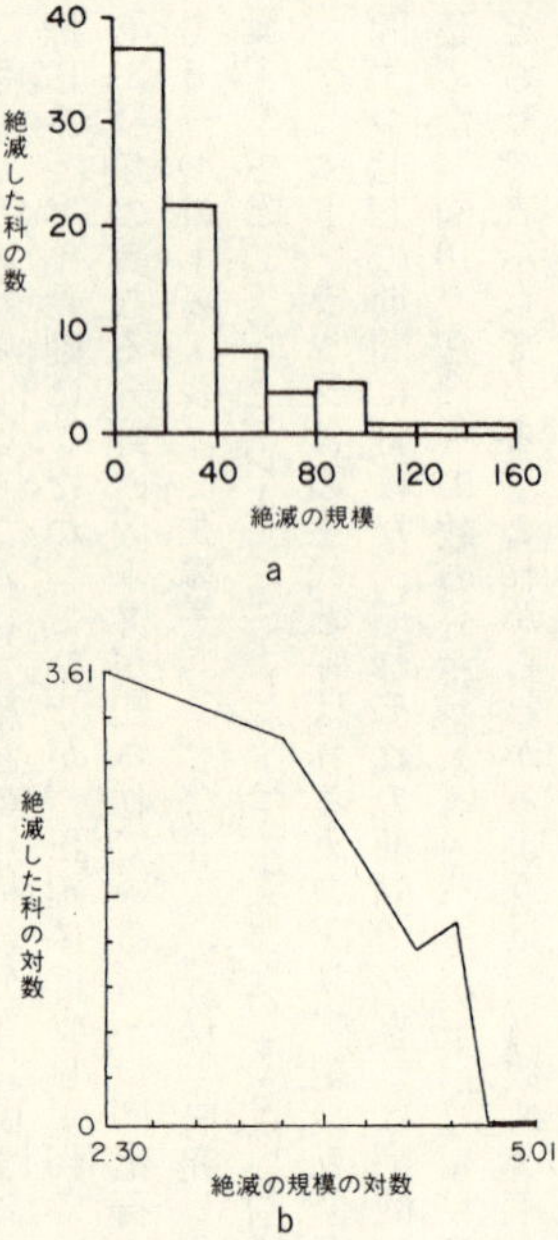

図10-9　これが現実。デビッド・ラウプは絶滅した科の数を調べて、現実の絶滅現象を解析した。
a　彼のデータは、絶滅現象が小規模のものは数多く発生し、大規模のものはあまり起こらないということを示している。
b　このデータを対数プロットすると、結果は完全な直線とはならず、ベキ乗則にしたがっていない。大きな絶滅現象が期待したよりも少なかったのである。

反映しているのかもしれない。そこでは大小どちらの絶滅現象も、同じように小さな出来事が引き金になっている。われわれの結果は、大小の絶滅現象があるからといって、その原因にも大小があると考える必要はないことを示している。

もしほとんどの絶滅が生物圏での内部プロセスを反映したものであるなら、ラウプのデータは、秩序とカオス間の相転移点上というよりは、秩序領域の中にある生態系に関するものであったと考えれば辻褄が合う。逆にいえば、七七個のデータ点は結論を導くには少ないということである。科ではなく属や種のレベルでのデータがあれば助かるだろう。証明にはならないが、一つの手がかりがこうして過去の記録に見つかったわけである。

トム・レイはコンピュータで生態学を研究するために人工生命からなる世界「ティエラ」を作った。彼はコンピュータの内部で「生きている」コンピュータプログラムを開発した。それぞれのプログラムは、自分自身をコンピュータ内の隣の場所に複製することができる。そしてプログラムたちは、いっしょになって生物群集を形成し変異していくことができる。シリコン基板の舞台上に生物が現れたことになる。この生き物たちは、寄生虫のように宿主のコンピュータの力を借りて自分自身を複製していく。宿主は寄生虫から身を守るために壁を作って応える。そして寄生虫は、宿主の防御壁を通り抜けられるような「超」寄生虫へとさらに進化する。

しかし、やがて時間がたち、トムの生き物は鳴き声をあげて舞台から消え、その後は誰もその姿をみなくなる。私はトムにティエラで起きている絶滅現象の大きさの分布をグラフにするよう頼んだ。図10-10はその結果の対数表示である。グラフはほとんどベキ乗則にのっており、小規模の絶滅は何回も発生し、大規模なものは数が少ない。しかし、ラウプのデータと同じく、グラフは曲がっている。大規模の絶滅現象の発生回数が少なすぎるのである。これはおそらく「有限サイズ」効果を反映しているのだろう。トム・レイのコンピュータは有限サイズの舞台しか提供できないので、そこで起きる雪崩的絶滅現象の大きさにも上限がある。同様に地球の大きさにも限りがあるので、そこで発生する絶滅の雪崩もその大きさに限界がある。二畳紀の生物の絶滅では、すべての種の九六パーセントを失ったと言われている。要するに、それよりも大きな絶滅は原理的に不可能である。おそらくラウプのデータの曲がった線は、生物圏全体の有限サイズによるものだと思われる。

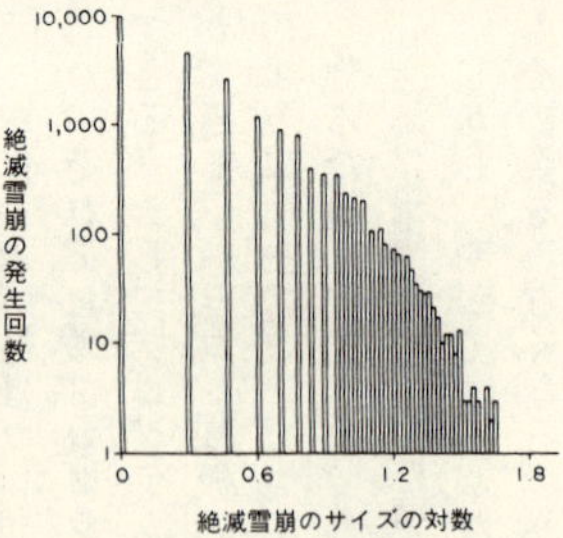

図10-10　人工的な生命と絶滅。トム・レイの「ティエラ」シミュレーションでの絶滅現象の規模の分布を対数プロットしたもの。

手がかりを与えてくれる別の特徴をみてみよう。種の多様化とそれに続く大小の絶滅があることから、それぞれの種そして属などの上位の分類単位はどれも、有限の長さしか存在しない。ある時点で種が生まれ、そして別のある時点で絶滅する。属はその最初の種が発生した時点から始まり、最後の種が消えた時点で終わる。ラウプは古生物学者ジャック・セプコスキーが集めた五〇万の種および一万七五〇〇の属の海洋脊椎動物と海洋無脊椎動物のデータを解析した。ラウプはそのデータを用いて属が生きのびる期間の分布を示した。図10-11にラウプのデータを示す。分布は急速に落ちていく。つまりほとんどの属は若死にするが、分布は右に尾を引いている。ある属は、一億五〇〇〇万年あるいはそれ以上も長く続いている。図10-12はこれに対応させて、カイ・ノイマンと私が行なったシミュレーションでの種のモデルの一生の長さの分布を表している。両者の分布は非常によく似ている。どちらも急速に低下するが長い尾をもつ。ほとんどの種が若くして絶滅するが、いくつかはとても長い時間生き残る。生態系が進化の時間を通して共進化を進め、自分自身を調節することで、カオスの縁の領域へ向かうかどうかはまだわからないが、絶滅現象の規模の分布と種や属が生きのびる長さの分布との間の類似点は重要な手がかりを与えてくれる。

生物に適用できる話は人工物に対しても使えるかもしれない。第9章で述べたように、生物と人工物のいずれの場合も、もし制約条件によってでこぼこになった適応地形の上で進化をするならば、どちらも共進化するはずである。会社や技術も舞台の上で栄枯盛衰をみせたあと、いずれ消えてしまう。自動車の登場は輸送手段としての馬を絶滅に追いやった。馬とともに馬車もなくなり、それとともに鍛冶屋や馬具製造業も消えていく。自動車が現れると、石油産業やモーテル、舗装道路、交通事故裁判所、郊外のショッピングセンター、ファストフード店のドライブスルーなどが出てくる。一方、生物は多様化し、他の生物がつくり出すニッチにおさまって生きていく。一つの生き物が絶滅すると、その生物が支えていたニッチが変わってしまい、隣人たちを絶滅させることにつながるかもしれない。経済における商品とサービスも、他の商品やサービスが作るニッチにおいて生きていく。あるいはむしろ、他の商品やサービスによって提供されるニッチにおいて、経済的に

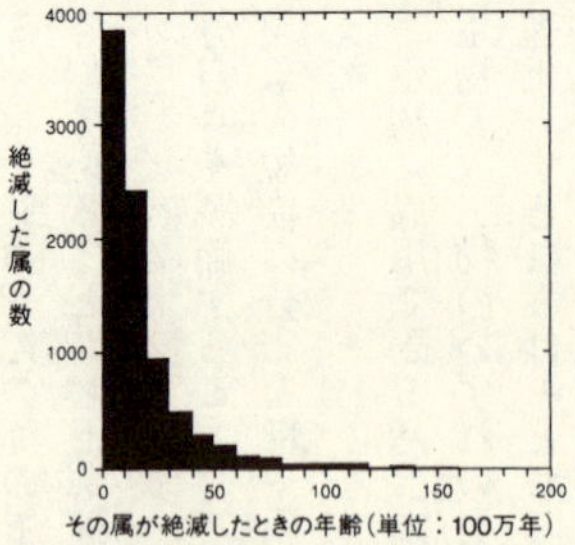

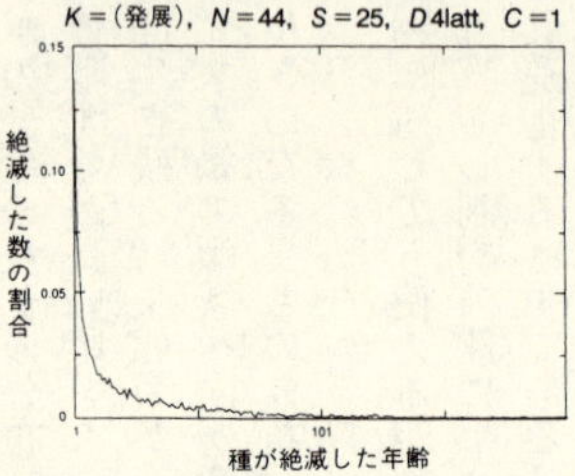

上図 10-11　海洋生物の絶滅年齢と属の数。化石でみられる海にすんでいた脊椎動物と無脊椎動物の数をその動物が絶滅したときの年齢でプロットした。ほとんどが属としての年齢が若いうちに死に絶えるが、図の右側へ向かってグラフは長い尾を引いている。

下図 10-12　人工生命の絶滅年齢と種の数。筆者とノイマンがシミュレーションしたモデルにおける種が絶滅した年齢と、その年齢で絶滅した種の全種に占める割合の関係をプロットした。グラフは図 10-11に似ており、ほとんどが若死にし、わずかの種が非常に長生きする。

効果があるような商品やサービスを、われわれが作り出し、販売することで生活しているのである。経済は生態系のように共進化している集団なのである。オーストリアの経済学者ジョーゼフ・シュンペーターは、「嵐のような創造的破壊」という言葉を用いた。そのような嵐の間に新たな技術が生まれ、古い技術は消滅していくのである。

技術の大小の変動が経済システムの中を伝わっていくことはよく知られている。それではこのような変動の雪崩的現象もベキ乗分布になっていて、大きな雪崩的変動は少なく、小さなものは数多く発生しているのだろうか。おそらくそうなっていると思われるが、そのような雪崩的技術変動の規模の分布に関する詳しい研究はまだ知られていない。経済学者は、より細かなスケールで会社倒産の割合を設立からの年数の関数として議論している。「幼児死亡率」すなわち設立直後の倒産率は高いことが知られている。古い会社ほど次の年も生き残る可能性が高いだろう。しかしそのような倒産率曲線に関する確立した理論はまだない。けれどもノイマンと私が研究している共進化のモデルは、これらの事実と合致する。

図10－13は、われわれのモデルにおける死亡率を、種としての年齢の関数でグラフにしたものである。幼児死亡率は高く、種が年をとるにつれ死亡率は下がる。なぜだろうか。ある侵入者を考え、それがある場所に入り込み、新しい種あるいは新しい会社を形成したとしよう。はじめは新しい会社はその新しい場所で低い適応度しかもたず、他の新たな侵入者によって取って代わられるかもしれない。さらにそれが周辺にもたらす共進化の騒ぎ

が、しばらくの間その会社の適応度を低く保ち、年をとる前に絶滅の餌食になってしまうかもしれない。しかし生態系における会社の平均適応度は上昇する。そしてだんだん侵入や絶滅に対して強くなっていく。したがって、その世代ごとの死亡率は、ＥＳＳに達するまでは低下する。しかし究極的には、おそらく誰かが侵入に成功し、その会社は死んでしまうだろう。このおおまかな説明を経済の出来事に用いるには、もちろん適応度として、資本総額や市場シェア、あるいは成功を測る他のものさしのような、直接の経済上の解釈をしなければならない。会社が成熟するにつれ、より資本が集まり市場のシェアも増える。い

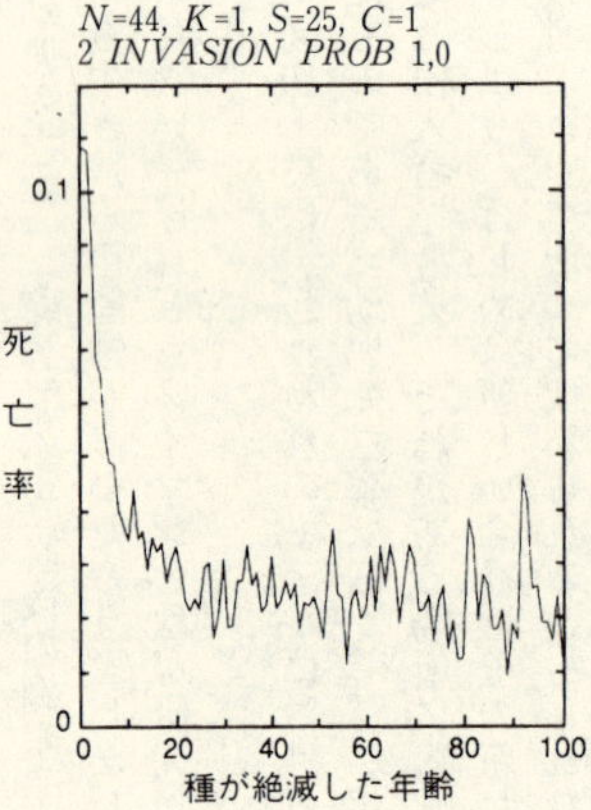

図 10-13　生態系モデルでの死亡率と年齢との関係。種としての年齢が若いものほど絶滅する危険性が高い。

ったん軌道にのれば、会社はそうやすやすとはビジネスから放り出されることはないのである。

生物と人工物は同じように進化し共進化しているかもしれない。盲目の時計職人によって作られた進化と、単なる時計職人であるわれわれが作り出した進化は、いずれの場合も、同じ一般法則で支配されているのかもしれない。おそらく大小の絶滅雪崩が、ベキ乗分布で、シュンペーターが言うように経済システムの中で轟音をたてて発生しているのであろう。おそらく大小の絶滅雪崩が、生物圏の中をかけぬけているであろう。おそらくわれわれみんなが、われわれの生活をつなぎ合わせ、たがいに行なうゲームや、おのおのが遂行する役割を自ら無意識に調節することで、自己組織化した臨界状態に移動していくのであろう。もしそうならば、パー・バクと彼の友人たちはとてもすばらしい法則を発見していたことになる。なぜならすでに述べたように、新しい人生観が数学的な砂山からみえてきているからである。われわれのごくわずかな動きが、われわれがいっしょになって作り上げてきた世界の大小の変化を引き起こしかねないのである。三葉虫は生まれて消えていった。ティラノザウルスも生まれて絶滅していった。それぞれがさまざまな試みをし、適応度の山を登り、そして進化する上で最善をつくした。すべての種の九九・九パーセントが生まれて絶滅していったことをよく考えてほしい。気をつけなければならない。あなたの最善と思われる一歩が、もしかしたらあなた自身を連れ去ってしまうような雪崩を起こす引き金となるかもしれないのである。そして、砂山のどの砂粒が小さな変化を引き起こし、またどの砂粒が大変動を起こすのか、あなたもほかの誰も予言することはできないのである。気をつけたほうがいい。しかし歩き続けるしかない。あなたにはほかに選ぶ道がない。できるだけ賢明でいなければならない。そしてあなたが実は何もわかっていないということを認めるだけの知恵を忘れてはならない。われわれみんながてきるだけのことをしても、それは単に最終的な絶滅の条件を整えていくだけであり、新しい形の生命や生き方への道筋を作り上げているにすぎないのである。

それでは、あなたにすてきな人生観を教えてあげよう。ベストを尽くしなさい。朝起きて、コーヒーを飲み、コーンフレークをほおばり、地下鉄にとび乗り、込みあったエレベーターでオフィスへ上がり、ほかの人たちが積み上げた書類の山にさらに書類を積み、あなたの人生の選択がもたらしたはしごを何でもいいから登りなさい。そして最後にあなたは何を得るのか。舞台の上のほんのひとときである。厳しいものだ。でも世の中のすべての動植物にとっては、それが精一杯のことなのである。

極端に楽天的な世界も、その逆の絶対服従を強いられる世界も存在しない。おそらく、われわれがつねに考えている現実があるだけなのである。最善を尽くそう。あなたは結局は、この繰り広げられる野外劇の中で三葉虫や他の誇り高き登場人物たちといっしょに、歴史を刻んでいくのである。いずれは失敗するとわかっているのに、役者の一人として登場するなんて、なんと勇気のいる大冒険なのだろう！

11

優秀さを求めて

民主主義の正当性も自己組織化の論理で説明が可能

シドニー・ウィンターは会計検査院で主任エコノミストとして四年間働いたあと、ペンシルベニア大学ウォートンスクールで経済学者として活躍している。その彼が最近サンタフェ研究所で開かれた会合「生物進化」で話をし、たちまちわれわれの注意を引いた。結局のところ、われわれのほとんどは学術分野の人間である。一方、ウィンターはアメリカ合衆国政府の中枢近くにいた人であり、その経験から、経済の世界における全体的な変化についての話をした。彼は「四つのキーワードがある」と言った。

技術、地球規模の競争、リストラ、防衛の転換。これらが冷戦後の時代を支配している。われわれには職が必要である。よい職が。しかし経済がそれを生み出してくれるかどうか確信がもてない。健康保険制度改革、福祉制度転換、貿易政策変更などがすぐ近くに迫っている。これらをどう達成し、さらにこれらがどのようなインパクトをもつかということを、われわれは知らない。アメリカの会社からは雇用の機会が失われていっている。会社はアウトソーシングによって外へ外へと拡散している。すべての職を会社内部でまかなう代わりに、職に準ずるものをたくさん、他の会社そして多くの場合外国から買っている。これは会社の縦型組織を分裂させることにつながる。合併や買収が古い会社を新しい形に変革し、その部分部分を新たな構造へと変えていく。貿易自由化がのしかかっている。われわれは規模の縮小、ダウンサイジングを迫られている。これらのことはすべて共通したテーマ、すなわち「リパッケージング（組み換えて再構成する）」という表現でとらえることができる。われわれは経済活動の組織（パッケージ）を新しい小組織（ユニット）に移し変えている。上意下達方式の中央集権的な組織モデルはもう古い。組織はますます平らになり、より分散化していくのである。

私は驚きをもって彼の話を聞いた。地球上の組織は、階層構造を壊し平坦に分散した形になり、そのことが組織の柔軟性を高め総合的競争力を増す上で望ましいというのである。分散化がどのように行なわれるかということに関するまとまった理論はないものかと私は考えた。というのは、そのとき私は新しいカオスの縁（ふち）に関する驚くべき新現象を見つけ出している途中だったからである。より平坦でより分散化した組織――ビジネス組織、政治組織、その他の組織――のほうが柔軟で総合的競争力が高いのはなぜか。このことを深く理解する上で、その新現象はヒントを与えてくれるものである。

数週間後、私がこのことを考えているとき、サンタフェ研究所がミシガン大学で外部会合を開いた。サンタフェで進んでいた「複雑系の科学」の研究をミシガン大学で行なわれていた同様の研究と結びつけるのが狙いであった。コンピュータ科学者のジョン・ホランドはむずかしい数学の問題を解くために、適応地形、突然変異、組み換え、淘汰といったアイディアを利用して構築される「遺伝的アルゴリズム」を開発して脚光をあびていた。彼がサンタフェ研究所とアナーバーにある彼が勤務する研究所の二つをつなぐ役割を果たしてくれた。ミシガン大学工学部長のピーター・バンクスはカリスマ性をそなえた人物であった。彼は「総合的品質管理TQMは終わり、会社では新たな機能単位のチームが結成されつつある」と言った。「しかしわれわれには、それをどのようにうまく行なうべきかを理解する理論的基盤がない。たぶんサンタフェで行なわれている研究が役に立つのではないだろうか」。私は希望をこめて強くうなずいたが、完全に納得したわけではなかった。

私やサンタフェの研究者や、あるいは世界中の複雑系研究者たちが、ビジネス、マネジメント、政府、組織などの実際的な問題と複雑系との、潜在的なつながりに興味をもっているのはなぜなのか。生物学者や物理学者がこのような新しい領域にちょっかいを出してどうしようというのであろうか。それは、分子の始まりから細胞へ、そして生物へ、生態系へ、最後にはわれわれ人間が進化させた社会構造の発生までの生命発展の歴史の中で、自己組織化と自然淘汰のテーマや、盲目の時計職人と見えざる手などのテーマが、すべて関連し合っていると考えているからである。これらのテーマすべてが、歴史に埋め込まれた法則を見つけられる場所なのかもしれない、と思っているからである。大腸菌の中のどの分子も、その大腸菌が生きている世界のことを知らないけれど、それでも大腸菌は間違いなく生きていくことができる。現在、規模を縮小しフラットな組織になりつつあるＩＢＭで働く人のうち、ＩＢＭの世界すべてを把握している人はいない。けれどもＩＢＭはそれで機能している。生物、人工物、そして組織はすべて進化した構造なのである。人間たちが計画し意図をもって物を作るときでさえ、盲目の時計職人の手が、われわれがふつう認識する以上に大きな役割を果たしている。このような構造の発生と共進化を支配する法則とはいったいどのようなものなのか。

生物、人工物、組織などはすべて、でこぼこで変形を繰り返す適応地形の上で進化し共進化する。生物、人工物、組織など複雑なものはすべて、たがいに拮抗し合う制約条件に直面している。したがって、適切な妥協点に向かって進化しようとする試みの結果、でこぼこの適応地形の上で、系がうまく適応した山の頂上（ピーク）に到達したとしても驚くにはあたらない。また、可能性の空間はふつう広大なものなので、人間はその中をある程度盲目的に探し歩いているにちがいない、と考えても不思議ではない。たとえばチェスについて言うと、その駒の動かし方の組合せは有限である。しかしチェスの名人が二手打ったところで先読みし、相手が一三〇手先に自分を破るであろうと判断して負けを認めることなどありえない。チェスでさえこうだから、それよりははるかに複雑な実際の生活上の多くの問題については、先のことはほとんどわからない。意図をもって行動するとしても、われわれは盲目の時計職人以上のものにはなれない。われわれはみな、細胞にしても会社の社長（CEO）にしても、変化を続ける適応地形を目をつぶったまま登っているだけなのである。そうだとすれば、他の組織が作る適当な場所（ニッチ）で生活をしている組織——細胞、生物、ビジネス、政治、その他——が直面する問題は、主として、変化し続ける適応地形の上でどのように進化し、移動する適応度の山をどのように追いかけるべきかというものである。

変化する適応地形の上で山を追いかけることが、生き残るための中心課題なのである。簡単に言えば、適応地形は、われわれが手に入れることのできる妥協案として、最高ではないにしても優秀な成績を追求する役割の一端を担っている。

部分組織の論理

ここで私がビル・マクレディとエミリー・ディキンソンと行なってきた最近の研究について話そう。その結果は、なぜ平坦で分散した組織のほうがうまく機能するのかという疑問に対して、意味深くかつ簡単なヒントを与えてくれる。直感に反して、組織が部分組織（パッチ）に分かれそれぞれが自分勝手な利益のために努力すると、かりにその一つ一つが系全体にとって害のあるものであっても、あたかも見えざる手が作用したかのように、系全体の向上につながることがあるのである。後述するように、どういうふうに部分組織に分割するかという点にトリックが隠されている。そして秩序領域、カオス領域、その間の相転移がやはり登場する。秩序領域では系全体がそれぞれあまり満足のいかない妥協をし、カオス領域では妥協に至ることがなく、相転移領域でみんなにとってかなりよい解決法が見つかる。われわれは部分組織の力をみせつけられることになる。あとでその結果について述べるが、その結果をもとにして、次には、複雑な系が進化する様子を理解する上で、これらの新しい観点が役に立つか否かを考えることにする。そしておそらくは、たがいに矛盾する要望の間で、人々が妥協に達する上で民主主義はなぜよい政治機構であるのかを理解するために、これらの観点が役に立つかどうかを考えてみたい。

これらの研究はすべて、すでにおなじみのでこぼこの適応地形のNKモデルに基づいている。しかしここでいくつかの注意が必要である。NKモデルは、でこぼこであちこちで対立する問題が山積みとなった適応地形の集まりにすぎない。ここで繰り広げられる議論を拡張解釈するときには、注意を払う必要がある。たとえば私があとで議論する結果を、矛盾だらけの他の問題に拡張できると見なすためには、私がいま思っているよりもずっと強くその結果に確信をもつ必要がある。ここでいう他の問題とは、たとえば飛行機のような複雑な人工物の設計や、いろいろな設備を作ること、組織構造、政治システムなどを含んでいる。

NK適応地形は、数学者が組合せの最適化問題と呼ぶものの例である。NK適応地形の場合、最適化問題は全体的な最適化、すなわち最も高い山を探すこと、あるいは少なくともそれに近いかなり高い山を探すことを指す。NK適応地形では遺伝子型が組合せの対象であり、そのおのおのが1または0の対立遺伝子状態にあるN個の遺伝子からできている。したがって可能な遺伝子型の数は2^Nということになり、Nが増えるにつれて遺伝子の組合せの数は爆発的に増加する。これらの遺伝子型の一つがわれわれが探している最も高い山なのである。このためNが増えると、その山を探すことは非常に困難になる。内部のつながりを表すKが（$N-1$）という最大の値をとると、適応地形が完全にランダムになり、山の数は$2^N/(N+1)$となることを思い出してほしい。

第8章でわれわれは一つの計算を実行するのに最も圧縮されたアルゴリズムを見つけることについて述べ、そのようなアルゴリズムがランダムな適応地形の上で「生きて」いるということに注目した。したがってアルゴリズムのために最高に圧縮したプログラムを見つけることは、結局はランダムな適応地形の上で一つあるいは多くてもほんの二、三の最も高い山を見つけることに相当するのである。ランダムな適応地形の上では、自分のそばの山に登っているだけでは、ほんとうの最高地点から遠く離れたところにとどまることになってしまうことを思い出そう。つまり最高地点やそれに近いかなりの高さの山を見つけるのは、非常にむずかしい問題なのである。ほんとうにいちばん高い山を見つけたかどうかを確認するためには、全空間を探しまわらなければならないかもしれない。このような問題は「NP困難な問題」として知られている。これは大雑把に言って次のようなことを意味する。問題の解答を探すためにかかる時間は、問題の空間の大きさに比例して長くなり、さらにその空間自体が組合せの数の爆発的な増大のために指数関数的に大きくなっていく。

進化とは、でこぼこが固定された適応地形や、変化し続けている適応地形の上で歩き回る行動である。「NP困難な問題」では、すべての可能性を試すよりも短い時間で最高の山を特定できる探索手順が存在しない。そしてこれまでにも繰り返しみてきたように、この可能性の空間は天文学的広さなのである。ほんとうの細胞、生物、生態系、そして私が思うに現実の複雑な人工物や組織などでも、固定された、あるいは変化している適応地形のいちばん高いところを見つけることはできない。実際には次善の策として最高ではないにしてもかなり高い山を探して、適応地形が変形するにしたがってその山を追いかけていくことになる。われわれの「部分組織」の論理は、複雑なシステムや組織がこのことを行なう上での一つの方法だと考えられる。

部分組織（パッチ）の論理について議論する前に、適応度の高い山を見つけるためのよく知られた手法について話をしよう。その手法は「徐冷法（シミュレイテッド・アニーリング）」とよばれ、IBMのスコット・カークパトリックと彼の共同研究者らが数年前に編み出した方法である。むずかしい組合せの最適化問題として彼らが用いた例題は、有名な「巡回セールスマン」の問題である。もしこれを解くことができれば、多くの最適化問題の解決へ向けての突破口となる。巡回セールスマン問題とは次のようなものである。あなたはネブラスカ州リンカーンに住むセールスマンであるとする。あなたはネブラスカの二七の都市を一つ一つまわり、最後に家に戻ってこなければならない。問題は、いかに最短ルートで旅することができるかということである。これが問題のすべてである。おんぼろ自動車に乗ってクーラーボックスに二七食分の昼食をつめこみ、そして旅に出ればいい。単純である。少なくとも単純に聞こえるだろう。

もし都市の数Nが二七でなく一〇〇や一〇〇〇に増えたら、問題の複雑さは天文学的に増加する。リンカーンから出発し、まずどこに向かうかを決めなければならない。この問題の場合、二七カ所の選択肢がある。その中から一つを選んだあと、二番目の訪問先を残り二六カ所から選ばなければならない。こうしてリンカーンからスタートする旅は$(27\times26\times25\times\cdots\cdots\times3\times2\times1)/2$とおりある(同じ経路でも、順方向に行くか逆方向に行くかの二とおりの回り方があるので、異なる経路の数はこのように2で割ったものとなる)。

最短の旅行経路を見つける簡単な方法があると思うかもしれないが、それははかない夢である。最短の旅を見つけるためにはすべての可能性を検討しなければならない。都市の数Nが増えると、遺伝子型の空間や他の組合せ空間が広がっていく場合と同様に、可能な組合せの数が激増していく。最高速のスーパーコンピュータを使っても、人類が生きている間あるいは宇宙の存在している間に、最短の旅を見つけられるかどうかは保証できない。

とりうる最善の策、すなわち、唯一の現実的な策は、最短経路でなくそれに近い短い経路を選ぶことである。人生すべてがそうであるように、優秀さを追求するセールスマンは、完璧でないもので決着をつけなければならない。

どうしたら優れた旅の経路を、少なくとも一つ見つけることができるだろうか。カークパトリックと彼の共同研究者たちは「徐冷法」の概念を用いる強力な手法を提案した。まず初めに適応度あるいはコストの曲面が必要である。そして短い旅の経路を見つけるために適応地形を探しまわる。二七の都市と、それらをめぐるあらゆる可能な経路を考えよう。すでに述べたように膨大な数の経路が存在する。そこで遺伝子型の場合にたがいに近い変異どうしという考えが必要だったように、どの経路がおたがいに「近い」かという考え方が必要である。一つの方法はある経路の中の二つの都市を入れ替える「入れ替え」作業を

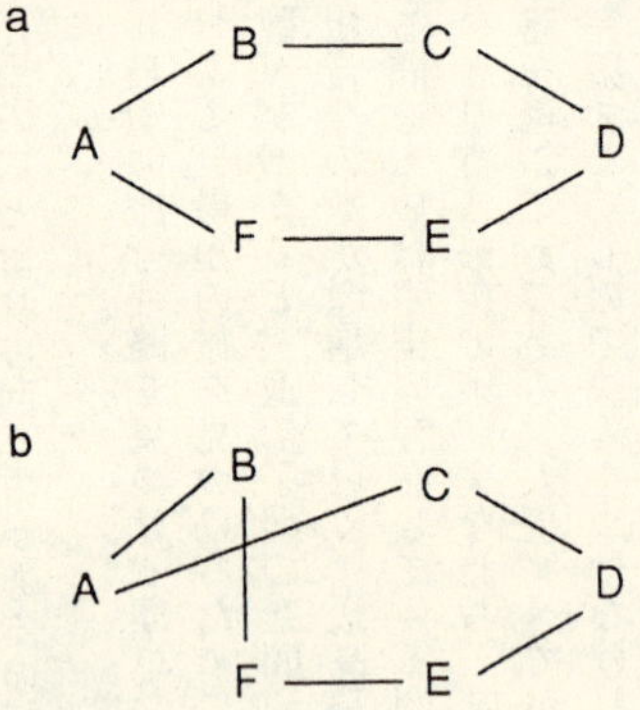

図 11-1　巡回セールスマンの問題。いくつかの都市を最短距離でまわる。
a　6つの都市を A から E の順にまわる経路。
b　a の経路のうち、2つの都市の順番を入れ替えて「隣接する」経路に変更したもの。

考えてみることである。たとえばＡＢＣＤＥＦＡの順に都市をまわるとし、ＣとＦを入れ替えたＡＢＦＥＤＣＡという経路はもとの経路に「近い」わけである（図11－1）。

このような「隣接した経路」という概念を定義すれば、「隣接した」経路が隣どうしになるようにすべての可能な経路を高次元空間に並べることができる。これは遺伝子型空間を定義したのと同じである。この高次元空間を紙面にうまく表すのはむずかしい。*NK*モデルでは（１１１１）のようなそれぞれの遺伝子型がブール超立方体の頂点に対応し、それに隣接して*N*個の他の遺伝子型（０１１１）（１０１１）（１１０１）（１１１０）が存在していた。ある遺伝子型から隣の遺伝子型への適応度を増すための移動は、局所的なピークの上に達するまで続いた。旅行経路の空間でもやはりそれぞれの経路が超立方体の「頂点」に対応し、隣接する経路どうしは超立方体の辺で結ばれている。リンカーンから出発して二七都市を経てリンカーンに戻ってくる最短ルートを探しているので、そのルートの長さを「コスト」として考えればよい。すべての経路はそれぞれコストをもっているので、旅行経路の空間に広がったコスト曲面というものを考えることができる。この場合、適応度を最大にするのではなく、コストを最低にしようとしているのだから、われわれはコスト曲面上で最も高い山ではなく最も深い谷を探さなければならない。しかし、どちらも考え方としてはまったく同じである。

他のでこぼこした適応地形と同様に、旅行経路の空間もさまざまに相関をもっているかもしれない。隣り合った経路どうしは同じような長さをもち、したがって同じようなコストをもつ。そうだとすれば最短の経路を見つけることはできなくても、かなり短い経路を見つけるために、この相関を利用するのが賢いやり方であろう。第8章では、多くのでこぼこの適応地形の一般的性質として、最も深い谷は、可能性の空間の中で最も広い領域を占めるということをみた。このような谷を山岳地帯の本物の谷と思えば、その地形のさまざまなところから湧き出た水のうち、最も深い谷に流れ込む水が最も多いというのは、すぐに想像がつく。この性質は次にみるように「徐冷法」にとって重要なものである。

水滴やボールを思い浮かべてほしい。それが周囲の低いところに落ち込むと、外から何らかの力が働かないかぎりずっとそこにとどまったままである。つまり、適応度の山を登っていくにしても、コストの低いところへ向かって谷を下りていくにしても、もしその時点で状態をよくする方向にしか足を踏み出せないとしたら、すぐに近くの適応度の山やコストの谷につかまって出られなくなってしまう。しかもそのつかまったところは、システム全体の中の非常に高いところや低いところに比べると、特別たいした場所ではない。したがって次の問題はそこからどうやって抜け出すかということである。

実際の物理系では、あまりよくない極小点から抜け出すごく自然な方法がある。下へ下りていったほうが状況はよくなるところを、逆に上に登っていくといった、間違った方向へのランダムな動きをするのである。このランダムな動きは熱振動により起こされるもので、温度によりその程度が決まる。

たがいに衝突している分子を考えてみよう。衝突率は分子の速度に関係する。また、温度は分子の平均的な動きを決定するものであり、平均運動エネルギーを決める。温度が高いことは分子が過激なランダム運動をしていることを意味する。温度が零度のとき分子はまったく動いていない。

高温状態で物理系は可能な状況を行ったり来たりして動き回り、分子はたがいに衝突し運動エネルギーを交換する。ここで動き回るということは、系が単にエネルギーの低い状態へ向かって下りていくのみではなく、エネルギーの高い方向へ動くこともあり、その確率は温度の上昇とともに高くなる。温度を下げると、高い方向へジャンプしてエネルギー障壁を乗り越えることがむずかしくなり、与えられたエネルギーの「井戸」の中でじっとしている割合が高くなる。

徐冷法とは徐々に冷やしていくことである。現実の物理的徐冷は、あるシステムの温度をだんだん下げていくことに相当する。鍛冶屋では赤く熱した鉄をハンマーでたたき、それを冷たい水に突っ込み、再び熱してハンマーでたたくという作業を繰り返すが、これこそ本物の徐冷を実践しているのである。鍛冶屋が鉄を焼きなましてハンマーでたたくと、鉄原子のミクロな配列が並び変わり、比較的不安定な状態から抜け出して、もっとエネルギーが低くて、より硬く強い金属の状態に落ち着くのである。鉄を繰り返し熱してハンマーでたたくと、鉄の原子配列はエネルギーの低い原子配列どうしの間にあるエネルギー障壁を乗り越えて、はじめはいろいろな並び方を試す。温度が下がるとこれらのエネルギーの壁を飛び越えることがどんどんむずかしくなる。さてここで重要な仮定をする。もし最もエネルギーの低いところが最も広いくぼみの中にあるとすれば、温度を低くしていくとミクロな配列は、その最大のくぼみの中に落ち込み、最も深くて、エネルギー的に最も安定なところへと下りていく傾向が強いはずである。その傾向が強いはずだというのは、単にそのくぼみが最大のものだから落ち込む可能性が高いだけの話である。ほんとうの焼きなましで鉄を鍛えると、徐冷によってミクロな原子配列が深いエネルギーの極小点に移動するために、硬く強い金属になるのである。

コンピュータ・シミュレーシュンの徐冷法も同じ原理を使っている。巡回セールスマンの場合、ある旅行経路からその隣の経路へ、もし後者のほうが短ければ移動する。けれどもある確率で間違った経路へも移動するとしよう。つまり、距離的により長く、コスト的に高い隣の経路へも移動できるとするのである。この系の「温度」は、コストをある量だけ上昇させるような動きをする確率を決めるものである。シミュレーションでは可能な旅行経路の空間を動き回りながら温度を下げていき、誤った方向へ動く確率を低くしていく。こうすると、系はしだいにかなり深いくぼみの中へ落ち込んでいく。

徐冷法は、多くの内部矛盾をはらんだ系の問題の答を見つける上で、非常に興味ある手順である。事実、これは現在のところ最良の手法のうちの一つである。しかしこの手法には重大な限界がある。一つは、よい答を見つけるにはとてもゆっくり冷やさなければならない点である。非常にコストの低いところを見つけるにはとても長い時間がかかるのである。もし人間や組織が現実生活における問題の答を見つけるのであれば、徐冷法のような手法には次のような二つめの明らかな問題点がある。いま戦争に向かう戦闘機のパイロットを想像してほしい。これは人命にかかわる厳しい状況であり、速いペースで進行する。パイロットは、拮抗する問題が山積みの状況で、成功するチャンスを最大にするように戦略を決めなければならない。このパイロットは、正しい戦略に落ち着くまでは誤りとわかっていることもこの戦いの場で繰り返さなければならない、などという戦略を受け入れるはずがない。また人間の組織も、このような方法で最適化していこうとはふつう考えない。徐冷法はむずかしい問題に対するかなりよい解答を見つけるのに優れた手法かもしれないが、実際の生活でわれわれがそれを使うことはない。われわれは進んで間違いを犯し、そして徐々に間違いを犯す頻度を減らしていく、などという過程のために時間を無駄に使うことはしない。われわれはみんなベストを尽くし、そして多くの場合失敗するのである。ほかにうまい手続きはないだろうか。わたしはあると思う。それは実際にはさまざまな名前で呼ばれているもので、たとえば、中央集権主義からプロフィット・センター（独立採算事業部制）への再編成とか、政治行動委員会の行き過ぎを抑えてバランスをとる「チェック・アンド・バランス」などである。私はそれを部分組織（パッチ）と呼ぶ。

部分組織に分ける手続き

断片化の手法、つまり部分組織に分ける仕方の基本的考え方は単純である。たくさんの

「基本的な構成要素」からなる系を考える。構成要素はおたがいの間で相互作用しているとする。このためその系には内部矛盾が山積しており、むずかしい問題を引き起こしている。この構成要素をいくつかずつまとめて部分組織にし、系全体が部分組織の集まりになるようにする。ひとりひとりの人間を構成要素とする国家という全システムの動きを考える際に、州とか県とかいう部分組織を間のステップとしておくと、議論がしやすくなる。

それぞれの部分組織の中で最適化を行なう。境界を通して部分組織と部分組織の間につながりがあるため、ある部分組織の最適化で得られた「よい」答が、隣の部分組織内の構成要素が解くべき問題を変えてしまう。おのおのの部分組織で発生する変化が隣接する部分組織がもつ問題を変えてしまうと、そこでの最適化を求める動きに変化が起き、それがさらに他の部分組織が直面する問題を変えてしまう。これは共進化している生態系モデルとよく似ている状況である。

各部分組織は第10章でわれわれが種と呼んでいたものに相当する。各部分組織は自分の適応地形の上で適応度の高い山に登ろうとするが、そのことが他の部分組織の適応地形を変形させる。以前みたように、この過程は、コントロールを失い赤の女王のカオス領域に突入し、適切な解に収束しないこともある。たとえば小さな布を縫い合わせたパッチワーク・キルトを考えてみると、部分組織はそれぞれのパッチに相当しており、カオス領域では、それらのパッチが休むことなく変化している。その反対に、進化論的に安定な戦略（ESS）の秩序状態のように、たいして高くない山頂にとらえられて系が凍結することもある。生態系の場合、赤の女王のカオスとESSの秩序の中間にとどまると、最も高い適応度が得られた。以下でみるように、矛盾だらけの問題全体を、適切に選んだ部分組織に分けると、その共進化システムは秩序とカオスの間の相転移領域に位置し、かなりよい答を素早く見つけることになる。簡単に言えば、部分組織というものは、われわれが社会システムやその他のシステムで、非常にむずかしい問題を解くために進化させてきた基本プロセスなのかもしれない。

もうNKモデルはおわかりだろう。NKモデルはN個の構成要素からなり、そのそれぞれが自分自身の状態と他のK個の構成要素の状態に従って適応度への寄与をする。いまNKモデルを正方格子の上にのせよう（図11－2）。ここで各構成要素は格子点上にあり、それぞれが東西南北の四つの隣接点とつながっている。前述の話と同様に、各構成要素は1と0の二つの状態をとることができるものとする。それぞれの構成要素は、自分の状態と東西南北のお隣さんの状態から適応度への寄与を決める。そしてこの寄与として、0.0から1.0までの間の数字をランダムに割り当てる。そして系全体の適応度は、それぞれの構成要素からの適応度への寄与を平均したものとする。たとえば適応度への寄与は、すべて1.0ということでもよい。各構成要素からの寄与を足し合わせてその構成要素の数で割れば、系全体の適応度がでる。このように系全体の適応度をあらゆる可能な組合せに対して計算すると、適応地形が得られる。

マクレディ、ディキンソン、そして私の三人は、（120×120）のかなり大きな格子につ

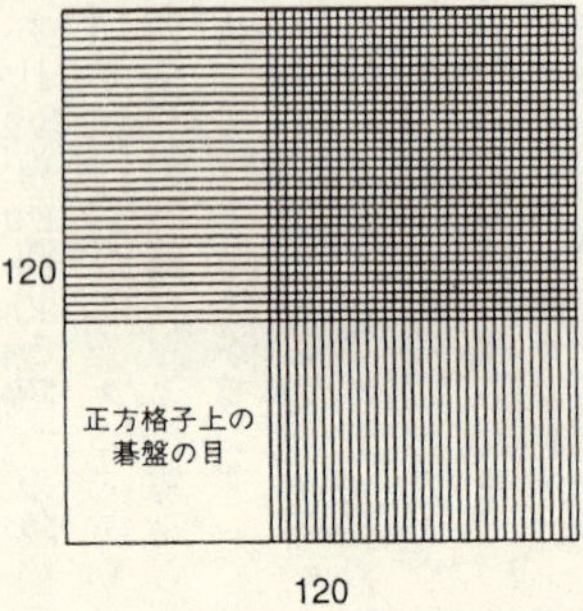

図 11-2　120×120 の正方格子の形をした *NK* モデル。それぞれの格子点は 1 か 0 の 2 つの状態のうち 1 つをとることができ、東西南北の 4 つの隣接する格子点とつながっている。格子はトーラス形に曲げられている。つまり、上の辺は下の辺と糊づけされており、左の辺は右の辺と糊づけされている。このため縁というものがなく、どの格子点も 4 つの隣接点をもつ。

いて調べた。このモデルは一万四四〇〇の構成要素をもっている。これだけあれば問題は十分むずかしい。でこぼこの適応地形の*NK*モデルは、巡回セールスマン問題のような多くの難解な矛盾だらけの最適化問題とよく似ているので、適応度の高い点に到達できる方法を見つけることができれば、その方法はおそらく一般的に有用なものになるであろう。これまで同様、可能性の広大な空間に注意を向けよう。それぞれの構成要素は1か0の状態にあるので、すべての構成要素がとりうる状態の組合せ数、すなわち格子の配列の仕方は 2^{14400} である。これはもう忘れたほうがいい。ビッグバン以後の時間をすべて使っても最適な点を見つけるには不十分である。完璧を求めるのではなく、次善の策を見つけよう。

ビル・マクレディは物理学者である。物理学者というものは「適応度」を最大化させるよりも「エネルギー」を最小化するほうを好むので、NKモデルが「エネルギー」曲面を生むと考え、そのエネルギーを最小にすることを考えることにしよう。(120×120)の格子上の一万四四〇〇の部分がとる状態の組合せの一つ一つが一万四四〇〇次元のブール超立方体の頂点に対応する。隣り合った頂点は一万四四〇〇の構成要素のうちの一カ所の状態を、0または1に入れ替えたものどうしである。各頂点には、エネルギーが割り当てられ、こうしてNKモデルは巨大なブール超立方体の配列空間に広がるエネルギー曲面を作り出す。この曲面上でエネルギーの深い極小点を見つけなければならない。NKエネルギー曲面はNK適応地形と同じ形をしており、単に山を登る代わりに谷を下りていけばよい。地形の統計的性質は登る場合も下りる場合も同じである。

ここで部分組織を導入する。同じNKモデルを用い、その各構成要素も同じように結合しているとし、ただ系を異なる大きさの部分組織に重ならないように分けるのである。シミュレーションの進行ルールはいつもと同じである。ある部分の状態を1から0または0から1へ反転させ、もしこのことでその構成要素が位置する部分組織のエネルギーが下がるならこの反転を受け入れ、そうでなければその構成要素の状態を反転させないものとする。

図11-3は(120×120)格子の縮小版として(10×10)の正方格子を示している。aでは全格子を一つの部分組織として考えている。県や州という部分組織を作らず、国が直接

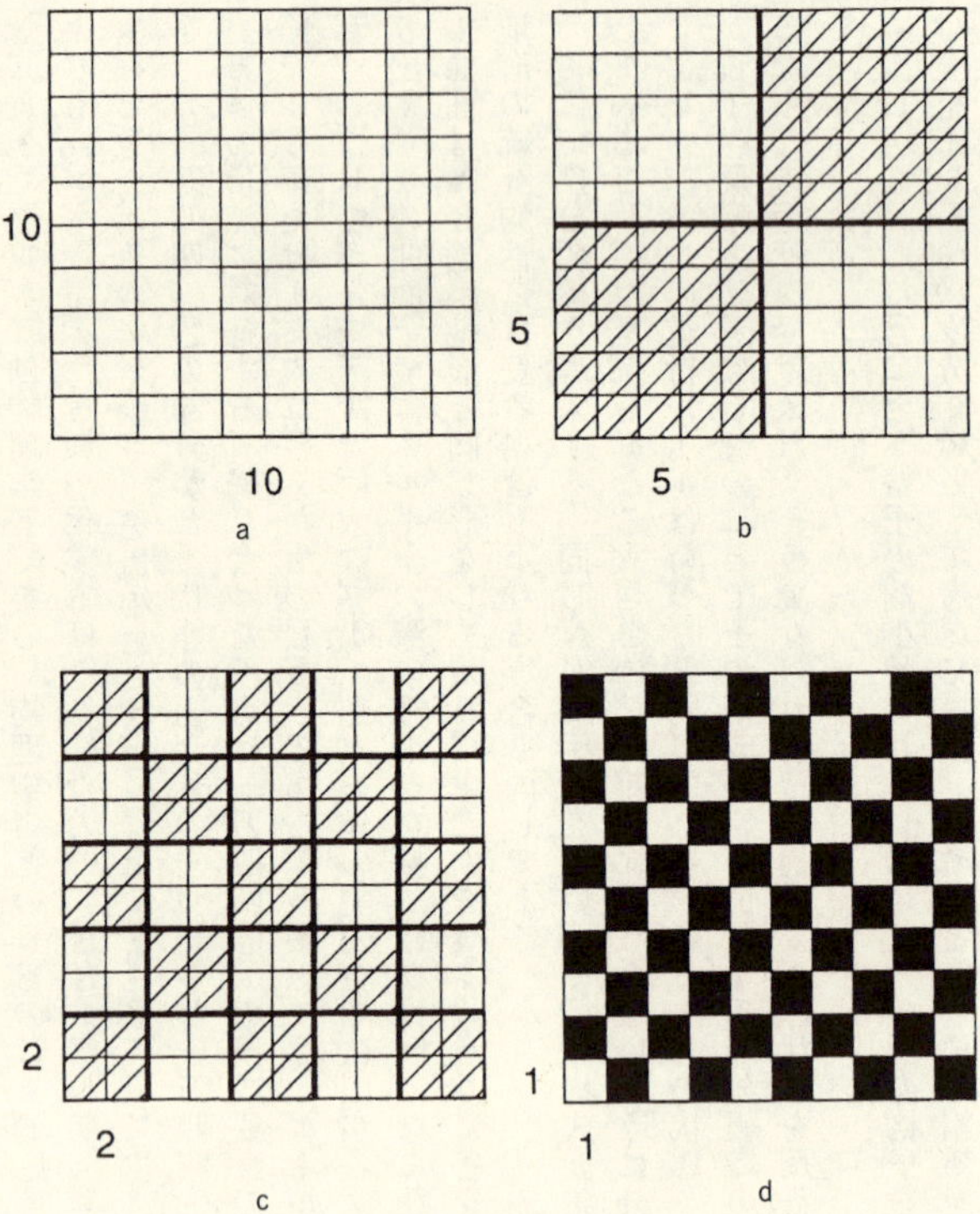

図 11-3　部分組織への分割。
a　10×10 の *NK* モデル。全系が 1 つの部分組織となっている。
b　同じ格子系を 4 つの 5×5 の部分組織に分けたもの。
c　25個の 2×2 の部分組織に分けたもの。
d　100個の 1×1 の部分組織に分割したもの。

に国民を支配する構図である。これを「スターリン主義者」の極限と呼ぶ。ここでおのおのの構成要素は、1から0または0から1へ状態を変えることで全格子のエネルギーを下げることができるなら、状態を変える。どの部分も全体の状態の利益を考えて行動しなければならないのである。

スターリン主義者の極限では、どのような変化も全格子のエネルギーを低下させなければならないので、いくつかの構成要素がその状態を反転させるうちに系全体は局所的なエネルギーの極小点に向かって歩き出し、そこに永遠にとどまり続ける。そのようなエネルギーの極小点では、どの構成要素もそれ以上全体のエネルギーを下げることができず、状態の反転をやめてしまう。すべての構成要素が1または0の状態に凍結するのである。つまりスターリン主義者の領域では、系はある解に縛られ、永遠にそのまま凍りつく。全体の利益だけを考えるスターリン主義者の領域は、凍結した「固い」状態に終わるのである。

次に図11－3のbをみてみよう。ここでは同じ正方格子を、構成要素間のつながりを同じに保ったまま、四つの部分組織に分割している。全系が(10×10)の大きさであるのに対し、各部分構成は(5×5)の大きさをもっている。それぞれの構成要素すなわち格子点は、ある一つだけの部分組織に属する。しかし部分組織の境界近くの部分は、隣の部分組織内の構成要素とつながっている。したがってある部分組織内でそれぞれの構成要素が状態を反転させてエネルギー低下の歩みを始めると、そのことが隣の部分組織に影響を及ぼすことになる。構成要素間のつながりはスターリン主義者の場合と同じであることを強調しておこう。けれども今回のモデルでは、各構成要素は、それが属する部分組織にとってよい結果を生む場合だけ状態を変えるというルールがあるので、各構成要素の状態のあり方は、それが位置する部分組織を最適化するものであっても、隣の部分組織を悪化させてしまうかもしれないのである。

スターリン主義者の極限では、全系がエネルギー極小点に向かって坂を下っていくだけである。この系はポテンシャル面を流れ落ちていく、と表現することもできる。ボールが谷の表面を落ちていくようなものである。ボールは谷底へ向かって転がっていき、底に達するとそれ以上動かなくなる。しかし全系がいくつかの部分組織に分割されると、全系はもうポテンシャル面を流れなくなる。一つの部分組織内のある部分が変化すると、そのことがその部分組織のエネルギーを下げるかもしれないが、部分組織の境界を通した結合により、隣の部分組織のエネルギーを上昇させてしまうかもしれないからである。一つの部分組織が自分のエネルギーを低下させるために行動を起こしたことによって、その隣の部分組織のエネルギーが上がってしまうと、格子の全エネルギーは結局上昇してしまうこともありうる。系全体のエネルギーが上昇しうるということは、全系がポテンシャル面上で進化しているわけではないことを意味する。系を部分組織に分割することは、徐冷法で温度を導入することに少し似ている。系が部分組織に分割されて、ある部分組織のエネルギーを下げる行動が系全体にとって損になるならば、その行動は全系を「間違った方向」へ導いてしまうからである。

ここでわれわれは単純かつ本質的な結論に達した。ある部分組織に分けられると、その部分組織たちはたがいに共進化を始める。一つの部分組織の動きが隣の部分組織の「適応度」を変化させ適応地形を変形させる。あるいはその動きが隣の部分組織の「エネルギー」と「エネルギー曲面」を変化させると言ってもよい。

部分組織たちがたがいに共進化するという事実は、一つの大きな部分組織のみからなるスターリン主義者の極限と比較して、部分組織に分割したことが大きな利点となることを示していると言える。もしスターリン主義者の極限で、低エネルギーの極小点でなく、図11-4に示したようにかなりエネルギーの高い「悪い」極小点に入り込んでしまったらど

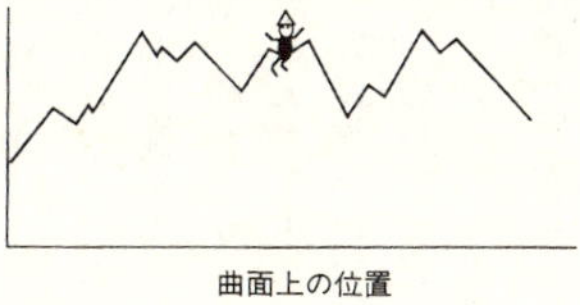

図11-4　エネルギー曲面上で、系がへたな高エネルギー極小点にとらわれてしまっているところ。

うである。一つの部分組織しかないスターリン主義者のシステムでは、その悪い極小点に永久にはまったままである。ここで少し考えてみよう。スターリン主義者のシステムがこの悪い極小点に入り込んだのちに、全系を四つの（5×5）の部分組織に分割すると、この悪い極小点が、全系にとって極小点であるだけでなく、四つの（5×5）の部分組織それぞれにとってもエネルギー的に極小点になっている確率はどの程度のものであろうか。四つに分けた系が同じ悪い極小点にとどまっているためには、全系の極小点が四つの部分組織のおのおのにとっても極小でなければならない。そうでないと一つかあるいは複数の部分組織が状態を変化させて動きはじめるからである。一つの部分組織が動きはじめると、系全体はその悪いエネルギー極小点に凍りついてはいられなくなるのである。

直感的な答は明らかであろう。もしスターリン主義者の極限で全系が悪い局所的極小点に流れていくと、そのときに各構成要素がとる状態の配列が、四つの（5×5）の部分組織のすべてにとっても極小点になっている可能性は低い。そのため系が凍りついて動かないことはまれで、その悪い極小点から脱出して、可能性の全空間の中をさらに探索することができる。

カオスの縁（ふち）

われわれはこれまで遺伝子ネットワークのモデルや共進化のプロセスで、秩序とカオス間の相転移をみてきた。第10章では共進化のシステムで最大の平均適応度が、赤の女王のカオス状態とESSの秩序状態の間の相転移点上で達成されることをみてきた。大きなシステムをいくつかの部分組織に分割することは、部分組織が文字どおり他の部分組織と共進化することを可能にするものである。それぞれの部分組織が自分の適応度の山を登り、あるいはエネルギーの谷を下り、その行動が隣り合う部分組織の適応地形あるいはエネルギー曲面を変形させる。このような部分組織システムにも、赤の女王のカオス状態とESS秩序状態のようなものがあるだろうか。これらの状態の間に相転移はあるだろうか。最良の答はその相転移点上あるいはその付近で見つかるのであろうか。これらの疑問に対する答がすべてイエスであることはじきにわかる。

スターリン主義者の極限は秩序領域である。全系が局所的なエネルギー極小点に入り込んでおり、どの部分も1から0、あるいは0から1へとその状態を変化させることはない。したがって、すべての構成要素が凍りついている。それでは反対の極限ではどうだろう。図11－3のdに示した極限では、系は一〇〇人のプレーヤーが参加する一種のゲームのようなものになっている。その瞬間その瞬間で各プレーヤーは東西南北の隣人たちの状態が1か0かをみて、自分のエネルギーを下げるように行動する。この「イタリアの左派」と呼ばれる極限では、全系がある一つの状態に落ち着くことがないことは容易に推測できるだろう。各構成要素は1から0または0から1へと状態を反転し続ける。系は完全に乱れておりカオス的領域に入り込んでいる。

それぞれの構成要素が落ち着いた状態に収束することがないため、系全体はとても高いエネルギーのままグツグツと煮え立っている。NKモデルでは、N個の構成要素に対してランダムに選んだ状態の組合せのエネルギー期待値は、それを低下させる努力を何もしなければ0.5である（適応度あるいはエネルギーの値が0.0と1.0の間のランダムに選んだ小数として定義され、その平均が0.0と1.0の中間である0.5になるからである）。カオス的な「イタリアの左派」という極限では、全系の平均エネルギーはほんのわずかに低いだけで約〇・四七となる。つまりもし部分組織が多すぎてその規模が小さすぎると、系全体は乱れたカオス状態になる。それぞれの構成要素は状態を変化し続け、系全体の平均エネルギーはかなり高いものとなる。

こう考えてくると、当然次のような疑問に行きつく。部分組織がどのような大きさのときに系全体のエネルギーは実際に最低となるだろうか。

この答はエネルギー曲面がどのくらいでこぼこしているかによって異なる。われわれの結果によると、Kが小さくエネルギー曲面が強い相関をもってなめらかであれば、最良の結果はスターリン主義者の極限のときに得られる。矛盾する制約条件がほとんどないこのような単純な問題の場合は、足を踏み入れやすい局所的極小点があまり存在しない。しかし、エネルギー曲面のでこぼこさが増えていくときには、その背景にある拮抗する制約条件の数が増えているという事実を反映して、系全体をたくさんの部分組織に分割して系が秩序とカオスの間の相転移点付近にくるようにするのがいちばんよい。

この場合、正方格子の形を保ったまま拮抗する制約条件の数を増やすことができる。具体的には、おのおのの構成要素が自分自身や隣接する東西南北の格子点から影響されるだけでなく、それに加えて北西、北東、南西、南東の部分からも影響を受ける場合を考えるのである。図11－5は、正方格子上で各構成要素がたがいに影響を及ぼすことのできる範囲を四つの隣接する点、二番目に近い点まで含めた八つの点、さらに範囲を伸ばして一二個、二四個の点というように広げていった場合を示している。

図11－6は、ランダムに選んだ構成要素の状態を反転させることで、その構成要素が所属する部分組織のエネルギーが下がるならその反転を実行するというルールで、各部分組

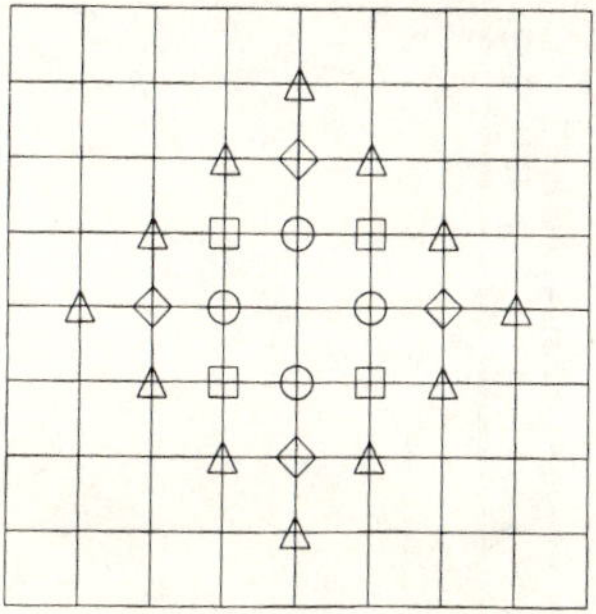

図11-5　範囲の拡大。正方格子の*NK*モデルにおける格子点は4つの隣接点とつながっている（$K=4$、丸印）場合と、それよりもさらに遠いところまで範囲を広げ、8個の格子点とつながっている（$K=8$、丸と四角）場合と、さらに範囲を広げ、12の格子点と結合している（$K=12$、丸と四角とダイヤモンド形）場合と、もっと広げて24カ所の格子点とつながっている（$K=24$、丸と四角とダイヤモンド形と三角）場合。

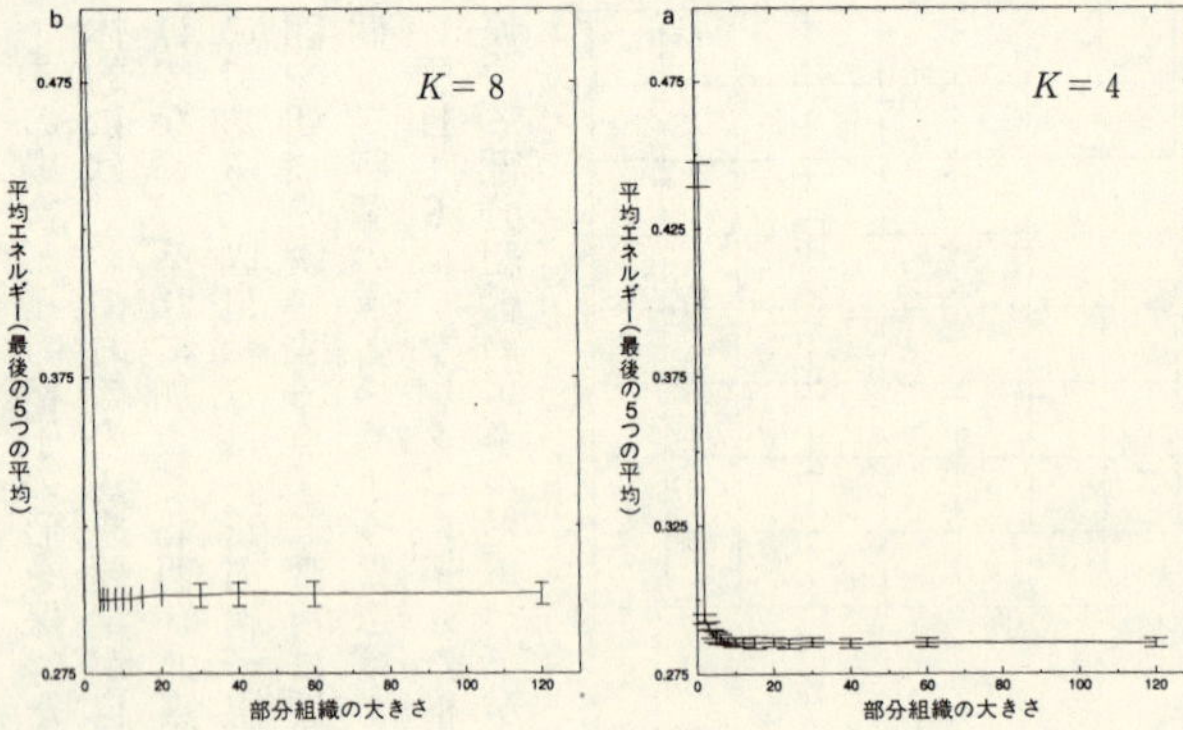

織が時間とともに進化していった時の結果を表している。これらのシミュレーションでは、格子の全エネルギーが低下していき、ある値で止まるか小さな幅でゆらいでいる状態になると停止させることにしている。図11-6のa〜dはy軸にエネルギーを、x軸には用いた部分組織の大きさをプロットした。どの部分組織も正方形になるようにとり、系全体は（120×120）の大きさにとっている。どのシミュレーションも同じNKモデルに対して行ない、違いは部分組織の大きさだけである。したがって結果は格子全体がエネルギーを下げる上で、部分組織の大きさと数がどのような効果をもっているのかを示している。

結果は明らかである。Kが4のときは、大きな部分組織を一つだけ作るほうがよい。世界があまり複雑でなくエネルギー曲面がなめらかなとき、スターリン主義がうまくいくのである。

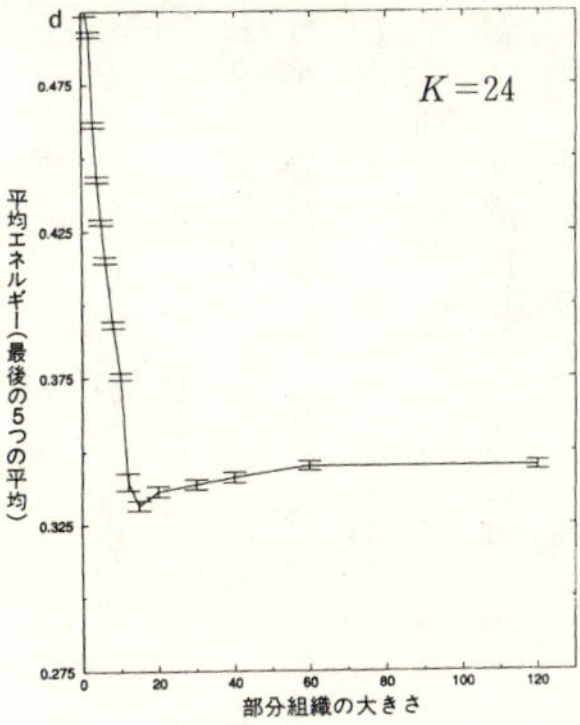

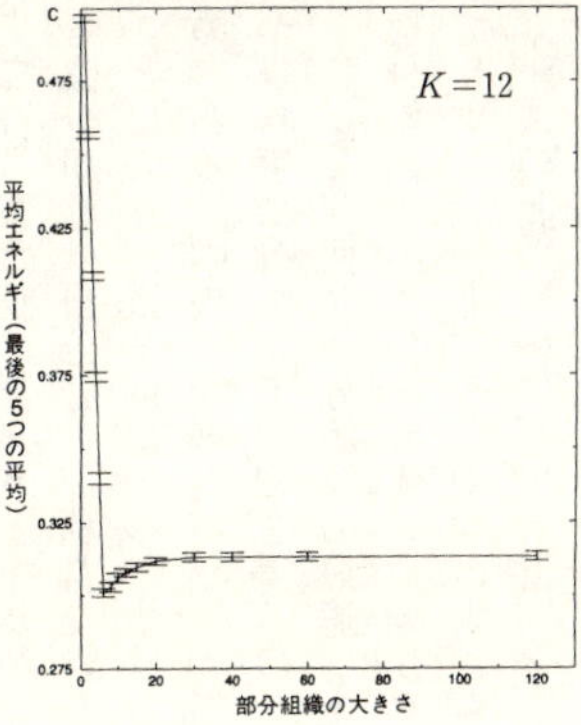

図 11-6　分割による勝利。エネルギー曲面がでこぼこになればなるほど、エネルギーの極小点は、問題をいくつかの部分組織に分割することでより簡単に見つかるようになる。部分組織の大きさを x 軸にプロットしている。シミュレーションの最後に得られた平均エネルギーを y 軸にプロットした。各データの幅は、標準偏差 1 つ分を表している。

a　$K=4$ のなめらかなエネルギー曲面に対しては、エネルギーを最小にする部分組織の大きさは 120×120 という大きなものである。これはまさに「スターリン主義者」の極限である。

b　それよりもでこぼこの多い $K=8$ の場合は、最適な部分組織サイズは 4×4 である。

c　$K=12$ のときは 6×6 が最適な部分組織の大きさである。

d　$K=24$ では最適な部分組織の大きさは 15×15 である。

しかしKが8から24に増え、エネルギー曲面がでこぼこになってくると、全格子系をいくつかの部分組織に分割したほうが、低いエネルギーに到達できる。

ここに最初の主要な、そして新しい結果がみられる。格子を部分組織に分割し、そのそれぞれが周囲の部分組織のことなど考えずに自分のエネルギーを下げようとする場合のほうが、分割しない場合に比べて全格子系のエネルギーが下がるということは、けっして明白なことではない。にもかかわらず、それが正しいのである。もしある問題が複雑で矛盾する制約条件に満ちあふれていたら、それをいくつかの部分組織に分け、各部分組織がたがいに共進化しながら自分のエネルギーを下げようとするような状況を作ってやるのがよいのかもしれない。

ここでまた別の見えざる手が働いている。うまく選んだ部分組織に系を分割したとき、各部分組織は自分勝手な利益だけを考えて適応度を上げようとするが、それらが結合することにより、系全体にとってすばらしくエネルギーの低い極小点に到達することができるのである。中央の管理者がうまく指示を出しているわけではない。適切に選んだ部分組織が身勝手に行動して調和を得るのである。

しかし、何が部分組織の最適サイズを決めているのだろうか。それはカオスの縁（ふち）である。部分組織が小さいとカオスに向かってしまい、大きな部分組織はへたな妥協をして凍結してしまう。一方、その中間の大きさの最適な部分組織が存在するとき、系は通常、秩序とカオスの間の転移にとても近いところにいる。

図11-7にこの「相転移」らしきものが示されている。二つの図はどちらも同じNKモデルを同じ格子上に置き、同じ初期条件からスタートさせたものである。唯一の違いは、図11-7のａでは（120×120）の格子を（5×5）の部分組織に分け、図11-7のｂでは（6×6）の部分組織に分割したことである。この図は各格子点がどれほど頻繁に状態を変えたかを示している。何度も変化した構成要素ほどより濃い色になっており、一度も状態を反転させていないところは白のままである。図11-7のａはほとんどの格子点が暗くなっており、とくに部分組織の境界付近が黒い。ところが、単に部分組織の大きさを（6×6）に大きくしただけでも、結果は驚くほどがらりと変わる。図11-7のｂにみられるように、ほとんどすべての格子点が状態変化を止めてしまっている。ほんのいくつかの反逆児が部分組織のへりに沿って状態を反転させてはいるが、ほとんどの格子点は落ち着いて変化をストップさせている。

（5×5）の部分組織に分割したときの系はいかなる解にも収束せず、全格子のエネルギーは高い。同じ系でも（6×6）の部分組織に分けたときはある解に行きつき、ほとんどすべての部分組織とその中の構成要素たちは動きを止めてしまう。このとき系全体のエネルギーはかなり低い。同じ格子系を（5×5）の部分組織に分割したときと（6×6）の部分組織に分割したときの間に、カオスから秩序への一種の相転移が起きている。共進化システムの言葉で言えば、格子を（6×6）の部分組織に分けたときは、各部分組織はエネルギーの局所的極小点に達し、それがまた隣接する部分組織にとってのエネルギー極小点と矛盾し

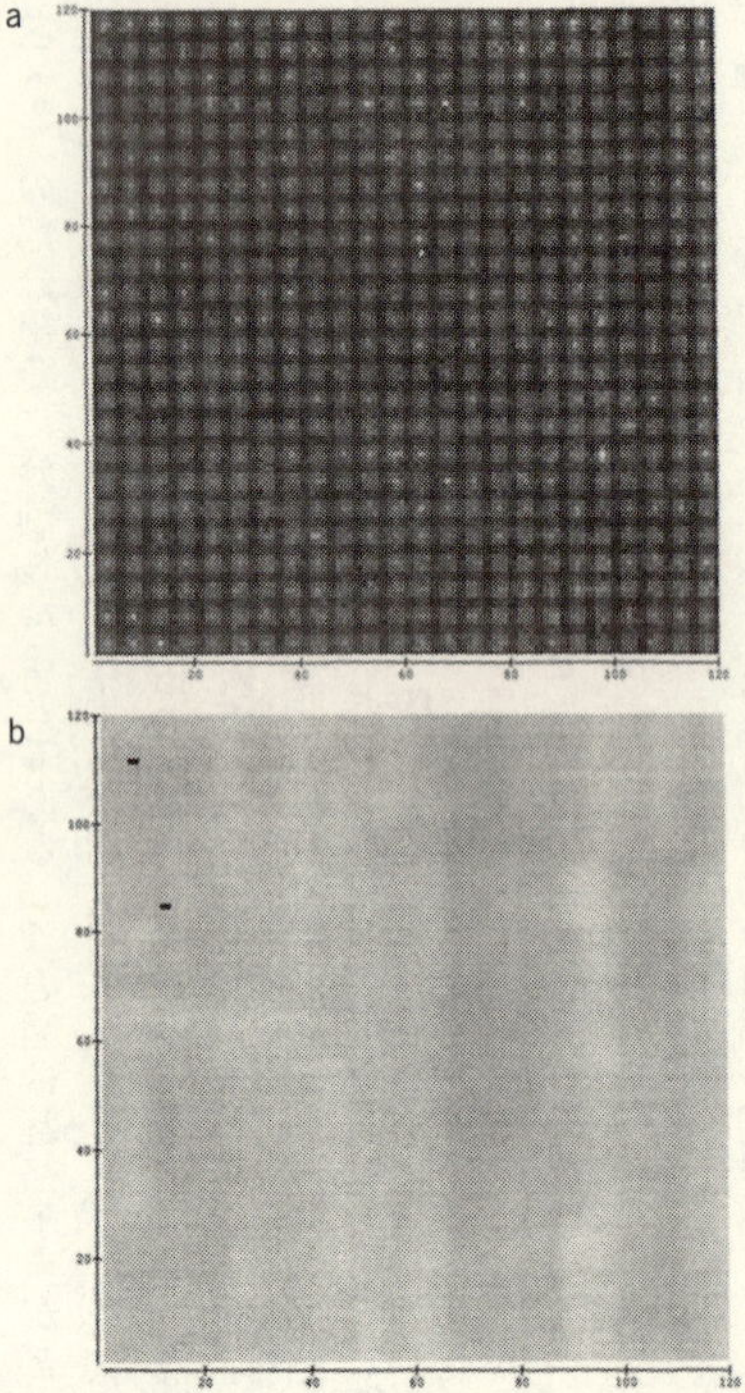

図 11-7　最適な部分組織の大きさは「カオスの縁」付近で現れる。$K=12$ の NK モデルの部分組織の大きさを変えていった場合、何が起きるだろうか。状態をくるくる変える格子点は暗く、変化しない格子点は白い。

a　系を 5×5 の部分組織に分割すると、格子は凍結せずカオス状態に陥る。ほとんどの格子点は暗い色をしており、部分組織の境界付近で最も暗くなっている。

b　6×6 の部分組織に分割したときをみてみよう。ほとんどすべての構成要素が状態の反転をやめて凍結している。a から b への転移はカオスから秩序への相転移である。

ない状態になっている。この全体的振る舞いは、部分組織間のナッシュの平衡状態、あるいは進化論的に安定な戦略（ESS）状態に似ている。それぞれの部分組織が見つけたエネルギー極小点は、隣の部分組織たちが見つけた極小点と矛盾しない。どの部分組織もそれ以上変化しようとはしない。したがって部分組織たちはそのエネルギー面上で共進化することを停止し、系はある全体的な解へ収束するのである。

多くのシミュレーションを通じ、ある格子系に対する最低エネルギーは、相転移に近いESS秩序領域内で見つけられることがわかった。ある場合は秩序領域の中で最も小さい部分組織のとき、すなわちカオス状態への相転移の直前で最低エネルギーが達成されている。また別のケースでは最低エネルギーがやや大きめの部分組織のときに得られ、そのとき全系はカオスへの相転移点からは少し遠くて、秩序領域の少し深いところに移っている。したがって全体をまとめていえば、部分組織たちの共進化しているシステムがカオスへの転移にやや近い秩序領域に位置するときに、見えざる手がもっともよい答を見つけるのである。

部分組織に分割する手続きのもつ可能性

数多くの変数がたがいに結びつき、拮抗し合う制約条件が山ほどあるような難問題でも、それをいくつかの領域に分割することでうまく解けるというのは魅力的である。さらにその制約条件が厳しくなるにつれ、部分組織の役割がさらに重要なものとなっていく点も面白い。

このような結果はまだ新しく、さらなる拡張が必要だが、私はこの部分組織に分割する手続きが、むずかしい問題を解決する強力な手だてとなるであろうと考えている。たとえばあるシステムの中で、それぞれの場所で独自の自治をもっているとする。こういう部分組織のようなものが実際、生態系や経済システム、文化システムの中の適応度を高める進化を支える基本的メカニズムなのかもしれない。そうだとすれば、部分組織に分割する手続きの論理は、設計の問題における新しい道具を提示しているのかもしれない。さらに複雑な機構のマネジメントや世界規模の複雑な組織の進め方の上で新しい方法を提示しているのかもしれない。

賢いホモ・サピエンスは両刃の石斧をもって以来、長い道のりを歩んできた。世界に広がる通信網を構築し、ニュートンの第三法則を使った推進力を手に入れて、きれいなブリキ缶に乗って宇宙へ飛び出したりした。スペースシャトル・チャレンジャー号の惨事、大規模な停電事故、ハッブル宇宙望遠鏡のトラブル、大規模に接続したコンピュータ・ネットワークの障害など、われわれの驚異の設計技術は、われわれにとって未知の複雑性の境界へ向かって突き進んでいる。複雑な人工物がほとんど解決不可能な対立する制約条件にとらわれる事態が、二一世紀の世界でどれほど広がっていくのだろうか。たとえば、超音速旅客機のような人間の作る複雑な製品の設計を最適化する試みの話がある。ある人たちま、また別の人たちが座席のすわりごこちを向上させ、また別の人たちが航空力学について研究する。しかしそれぞれの出す答は、すべての設計部門が要求することをうまく解決するような妥協点に収束していかない。各部門からの提案はカオス的に進化し続けるのである。そのうちにある人たちがある選択をする。たとえば航空力学システムや翼の構造をどのようにするかということを決めてしまう。すると残りの設計部門のとりうる可能性は、これにより凍結してしまう。

このような未収束という一般的問題は、設計の問題をあまりにも細かな断片に分割しすぎたために、設計全体がけっして収束しないカオス状態に落ち込んだことを表しているのだろうか。これはわれわれのモデルで、(120×120)の格子を(6×6)の部分組織ではなく、(5×5)の部分組織に分けたようなものである。部分組織を大きくしていくと、カオス状態が、優れた答への秩序ある収束に変わっていくことを知らなければ、設計部門の拡大を試してみようとはしないだろう。このようにさまざまな現実の世界の問題を考えてみることはとても意義のあることであろう。

どのような部分組織に分割すればよいかを理解することは、複雑な組織の運営のような領域においても有用である。たとえば製造業では、ある一つの最終製品を作るのに、いろいろな形でつながった生産ラインの固定した設備を長い間使ってきた。自動車のような製品の組み立てラインなどがその一例である。そのような固定した設備で長期にわたる生産が行なわれている。しかし現在、もっと柔軟性のある製品生産へ移行することが重要になってきている。この考え方は、最終製品の多様化を予測し、生産ラインの設備をすばやく再配置し、さまざまな市場に合った限定された製品を短期間に少量だけ生産するというものである。このとき、製品の質や信頼性をテストしなければならないが、これはどのように行なうべきか。各生産段階においてチェックすべきか、最後にできたものに対して行なうべきか。あるいは機械が音をたてて物を作っている途中においてか。私はうまい方法によって、生産ライン全体を少数の生産ステップからなる「部分組織」に分割し、その部分組織内で最適化を行なわせ、さらに部分組織間で共進化を進め、そして優れた全体的な仕事をすばやく達成することができると考えている。

カオスの縁でバランスをとっている部分組織に分割した系は、二つのまったく異なる理由によりたいへん有用なものである。その系がうまく妥協した答をすばやく出してくれるだけでなく、さらに本質的なことだが、そのような均衡を保っている系は、変形し続ける適応地形の上で移動し続けている山々を上手に追いかけている。カオスの縁でバランスをとっている系は「ほとんど溶けている」状態にある。外的条件が変わることで全体の適応地形が変化するとしよう。そうすると曲面上の山の位置が移動する。秩序領域の奥深くにいる固まった系は、その山に頑固にしがみつこうとするだけである。カオスの縁付近の系は、動いている山をもっと流動的に追いかける。

ミシガン大学工学部長のピーター・バンクスは、複雑な組織をいかにあやつるかという問題に関して、新たな洞察を加えるようにわれわれにハッパをかけた。彼が言うには、われわれにはしっかりと機能する分散化の理論、それこそが必要である。複雑な問題が正しい大きさの部分組織に上手に分けられれば、実り多い妥協案に急速に到達するのだという主張についての確たる証拠があれば、このアイディアを合理的経営の手法に応用しない手はないだろう。

しかし、もし「部分組織」を合理的経営の手法に拡張しようとすると、われわれが解こうとしている問題を実はほとんどいつも間違って定義してしまっているという事実に気づく。そして、われわれはその間違った問題を解き、その答をわれわれが直面している現実の世界の問題に適用してしまうという危険を犯さなければならない。

問題を誤って定義するのはいつでも起こることである。タンパク質のような複雑な生体高分子が、どのようにしてアミノ酸の細長い構造を小さな三次元的構造に折りたたむのかを考えている物理学者や生物学者は、そのような折りたたみを導くようなエネルギー曲面のモデルを考えだし、そのエネルギーの極小点を探そうと努力している。この方法によると、得られた結果が現実のタンパク質と異なってみえることがわかってきた。物理学者や生物学者たちは間違ったポテンシャル面を「仮定」していたのである。間違ったエネルギー曲面を推測し、その間違ったむずかしい問題を解いていたのである。だからといって、彼らが愚かなわけではない。われわれみんなが正しい問題設定を知らないのである。

したがって、問題の誤った設定は避けられないことなのである。内部でさまざまにつながった入出力をもつある生産設備を考えてみよう。例として、石油産業で原油を分解し、小さな分子から多種類の大きな分子製品を作る複雑な化学的製法の設備などがあげられる。さまざまな矛盾する制約と目的に対して、出力結果を最適なものにしたい。しかし、われわれは化学的連鎖反応の詳細な反応速度や、化学反応の温度、圧力、触媒純度に対する敏感さなどについてよく知らないのかもしれない。もしこれらのことを知らなければ、われわれが作ろうとする設備のどんなモデルも、ほぼ確実に誤って設定されるであろう。網の目のような生産プロセスをコンピュータ・シミュレーションするためのモデルを作り、さまざまな形でこれを部分組織に分け、そのモデルが秩序領域にとどまるようになるパターンを見つけるまでこれを続けるだろう。そして実際の生産工場に駆けつけ、コンピュータのモデルが提示した「最適な解」を適用しようとするだろう。作業全体を最適化するために、部分組織の内部あるいは部分組織間で最適化をいかに行なうか。これについてコンピュータが示した答は、必ずと言っていいほど誤りである。ほとんどの場合、われわれははじめから間違ったモデルを扱っているので、得られた最適化の答も間違って設定された問題を解いただけのことになる。

われわれは、そうして繰り返される問題設定の誤りからいかに学ぶべきか、ということを知るべきであろう。いまわれわれが生産設備をモデル化し、それを部分組織に分割するある特別な方法が、その系をある解に収束させる最適な方法であることをモデルから学んだとしよう。もしわれわれが問題を間違った形に設定したとすると、答の詳細はおそらくほとんど価値のないものであろう。しかし問題を部分組織に分割する最適な方法自体は、問題が間違って設定されたかどうかにあまり関係がないことがしばしばある。*NK*モデルの格子と部分組織をこの章の前半で調べたが、*NK*モデルの適応地形をほんの少し変化させただけで、極小点の位置は大きくずれるが、格子を(6×6)の大きさの部分組織に分割すべきだという事実は変わらない。したがって、誤った問題に対する答をその額面どおりに受けとって実際の工場に適用するのではなく、その誤った問題の適切な部分組織分割手法を取り入れて実際の工場に応用し、そうしてはっきりと定義された部分組織のそれぞれの内部で能率を上げるよう努力したほうがはるかに賢明であろう。端的に言えば、間違って設定された問題を最適化する方法を学んでも、実際の問題に対する答にはならないかもしれないが、実際の問題をどうやって部分組織に分割すればそれが共進化して優れた答に達することができるかということは、間違って設定された問題の最適化が教えてくれるかもしれないのである。

受け手本位の最適化——時には何人かの「客」を無視する

ラリー・ウッドは、電話会社GTEの心優しい聡明な若手研究者である。彼がひねり出した野心的なアイディアは、これまでに数々の賞を受けている。ウッドが一九九三年の春のある日サンタフェ研究所に現れ、部分組織への分割の手法について興奮して言った。「受け手本位のコミュニケーションについて考えるべきです。私がお手伝いしましょう」。

受け手本位のコミュニケーションとはおおまかに次のようなものである。あるシステムがその内部で起こる動きを調整しようとしているとする。そしてそのシステムの構成員全員が、たがいに相手に何が起きているかを知らされているとする。その情報を受けとった側は、これからどうするかを決定するのに情報を利用する。情報の受け手はチーム全体の最終目的に近づくようにその決定を行なう。このことが「調整」にあたる（と期待される）。ウッドは、パイロットたちが地上からの指令がないときにたがいの行動を調整するという形で、アメリカ軍がこの手法を取り入れていると説明した。パイロットたちはたがいに話しかけ、自分の近くにいる者に対して優先的に返答する。こうして鳥が群れをなす行動にやや似たようにして、全体的な調整を行なうのである。

われわれは受け手本位のコミュニケーションの簡略版を研究しはじめた。もちろんわれわれらが愛すべきNKモデルを使ってである。いままで得られている結果は最終的なものではないが、非常に面白いものである。

いま（120×120）の正方格子系にNKモデルの「構成要素」あるいは格子点を配置しよう。それぞれの格子点を「調達者」として考え、調達者は自分自身と東西南北にいる四人の「客」（$K=4$）に影響をもつものとする。各瞬間において、それぞれの客はそれぞれの異なる調達者に対し、もしその調達者が状態を1から0または0から1へと変えた場合にいったい何が起きるのかということを知らせる。そして客たちは、調達者がその調達した情報に基づいて「賢い」決断をしてくれるものと信じ、あとを任せる。

このとき各格子点は、自分自身と四人の客の利益を考えて行動するという、それぞれ異なる最適化問題と直面している。これはまさに受け手本位のコミュニケーションの簡単なモデルであり、調達者は客から受けとった情報を使って、非常に複雑で矛盾の山積した問題と闘っている。ここでちょっと直感を働かせてみよう。部分組織に分割する手法では、部分組織の境界付近の格子点は状態を反転させることができ、自分が属する部分組織の利益になるならば、それが隣の部分組織の格子点にどんな影響が及ぼうともお構いなしに反転させる。つまりその格子点は何人かの客を無視する。このことがシステム全体を、そのステップでは「不利な方向」へ導き、結果的には悪い極小点から引っ張りだすことにつながる。ただし大きな部分組織の中央付近の格子点は他の部分組織の客とは直接つながっていないので、このように客を無視したりするのは部分組織の境界付近の格子点に限られている。

このことから思いつくことは、もしわれわれの受け手本位のコミュニケーションモデルで、客を無視する行為を各格子点に許したとすれば、それが全体にとって有利に働くかもしれないということである。いま各格子点が、自分自身と、客全体のうちPという割合の客にだけ注意を払うとし、残りの（$1-P$）の客は無視するものとする。Pを変えると結果はどう変化するだろうか。

何が起きたかを図11-8に示した。格子系全体にとって最も低いエネルギーは、少数の客を無視した場合に得られている。図11-8が示すように、もし各格子点が自分だけでなくすべての客の意向に沿うために努力すると、平均約九五パーセントの客だけに注意を向ける場合に比べて、全系の状態はやや悪くなる。実際の数値シミュレーションでは、各格子点がそれぞれの客全員のことを考慮する場合と、九五パーセントの確率で客に注意を向ける場合とを計算することで、系のエネルギーを比較している。もちろん、どの客の言うことも聞かない場合は、格子系全体のエネルギーはとても高く、系は悪い状態にある。

ここでわれわれは、ある興味深いことを学んだ。矛盾が積み重なったむずかしい問題では、何らかの方法で制約条件の一部を無視すれば最善の答が得られるかもしれないのであ

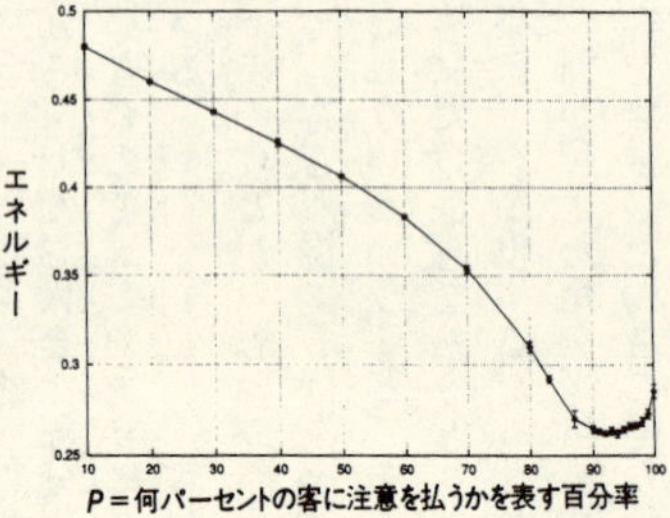

図 11-8　全員を喜ばすことはできない。各格子点が注意を払う客の割合 P を変化させたときに得られる最小のエネルギー。各瞬間において、客となる格子点の約93〜95パーセントを考慮し、5〜7パーセントの客を無視すると、最も低いエネルギーを達成することができる。

る。そして無視する制約条件の一部は、解く過程の各瞬間において毎回変えることが必要である。いつも全員を喜ばそうとしてはいけない。しかし、すべての人に一度は注意を向けなければならないのである！　うーん、なんだかどこかで聞いたような話だな。まるで実生活そのものだ。

われわれが調べたケースでは、部分組織に分割する手法よりも徐冷法のほうが成績がよい。しかし徐冷法は、むずかしい問題を、個々人あるいは組織がいかに解くかを理解する上で、あまり助けにはならない。一方、人間組織は実際に自分たちをさまざまな部門、独立採算制の事業部、その他の分散化構造に分割している。さらに受け手本位の最適化は徐冷法とほぼ同じような作用をもっている。人間は意図的に失敗を犯して、その頻度を徐々に下げていくなどという徐冷法のようなことはしない。しかし人間は知ってか知らずか、たまに制約条件を無視することがある。このため部分組織に分割する手法と受け手本位の最適化は、われわれが矛盾だらけの複雑な問題を実際に調整しようとするときの手法の一部といってよいだろう。

政治における部分組織化

部分組織に分割する手法や受け手本位の最適化が政治に対して何か示唆することはないだろうか。直感的には深いつながりがあるように思える。民主主義は「数の力の原理」と極端に単純化して考えられることがある。もちろん民主主義はそのようなことよりもはるかに複雑な政治のプロセスである。アメリカ合衆国憲法と権利章典が連邦制を生み、国全体が州と呼ばれるいくつかの部分つまり部分組織に分割されている。州もまた郡や市などの部分組織から成り立っている。それらの管轄区域は重なることもあるが、いちばん小さな部分組織である個人の権利などは保証されている。

どの国の政治組織も膨大な種類の欲求、要求、請求、利害関係がぶつかり合っている。われわれは民主主義を、このようなたがいに対立し合う利害関係の中から優れた妥協点を引き出すシステムとして考えるのがよいのだろうか。その点に関しては自明であろう。明らかでないのは、見かけ上ばらばらで、ご都合主義で、ところどころ亀裂が入り、論争を好み、党勢拡張のために補助金を出し、入れ替わりが激しく、ごまかしたり買収したりする騒々しいシステムは、それが矛盾だらけのむずかしい問題を解いて平均的にかなりよい妥協案を見つけるために十分進化したシステムであるからといって、実際にうまく機能するのかどうかである。

スコラ哲学者トマス・アクィナスは自己矛盾のない道徳体系を見つけようとした。カントも同じことを探しており、有名な「その行動原理が普遍化されるよう行動せよ」という言葉を残している。真実を口にすることは意味がある。もしすべての人が真実を語れば、それは矛盾のない行為だからである。しかしもし全員が嘘をつく場合には、嘘をついてもしようがない。嘘をつくことは、ほとんどの人が真実を言う場合においてのみ意味をなすのである。
アクィナスとカントの業績は偉大である。けれども彼らの無矛盾性への希望は、現実の社会に出るとつまずいてしまう。複数の「よい」目標がたがいに矛盾しないなんて、誰も保証できない。われわれは矛盾だらけの世界に必然的に暮らし、それを作っていくのである。したがってわれわれの政治機構は、適切な妥協点を見つける方法を身につけるように進化していかなければならない。部分組織への分割の手法と受け手本位の最適化は、そうした方法に関して現実的でもっともらしい響きをもっている。

さらに、部分組織への分割の手法と受け手本位の最適化は、民主主義の働きを理解するための新しい概念上の道具となるかもしれない。私は政治学者ではないので、ロバート・アクセルロッドの助言を仰いだ。彼はマッカーサー研究員であり、繰り返し行なう囚人のジレンマの問題に対し、いつ協調関係が生まれるかを示すすばらしい仕事をした人物である。アクセルロッドは最近、新たなより高いレベルの政治的「役者」が現れうる単純なモデルを研究している。その新しいモデルでは、各州が隣の州を脅してみつぎ物を要求し、そして相互利益のためにそれらの州と同盟関係を結んでうまくやっていく。この同盟関係が新たな役割を演じる「役者」として出現するのである。

私がアクセルロッドに部分組織と民主主義についてたずねると、彼は私に言った。自治権を半分だけ握ったような地域に分割された連邦システムは、ある地域で新しい答が見つかると、それを他の地域へコピーしていくような実験を行なうメカニズムとして考えられるのではないか。たとえばオレゴン州が新しいことを始めると、残りの州がその真似をするといった具合である。この実験的振る舞いは至極もっともであり、実際に起きていることである。けれども部分組織への分割の手法と受け手本位の最適化の手法はそれ以上のことを示唆している。それは、民主主義システムは矛盾だらけの制約条件の中からすばらしい妥協案を見つけ出すことができるはずである、という点である。「スターリン主義者」の極限では、システムはたいてい不満の残るような妥協案に行き着き、そこから離れようとしない。魅力的でもある「イタリアの左派」の極限では、システムは滅多なことでは一つの答に落ち着くことはない。この場合、政治システムの構成員一人一人が、政治的行動をする委員会を運営しているようなものである。こうなるといかなる妥協も成立しない。

第1章でふれたように、ジェームズ・ミルは、彼が疑う余地のないと呼ぶ第一原理に立脚し、彼の時代のイギリス人のような立憲君主制は明らかに最高の政治形態であると結論づけた。人はいつも、自分がよく知っているものの中から最適なものを選び出そうとする危険性をもっている。これをミルの誤りと呼ぶことにしよう。われわれ誰もがこの誤りを犯す危険性をもっていることを、神様はご存知である。

それでも私は、部分組織への分割の手法と受け手本位の最適化が、複雑なシステムをすばらしい妥協点へ導くメカニズムをいかに提供してくれるかを理解すれば、そのことが間違った方向へわれわれを動かすことはないと考えている。われわれはこの地球上で広がりつつある民主主義という政治形態がごく自然なものであることを理解するために、すでに新しい段階へと踏み込んでいるのかもしれない。そうだとすれば民主主義の進化は、すでに知られている現象の中で起こっているはずである。われわれは宇宙の中のこの地において、このような部分組織を作り、それを何度も作り直しているのである。

12 地球文明の出現

生態系・技術・経済・社会・宇宙を貫く自己組織化の論理

激しい雨が降ってきた。ブライアン・グッドウィンと私は、小枝の垂れ下がったところにコンクリート製の開口部を見つけ、そこに逃げこんだ。それはスイス国境まで数キロというイタリア北部のルガノ湖を見渡す丘の上に埋められた長方形のコンクリート製の小部屋で、人がしゃがんで入れる大きさだった。それは第一次世界大戦のときの地下掩蔽壕であった。機関銃用に水平に開けられた細長い窓からは、雨が湖に降り注いでいるのが見えた。われわれはヘミングウェイの『武器よさらば』の主人公が、三キロたらずのスイス側湖岸に向けて湖を渡っていく様子を思い描いた。私は二日前にボートを借りて、その同じルートを二人の幼い子供イーサンとメリットを連れて渡ってみた。復路で元気が出るように、二人にホットチョコレートを買ってやった。グッドウィンは、私の義母クラウディアの家に滞在しているわれわれを訪ねてきたのだった。義母の家は湖の端に位置するポルト・チェレジオにあった。グッドウィンと私は自己触媒反応の集合体と機能的組織の意味するところをもう少し考えてみようと思った。

ブライアン・グッドウィンはモントリオール出身の親しい友人で、ずいぶん前にローズ奨学金をもらったすばらしい理論生物学者である。私がはじめて彼に会ったのは、MITのエレクトロニクス研究所のウォーレン・マカロッチの部屋であった。一九六七年のことである。ウォーレン・マカロッチはサイバネティクスの考案者の一人であった。グッドウィンも、そして数年後には私と私の妻エリザベスも、マカロッチと彼の妻ルークの家に数カ月滞在する栄誉に浴した。グッドウィンがマカロッチを訪問した当時は、グッドウィンは、細胞の分化をコントロールするために相互作用している遺伝子の、巨大なネットワークの最初の数学的モデルを研究していた。

私はサンフランシスコの本屋で彼の著作 *The Temporal Organization of Cells*（『つかの間の細胞組織』）に目をやったとき、畏敬と恐怖の入り混じったものが頭に去来したことを、いまでもおぼえている。そのころ若い医学生であった私は、最初の仕事として、本書で述べたブール・ネットワーク・モデルによろめきながら取り組んでいた。若手の科学者は、一度ならずこの種の瞬間に出くわすことがある。「なんてことだ、誰かがすでにその研究をやってしまっている！」ふつうはその誰かさんは、あなたがやろうと計画していたことを完全にはやってはいないものである。だから、失われた夢の底なし地獄で消えてなくなるところだったあなたの人生は、進むべき細い道がまだ上に向かって続いていることを見つけてほっとするのである。二人がやろうとしていたことの考え方はとても似ていたが、グッドウィンは私がやろうとしていた研究を完全にはやり終えていなかった。われわれはそれ以来、親しい友人として長年つきあっている。私は、生物学におけるまだ人目にふれていない深遠な問題に対する彼の考え方には敬意を払っている。

「自己触媒反応の集合体か……」。雨がみぞれに変わり、パラパラと落ちてくるのを眺めながらグッドウィンは物思いにふける表情でつぶやいた。「自己触媒反応の集合体は機能統合の自然なモデルだよ、絶対に。それは機能統一体と言ってもいい」。もちろん私も同じ考えだった。何年か前、二人のチリ人科学者フンベルト・マトゥラーナとフランシスコ・ヴァレーラは一つの考えを定式化した。マトゥラーナはマカロッチの共同研究者であり、私とはのちにインドで会った。またヴァレーラも私のよき友人となった。彼らはこの考えを「オートポイエーシス（自動的に作ること）」と呼んだ。オートポイエーシスというシステムは、文字通り自らを作り出していく力をもつシステムのことである。

この発想自体はマトゥラーナとヴァレーラより以前からあったものである。哲学者カントは生物のことをオートポイエーシス的統一体と見なし、そこでは「各部分が全体のために全体の力を借りて存在し、また全体も部分の力を借りて部分のために存在している」と考えていたことが一八世紀後半に書き残されている。グッドウィンと彼の研究者仲間のゲリー・ウェブスターは、カントから始まり現代生物学へとつながる知の系統のわかりやすい解説書を書いた。それによると、生物をオートポイエーシス的統一体とみる考え方は、いまでは生物を「中央指令機関」の一つの表れとする考え方に取って代わられているということである。ドイツの著名な生物学者アウグスト・ワイスマンは「生殖質説」をとなえ、生物は、生殖質を含む特殊な生殖細胞系列が成長・発達して作られる、という見方を一九世紀末に示した。この細胞は成長や発達を決定するミクロな分子構造、中央指令機関をもっている。ワイスマンが考えた分子構造は、やがて染色体になり、遺伝子コードになり、個体発生をコントロールする「発生プログラム」という考えに変化していった。

ワイスマンから続く知の系統は少なからず今日までそのまま受け継がれている。この流れでは、細胞や生物を自己創生する統一体と見なす考え方はすでになくなっている。残る大仕事は、生命の中心分子であり自然淘汰により作られたDNAで、遺伝子がどのように命令を下しているのかを説明することである。そこからは短い道のりで、生物をがらくたを集めていじくりまわしたものととらえる考え方に行き着く。遺伝子コードはどんなプログラムも組むことができる。したがって自然淘汰がよせ集めたどんな骨董品でも、プログラムに組むことができる。

けれども第3章でみたように、適切な高濃度を保つためにある局所的領域に閉じ込められた化学的スープが、分子の多様化とともに十分濃くなって、集団的自己触媒反応への相転移が起きて生命が発生したのは明らかである。少なくともコンピュータ・シミュレーションでみたように、集団的に自己触媒反応している分子の集まりは、二つのかたまりに分裂することで自己再生することができる。すなわち子孫に遺産を残せるように変異する能力をもっており、これはダーウィン流に言えば進化する能力をもつことに相当する。しかし、集団的自己触媒反応をする集合体に、中央指令機関などは存在しない。ゲノムもないし、DNAもない。存在するのは、カントが探し求めていた分子集団のオートポイエーシス・システムである。部分は全体のために全体の力を借りて存在し、全体は部分のために部分の力を借りて存在する。研究室のビーカーの中ではまだ実現していないが、自己触媒作用のある集合体が存在することは神秘的でも何でもない。けれど、それはほんとうの生物でもない。しかしもし、試験管や海底の熱水噴出孔付近などで、進化や、さらには共進化さえ行なっている自己触媒反応の集合体を眺めると、きっと生き物をみているような気分になるだろう。

生命は集合的自己触媒反応で生まれたといってよいかどうかは別にして、そのようなシステムが可能であるという事実自体は、中央指令機関説を疑う動機になりうる。中央指令機関は生命には必要ない。私が思うに、生命は必然的に全体性というものをもっている。そしてこれまでずっと必然的な全体性をもっていたのである。

グッドウィンと私はしゃがみながら議論することが何度もあった。生命の起源に驚き、戦争が繰り返し起きることに驚き、われわれの前の窓からつき出された機関銃で何人もの人が殺されたであろうことに驚きながらも議論を続けた。われわれにはRNAやペプチドのような集合的自己触媒作用をする分子の集まりが、神秘的でない明白な方法で、自分たちが機能的な全体性をもっていると主張しているように思える。分子の集団は閉じた触媒系の性質をもっている場合もあるし、もっていない場合もある。閉じた触媒系の構成要素は、外から「食物」あるいは「素材分子」として提供された分子である場合もあれば、あるいは自己触媒系の中の分子が関与した化学反応によって合成されたものである場合もある。ただしこれは一つの分子の性質ではない。分子システム全体の性質であり、創発的に現れてくる性質なのである。

自己触媒反応集団があるとすると、それは競争や相利共生を行なうものたちの生態系を形成することができる。あなたが私に与えるものは、私にとって毒かもしれないし、私に何か反応を起こすようにそそのかす働きをもっているかもしれない。もし、われわれがおたがい助け合えば、物のやりとりがよい方向につながるかもしれない。われわれは親しく結びついた存在や共生関係、そしてさらに高度に秩序立った存在の出現へと向けて進化する。われわれは分子の「経済学」を形成することもできる。生態学と経済学は、共進化している自己触媒作用集団にすでに内在している。長い間グッドウィンと私は、そのような相互作用をして共進化している自己触媒作用集団の生態学が、分子の可能性の広がりつつある領域を探索し、まだよくわからない方法で多様化する分子の生物圏を生み出すのを想像していた。さまざまな異なる種類の分子が、波となって地球上を伝わっていく様子を想像していた。

われわれはやがて、同じような想像を、他のシステムについても抱くようになった。原人の子孫である人間が作り上げた大規模な文明が現れ、技術革新やいろいろな形態の文化が波となって広がっていく。原人ははじめはパチパチと燃える炎を囲み、自分たちの起源や未来の運命に思いをはせていたかもしれない。そしてそれは、このルガノ湖のほとりでのある夜の出来事であったかもしれない。たぶん激しい雨も降っていただろう。

雨があがった。われわれは掩蔽壕からはい出して義母クラウディアの家に向かった。クラウディアとエリザベスがポレンタ粥ときのこ料理、そしてミネストローネも忘れずに用意してくれているよう期待に胸を膨らませていた。われわれは自分たちの考えがかなり見込みのあるものだと感じていた。しかしわれわれは行き詰まっていることも知っていた。われわれには、タンパク質やRNA分子がたがいに作用しあっている描像を、より広範な枠組みにまで、どのようにして一般化できるかという手がかりがなかった。われわれはウォルター・フォンタナが、そのより広範な枠組みとなる可能性のあるものを作り出すまで六年も待たねばならなかった。

錬金術

ウォルター・フォンタナはウィーンから来た若手理論化学者である。彼の学位論文はピーター・シュスターの指導の下で書かれたが、その中で彼は、RNA分子がいかに複雑な構造に折りたたまれ、そのような構造の進化がいかにして起きるのかということについて議論している。フォンタナとシュスターはマンフレッド・アイゲンや私、あるいはその他の人々のように、第8章で述べたような形の分子の適応地形の構造について考えはじめていた。

しかしフォンタナはもっと過激な目標をもっていた。彼はゲッティンゲンに行きアイゲンの研究グループを訪ねたとき、理論家でもありRNA分子を進化させる実験家でもある非常に有能な若手物理学者ジョン・マクカスキルと話をした。マクカスキルもまた過激な目標をもっていた。

チューリングマシンは、二進法で書かれた入力データを処理する理論的な普遍計算装置である。チューリングマシンはプログラムにしたがって入力データに作用し、それを書き換える。いま入力データがある数の列だとし、チューリングマシンはその平均値を求めるようプログラムされているとする。入力テープ上の1と0の記号を変化させることでチューリングマシンはそれを適切な出力に変換する。チューリングマシンとそのプログラム自体もある一連の二進数で書き表すことができるので、結局ある記号が並んだものが別の記号が並んだものを操作しているということになる。したがってチューリングマシンが入力テープに行なう操作は、酵素がある物質に作用していくつかの原子をチョキンと切りとり、あちらこちらに原子をくっつける様子に少し似ている。

マクカスキルは考えた。もしチューリングマシンのスープを作ってたがいに衝突させたら何が起きるだろう。あるチューリングマシンはそのままチューリングマシンとして働き、衝突する相手方は入力テープとして振る舞うかもしれない。スープの中でごっちゃになったプログラムは、たがいに他のプログラムを書き換えていく。いったいこれはいつまで続くのだろうか。

このやり方はうまくいかなかった。ごっちゃになったチューリングマシンのプログラムは無限ループに入り込み、それ以上何も生み出さなくなった。この場合、衝突したチューリングマシンどうしはそのままくっつき合い、副産物として何のプログラムも生み出さず動かなくなる。コンピュータ上で自己複製する、複雑に絡み合ったプログラムを作るこの試みは失敗した。さてどうしたものか。

サンタフェ研究所の壁にはマンガが貼ってある。そこにはけんめいに頭をしぼりながらも、どうもはっきりしない表情の子どもが、液体をビーカーに注ぎ込んでいる様子が描かれている。テーブルの上には物が散乱し、部屋中に鳥の羽根が浮遊している。添え書きには「幼き神。はじめてニワトリを創造しようとしている」とある。もしかしたらビッグバン以前に、主なる建築家は別の宇宙で練習していたのかもしれない。

フォンタナがサンタフェ研究所に来たとき、彼の頭はRNAのことでいっぱいだった。しかし彼は、ほとんどの創意に富む研究者らと同様に、彼のもっと過激な夢を追求する道を見つけた。チューリングマシンがたがいに作用して行き詰まってしまうのなら、ラムダ法と呼ばれる数学構造に乗り換えればよいと彼は考えた。読者の多くはこの計算法が生み出したものの一つを知っているはずである。それはプログラミング言語のリスプ（Ｌｉｓｐ）である。リスプあるいはラムダ法では、機能は一連の記号で書かれ、その記号は、もしそれが別の一連の記号に作用しようと試みるならば、その試みはほとんどいつも「ルールにかなった」ものであり、「行き詰まる」ことはないという性質をもっている。つまり、もしある一つの機能が別の機能に作用すると、それは行き詰まることなく産物としてまたある機能を生み出すのである。

もっと単純にいえば、機能は記号の羅列であり、記号列は別の記号列に作用することによって、新たな記号列を生む。酵素が基質に作用して生成物が現れるように、化学では原子の羅列すなわち分子が別の原子列に作用して新たな原子列を生む。したがってラムダ法とリスプはそうした化学の一般化と言える。

ラムダ法とリスプ記号はアルゴリズムを実行するものである。理論化学者であるフォンタナはそのようなアルゴリズムの化学スープを作りたいと考えていた。したがって彼は自分の新しい考えを「アルゴリズム的化学」あるいは「錬金術」と呼んだ。

私は、フォンタナの錬金術は生物界、経済界、文化の世界に対するわれわれの考え方を変えはじめているほんとうの錬金術だと思う。記号列を、相互作用している化学物質のモデルとして使うこともできるし、経済の商品とサービスのモデルとしても使えるし、おそらく生物学者リチャード・ドーキンスが「ミーム」と呼んだ、文化的アイディアが広がっていくモデルとしても使えるだろう。この章ではのちほど、技術進化のあるモデルについて議論する。そのモデルでは、記号列は、ハンマー、釘、組み立て工程、椅子、のみ、コンピュータといった商品やサービスを表している。たがいに作用し合って別の記号列を生み出すようなそんな記号列が、商品やサービスが他の商品やサービスが提供するニッチに収まっている技術の網目の共進化のモデルとなる。われわれは自分の考え、理想、役割、ミームを発信し、それらは相互作用しながら永遠に広がっていく。これは臨界点を超えた生物圏で、分子の「波頭」が外へ向かって広がっていく様子に似ている。広い意味で、記号列モデルはこうした文化の進化や、大規模な文明の出現に関する考え方に、新しい有益な道を開いてくれるかもしれない。フォンタナは、記号列がたがいに作用し変換し合うスープの中で、新しく生まれ出ることと消え去ってなくなることが何を意味しているのかを探るための「数学的言語」をはじめて作り出したのである。

フォンタナがこの錬金術的考え方をコンピュータに持ち込んだ時、何が起きたか。集団的に自己触媒を行なう集合体が現れたのである。彼は「人工生命」を引き出したことになる。

フォンタナが初期のコンピュータ実験で行なったのは次のようなことである。彼は培養槽をコンピュータ内で作り、その中で記号列の総数が一定に保たれるようにした。記号列はまさに化学物質のようにたがいにぶつかり合う。プログラムとなった記号列のうちランダムに一つをプログラム、もう一つをデータとして選ぶ。プログラムとなった記号列はデータとなった記号列に作用して新しい記号列を生む。もし記号列すべての数がある一定数、たとえば一万を超えると、フォンタナはいくつかの記号列をランダムに選んで捨て、全体の数が一万になるように調節する。ランダムに選んだ記号列を捨ててしまうことで、彼は頻繁に生み出される記号列に対して淘汰の圧力を加えている。対照的に、めったに生み出されることのない記号列は、その培養槽から自然に失われていく。

ランダムに選んだ記号列のごった煮からスタートさせると、はじめはこれらがたがいに働きあって、かつてみたことのない記号列が万華鏡のようにくるくると渦巻いて出現する。

しかししばらくすると、以前みたことのある記号列が生み出されるのがみえてくる。さらに時間がたつと、そのごった煮が自己を維持する記号列の生態系、つまり自己触媒集団になっていくことを、フォンタナは見つけた。

記号列の自己維持できる生態系が、たがいに衝突し書き換えあっている無数のリスプ記号から現れ出てくるなどと、誰が予想しただろうか。リスプ記号がランダムに混ざり合った中から、自己維持できる生態系が自己組織化して現れたのである。無から生まれたのである。フォンタナはいったい何を見つけたのだろうか。

彼は二種類の自己複製の型を見いだした。一つはリスプ記号が一般的な「コピー機」として進化する場合である。コピー機は自分自身や他のものもすべて複製する。そのような高度に適応した記号列は、急速に自分自身やとりまきを複製し、ごった煮全体を覆いつくす。フォンタナは、それ自体がRNAでできているRNA合成酵素、すなわちリボザイムRNAポリメラーゼの記号学的類似品を作り出したことになる。なぜならRNAは自分自身も含めてどのRNA分子のコピーもできるからである。ハーバード大学医学部のジャック・ゾスタックがそのようなリボザイムRNAポリメラーゼを作ろうとしていたのを思い出してほしい。それは一種の生きた分子なのである。

さらにフォンタナはもう一つの型の複製を見つけた。もし彼が「コピー機」の存在を許さなければ、コピー機は出現せず、ごった煮全体に行き渡ることはない。すると、そこから私がまさに望んでいたものが現れたのである。リスプ記号の集団自己触媒系である。すなわち彼は、そのごった煮が進化してリスプ記号の「内部物質代謝」の状態をもつようになることを見つけた。そのごった煮の中では、リスプ記号のそれぞれが、他の一つあるいは複数の記号の行動がもたらす産物として形作られているのである。

RNAやタンパク質分子の集団的自己触媒系のように、フォンタナが見つけたリスプ記号の集団的自己触媒系は、機能統一体の一例である。全体論と機能性とは別に神秘的なものではない。「閉じた触媒系」はその両方を合わせもっている。全体は部分の行動によって維持されるが、全体が閉じた触媒系であるために、全体は部分を維持するための条件となっている。カントはおそらく喜んでいるだろう。ここで神秘的なものは何も働いていない。明らかに自然発生した、あるレベルの生物体が見つかったのである。

フォンタナはこのコピー機のことを「レベル-0の生物体」、自己触媒集団のことを「レベル-1の生物体」とそれぞれ呼んだ。現在彼はエール大学の生物学者レオ・バスとともに、機能的生物体の詳しい理論と生物体の階層構造に対する明解な概念を作り上げようとはりきっている。たとえばフォンタナとバスは、二つのレベル-1生物体が、記号列の交換を通して相互作用すると何が起きるのかを考えている。彼らは、二つの生物体の間に「のり」のようなものが形作られ、そののりが二つの生物体のいずれかあるいは両方を維持する手助けをしているのを見いだしている。一種の共生が自然に発生するのである。共進化しているレベル-1生物体たちの中には、物のやりとりが利益を生む事実やある種の経済といったものがすでに含まれているのである。

技術の共進化

車が出現したことで、馬は追い払われた。馬がいなくなると、鍛冶屋や馬具屋、飼育場、引き具店、馬車なども消えていく。西部では郵便配達「ポニー・エキスプレス」もなくなった。けれども自動車がいったん出回ると、こんどは石油産業が成長し、あらゆる町にガソリンスタンドが建てられ、道路が舗装されるようになった。道路が舗装されると、人々は猛然と車を運転しはじめ、その結果モーテルも生まれた。スピード、信号、交通警察、交通裁判所、駐車違反をまぬかれるためにそっと渡されるワイロなどが経済の中に入ってきて、われわれの行動パターンも変わってきた。

経済学者のジョーゼフ・シュンペーターは疾風のように吹き荒れる創造的破壊と企業家の役割について話をしたことがある。しかしいま述べたシナリオはシュンペーター大先生が話した内容ではなく、私のよき友人でアイルランド人経済学者ブライアン・アーサーが、サンタフェのレストラン「ベーブス」でシーフードサラダに手を出しながらしゃべったものである。彼は合理的選択に関するいかなる定理にも耳を貸さず、いつもシーフードサラダを注文する。しかも彼の言葉を借りると、「まったくひどい味のサラダ」を、である。「このレストランはだめだ」と彼はそのたびに誓って言った。「それじゃあ、どうしてシーフードサラダを頼み続けるんだ」と私は尋ねた。答はなかった。

それは過去七年間で私が彼を困らせた唯一の瞬間であった。アーサーはいろいろな問題の中で、「限界のある合理性」の問題に深く興味を寄せていた。この問題は、「どうして経済の主体（行為者たち）は、実際には、標準的な経済理論が仮定するような無限の合理性をもって行動しないのか」というものである。しかもすべての経済学者たちは、このような経済理論の仮定が間違っていることを知っているのである。私はアーサーがこの問題に関心をもっているのは、彼自身がおいしいベーブス・ハンバーガーを試してみるだけの度量を持ち合わせていないからだと思う。ベーブスはいいレストランだ。

「君たち経済学者はそうした技術の進化についてどう考えているんだい」と私は尋ねた。それ以来、アーサーやその他大勢の経済学者たちから、私はその解答を学んできた。彼らの試みは優れたものであり、筋が通っていた。シドニー・ウィンターとディック・ネルソンが先鞭をつけ、いまでは多くの人が進めている研究は、新しいものの誕生につながる投資と、会社がその新しいものに対して投資をすべきか、あるいはほかの会社がやっていることを真似すべきかという問題に集中している。ある会社は第9章で議論したように技術のこれまでの軌跡の学習曲線を登りながら、新しいものの開発に何百万ドルもの投資をする。別の会社はやはり新しいものに対して投資をするかもしれないし、あるいは単に他社で上手に作られた製品をコピーするだけかもしれない。ＩＢＭは新しいものの開発に投資した。コンパックは複製品を作り、ＩＢＭキラーとして売り出した。このような技術進化の理論は、学習曲線、つまり投資を増やすと技術の製品化効率がどの程度向上するかということ、そしてまた競争している会社間で開発と模倣に対してどのように資金を配分するのが最適かということに関係している。

私はもちろん経済学者ではないが、研究所を訪れる大勢の経済学者らの話に耳を傾けるのは楽しいものである。しかし私は、経済学者たちはまだ、ブライアン・アーサーがはじめに私に対して強調した事実について話をしていないという感じがしてならない。現在のところ彼らの努力は、技術の進化が実際には共進化であるという事実を無視して進められている。自動車の出現が鍛冶屋を絶滅させ、モーテル市場を生み出したのである。あなたは、私や他の人々の行為によってつくり出される「ニッチ」の中で生きているのである。コンピュータ・エンジニアは、五〇年前は存在すらしなかった製品をさわることで生計をたてている。コンピュータを売る店は五〇年前なら不可能であった方法で生計をたてている。

われわれのほとんどは、火のまわりにしゃがみこんでいた原人や、南フランスのペリゴールにあるラスコー洞窟にすばらしい壁画を描いたクロマニヨン人にとっては不可能な方法で生活している。大昔には、あなたたちは狩りをし、毎日集まって食事をしていた。いまでは理論経済学者がよくわからない式をホワイトボード(もはや黒板ではない)に書きつらね、そのことで彼らは収入を得ているのである！ 食べ物を手に入れるためにずいぶん変わった方法を使っている、と私などは思ってしまう。

私は最近ペリゴールに行き、フォン・ド・ゴーム洞窟近くのレセージにいる職人が、後期旧石器時代の技法で作ったフリント（火打ち石）製の石器を買った。その職人は四十代半ばの男で、鹿の足の骨でできたハンマーを握る右手には一センチほどのタコがもり上がっていた。彼はもしかしたら過去六万年の間で最も数多くのフリント石器を作った人物で、われわれの中でも特異な存在かもしれない。それでも彼は新しい「ニッチ」で生きているのである。われわれの先祖クロマニヨン人たちに対する畏敬の念に打たれた観光客に売るために、彼はフリント石器を作っているのだ。

われわれは経済網（経済ウェブ）と呼ばれるものの中で生きている。現代の経済における商品やサービスの多くは、「中間的な商品やサービス」である。中間的商品やサービスとは、それら自身、別の商品やサービスを作る際に利用されるものである。その新たに生まれる商品やサービスは、最後にはある最終消費者が使って終わるのである。中間的商品を造るのに必要なもの、たとえば自動車に対するエンジンは、さまざまなところから来ている。それは部品の製造業者であったり、鉄の鉱山や、コンピュータによるエンジンのデザイン、さらにはそのコンピュータの製造者、さらにはコンピュータによるデザインを行なうためのソフトを作る人など、さまざまな場所や人が貢献している。われわれはたがいに物を交換し合う広大な経済生態系に生きている。経済的「ニッチ」が広範囲にわたってびっしりと並んでいるのである。

しかし、何がこれらのニッチを生み出しているのだろうか。何が経済の網目の構造を支配し、何が仕事や課題や機能と、ほかの仕事や課題や機能とのつながりを決めて、生産と消費の網目構造を形成しているのだろうか。

そして経済網というものがあるとすれば、それはクロマニヨン人が絵を描いていた後期旧石器時代よりもいまのほうが複雑で入り組んでいるはずである。きっとヨルダン北西部の村イェリコが最初に壁を作った時よりも複雑であろう。一〇〇〇年前にニューメキシコ州のアナサジ人がチャコ文化を作った時に比べても、きっといまのほうが複雑であろう。経済網がさらに入り組んで複雑に成長していくとき、その構造は何が支配するのだろうか。

そして私が最も魅惑的だと思う疑問は、もし経済が網目構造をしているのなら（実際そうなっているのだが）、その構造自体が経済網の変化の仕方を決定し動かしていくのかどうか、という点である。もし答がイエスなら、変化を続ける製造技術網を、長い期間にわたって生み出している経済網の自己変革の理論を見つけなければならない。車のような新しい技術が入ってくると、それが馬、引き具、鞍のようなほかのものを絶滅させ、そして舗装道路、モーテル、信号のような、さらに新しい技術を呼び込むようなニッチを作り出すのである。

自己変革を続ける経済網は、自己変化し続ける生物圏と似た響きをもつようになる。後者では三葉虫が長い間地球上のメインストリートを歩み続け、のちにほかの節足動物に取って代わられ、そしてまた別の動物が取って代わっていった。カンブリア紀の種の爆発では、上位の分類単位が上から下へと埋められていった。一方、技術発展の軌跡では、ある新しい発明に対してたくさんの強力な類似品が作られ、いくつかの主要なデザインが生き残り、それ以外は絶滅していく。もしカンブリア紀の種の爆発パターンと同じものが、こうした技術発展の軌跡の初期段階においても現れるとしたら、種が進化や共進化をして変化を続ける様子は、技術の共進化においてもみられるであろうか。おそらくDNAやギヤボックスなどよりも奥の深い原理が、生物の共進化と技術の共進化の下に潜んでいるのであろう。それは進化の過程で集められるいろいろな複雑なものに関する原理であり、新しい発明を呼び寄せるニッチを自己触媒反応で作り出し、さらにその発明がニッチを生み出すという構図に関する原理である。そのような一般的原理が存在していたとしても別におかしくはない。生物の進化と共進化、そして技術の進化と共進化は、どちらもニッチを作り共同で最適化していくという点で似たような過程である。生物の進化と技術の進化を支える基本的メカニズムは明らかに異なるが、実際に起こっていること、およびそこから発生するマクロな特徴はよく似ているのかもしれない。

けれども、われわれは経済の共進化している網目構造について、どのように考えればよいのだろうか。経済学者はそのような共進化する構造が存在することは知っている。謎でも何でもない。たとえば、車が道にあふれだしたらガソリンスタンドを作ればいいという考え方は、経済の達人でなくとも理解できる。市場調査し、親しい銀行に走っていって何千ドルか借金し、そしてガソリンスタンドを開くだけである。

むずかしいのは、経済学者が相補性と呼ばれる概念を取り入れた理論の構築を、どのように行なえばよいのかがはっきりとしない点にある。自動車とガソリンは消費の相補的立場にある。どこに行くにしても、自動車とガソリンは切り離せない。あなたがウェイトレスに「ハムエッグ、半熟目玉焼にして」と注文するときは、あなたはハムと卵をいっしょに食べたいという気持ちを表している。ハムと卵は消費の相補的立場にある。あなたが二枚の板を金槌で打ちつけるとき、おそらく釘を何本か持っていくだろう。金槌と釘は生産上の相補的立場にある。二枚の板を打ちつけるのに、金槌と釘の両方が必要だからである。もしあなたが工作室でキャビネットを作るのにドライバーを選ぶのなら、釘を持っていくのは何か変だと感じるだろう。誰でもみんな、ネジとドライバーは生産的相補性をもっていてペアで考えるべきものと知っている。しかし釘とネジの関係を経済学者は生産上の代用品と呼んでいる。釘のかわりにネジを使うことができるし、逆にネジのかわりに釘を使うこともできるからである。

経済網はまさに、こうした生産と消費の相補と代用とによりきっちりと定義される。相補と代用が織りなすパターンが経済網のニッチを生み出す。しかし経済学者たちはこれらのことに関する理論を打ち立てるすべを知らないのである。金槌と釘が対になり、自動車とガソリンが対になる、そんな理論をもつことは何を意味するのか。経済網の中で商品とサービスの間の機能的なつながりに関する理論をもつと、いったい何がわかるのだろうか。あらゆる種類のもの、たとえば車のワイパーや保険、抵当の所有権、あるいは網膜手術におけるレーザー技術などの間の機能的なつながりに関する理論を、われわれはぜひとも必要としていることが、じきに明らかになる。どの商品とサービスがたがいに相補的なのか、あるいは代用品の関係なのか、を決める法則をもしわれわれが知っていたら、新製品が生まれたときにどんなニッチが現れるのかを言い当てることができる。そうすれば、技術の網目構造がつねに新しいニッチを生み出すことによって、自分自身をどのように変化させていくかを解き明かす理論が作り上げられるだろう。

ここに新しいアプローチの仕方がある。もし商品とサービスを記号列として考え、その記号列を「道具」、「原材料」、「製品」として使ったらどうだろう。記号列は記号列に作用して記号列を生む。金槌は釘と二枚の板に作用して、厚板が生まれる。リスプの考えでは、記号列は「道具」であると同時に「原材料」でもあり、自分自身あるいは他の道具から作用を受けて「製品」を生み出すことができる。したがって化学のリスプ法則は、何が製造あるいは消費における相補的立場なのか、あるいは代用品となっているのかを暗に決めている。「酵素」と「原料」の記号列は、製品となる記号列を生産するために使われる相補的なペアである。もし別の記号列の「酵素」が「原料」に作用して同じ製品を生み出すとしたら、これら二つの酵素はたがいに「代用品」の関係にある。もし別の原料が初めと同じ酵素からの作用を受けて、同じ最終製品が現れるならば、これら二つの原料は代用品の関係にある。もしそうした過程から出てくる結果が別の生産過程に組み込まれる製品を生み出すとしたら、リスプの論理によって、暗に定義された相補と代用という役割をそなえた生産機能の網目構造のモデルができたことになる。これは機能的につながったものが、たがいに作用し、たがいを生み出すモデルへの出発点となるものである。つまり、経済の網目構造が、それ自身を変えていくようなモデルへの出発点となるものである。

技術網は、新しい商品がそれよりもさらに新しい商品に対してニッチを提供するという形で拡大していく。われわれの用いた記号列のモデルはニッチを生み出すモデルと言える。臨界状態を超えた化学系の分子の爆発的多様化、またはカンブリア紀の種の爆発、あるいは今日われわれのまわりで起きている人工物の爆発的多様化は、どれもすべて多様化を促す方向に進行し、これらの過程が次々と新しいものにニッチを提供していくことで複雑さを増す方向に保たれている。分子、生物、経済行為、文化形態などの多様化と複雑化を推し進めるには、自己触媒反応してニッチを作る基本法則を理解することが必要である。

どうして金槌は釘と対になり、自動車はガソリンと対になるのかといった、経済の相補性や代用品に関する現実の法則をわれわれが知らないとしたら、そうした記号列の抽象的なモデルはいったい何の役に立つのだろうか。私が考えるモデルの利点は、真の法則を真似たわれわれのモデルが、真の法則と同じユニバーサリティー（普遍性）をもっていれば、現実の世界で起こりうることを言い当てることができるという点である。物理学者はいくつかのモデルがすべて同じ確固とした振る舞いをみせるとき、このモデルの集合を「ユニバーサリティークラス」という言葉で呼ぶ。このときその振る舞いはモデルの詳細には依存しないのである。したがって現実世界に対するいくらか間違ったモデルであっても、モデルと現実が同じユニバーサリティークラスに入っていれば、そのモデルは、現実の世界がどのように機能しているかをわれわれに教えてくれるかもしれないのである。

ランダムな文法

アロンゾ・チャーチが普遍的計算をこなすシステムとしてラムダ文法を考案し、アラン・チューリングが同じ目的でチューリングマシンを考えだしたのと同じ時期に、もう一人の論理学者エミール・ポストがやはり普遍的計算を行なうことのできるシステムを別の表現を用いて開発した。これらのシステムは、どれも同等であることが知られている。ポストのシステムは、モデル経済に対するユニバーサリティークラスを見つけたいときに便利である。

図12－1の左右には記号列がそれぞれ配置されている。たとえば最初は左に（111）、右に（00101）が置かれている。次は左に（0010）、右に（110）となっている。ポストが考えたのは、この記号列の表が文法を構成しているということである。左右一対の記号列は、のちに入れ替えが行なわれる「代用品」を表している。左側の記号列が見つかると、それを右側の記号列に入れ替えるのである。図12－2では記号列の入った鍋が描かれており、その記号列に対して図12－1の文法が作用する。いちばん単純な場合、図12－1の文法は次のように適用する。まず鍋の中からランダムに一つの記号列を選ぶ。次に図12－1の文法表からランダムに一対の記号列を選ぶ。そして文法表から選んだ左側

の記号列が、鍋から選んだ記号列の中に一致する部分をもっているかどうかを調べ、その部分を文法表の右側の記号列で置き換える。たとえば、もし文法表からいちばん上の記号列を選び、鍋から選んだ記号列の中に（111）という部分があったとすると、その（111）の部分を切りとって図12－1の右側の（00101）を代入するのである。

図12－1の文法ルールを鍋の中の記号列に何度も繰り返し適用してもよい。鍋の中からランダムに記号列を選びだし、文法表から一対の記号列を選び、そして対応する代用品と取り替えるのである。あるいは、文法表のルールを鍋の中の記号列にどのような順番で適用するかというルールをあなたがあらかじめ決めておいてもよい。図12－1の入れ替えを

文法表

111	00101
0010	110
00	1011
1001	01
101	0010

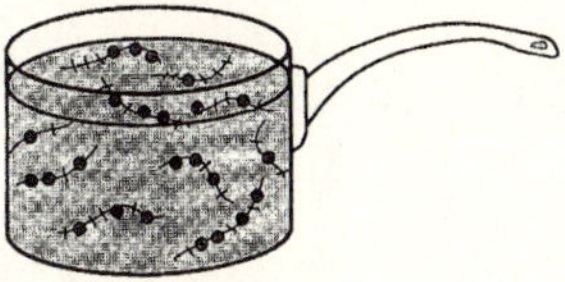

上図 12-1　ポストの文法。左側に例としてあげてある数字の列を、それに対応する右側の数字の列で置き換える。
下図 12-2　図 12-1 のポストの文法がたくさんの記号列に適用されると、新たな記号列が次々と生み出されていく。

図12－2の記号列に適用すると、ときどきその記号列に新しく記号が増える。そしてその増えた部分がまた、それを作り出した文法ルールの適用を受ける場合がある。これを繰り返すと記号列は永遠に長くなり続ける。このような無限ループを避けるには、図12－1の各ルールは、そのすべてが適用されるまでは一回しか適用されないという決まりにすればよい。

図12－1の入れ替えルールの適用に関する決めごとや、そのルールを記号列に適用する順番に関する決めごとは、一種のアルゴリズムあるいはプログラムである。鍋の中にはじめに入れておいた記号列に対し入れ替え作業を繰り返し、一連の記号列を得る。このような作業によって、あなたは、入力テープを出力テープに変換するチューリングマシンのように、ある種の計算を行なったことになるのである。

さて次のステップとして、この作業から読み手であるあなたを取り除き、酵素が基質に作用するように、鍋の中の記号列がたがいの間で作用し合って、図12－1の「入れ替えの法則」の指示にしたがい入れ替えを実行するようにする。これを簡単に実現するためには「酵素」の部分を定義すればよい。たとえば図12－1の最初の行には、（111）は（001）に変換されるべし、と記述されている。そこで図12－2の鍋の中の記号列で、そのどこかに（111）という部分をもつものを考えよう。この記号列を基質と考える。「酵素」としては、同じ鍋の中の記号列で（000）という、鋳型のマッチする部分をもつものを選ぶ。ここで酵素が働くための ルールは、ヌクレオチドで塩基が結合するように、酵素の中の0が基質の中の1にちょうどマッチしたときに変換が行なわれると考える。酵素の中の（000）が基質の中の（111）に作用し、それを（00101）に変換するのである。各記号列は自分のどこかに酵素となる部分をもっているとすれば、鍋の中の記号列はたがいに作用し合うようになる。衝突する二つの記号列をランダムに選んでみよう。もし一方の記号列の酵素部分がもう一方の基質とマッチしたら、その酵素は基質に作用して図12‐1の対応表に従って入れ替えを実行する。

これがすべてである。こうしてある特定の「文法」により定義されたアルゴリズムをもつ化学ができた。鍋の中の記号列は、おたがいを新しい記号列へと変換させる。その新しい記号列もまたたがいに作用し合い、これがずっと繰り返される。いま関心があるのは、時間とともに記号列が多様化していく振る舞いである。この多様化パターンは、技術の共進化に対するわれわれのモデルとなるからである。しかしモデルを作るにはさらにいくつかのアイディアを加えなければならない。

はじめに、図12‐1の例のような文法をどのようにして選べばよいのだろうか。「入れ替えの法則」に含める対となる記号列の選び方の正しい決め方など誰も知らない。さらに悪いことに選び方は無限にある！　原則として記号列の組合せは無限にある。さらに「酵素」として一つの記号列が、「基質」として一つの記号列に作用し、その「産物」として一つの記号列が生まれるというプロセスだけが起こるとは限らない。ある決まった記号列の集団が束になって入力となり、またある決まった記号列の集団が「機械」として働くと考えることもできる。入力となる記号列の束をこの機械にほうり込むと、出力としてある記号列の束が現れる。この機械は組み立て工程のようなもので、一連の変換を入力となる記号列のそれぞれに施す。

いま入力の束とそれに対する「機械」を考え、さらにそれらが記号列の中の一部分であるとすると、ある数学的定理により可能な文法の数はただの可算無限ではなく、二次の無限であることがわかっている。つまり、文法の数は、実数のように連続無限なのである。可能な文法の数を数えられないので、ちょっとごまかすことにしよう。無限に多いあらゆる文法の中からある文法をランダムに選び、そしてその「文法の空間」の中のそれぞれの領域に属する文法がどのような役割を果たすのか見つけることにしよう。そして、記号列の入った鍋の振る舞いが、選んだ文法の詳細にあまりよらないような文法空間の領域を見つけられるとしよう。すなわちユニバーサリティークラスを探すのである。

文法空間のいろいろな領域の中で文法の集団を定義する一つの方法は、その文法に現れる記号列の対の数、その記号列の長さの分布、そして文法表の左側と右側に来る記号列のどちらが長いかという傾向などによって定めるというものである。たとえば、もし右側の記号列が左側よりも短いと、入れ替えによってしだいに非常に短い記号列が生まれるようになり、そうなると短すぎてどの酵素ともマッチしなくなってしまう。そして記号列の「スープ」は不活性化してしまう。さらに「入力」、「機械」、「出力」の複雑さをそれらに含まれる記号列の数で定義することができる。文法を定義するこうしたパラメータをうまく調節すれば、文法空間のいろいろな領域を調べることができる。おそらく文法空間の異なる領域は異なる特徴をもった振る舞いを示すだろう。これらの異なる領域と異なる振る舞いが、望んでいたユニバーサリティークラスである。

こういう系統的な研究はまだ行なわれていない。もし文法空間の中のある領域が、現実とよく似た技術の共進化のモデルをもたらせば、われわれは探していたユニバーサリティークラスを見つけたことになる。そしてその場合、技術の相補と代用に関する未知の法則を記述すると期待される正しいモデルを見つけたことになるだろう。

卵、ジェット噴射、マッシュルーム

経済のモデルに目を向ける前に、われわれがたまたま選んだ入れ替えのルールにしたがって鍋の中の記号列がたがいに作用することで発生するいくつかの出来事について考えることにしよう。可能性の新しい世界が姿を現し、技術の進化や他の形態の進化についてわれわれにヒントを与えてくれるかもしれない。記号列は分子と考えることもできるし、経済の中のモデルと考えることもできることをおぼえておこう。そして文法モデルにより、われわれははじめて一般「数学的な」または形式的な理論を得ることができるのである。そこに存在するものは、作用を受け変換される対象であると同時に、作用する側の実体でもあり、それらはたがいにニッチを作りながら展開していく。そんな状況でどのようなパターンが現れるのかを、この理論で調べることができる。したがって文法モデルは、われわれが直感的にわかってはいるけれども、正確に言い表すことのできない、進化の明白なパターンを作り出す助けとなる。

記号列の中には自分自身をコピーしたり他の記号列をコピーしたりするものがあるかもしれない。一種のレプリカーゼ（RNAを鋳型としてRNAを合成する酵素）である。あるいは集団的に自己触媒作用する記号列の集まりを見つけられるかもしれない。そのような集団は自分自身から自分を作り出す。私の著書 *The Origins of Order* の中で、私はある晩遅くに思いついた一つの呼び名を使っている。このような自分で成長していく閉じた集団を、記号列の空間に浮いている卵のようなものと呼んだのである。いま永遠に持続する記号列の「初期集団」があるとしよう。この集団は新しい記号列を生み、その新しい記号列がさらにたがいに作用して、まるでジェット噴射のようにまた新しい記号列、たとえばこれまでにないような長い記号列を生み出していく。ジェット噴射は初期集団からあらゆる記号列の空間に向かって噴き出している。

ジェット噴射の長さは有限かもしれないし、無限かもしれない。無限の長さのジェット噴射の場合、初期集団は永遠に多様化し続ける記号列を噴出する。卵がときには漏れやすく、そこからジェット噴射を行なうかもしれない。そのような卵は一風変わった宇宙船として、記号列の空間に浮かび、はるかかなたの暗黒に向かって記号列のジェットを噴射する。

初期集団の出したジェット噴射に含まれる記号列がフィードバックを行なって、別のルートで以前に作られた最初の記号列を、再び生み出すことができるかもしれない。私が深夜に考えていたときには「マッシュルーム」という言葉が思い浮かんだ。マッシュルームはコンピュータの「ブートストラップ」に対するモデルのようなものである。マッシュルームのマッシュルームが生えると、あとは次々と自動的に生えてくるというわけである。つまり一つのルートで作られた記号列があとになって、自分が生み出した別の記号列を通したほかのルートで再び作られるかもしれない。石斧と穴掘り道具はだんだんと改良され、やがて鉱山の採掘や冶金学へと通じ、それが機械を生み出す。するとその機械が、機械を作るために金属製道具を作る。ブートストラップである。それでは前期旧石器時代からの技術の進化において「マッシュルーム」がどれほど頻繁に現れてきたかを考えてみよう。われわれが作る道具はわれわれが道具を作るのを助け、そうしてできた道具は、われわれがはじめに作った道具を再び作る新たな方法を教えてくれる。外から供給される食物やエネルギーの基盤の上に存在する生物体や、その集団的自己触媒反応している物質代謝は、われわれの技術社会のように一種のマッシュルームである。生態系や経済システムのマッシュルームの網目は、内部で首尾一貫しており完全である。そこに存在するものと、それらが果たす機能的役割は、系統的にたがいにうまくマッチしている。

記号列の初期集団は無限個の記号列を生み出すかもしれないが、けっして生み出されることのない記号列の集団があるかもしれない。たとえば（１１０１０１……）ではじまる記号列はけっして作られないかもしれない。無限個の記号列が生み出される一方で、永久に生み出されない記号列も無限に存在する。さらに悪いことに、記号列の初期集団と文法が与えられても、ある記号列、たとえば（1101010000010１0）が絶対に作成されないかあるいは必ず作成されるかを証明することは原則的に不可能なのである。これは計算理論の世界で論証不可能性と呼ばれ、クルト・ゲーデルの有名な不完全性定理の中に含まれている。

われわれがそのような記号列の世界に住んでいるとしよう。論証不可能性とは、原則的にわれわれは未来のある事柄について予測することができないことを意味する。たとえば、もしわれわれがその問題の世界に住んでいるとしたら、（11010100000010１0）が絶対に生まれてこないことを、おそらくわれわれは予言することができない。もし（1101010000010１0）がハルマゲドンに対応していたとしたらどうだろう。あなたにはそれを予言することができないのである。

もしわれわれの作り出した技術、経済そして文化の世界が、われわれがこれまでみてきた記号列の新しい世界と本質的に似ているとしたらどうだろう。もとをただせば、これら記号列の世界は、化学の法則に似せて構築したものである。もし化学法則を形式的な文法として取り入れることができれば、論証不可能性の意味するところは次のようなものである。ある化学物質の初期集団に対し、そこからある化学物質が合成されるかどうかは原則的に決定できない！　化学の根底にある法則は、そのすべてがわかっていないからといって、神秘的なものであるというわけではない。しかし、もしその法則を形式的な文法としてとらえることができるならば、ゲーデルの定理が力説しているように、化学反応系の進化に関する記述のうち、正しいかどうか証明することのできないものが存在するのである。

それでは、もし論証不可能性が現実の化学法則から出てくるのであれば、同じ論証不可能性が技術の進化や文化の進化からも現れるということはないだろうか。われわれはある種の形式的な文法の中に、技術の相補性と代用に関する未知の法則を取り入れることができるかもしれないし、できないかもしれない。もし取り入れることができるならば、ゲーデルの定理により、その世界がどのように進化していくかは原則的に決定できないという理屈が成立するはずである。もし取り入れることができないならば、そしてもし記号列の変換を支配する法則が存在しなければ、そもそも予言すること自体不可能である。

技術の共進化と経済成長への離陸

技術の共進化に関する理論を作るうちに、これらの記号列のおもちゃのような世界が、技術進化の臨界点前後での振る舞いの新たな特徴も明らかにしてくれるかもしれないと私は思うようになった。さらなる技術の爆発的多様化を支えるには、商品とサービスの多様性が必要である。経済成長の標準的マクロ経済モデルは一セクターモデルである。つまり一つのものが製造されて消費されるというモデルである。その場合、成長は生産され消費されるものの数が増えることで表される。このような理論は、商品やサービスの多様性が成長することに関しては考慮していない。いくつかの事例に示されているように、もしその多様化が進むことが経済成長そのものと関係しているとしたら、多様性自体が経済成長への離陸を促し進めているのかもしれない。

図12-3はフランス地図をかたどったものである。ここでまた、商品とサービスを記号列でモデル化しよう。ここではわれわれがフランス人に原材料を授け、その潜在的力をフランス人たちが理解するようになると、「技術の最前線」がどのように進化するのかを考

図12-3　フランスの概略図。それぞれの土地から違ったものが産出される。これらの記号列は、再生可能な資源を表している。たとえば、石炭、羊毛、乳製品、鉄、麦などがフランスに授けられた資源である。人間が1つの記号列を別の記号列に作用させることで、新たなより複雑な製品が現れる。

えてみる。いまかりに、毎年ある種の記号列がフランスの肥えた土から現れてくるとする。これらの記号列はフランス産の「再生可能資源」であり、ブドウ、麦、石炭、乳製品、羊毛などを表していると考えればよい。これらの品やサービスの価値、これらの物を作っている人たちのこと、これらの市場での値段などはすべて無視することにする。フランスの人たちが実際にその技術的には製造可能な商品やサービスを必要としているかどうかは考えずに、単にフランスに対して広がる「技術の可能性」が進化することだけを考えよう。

最初はフランス人はこうした再生可能資源をすべて消費してしまうかもしれない。あるいは彼らは、町や村の公会堂に刻まれた「技術の相補性の法則」をみて、再生可能な資源がたがいに「作用」し合うことで、新しく生まれるあらゆる商品やサービスについて頭をめぐらすかもしれない。鉄はフォーク、ナイフ、スプーンそして斧などに作り替えられ、牛乳はアイスクリームに、麦と牛乳からはポリッジ粥が作れる、といった具合である。次の段階ではフランス人は、再生可能資源を通して彼らが得たものや彼らの発明が生んだものを消費するか、あるいはほかに何を作ることができるかを考えるかもしれない。おそらくアイスクリームとブドウを混ぜることができるかもしれないし、一歩進んでアイスクリームとブドウを混ぜて麦で作った焼き皮に入れることで、フランス初のお菓子を作るかもしれない。おそらく斧は、木を切るのに使うことができるかもしれない。木と斧を使って川に橋をかけることもできるかもしれない。

お気づきだろうか。各段階でそれ以前に「発明」された商品やサービスが、さらなる商品やサービスを生み出す新たな機会を提供しているのである。技術の前線が拡大し、次から次へと広がっていく。われわれの単純な文法モデルは、そのような拡大に関する知識を与えてくれる。

経済学者たちは、消費者が要求する潜在的な商品とサービスや、消費者自身を含めたもう少し複雑なモデルについて考えようとする。そこで各記号列がフランス社会にとってのみ、何らかの価値や効用をもっているとしよう。消費者としては、ルイ一四世や優れたホテル経営者のジャック、あるいは同じ要求をもっている大勢のフランス人たちを想像しよう。この簡単なモデルでは、お金も市場もない。ただ社会計画を立てる賢い人（ソーシャル・プランナー）が仮想的に存在するとする。ソーシャル・プランナーの仕事は次のようなものである。彼女はルイ一四世の要求がわかっている（あるいはわかっていたほうがよい）。彼女はその王国の再生可能資源に関する知識ももっている。そして彼女は「文法表」も知っている。こうして彼女は計画を進めることで、進化を続ける技術の最前線がどのようなものかがわかる。未来にわたって王様のあらゆる幸せ、全てのジャックたち（国民をさす）の幸せを最適化することが、彼女がしなければならないことのすべてである。この時点で単純な経済モデルは次のようなことを仮定する。王様は未来よりも今日このときに喜びを得たいのである。そして王様はもし一年間待たなければならないのなら、いまの幸せを手に入れる代償として、未来分の幸せを六パーセントの利息をつけて喜んで放棄する。それ以後の年については、一年ごとに六パーセントを加算したものを、目の前の幸せを手に入れる代償として支払う準備がある。つまり、王様は未来の幸せの価値をある割合で少なく考えているのである。ジャックたちも同じ考えであり、あなたもそうである。

したがって限りなく賢いわれらがソーシャル・プランナーは、計画地平線と呼ばれる未来のある時間まで先を見越して考えなければならない。そして、そのときまでに作り出されるであろうあらゆる技術の商品やサービスを考慮し、あらゆる可能な未来の世界におけ る王様の（割り引かれた）幸せに頭をめぐらし、できるかぎり王様を喜ばすことのできる計画を練らなければならない。いまこの計画地平線までの時間を一〇年としよう。ソーシャル・プランナーの計画には、おのおのの技術的に可能な「生産」がその一〇年の間に実際にどれほど実行に移され、いつ何がどれほど消費されるかがもり込まれている。これらの生産行為はある比率で行なわれている。たとえばアイスクリームとブドウの生産は斧の生産の二〇倍といった具合である。その比率は実際、値段のようなものであり、その場合商品のうちの一つを「お金」として考える。可能な商品すべてが生産されるというわけではない。それらすべてが王様を幸せにして資源をムダ使いさせてしまうというわけではない。したがって商品とサービスの価値を導入すると、ある時点で実際に生産される品は、技術的に生産可能なものの中の一部分だけである。

こうしてソーシャル・プランナーは計画の最初の年をやりとげる。その一年間は計画どおりに生産や消費が進み、経済が前進した。彼女は第二年度から第一一年度までの新しい一〇カ年計画を立てる。これがソーシャル・プランナー・モデルの「動く地平線」である。

時間とともに、モデル経済はそれ自身の未来へのあり方を進化させる。その時々でソーシャル・プランナーは一〇年先をみて、最も適した一〇カ年計画を選び、その初年度計画を実行するのである。

もちろん、このようなモデルは単純化しすぎたものである。しかし単純であるがゆえに、われわれの用いている文法ルールの下で、モデルが解き明かせるのは何かを直感的に理解できるであろう。長い時間をかけて、新しい商品とサービスが作られ、古い商品とサービスはそれに取って代わられる。技術における新種の発生と絶滅現象が起こる。技術の網目が広がっているので、ある商品やサービスの絶滅が雪崩を引き起こし、それが拡大していくこともありうる。その雪崩により、他の商品やサービスはもう存在意義を失い、視界から消え去ってしまう。それぞれの商品やサービスはほんのひとときだけ人気を博し、その存在を誇示する。こうして技術社会が展開していく。経済における商品とサービスは進化するだけでなく共進化も行なう。存在する商品やサービスは、すでに存在している別の商品やサービスからみた基準で、存在意義をもたなければならないからである。

文法モデルは、技術の共進化を調べる新しい手段をわれわれに与えてくれたことになる。とくに、このようなモデルをみれば、経済網が自分の変化の仕方を自ら変えているという考え方が一目瞭然である。われわれはこのことを直感的に知っていると思う。ただ、すでにわかっていることをわれわれに示してくれるおもちゃのような世界を、これまでもっていなかっただけである。このモデルをみて、われわれの住む経済網が変化の方向を自ら決めていることが明らかになれば、まわりに広がる現実の経済の世界におけるこのような変化のパターンを理解することが、非常に大切であると考えるようになるだろう。

文法モデルではまた、経済の飛躍における新たな要素も示してくれる。「多様性がおそらく多様性を生み出す。したがって、多様性は成長を生む手助けをするのかもしれない」ということである。

図12‐4ではx軸にフランスの土地から再生可能資源として毎年現れる商品やサービスの多様性の度合いを示しており、y軸には相補性と代用品の文法表を形成する記号列の対の数をプロットしている。そして図には、われわれがすでに学んできた、臨界点の前後の

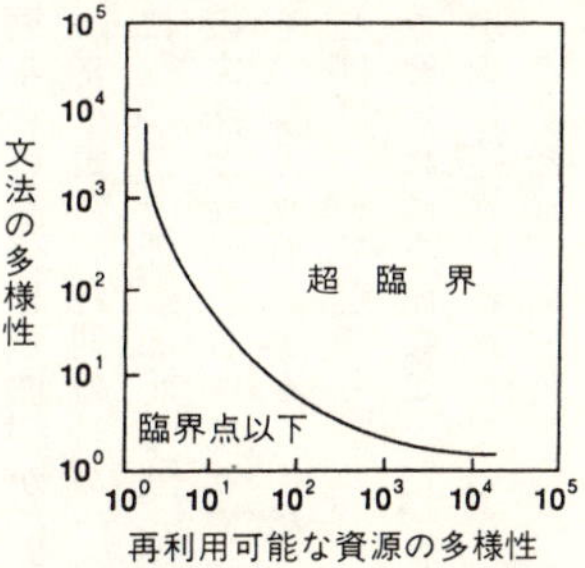

図12-4　ある経済に授けられた再利用可能な製品の数を、文法表に含まれる記号列の対の数に対してプロットしたもの。文法は仮説的な「代用と相補の法則」を表現したものである。曲線は臨界点前後での異なる振る舞いをする領域を分ける境界線である。再利用可能な資源や文法ルールの複雑さが増すと、系は図の境界線を超えて多様な製品であふれかえる。

振る舞いを分ける曲線が描かれている。

文法表に記号列の対が一つしかないとしよう。そして貧弱なフランスの土からは春ごとにたった一種類の記号列しか芽を出さないとしよう。たった一つの再生可能資源では、この文法は何か新しいことや面白いことは何もできないだろう。フランス人ができることは、その資源を消費することだけである。技術の最前線が爆発的広がりをみせるなどということはけっして起こらない。フランス人が一生懸命に働いてこの唯一の資源の余りを保存したとすれば立派なことだ。しかし商品が爆発的に多様化することはない。この場合、システムは臨界点に達していないのである。

こんどは、文法がたくさんの記号列の対をもち、フランスの肥えた土壌が多くの種類の再生可能資源を生み出す場合を考えよう。このときは、最初の資源がたがいに変換しあって、多数の便利でおもしろい製品がただちにそこから生まれ出てくる可能性がある。やがて商品とサービスの拡大された多様性が、技術のフロンティアにさらなる前進を促す。もし王様にとって有益なものであるとソーシャル・プランナーが判断したら、技術的に生産可能な商品やサービスの一部が複雑な過程を経て現れ、そしてまた消えていく。経済の多様化への離陸が始まる。システムはこのとき臨界点を超えている。

もしフランスが臨界点の手前にあり、さらにドーバー海峡の反対側でイギリスも同じ状態にあれば、両国間の貿易がその二つの国を技術的臨界点の向こう側へ押しやることになるかもしれない。そしてそのことが技術の最前線を爆発的に広げ、より大きく複雑な経済がその多様性を増大させるだろう。

　このモデル経済の振る舞いは、未来の価値に対する王様の低い評価とソーシャル・プランナーの計画地平線によっても変わってくる。もし王様が幸せを得るのに長いこと待っているのがいやだと言うのなら、賢いソーシャル・プランナーは牛乳を今日飲まずに未来のために保存しておくなどということはしない。このためアイスクリームは生産されない。多様性に花開いたであろう経済はしぼんだままで、おそらく喜んで最初のエデンの園の状態にとどまっているであろう。あるいは、王様が何を望もうとも、もしソーシャル・プランナーが先のことを考えない人物だったら、アイスクリームを作ることができるなどということには気づきもしないだろう。この場合もモデル経済は多様化の芽を摘んでしまう。

　ソーシャル・プランナーの登場するモデルは経済学者たちも使っているが、市場や売買を行なう人たちが組み込まれたモデルに比べると、はるかに非現実的なモデルである。ソーシャル・プランナー・モデルでは、経済行為を行なう者たち（経済主体）の間で調整をする問題、すなわち経済の見えざる手の部分は、すべてソーシャル・プランナーによって手掛けられ、彼女が別々の生産や消費の行為をどのような比で行なうかを命令するのである。現実の世界では、それぞれの経済主体が判断をし、市場がそれ自体の振る舞いを自ら調整すると考えられる。私が用いたソーシャル・プランナー・モデルは、市場や経済主体間の調整が出現することに関する大切な問題をすべて無視している。しかし私は、技術網の進化に注目するためだけに、このモデルを使った。そして技術の誕生と絶滅、さらに臨界点前後での振る舞いをみることができた。ソーシャル・プランナーを市場や経済主体の調整で置き換えて、より現実に近いモデルを用いても、同じような特徴が現れると考えるのが妥当であろう。もちろん、このことをきちんと示す必要はある。

ここで注意しておこう。私は経済学者ではない。そして紹介した文法モデルはまだ新しいものである。このモデルはいまのところは隠喩とでも解釈しておくほうがよい。しかし隠喩だとしても、このモデルは調べるに値する貴重な提示をしてくれる。その提示の中に、多様性が経済成長の手助けをしてくれるという可能性も含まれているのである。

経済成長の標準理論は、成長における多様化した経済部門間の潜在的つながりを考慮に入れていないようである。標準的なマクロ経済理論は、ある一つのものを生産する経済に基づいて、経済成長のモデルを作ることが多い。われわれの生産物をすべて合わせたようなものだ。そして、全体的な需要、全体的な供給、貨幣供給の伸び、利率など、総和的な要素を用いて議論することが多い。長期間にわたる経済成長に対しては、普通二つの大きな要因があげられる。一つは生産における技術の向上と成長であり、もう一つは作業者の熟練度である。後者は人的資本と呼ばれる。技術の成長は、研究開発への投資に呼応して起こる。人的資本における成長は、教育や仕事をしながら学ぶことに対して投資することで起こる。そして人的資本が向上するということは、個々人あるいはその家族の利益につながる。「技術の向上」と「人的資本」が、どのように技術網やその変化の動力学と関連しているかは、まだはっきりわかっていない。

経済学者は、われわれがこれまで議論してきたいろいろな相補性に気づいていないわけではない。実際、経済相互作用の巨大な入力と出力の構図が調べられている。けれども定式化できるような枠組みがないので、経済学者はさまざまな経済部門間のつながりを示すモデルを作ることができず、作れたとしてもそのモデルが、さらなる多様化と経済成長のために何を提示してくれるのかを研究するはっきりとした道筋がみえていないのが現状のようである。しかし、このような経済部門間のつながりが重要であるということの証拠はあがってきている。もしこの見方が正しければ、多様性が経済成長を予測する大きな手がかりとなるはずである。これは新しい考え方ではない。カナダの経済学者ジェーン・ジェイコブスは、二〇年前に別の分野で同様の考え方を示している。最近、シカゴ大学の経済学者であり、サンタフェ研究所ともつながりの深いホセ・シェンクマンは、都市の経済成長率はその都市の中の経済部門の多様性と深く関係していることを示す研究結果を報告している。シェンクマンと彼の共同研究者たちは、会社の資本金額とその都市に存在する経済部門をさまざまに変えて調べている。この結果から、われわれがここで議論してきた考え方を支持する少なくともいくつかの手がかりが得られる。つまり経済システムの網目構造自体が、その経済システムの成長と変化の仕方を決める重要な因子となっているという考え方である。

前章で議論した生物の共進化と人工物の共進化の間の類似性が潜在的に暗示していることをまとめれば、経済成長の様子に関する何か新しい、そしておそらく有用な枠組みが現れてくるだろう。

すでにみてきたように、たがいに拮抗する問題を最適化するときに現れる特徴は、適応度の向上がはじめは激しく、やがて指数関数的に遅くなっていくということであった。技術の学習曲線のよく知られたこの特徴は、大きな変革をしたあとは最初は見返りが大きいことを意味している。技術における投資は生産性を大きく高める。その後、生産性の向上が指数関数的に鈍くなってくると、さらなる投資をしても利益は減る一方である。初期の段階で投資に対する利益が増加している間は、資本と信用が新たな経済部門に流れ込むであろう。すると、その分野での大きな発明が資本の形成と成長をもたらす。これは今日バイオテクノロジーの分野で実際に起きていることである。時がたち、学習曲線を登り市場が飽和してくると、その成熟した分野の経済成長は鈍ってくる。

しかし経済活動が変化すると、共進化の経済適応地形も変形する。そしてその変形した適応地形の丘を登りながら、少し異なる新たな技術群が増殖してくる。たとえば航空機の設計が変わってエンジンパワーが上がると、固定ピッチ型のプロペラは、可変ピッチ型のプロペラという新しい発明品に比べてだんだんと劣った存在になっていく。変形し続ける適応地形の上では、新しく登場した種は、はじめはあまり適応していない。しかし、さらなる分岐を繰り返して新種を生み出していく生物のように、新しく発明された可変ピッチプロペラは、より優れた製品を作る方法を学んでいく。この時期は、やや控えめな学習曲線になる。そして変形を続ける適応地形の要請によりわずかに異なる製品や技術が出現すると、そのそれぞれが爆発的に急速に学習していく。そして利益の爆発的増加が生じ、資本と信用を引きつけ、その分野の成長を促進する。さらに固定ピッチプロペラで経験・学習したことは、別の新しい技術へと受け継がれる。人的資本、すなわち体得した熟練は、個人やその家族より広い範囲で受けつがれ、やがては、一つの業界を超えたずっと広い範囲で蓄積される。

より大きなスケールでみれば、経済におけるたゆまない改革は、基本的にその臨界点を超えたところでの特性に依存している。新しい商品とサービスがニッチを生み、そのニッチがさらに商品やサービスの刷新を呼び起こす。学習曲線上で向上していくはじめの段階では利益が大きく、さらに新たに市場が開かれるために、それらの新しい商品やサービスのそれぞれが経済成長をもたらす。しかし、その中のあるものは、シュンペーターが言う「疾風のごとく吹き荒れる創造的破壊」を起こす引き金となり、数多くの古い技術を追い出し、巨大な雪崩の中で数多くの新しい技術を呼び込む。このような雪崩現象が起きると、新技術のたどる軌跡に沿って学習曲線を登ることによって、技術は初期段階で大幅に改善され、また新しく市場も開かれていくために、利益が増え続ける巨大な分野ができあがる。したがって、そのような大きな雪崩が重大な資本の形成と成長を促進する。そのほかの新技術はほとんど波風をたてずに、現れては消えていく。新技術が経済成長に直接つながるか否かの違いは、おそらく部分的にではあるが、その新しい技術や製品が、現在の経済網やその将来の進化において、中心付近に位置するか縁のほうに位置するかということを反映している。自動車とコンピュータは中心に位置していた。フラフープは端のほうに位置していたのである。

　ここまではある程度わかりきった話をしてきたが、詳しく調べてみる価値はありそうである。多様性が多様性を生み、複雑さを増加させる。このような考え方は、やがて政策的意味合いをもつようになる。もし多様性が大切ならば、第三世界の国々を助けるには、アスワン・ダムを建設したりするよりも、その地域での経済網を作り出すような個人向け住宅の建設産業を育成し、その網の中で産業がたがいに力をつけ合い、根を張って成長していけるように手を貸してあげるほうが目的にかなっている。しかしそんなことはまだ先の話である。いまはとりあえず、技術の進化と経済成長におけるその役割を考えるのに、文法モデルが一つの面白い糸口になることに気づいていただければよい。

　経済網の話を終える前に、これまで話してきた世界にあなたが生きているところを想像してほしい。もしその世界が技術革新とともに永久に拡大し続けるとしたら、どんなことに気をつけたらよいのだろうか。もし技術の副産物がこの惑星に予測できない長期間にわたる影響を及ぼすとしたら、どうすればよいのだろう。ベル電話会社は、光ファイバー技術に数千億円を投じるべきかどうかを決断する必要に迫られている。投資すべきだろうか。もし二年以内に頭のいい連中が光ファイバーを役に立たせないようにするために、うまい方法でブリキ缶のような衛星を空に打ち上げ、ファンをつけて空中に保ち、適当な間隔でそれを並べていったらどうなるだろう。数千億円がただのチューブと化してしまう。ベル社の経営陣は、広がり続ける技術の最前線を目の前にして、確信をもって何をすべきか判断できるだろうか。

できないのである。

今日われわれが家から家へファックスを送れるようになるなどと、数十年前には誰が予想しただろう。最近私は、サンタフェのわが家から数百キロ離れたコロラドで開かれた面白い会合に招待された。私は書類をなくしてしまい、外出予定だった友人ジョアン・ハリファクスに電話した。ジョアンは家にいなかった。私は彼女の留守番電話にメッセージを残しておいた。一〇分後に、彼女は二〇〇〇キロも離れたバンクーバー島の北端から電話をかけてきた。彼女はクジラを見にいっていたのである。私は書類をなくしたことを告げた。数分してバンクーバー島から書類のファックスが届いた。ほっとした。

いまや数百ドルで全地球測位システム（GPS）という人工衛星とつながった装置が買え、地球上であなたがいる場所を数メートルの誤差で特定することができる。実際は数センチ以内の誤差にできるのだが、アメリカ軍の要請で一般人の使用の際には精度を下げているのである。私が聞いたうわさでは、日本では地震予知のために国内の何カ所かにそうした装置を設置しているらしい。これらの地点間の距離がわずかでも変化すると、それが地震の前ぶれにつながるのかもしれないからである。このうわさがほんとうかどうかは知らないが、ありそうな話である。衛星を打ち上げて、そこへ向かって信号を出すことで地球上のいろいろな場所で位置を測定し、その変動から地球内部のマグマの動きを推測できるだろう。コロンブスはきっと、磁石があってほんとうによかったと思っていただろう。技術網は確実に広がっている。

文法世界を切り開くわれわれのモデルの中で生きていくことは、どういうことなのかを、私はあなたにただ想像していただきたいと思ったのではない。実際にわれわれは、そうした世界に住んでいるのである。われわれは自己組織化された砂山の上で生きており、その臨界的な斜面を一歩一歩登るたびに雪崩が起きている。いったい次に何が起きるのか、手がかりはほとんどない。

地球文明

古代文明にしても現代文明にしても、ばらばらの文明が堅く結びつき合うようになると、いったいどうなるのだろうか。好き嫌いは別として、地球規模のある形態の文明が現れるであろう。膨大な人口、技術、経済、知識などがわれわれをまとめてかき混ぜてしまう、そんな歴史の中でも特別な時代にわれわれは生きている。私は何も説教じみたことを言うつもりはなく、私もみなさんと同じように、この現れつつある文明の一員なのである。私はわれわれが何を作っているのか完全に理解しているのかどうかよくわからない。われわれがたがいにわずかばかりの包容力と寛容さをもって支えあっている現在の生き方の基盤について、私はほんとうに理解しているかどうかよくわからない。われわれが作った政治機構が今後も役に立つかどうかわからない。

西洋文化がイヌイット文化にふれたとき、後者はすぐに大きく変化した。西洋文化が伝統的日本文化にふれたとき、後者はすぐに変化した。ローマがアテネと接触したとき、ローマは変わりアテネも変わった。ヘレニズムの世界とヘブライの世界が衝突したとき、西洋文化の基礎となるものが新しい方向に動いていった。スペイン人がアステカ人と接触したときには、るつぼの中で文化が新たに混じり合った。たとえばこわい顔をした神が、スペインの技法でフレスコ画に描かれた。西洋風に織られたつづれ織りでも、その中にグアテマラ的な図柄が残っている。

現在われわれの文化のすべてがたがいに影響し合っている。ニューメキシコ州のナンベで開かれた小さな会合で、私はスコット・モマディとリー・カラムとウォルター・シャピロに会った。そしてガイホン財団と呼ばれる組織がわれわれに対して、どんどんでしゃばっていいから世界が直面している主要な問題について考えてほしいと頼んできた。そのとき私の最大の関心事は、現れつつある世界規模の文明や、それが生み出す文明の混乱、そしてわれわれのために機能する文化や政治の枠組みを見つける問題などであった。

あの記号列のイメージが、どうも私の頭から離れない。イデオロギーが渦巻いて変化していくことや、流行が流行を生みそれがさらに流行を生むこと、料理が新しい料理を生み、法律上の慣例や前例がさらに法を生むことなど、これらは卵、ジェット噴射、マッシュルームの登場する文法世界モデルに似ている。ただし、どこがどう似ているのかは、はっきりしない。新たな記号列を一つフォンタナのコンピュータにほうり込むと、新しい記号列の一群が形成される。小さなきっかけが記号列の未来に大きな変化をもたらすことができるのである。あるいはまったく何も起きないかもしれない。

ミハイル・ゴルバチョフがグラスノスチを口に出しはじめたとき、われわれは何か大きなことが起こるとわかっていた。ソビエトの閉じた社会を、国民の関心に応えて公開する動きが、革命を起こすことはわかっていた。小さな一歩が大きな変化へつながるかもしれないとわかっていた。われわれはこのようなことを直感的にわかっていたし、学者たちが自分の考えをわれわれの頭にたたき込んだが、われわれはいったい何を直感していたのかほんとうはよくわからない。水路につまった丸太がどのように重なりあっているのかはよくわからない。ある丸太を取り除いても、その他の丸太がほんの少し動くだけだが、別の丸太を取り除くと、取り除く前は何も変化がなかったのに、取り除いたとたんすべての丸太が水路に流れ出す。われわれは、自分たちの世界の政治、経済、文化のいろいろな要素間の機能的つながりをよく理解していないのである。

中国政府が天安門広場で若い学生を不幸にも殺そうと決断したとき、学生リーダーらはその殺された学生が引っ張っていた「丸太」がなくなるのを恐れた。けれども、その積み重なった丸太の構造については、誰ひとりほんとうはたいして理解していない。

われわれの社会生活のさまざまな要素がどのようにつながりあって、要素間で相互作用したり変換し合ったりする網目構造ができあがるのか、ということに関する理論がまだない。われわれはこの要素の変動を「歴史」と呼ぶ。生物学的歴史あるいは人類の歴史におけるすべての出来事を踏まえ、われわれは次の新しい問題に直面する。歴史科学には法則と呼べるものが存在しうるか？　文化や経済などの分野で、臨界点前後の振る舞いや種の発生と絶滅などのような、ある法則に従ったパターンが存在することを学んできたが、歴史学にもこのようなパターンが存在するだろうか。

われわれはそのようなパターンを理解しようと努力してきた。地球規模の文明が押し寄せてきているからである。準備ができていようがいまいが、われわれは地球規模文明の中で生きていかなくてはならない。

われわれが理解している形での現代民主主義は、一八世紀ヨーロッパの啓蒙運動の産物と言えよう。とくにニュートンとロックによるところが大きい。アメリカ合衆国憲法は二〇〇年以上もの間うまく機能してきた。この憲法は政治の力のバランスをとり平衡状態を保つことを基本に作られた。これもニュートンとロックのおかげである。われわれの政治のシステムは柔軟性に富むように作られており、政治的力のバランスをとり政治が進化できるようなしくみになっている。しかしわれわれの民主主義理論は、文化、経済、社会が広がりながら進化を続ける性質を、ほとんど考慮に入れていない。歴史科学の考え方は一九世紀に現れた。ヘーゲルは三分法により定立、反定立、総合という考え方を示した。マルクスはヘーゲルの唯心論者的考えを逆にとって弁証法的唯物論を構築した。これらの考え方はいまでは信じられていない。しかし定立、反定立、総合は、来ては去る何億もの種の進化や、現れては消える技術の進化に、少なからず似ている。

ジョン・メイナード＝スミスが一九九二年夏にサンタフェ研究所での会合でみんなに語った話は、私を驚かせた。「おそらく皆さんは社会進化のポスト・マルクス的解析を始めようとしているのでしょう」。私は彼の言うことがわからなかった。マルクス主義の評判は悪く、私は彼が何と言おうとしたにせよ彼の言葉を快く思えなかった。しかしわれわれは、社会の歴史的進化についてもう少し理解できるようにする概念的道具を作ろうとしはじめているのだろうか。歴史学者は自分たちを、単に記録を再調査しているだけとは考えていない。たがいに作用して、万華鏡のように繰り広げられるさまざまなパターンを生み出す、といった影響を及ぼし合う出来事の網目構造を彼らは、探しているのだという。歴史科学に実際に法則が入り込む余地があるのだろうか。技術が爆発した産業革命は、新しい生産技術で作られる商品やサービスが激しくあちこちで多様化し、その多様性が自己触媒作用によってさらに多様化を推し進める、そういう状況の一例なのであろうか。ルネッサンスや啓蒙運動のような文化革命には法則があるのだろうか。これらは集団で自己を再肯定する知識、行動様式、活動の絡み合った網目をいくらか反映したものだろうか。

オックスフォード大学の進化生物学者リチャード・ドーキンスは「ミーム」という言葉をはやらせた。簡単に言えば、ミームは人々の間で複製される振る舞いのことである。現代の女性はサングラスを頭の上にのせる。私はこれは、オードリー・ヘップバーンが昔、映画『ティファニーで朝食を』の中でホリー・ゴライトリー役を演じたときから始まったのではないかと思う。極端な話、ミームは「複製品」である。それは誕生すると、複雑な形態の文化の伝達によって真似られる。しかしミームのこの解釈はとても限られたものである。人々の間に広がる単なる複製品、すなわちフォンタナのレベル‐0の生物のようなものである。集団的自己触媒反応を起こすレベル‐1の生物としてのミームは存在するだろうか。自己維持し、たがいの考えや振る舞いや役割などを定義し合うものとして、文化形態をとらえることができるだろうか。

おそらく現在のところ、この類似性は低く、現実的な理論というより隠喩の感が強い。しかし、われわれはそんなさまざまな文化を形成する一員ではないか。われわれがいろいろな概念やカテゴリーを持ち出して世界を分けているのである。これらのカテゴリーは、複雑な再肯定を行なうことでたがいに定義されている。そうでなければ、いったいどのような形態になっていただろうか。世界をさまざまなカテゴリーに分けることで、われわれは自分たち自身も分類してしまっている。法体系の確立により、契約を結ぶということが可能になった。あなたも私も契約を結ぶことで、永久に生き続ける人、すなわち法人や株式会社を作ることができる。その法人は生き残るという使命を与えられ、その目的のためにそれを築いた人々の興味を失わせてしまうことさえある。したがって現代の法人や会社というのは、経済の世界に存在する役割や責任といったものが集団的に自己維持している構造である。情報や物を交換し、少なくとも大腸菌にやや似たような生き方や死に方をする。大腸菌は集団的自己触媒作用をし、その世界の中で自分を支えている。現代の会社は集団的に自己触媒作用しているようにもみえる。大腸菌もＩＢＭもおのおのの世界で共進化している。どちらも、それぞれが住む生態系を作り出すことに貢献している。ＩＢＭが最近低迷しているように、大企業でさえその足元の世界は大きく変わってきているのである。そして、地球規模の文明が現れつつある。ナンベの小さな会合で、ウォルター・シャピロ（『タイム』誌の政治記者）とリー・カラム（『ダラス・モーニング・ニュース』記者）は、ドイツの大学町であるハイデルベルクの古い城の角にマクドナルドができたことの意味を強調した。うまい商売？　たぶんそうだろう。しかし場違いなのは確かだ。マリア・ヴェレーラはサンタフェの北五〇マイル、カーマの近くに住むマッカーサー研究員である。彼女は、土地のヒスパニック系コミュニティーが織り物工芸を続けることで過去から続く遺産を守れるよう、手助けするのに奮闘している。われわれが世の中に生きるということは、すなわち文化の中に生きることを意味する。その土地のヒスパニック文化は危機に瀕している。ニューメキシコの田舎町でのヒスパニック住民とリゾート開発者の闘いを描いた映画『ミラグロ　奇跡の地』を見ると、人々は笑うと同時に泣く。その物語にはもちろんヒーローと悪者が登場するが、ニューメキシコ州やほかのどの場所でも、現実の世界ではその地の変化のほとんどが、異なる文化が混じり合い、変化を及ぼし合ったことによる必然的結果として現れているように思える。ファジタスというメキシコ風料理は、メキシコではなくテキサスで考え出されたという話である。ニューヨークでは、キューバから逃げてきた中国人がキューバ風中国料理を作った。

多くの人が考えるように、地球規模の文明はやがて均質化するのだろうか。テレビが世界的に広まったときに力をもっていたのがアメリカだったという理由で、将来世界中の人が英語をしゃべるようになるのだろうか。みんながハンバーガーを好きになるだろうか。私は好きだが、それは私が典型的な中西部生まれのアメリカ人だからであろう。

複数の文化的伝統が衝突し合う文化と文化の境界では、新たな文化の記号列が芽を出すのだろうか。地球規模文明は臨界点を超えたところにあるのだろうか。キューバ風中国料理があるのなら、イスラムとハードロックがぶつかる最前線からは何が生まれてくるのだろうか。われわれは世界の中で自分たちの生き方を守るためにたがいに殺し合うのか。他人のミームが電波や電子メールにのってわれわれの居間や書斎に入り込むことで、われわれの世の中での生き方が大きく変えられてしまうという時に、それをどうして耐え忍ばなければならないのだろうか。

私はどういうわけかパー・バクと砂山の話が頭から離れない。おそらく、それほどまでに私が感化されている証拠であろう。われわれは、古くから衝突してきた多くの文化の最前線で、新しい文化の炎を燃え上がらせていくのだろうと私は思う。そして過去に築かれた文明の中や文明の間には、さまざまな変化が大小の雪崩となって伝わっていった。私はそうした変化が起こす社会的混乱により、世の中で生きていくことが非常に苦しいものになることをたいへん恐れている。人々は戦争に行くが、得るものより失うもののほうが大きい。しかし一方で人は、キューバ風中国料理のアイディアや、イスラムとハードロックから生まれるかもしれないものを、少なくとも面白いと感じるだろう。われわれはもしかしたら、もっとユーモアのセンスが必要なのかもしれない。もしかしたらわれわれは、たがいに人種や民族に関係する冗談を言い合うことができた時に、生きていることを実感するのかもしれない。なぜならその時、たがいに深く尊敬し合い、我慢すべきところは我慢しているので、笑いが緊張関係をほぐす役割をするからである。

こうしたことすべてを聞いた上で、スコット・モマディは彼の中心的命題に戻った。それは、われわれは現代の世の中で聖なるものを再発明しなければならない、というものである。モマディの未来像に対し、われわれは奇妙な感覚をもった。もし地球規模文明が現れつつあるなら、われわれはその勇壮な時代、想像の時代に突入しているのかもしれない。ギリシャ文明がエーゲ海沿岸に現れた時、初期のころの人々は神話を作り、語り継いでいった。あるランダムな過程により選ばれ、ニューメキシコ州ナンベの近くに集まった「仮想的リーダー」であるわれわれは、この現れつつある地球規模文明が新たな神話を生み出し、それを維持していかなければならないと考えるようになった。

「仮想リーダーたちがニューメキシコの山頂に集い、世界よ自らに語りかけよと進言する」。ウォルター・シャピロは皮肉を込めて言った。われわれはガイホン財団の会合を終え、マイケル・ネスミス作の庭園とナンベの裏手の丘を眺めながら外で昼食をとった。

聖なるものの再発明

約一万年前、最後の氷河期が終わろうとしていた。氷の層が徐々に北極や南極に向かって後退していった。現在の南フランスにあたるところでは、マドレーヌ文化が衰えていった。それは、フォン・ド・ゴーメやラスコーの洞窟にすばらしい芸術を残し、後期旧石器時代のフリント（火打ち石）製の石刃や槍、精密な釣針などを生み出した文化だった。大量の人々が北へ向かって移動していった。われわれの先祖となるこれらの人々は放浪の旅を続けながら、今日われわれを啞然とさせるような絵画を残している。

洞窟の壁に描かれたバイソンや鹿の絵は、人間が自然に対し調和と畏敬の念をもっていたことを表現している。狩りの絵に暴力は感じられない。ある絵には二頭の鹿が寄り添って寝ている姿が描かれている。約一万四〇〇〇年間、この二頭はペリゴールのうねった石壁の上で、仲よく寄り添ってきたのである。

畏敬の念は現在の複雑なポストモダン社会では、まったくと言っていいほどはやらない言葉となってしまった。われわれは聖なるものを再発明しなければならない、とスコット・モマディは言った。あの小さな会合は一年前に終わった。私は、モマディの大きな体や腹の底に響く声、神秘的な威厳が懐かしかった。私には同じことを言うだけの資質があるかどうかわからない。それでも小さい声だが主張していこう。未来を予知する力そして支配する力として科学をあがめるベーコン以来の伝統は、一方でわれわれから畏れ敬う気持ちを非科学的だとして奪ってしまったのではないだろうか。もし自然がほんとうにわれわれのものであり、自然に対しわれわれが命令を下し支配できると考えるとしたら、それは自然を侮辱していると言えよう。力は最後には崩壊する。

あなたは三つにつながった振り子の動きを予測することさえできないのである。あなたは三つのたがいに重力で引き合う物体に願いを託すことすらできないのである。われわれは、農薬を作物にふりかける。虫が病気になり、それを食べた鳥は病気になって死ぬ。すると、虫は大量に増えはじめる。作物は食い荒される。これでは作物を管理することはできない。ベーコンさん、あなたは才能ある人だ、しかし世界はあなたの哲学よりももっと複雑なのです。

われわれは、最先端の知識と、場合によっては意図に基づいて、大胆にも自然に命令を下す行為を行なってきた。われわれは、足元に眠っている資源が得られると、それが再生できるものかどうかにかかわらず、大胆にもそれを自然から奪ってきた。われわれは自分たちのしていることがわかっていない。太陽はけっして沈まないと言われたビクトリア期の大英帝国が、科学は人類の向上を保証するものだとし、自分たちを着実な進歩をとげる世界のリーダーとして良心をもってとらえることができたとすれば、今日のわれわれも自分たちをそのようにみることができるであろうか。

われわれは自分たちを疑っている。これは何も新しいことではない。ファウストは自分の魂を売った。フランケンシュタイン博士は悲劇のモンスターを作った。ギリシャ神話のプロメテウスは天上の火を人間に与えた。われわれは自分たちがつけた火が、思った以上に広がってしまうのをみてきた。誇り高き人類が実は一つの動物であり、自然界に組み込まれ、そして神の声によって動かされているということに、われわれは気づきはじめている。

もしわれわれの最善の行動の結果がどうなるかがわからないものだということに、新たに関心をもつようになれば、われわれは一つ賢くなったと言えよう。まず、間違いないとか、遠い先まで確実だといった考えはあきらめたほうがいい。われわれは世界を一つにしようとしている。その中で、われわれの最善の努力が、まったく先の見えない生き方への変更を余儀なくされる状況を最終的には作り出してしまうとしても、われわれにできることは自分の力の及ぶ範囲で賢明であることである。われわれはつかの間、胸を張って歩いたり思い悩んだりできるが、歴史という劇の中でこれがわれわれの演じられるただ一つの役割なのである。したがってその役を、誇りをもち、かといって偉ぶらずに演じていくべきである。

われわれの最善の努力が最後には先の見えない状態に変わってしまうのなら、どうして努力する必要があるのか。なぜなら世の中がそうなっているからであり、われわれはその世の中の一部だからである。生命とはそういうものであり、われわれは生命の一部なのである。われわれのような、生命の歴史の中でずっと後になって生まれた歴史の役者は、およそ四〇億年もの間生物が拡大していった生命の長い歴史の相続人である。その過程に深くかかわることが、畏敬の念に値せず神聖なものではないというのなら、それ以外に神聖なものがあるだろうか。

西方の楽園、世界の中心である人間、あるいは神の子といった概念を、科学がわれわれから奪ったのだとしたら、そしてわれわれが単に月並な銀河の片隅を漂流しているちっぽけな存在にすぎないと考えているのなら、おそらく現在置かれているわれわれの状況を調べ直す時が来ているのではないだろうか。

もしこれまで議論してきた創発理論が価値をもつようになれば、われわれはこれまで考えもしなかった形で、宇宙の中の居場所を見つけることになるだろう。こんなことは、疑うことを知らないほどにものを知らなかったはるかな昔以来、はじめてのことである。本書で議論してきた創発理論が将来正しいと証明されるかどうかはわからない。しかしこれらの理論は明らかにばかげた話ではない。これらの理論は科学の新分野の一部であり、その分野は、平衡状態からほど遠いこの宇宙の中で、さまざまなものが現れて秩序が生まれることに関する新しい考え方へと、今後何十年か成長を続けていくだろう。すでに述べてきたように、初期の地球上でほとんど必然的に合成されたいろいろな有機分子から、集団的性質が約束されたものとして創発したかどうかは私にはわからない。けれどもそうした集団的創発の可能性があるというだけで元気づけられる。ビッグバン以来の歴史が展開する中で、生命が生まれるべくして生まれてきたと私は考えたい。生命の発生を、ほとんど起こりそうもないことが起きたとしてとらえたくない。

ゲノムの調節システムの数学的モデルに自発的に現れる秩序が、ほんとうに個体発生における秩序の決定的な源の一つとなっているのかどうか、私にはわからない。それでも私は進化を自発的秩序と自然淘汰の合体したものと見なす考え方に勇気づけられている。生物は続々と積み重ねられる新しい仕掛けなどではなく、すべての生命に本来そなわっている奥深い秩序の表れであるという可能性に、私は勇気づけられる。民主主義が進化して、本質的に対立する利害をもった人々の間でうまい妥協を引き出せるかどうか私は確信がもてないが、社会機構が自然の奥深い原理の表れとして進化するという可能性に勇気づけられる。「神は老獪だが悪意はない」とアインシュタインは言った。窓の外で網をはっている蜘蛛、山腹に横たわる賢いコヨーテ、ある種の秘密を解き明かしつつあると誇りをもっているサンタフェ研究所やその他の私の友人たちと私自身、そして最善の努力と知識で生きている読者の皆様方。このような生命、すなわち進化を続ける秩序を説明づける科学を、われわれはいまつくり始めたばかりなのである。

われわれはこうした生命の進化の過程に組み込まれている。進化により作り出され、そして進化を作り出すのである。はじめに法則という言葉ありき。あとはそれに続き、われわれが参加したにすぎない。何カ月か前に私は山に登った。それは妻と私が自動車事故でひどく怪我をしてから登った最も高い山だった。研究所のノーベル物理学賞受賞者であり私のよき友人でもあるフィル・アンダーソンとともに、私はレイク・ピークに登った。アンダーソンは水脈を探ることができるらしい。彼が枝分かれした小枝をとり、それをもって丘を歩き回るのをみて、私は驚いた。私も小枝をとって彼に続いた。確かに、彼の小枝が地面に向かってわずかに下がると、私の小枝も下がった。私は彼をみた。「ほんとうにわかるのかい」。私は尋ねた。「もちろん。世の中の半分の人は水脈当てができるよ」。「枝が指したところを掘ってみたことは?」「ないよ。いや、一回あった」。われわれは頂上についた。リオ・グランデの峡谷がはるか下のほうで西に向かって広がっていた。ペコス森林地帯は東へのびていた。トルチャスの山々は北へ続いていた。「ねえフィル」、私は言った。「崇高さや畏敬の念や尊敬の念を進化の中に見いだせない人間は、だめだと思うよ」。「私はそうは思わない」。いまとなっては疑わしい水脈探しの名人は答えた。そして空を見上げ祈りの言葉を捧げた。「この大空の偉大なる非線形模様に幸あれ」。

謝辞

本書は優れたサイエンス・ライターで「ニューヨークタイムス」の編集者でもあるジョージ・ジョンソンの卓越した助言なしには生まれなかった。ジョンソンは自らの著書*Fire in the Mind : Science, Faith, and the Search for universe*の執筆のかたわら、本書のために格別の手助けをしてくれた。われわれはサンタフェのラポサダ・パティオで早い昼食をともにしたことがあり、そのとき本書の骨格が生まれた。私は共著者になってくれるよう頼んだのだが、彼は拒否した。理由は、この本は私の本であるべきで、複雑系の科学というまさに登場しつつあるサイエンスを通して、一つの心の断面を描き出すべきだ、というものであった。

私たちは毎週もしくは一週おきに会って各章の内容をつめていった。場所はラポサダであったり、サンタフェのまわりにそびえる山であったりした。ハイキングで出かけた山は、かつてはアパッチ族の襲撃から街を守る要塞の役を果たしたという。一方、私は彼にきのこ採りの楽しさを伝授した。最初のきのこ採りで、彼は私よりずっと素敵なヤマドリタケを見つけた。彼と会ったあとオフィスに戻り、キーボードに向かって湧きあがる思いをぶつけていった。

すべての書き手が経験する苦悶も味わいながらキーボードから内容を入力していった。できたものを彼に読んでもらうと、内容を切り分けたり、説得力をもたせたり、笑わせたり、削除したりする箇所を一つ一つ指摘してくれた。彼の紳士的な要求を参考に、内容を削除したり膨らませていった。これを六回繰り返したあと、本書の全容がみえてきたのである。

ここに書かれた内容は私自身のものであり、意見や主張も私のものであるが、本全体の明瞭さと構成は、私ひとりではけっして成しえなかったものである。ジョージ・ジョンソンの助力に対して心より御礼申し上げたい。

スチュアート・カウフマン

訳者あとがき

アメリカの週刊誌「タイム」の特集として「進化のビッグバン」が取り上げられたのは、一九九四年の秋だった。ダーウィン以来ほぼ一世紀、生物進化は「自然淘汰」と「突然変異」が要の機構であると信じられてきた。しかし、数億年前のカンブリア紀に見られる生物種の爆発的な増加は「進化のビッグバン」と呼ぶに相応しい規模の大きさであり、自然淘汰と突然変異だけでは到底説明できない、というのが特集記事の趣旨であった。

進化のビッグバンを説明できるような進化の機構は何か、という問いに対しては、まだ答は得られていないが、たとえばカウフマンの主張する「自己組織化」がひとつの可能性ではないか、と特集の中で紹介されていた。カウフマンの主張は、彼の著書 *At Home in the Universe*（「タイム」の特集の翌年に出版されることになっていた）に詳しく述べられている、ということだった。なかなか魅力的な理論らしいという印象を受けた。「複雑系」という言葉がかまびすしく巷で論じられる以前の話である。

私は早速この本を注文し、出版と同時に手に入れた。読んでみて、カウフマンが博識で、かつ、卓越したストーリーテラーであることを知った。カウフマンは、医学や分子生物学に精通しており、コンピュータを使ったシミュレーションによるモデル作りも十八番である。それらの知識を総動員し、手を替え品を替えて、自己組織化が生物進化においていかに重要な機構であったかを裏づけていく。

ダーウィンの自然淘汰と突然変異の組合せだけが進化の唯一の機構だとしたら、生物が今日あるような姿に進化し、われわれ人類がこの地球上に存在するようになったのは、限りなく小さな偶然でしかない。進化の途中のどこかで、ほんの少しだけ何かが違っていたら、われわれはここにいなかった確率が大きい。われわれの存在が、ほんのわずかな偶然に支えられているのなら、今われわれは大きな顔をして地球にのさばっていることはできない。宇宙の中でのわれわれの居場所（ホーム）なんてないことになる。

そのような心細い状況を救ってくれるのが自己組織化の理論である。突然変異は誤差の積み重ねであっという間に生物をとんでもない方向に変えてしまうので、自然淘汰がどんなにがんばっても追いつかない。自己組織化がなければ秩序が生まれる確率はゼロに等しい。生物進化においては、まず自己組織化が働いて最初の段階の主要な仕事をし、自然淘汰が仕上げをする。自己組織化の機構を通して、われわれは偶然の産物ではなく、生まれるべくして生まれた必然の結果であることが説得力のある筆致で説かれる。

ニュートンがはなった時計仕掛けの職人の仕事は、量子力学的な不確定性と、ゲーデルの不完全性定理と、決定論的カオスの三つによって、徹底的に乱されてしまい、ここでも秩序が生まれる見込みはなさそうに見える。この場合もやはり、自己組織化が鍵になる。

カオスとの関連でいえば、自己組織化が働くのは「カオスの縁(ふち)」(秩序とカオスの境界)近傍の秩序側にシステムがあるときだというのが、カウフマンの主張である。完全に秩序の状態にあると、システムはひとつの秩序状態に停滞してしまって、状況とともに変化する柔軟性をもたなくなる。一方、完全に無秩序なカオス状態にあると、システムはランダムな動きを見せ、適切な秩序への道は閉ざされる。適当に変化可能な柔軟性と、破局に陥らない恒常性とを兼ね備えたシステムだけが、その時々に最も適切な秩序を形成していく。

この自己組織化の理論を用いて、進化のビッグバンも説明づけられるし、生命の必然性も説明できる。しかもこの理論は、生物の進化や生命体の営みのみでなく、技術の進化や経済の仕組みの解釈にも適用できる。さまざまな技術が競い合って最善のものが選び出されていく。経済においてもいろいろな企業や産業が、それぞれのニッチを求めて共進化していく。社会のルールとしての民主主義体制の合理性までもが、この自己組織化の理論で説明できる。

要素還元論だけでは説明できない多くの複雑系における基本的なキーワードは、自己組織化だといっても過言ではない。カウフマンの仕事は、生態系、生命体、経済システム、技術など、個々の要素の働きや相互作用がまったく異なるシステムに共通するメカニズムとして、「自己組織化」という概念を指摘し、その正しさをモデルから示した。その意味で、この仕事は卓越しており、二一世紀の科学をリードするひとつの指標になるだろう。

原書を最後まで一度読み通して、この本はぜひ自分の手で翻訳したいと思うほどに惚れ込んだ。読み始めから話に引き込まれて、読み進むにつれて次第にカウフマンに感化され、読み終わるころには完全にカウフマン教の熱心な信者になる。そして、見るもの聞くものすべてを「自己組織化」の考え方で説明するようになってしまう。読書の醍醐味である。この過程をひとりでも多くの人たちに楽しんでもらえれば、と考えた。

慶應義塾大学理工学部の私の研究室で理学博士の学位を取った森弘之、五味壮平、藤原進の三人に声をかけて一緒に翻訳することにした。彼らはいずれも、在学中から飛び抜けた才能を顕した人たちで、現在もそれぞれの場所で世界のトップの研究を進めている。

翻訳作業は、一章から四章までを五味が、五章から八章までを藤原が、そして九章から十二章を森が担当して、最初の翻訳をした。そのあと全体の手直しと訳語の統一を米沢が担当したが、多少とも自分で納得できるまで二度も三度も書き直しをしたので、結局この手直し作業に二年以上をかけることになった。最終稿の文責はすべて米沢にある。不備なところなどお気づきの点は、読者のみなさまからのご指摘をいただければ幸いである。

本訳書を出版するために大きな尽力をし、絶え間ない励ましを惜しみなく与えてくださった、福島佐紀子氏、浅野眞氏、ならびに日本経済新聞社出版局編集部の松尾義之氏に心からの感謝を捧げたい。

一九九九年文月

米沢富美子

文庫への訳者あとがき

本書の原著が出版されたのは一九九五年である。八〇年代から九〇年代にかけては、「複雑系の科学」が誕生し、専門外の人々にも熱狂的に迎えられた時代であった。思えばこの時期、複雑系以外にも、人工生命、カオス、フラクタル、ニューロ、ファジィなどの言葉が巷にまで飛び交った。

八六年に米国のニューメキシコ州に設立されたサンタフェ研究所は、当時の興奮を背景に、複雑系研究の世界の聖地として育っていった。カウフマンは、サンタフェ研究所の若手ホープとして活躍。研究所を訪れるさまざまな分野の研究者たちとの議論を通して、複雑系の根幹をなす自己組織化の概念にたどり着いた。

複雑系とは、系の構成要素である部分部分の性質の和のみでは、全系の性質が記述できないものをいう。生物個体を例に取ると、構成要素である炭素や窒素や酸素などを正確な割合で混ぜ合わせても、生命は生じない。要素が「多数」集まることによって、それまでは存在しなかった性質が現れ出る。この現象は「創発」と命名された。言い換えれば、各要素にはない性質や秩序が自発的に生まれ出ることに相当し、「自己組織化」という表現も使われている。

複雑系が対象になる前の科学、特に物理学では、「要素還元」がバックボーンであった。込み入った全体も要素に分析していくことで見えてくるというのが要素還元論の哲学である。この哲学に則って、マクロな物質から原子、原子核、素粒子へと、すなわち全体から構成要素へ、さらにその構成要素へと、階層を上から下へ降りていって系の全容を解明することで、自然科学は一七世紀から二〇世紀にかけて目覚しい進歩を遂げてきた。

これとは逆に、二〇世紀に誕生した複雑系の研究では、要素を積み上げていくことで、すなわち階層を下から上へと昇っていって系全体を明らかにしようと試みるのである。そのための理論的方法論はまだ確立されていないが、本書で力説される自己組織化の理論は有力な候補である。

複雑系としては、右に挙げた生命体から、進化の仕組み、気象現象、経済システム、国際政治まで、非常に幅広い系が含まれる。構成要素の性質も要素間の相互作用も、それぞれ全く異なるこれらの系を仲間として括っているのは、「全体は部分の単純な和では記述できない」という概念である。

本書が出版された九〇年代には、仕組みがまるきり異なるさまざまな系を「複雑系」の名の下に一まとめにして論ずることは、ある種の違和感をもって迎えられた。自己組織化にしても、例えば生物個体の場合と経済システムでは、おそらく異なるメカニズムが働いているのだろう、という漠然とした思いが、専門外の人たちのみでなく、複雑系研究に携わる科学者たちの中にもあった。

その時から十有余年を経た今、これに関しては新しい側面が現れ始めている。例えば、ノーベル物理学賞受賞者のロバート・ラフリン(一九五〇〜)は、近著『物理学の未来』(日経BP社、二〇〇六)で、「自然は、ミクロの法則という土台だけでなく、強力で一般的な組織化の原理にも支配されている」とし、さらには「我々が知っている全ての法則が、元をただせば集団的なものである」と主張する。高レベルの組織化の原理の下では、構成要素に関する法則の詳細は意味を持たなくなる、とまで言い切っている。

その視点から見ると、二一世紀の現在、本書は出版された当時以上に、今日的な意味を持つようになったといえる。

本書の文庫化に尽力していただいた筑摩書房の大山悦子さんに、心からの感謝を述べたい。

米沢富美子

二〇〇八年新春

ワ　行

ヤ　行

ラ　行

マ 行

ハ　行

ナ　行

タ　行

サ　行

索　引

本書は、一九九九年九月十三日、日本経済新聞社より刊行された。

経済政策を売り歩く人々
ポール・クルーグマン
伊藤隆敏監訳
北村行伸／妹尾美起訳

マスコミに華やかに登場するエコノミストたち。実はインチキ政策を売込むプロモーターだった！ 危機に際し真に有効な経済政策がわかる必読書。

クルーグマン教授の経済入門
ポール・クルーグマン
山形浩生訳

経済にとって本当に大事な問題って何？ 実は、生産性・所得分配・失業の3つだけ!? 楽しく読めてきちんと分かる、経済テキスト決定版！

自己組織化の経済学
ポール・クルーグマン
北村行伸／妹尾美起訳

複雑かつ自己組織化している経済というシステムに、複雑系の概念を応用すると何が見えるのか。不況発生の謎は解ける？ 経済学に新地平を開く意欲作。

企業・市場・法
ロナルド・H・コース
宮澤健一／後藤晃／藤垣芳文訳

「社会的費用の問題」「企業の本質」など、20世紀経済学に決定的な影響を与えた数々の名論文を収録。ノーベル賞経済学者による記念碑的著作。

貨幣と欲望
佐伯啓思

無限に増殖する人間の欲望と貨幣を動かすものは何か。経済史、思想史的観点から多角的に迫り、グローバル資本主義を根源から考察する。（三浦雅士）

意思決定と合理性
ハーバート・A・サイモン
佐々木恒男／吉原正彦訳

限られた合理性しかもたない人間が、いかに最良の選択をなしうるか。組織論から行動科学までを総合しノーベル経済学賞に輝いた意思決定論の精髄。

「きめ方」の論理
佐伯胖

ある集団のなかで何かを決定するとき、望ましい方法とはどんなものか。社会的決定をめぐる様々な理論・議論を明快に解きほぐすロングセラー入門書。

増補 複雑系経済学入門
塩沢由典

なぜ経済政策は間違えるのか。それは経済学の理論と現実認識に誤りがあるからだ。その誤りを正し複雑な世界と正しく向きあう21世紀の経済学を学ぶ。

発展する地域　衰退する地域
ジェイン・ジェイコブズ
中村達也訳

地方はなぜ衰退するのか？ 日本をはじめ世界各地の地方都市を実例に真に有効な再生法を説く、地域経済論の先駆的名著！（片山善博／塩沢由典）

心の仕組み（上）　スティーブン・ピンカー　椋田直子訳

心とは自然淘汰を経て設計されたニューラル・コンピュータだ！　鬼才ピンカーが言語、認識、情動、恋愛や芸術など、心と脳の謎に鋭く切り込む！

心の仕組み（下）　スティーブン・ピンカー　山下篤子訳

人はなぜ、どうやって世界を認識し、言語を使い、愛を育み、宗教や芸術など精神活動をするのか？　進化心理学の立場から、心の謎の極地に迫る！

宇宙船地球号　操縦マニュアル　バックミンスター・フラー　芹沢高志訳

地球をひとつの宇宙船として捉えた全地球主義的思考宣言の書。発想の大転換を刺激的に迫り、エコロジー・ムーブメントの原点となった。

ペンローズの〈量子脳〉理論　ロジャー・ペンローズ　竹内薫／茂木健一郎訳・解説

心と意識の成り立ちを最終的に説明するのは、人工知能ではなく、〈量子脳〉理論だ！　天才物理学者ペンローズのスリリングな論争の現場。

鉱物　人と文化をめぐる物語　堀秀道

鉱物の深遠にして不思議な真実が、歴史と芸術をめぐり次々と披瀝される。深い学識に裏打ちされ、優しい語り口で綴られた「珠玉」のエッセイ。

植物一日一題　牧野富太郎

世界的な植物学者が、学識を背景に、植物名の起源を辿り、分類の俗説に熱く異を唱え、稀有な蘊蓄を傾ける、のびやかな随筆100題。　（大場秀章）

植物記　牧野富太郎

万葉集の草花から「満州国」の紋章まで、博識な著者の珠玉の自選エッセイ集。独学で植物学を学んだ日々など自らの生涯もユーモアを交えて振り返る。

花物語　牧野富太郎

自らを「植物の精」と呼ぶほどの草木への愛情。その眼差しは学問知識にとどまらず、植物を社会に生かす道へと広がる。碩学晩年の愉しい随筆集。

クオリア入門　茂木健一郎

〈心〉を支えるクオリアとは何か。ニューロンの発火から意識が生まれるまでの過程の解明に挑む。心脳問題について具体的な見取り図を描く好著。

哲学者の書 ニーチェ全集3　F・ニーチェ　渡辺二郎訳

ニーチェ初期の思索、『悲劇の誕生』と同時期の遺稿を収める。文化総体の意味を批判的に把握しようとする、後年の思索の萌芽。（渡辺二郎）

反時代的考察 ニーチェ全集4　F・ニーチェ　小倉志祥訳

ショーペンハウアーとヴァーグナーに反時代的精神の典型をみる青年ニーチェ。厳しい自己追求のうちに展開される近代文明批判。（小倉志祥）

人間的、あまりに人間的Ⅰ ニーチェ全集5　F・ニーチェ　池尾健一訳

ヴァーグナーとの訣別を決定づけた箴言（アフォリズム）集。形而上学・宗教・芸術への徹底批判と既成の偶像の暴露心理学的解体を試みたニーチェ中期の思想。（池尾健一）

人間的、あまりに人間的Ⅱ ニーチェ全集6　F・ニーチェ　中島義生訳

孤独と病苦、ヴァーグナーとの精神的訣別という危機的状況のうちに書き進められたアフォリズムの第二集。中期の思索。（中島義生）

曙光 ニーチェ全集7　F・ニーチェ　茅野良男訳

憂愁の暗い思索の森にも朝の〈曙光〉が射し込みはじめる。やがて来たるべき正午の思想への予兆と予感を包懐した哲学的断章群。（茅野良男）

悦ばしき知識 ニーチェ全集8　F・ニーチェ　信太正三訳

ニーチェの思想の光と影が、南仏の華やかな情趣と融けあう詩唱・アフォリズム。重大な精神的転換期にあった哲学者の魂の危機の記念碑。（信太正三）

ツァラトゥストラ 上 ニーチェ全集9　F・ニーチェ　吉沢伝三郎訳

雷鳴のように突如としてニーチェを襲った永遠回帰思想の霊感。万人のための運命の書というべき奇跡的作品。第一部から第二部まで。

ツァラトゥストラ 下 ニーチェ全集10　F・ニーチェ　吉沢伝三郎訳

ニーチェの哲学の根本思想が苦悩と歓喜のもとに展開される詩的香気に溢れた最高傑作。第三部から第四部まで。（吉沢伝三郎）

善悪の彼岸　道徳の系譜 ニーチェ全集11　F・ニーチェ　信太正三訳

道徳と宗教の既成観念を撃つニーチェの思想の円熟期を代表する重要作『善悪の彼岸』とその終楽章ともいうべき『道徳の系譜』。（信太正三）

権力への意志 上　ニーチェ全集12　F・ニーチェ　原佑 訳

理論的主著として計画され、未完のまま残された遺稿群の集成。ニーチェの世界観形成の秘密に解明の光を投げかける精神の工房。（原佑）

権力への意志 下　ニーチェ全集13　F・ニーチェ　原佑 訳

権力とは活動的生命の根源的な力である。ニヒリズムを超える肯定的な価値定立の原理を「権力への意志」に求めたニーチェ晩年の思索の宝庫。（原佑）

偶像の黄昏 反キリスト者　ニーチェ全集14　F・ニーチェ　原佑 訳

キリスト教は、強者に対する弱者のルサンチマンにより捏造された！ 精神錯乱の直前、すべての価値の価値転換を試みた激烈の思索。（原佑）

この人を見よ 自伝集　ニーチェ全集15　F・ニーチェ　川原栄峰 訳

精神錯乱の前年に書かれた比類なき自己総括の書『この人を見よ』に、若き日の「自伝集」を併載し、ニーチェの思索の跡を辿る。（川原栄峰）

漢書（全8巻）　班固　小竹武夫 訳

漢の高祖から新の王莽まで、『史記』に次ぐ第二番目の中国正史。人間の運命を洞察する歴史文学として底知れぬ魅力を湛えて後世史家の範となる。

漢書 1　班固　小竹武夫 訳

前漢の高祖から平帝までの十二代、二百数十年に及ぶ正史。「文字の中に情旨ことごとく露る」と評された史書の範。初の文庫化。（橋川時雄）

漢書 2　班固　小竹武夫 訳

漢代の諸侯王や功臣など、さまざまな人物を分類した「表」全巻と、法律・経済・天文などの文化史「志」前半を収めた、血の通った歴史記録。

漢書 3　班固　小竹武夫 訳

古来、古書を学ぶ者にとって必読の書といわれる「芸文志」や、当時の世界地理を記録した「地理志」など、「志」の後半を収める。

漢書 4　班固　小竹武夫 訳

「権勢利慾の交わり、古人これを羞ず」。人臣の生きざまを、その弱さ愚かさまで含みこみ記述する、悲劇的基調の「列伝」冒頭巻。

漢書5
班固
小竹武夫訳
匈奴をめぐる衛青、霍去病、張騫たちの活躍と、董仲舒、司馬相如、司馬遷ら学者・文人たちの群像を描く。登場人物の際立つ個性を活写。

漢書6
班固
小竹武夫訳
「心の憂うる、涕すでに隕つ」。人間は、それぞれの運命を背負い、いかに生きるべきか。中国古代を彩る無名なるがゆえの輝きの数々。

漢書7
班固
小竹武夫訳
特色ある人物を、儒林・循吏・酷吏・貨殖・游侠・佞幸の六部門に分けて活写し、合わせて、漢民族の宿敵匈奴の英雄群像を冷静な目で描く。

漢書8
班固
小竹武夫訳
水のみなぎって天にはびこるごとく、漢帝国を奪った王莽は英雄か賊臣か。その出自と家系を語り、漢帝国の崩壊を描く圧巻。

インド神話
上村勝彦
悠久の時間と広大な自然に育まれたインド神話の世界を原典から平易に紹介する。神々と英雄たちが織りなす多彩にして奇想天外な神話の軌跡。

ユダヤ古代誌（全6巻）
フラウィウス・ヨセフス
秦剛平訳
対ローマ・ユダヤ戦争を経験したヨセフスが説き起こす、天地創造からイエスの時代をへて同時代（紀元後一世紀）までのユダヤの歴史。

ユダヤ古代誌1
フラウィウス・ヨセフス
秦剛平訳
天地創造から始祖アブラハムの事蹟へ、イサク、ヤコブ、ヨセフの物語から偉大な指導者モーセのカナン到着までを語る、旧約時代篇の冒頭巻。

ユダヤ古代誌2
フラウィウス・ヨセフス
秦剛平訳
カナン征服から、サムソン、ルツ、サムエルの物語を追い、サウルによるユダヤ王国の誕生、ダビデ、ソロモンの黄金時代を叙述して歴史時代へ。

ユダヤ古代誌3
フラウィウス・ヨセフス
秦剛平訳
ソロモンの時代が終わり、ユダヤ王国は分裂する。バビロン捕囚によって王国が終焉するまでの歴史を一望し、アレクサンダー大王の時代に至る。

ユダヤ古代誌4

フラウィウス・ヨセフス
秦剛平訳

アレクサンドリアにおける聖書の翻訳から、マッカバイオス戦争を経て、アサモナイオス朝の終焉までのヘレニズム時代。新約世界のはじまり。

ユダヤ古代誌5

フラウィウス・ヨセフス
秦剛平訳

ヘロデによる権力確立(前三七－二五年)から、その全盛時代(前二五－一三年)を経て、彼の死後の混乱、イエス生誕のころまでを描く。

ユダヤ古代誌6

フラウィウス・ヨセフス
秦剛平訳

ユダヤがローマの属州となった後六年からアグリッパス一世の支配(後四一－四四年)を経て、第一次ユダヤ戦争勃発(後六六年)までの最終巻。

フェルマーの大定理

足立恒雄

ついに証明されたフェルマーの大定理。その美しき頂への峻厳な道のりを、クンマーや日本人数学者の貢献を織り込みつつ解き明かした整数論史。

化学の歴史

アイザック・アシモフ
玉虫文一／竹内敬人訳

あのSF作家のアシモフが化学史を？　じつは化学が本職だった教授の、錬金術から原子核までをエピソード豊かにつづる上質の化学史入門。

ガロア理論入門

エミール・アルティン
寺田文行訳

線形代数を巧みに利用しつつ、直截簡明な叙述でガロア理論の本質に迫る。入門書ながら大数学者の卓抜なアイディアあふれる名著。　(佐武一郎)

情報理論

甘利俊一

「大数の法則」を押さえれば、情報理論はよくわかる！　シャノン流の情報理論から情報幾何学の基礎まで、本質を明快に解説した入門書。

アインシュタイン論文選

アルベルト・アインシュタイン
ジョン・スタチェル編
青木薫訳

「奇跡の年」こと一九〇五年に発表された、ブラウン運動・相対性理論・光量子仮説についての記念碑的論文五篇を収録。編者による詳細な解説付き。

入門　多変量解析の実際

朝野熙彦

多変量解析の様々な分析法。それらをどう使いこなせばいい？　マーケティングの例を多く紹介し、ユーザー視点に貫かれた実務家必読の入門書。

公理と証明
彌永昌吉
赤攝也
数学の正しさ、「無矛盾性」はいかにして保証されるのか。あらゆる数学の基礎となる公理系のしくみと証明論の初歩を、具体例をもとに平易に解説。

コンピュータ・パースペクティブ
チャールズ&レイ・イームズ
和田英一監訳
山本敦子訳
バベッジの解析機関から戦後の巨大電子計算機へ――。コンピュータの黎明を約五〇〇点の豊富な資料とともに辿る。イームズ工房制作の写真集。

地震予知と噴火予知
井田喜明
巨大地震のメカニズムはそれまでの想定とどう違っていたのか。地震理論のいまと予知の最前線を明快に整理し、その問題点を鋭く指摘した提言の書。

ゆかいな理科年表
スレンドラ・ヴァーマ
安原和見訳
えっ、そうだったの！ 数学や科学技術の大発見大発明大流行の瞬間をリプレイ。ときにニヤリ、ときになるほどとうならせる、愉快な読みきりコラム。

位相群上の積分とその応用
アンドレ・ヴェイユ
齋藤正彦訳
ハールによる「群上の不変測度」の発見、およびその後の諸結果を受け、より統一的にハール測度を論じた画期的著作。本邦初訳。（平井武）

シュタイナー学校の数学読本
ベングト・ウリーン
丹羽敏雄／森章吾訳
中学・高校の数学がこうだったなら！ フィボナッチ数列、球面幾何など興味深い教材で展開する授業十二例。新しい角度からの数学再入門でもある。

問題をどう解くか
ウェイン・A・ウィケルグレン
矢野健太郎訳
初等数学やパズルの具体的な問題を解きながら、解決に役立つ基礎概念を紹介。方法論を体系的に学ぶことのできる貴重な入門書。（芳沢光雄）

算法少女
遠藤寛子
父から和算を学ぶ町娘あきは、算額に誤りを見つけ声を上げた。と、若侍が……。和算への誘いとして定評の少年少女向け歴史小説。箕田源二郎・絵

原論文で学ぶ
アインシュタインの相対性理論
唐木田健一
ベクトルや微分など数学の予備知識も解説しつつ、一九〇五年発表のアインシュタインの原論文を丁寧に読み解く。初学者のための相対性理論入門。

ちくま学芸文庫

自己組織化と進化の論理

二〇〇八年二月十日　第一刷発行
二〇二三年十月五日　第九刷発行

著者　スチュアート・カウフマン
監訳者　米沢富美子（よねざわ・ふみこ）
訳者　森　弘之（もり・ひろゆき）
五味壮平（ごみ・そうへい）
藤原　進（ふじわら・すすむ）

発行者　喜入冬子
発行所　株式会社　筑摩書房
東京都台東区蔵前二―五―三　〒一一一―八七五五
電話番号　〇三―五六八七―二六〇一（代表）
装幀者　安野光雅
印刷所　中央精版印刷株式会社
製本所　中央精版印刷株式会社

ISBN978-4-480-09124-6 C0140